职业教育机电类
系列教材

U0734521

机械制图
与计算机绘图

微课版

王江曼 赵传彬 / 主编

马延臣 虞勇 唐倩倩 杨晓婷 / 副主编

柏洪武 / 主审

ELECTROMECHANICAL

人民邮电出版社
北京

图书在版编目（CIP）数据

机械制图与计算机绘图：微课版 / 王江曼，赵传彬
主编. -- 北京：人民邮电出版社，2025. --（职业教育
机电类系列教材）. -- ISBN 978-7-115-53087-5

Ⅰ. TH126

中国国家版本馆 CIP 数据核字第 2025LM8227 号

内 容 提 要

　　本书内容遵循"实用为主、够用为度"的原则，针对"高中-高职""中职-高职"两类不同生源
学生的认知规律，以职业协同教育为契机，将工作内容转化成教学任务。本书共 6 个项目、20 个任
务，内容包括平面图形绘制、三视图绘制、机件结构表达、标准件及常用件绘制、零件图绘制、装
配图绘制。

　　本书突出职业教育的特点，实用性强，范例丰富多样，讲解通俗易懂，可作为职业院校装备制
造类专业的教材，也可供相关技术人员参考。

◆ 主　　编　王江曼　赵传彬
　　副 主 编　马延臣　虞　勇　唐倩倩　杨晓婷
　　责任编辑　刘晓东
　　责任印制　王　郁　焦志炜

◆ 人民邮电出版社出版发行　　北京市丰台区成寿寺路 11 号
　　邮编　100164　电子邮件　315@ptpress.com.cn
　　网址　https://www.ptpress.com.cn
　　北京市艺辉印刷有限公司印刷

◆ 开本：787×1092　1/16
　　印张：17.5　　　　　　　　　2025 年 8 月第 1 版
　　字数：437 千字　　　　　　　2025 年 8 月北京第 1 次印刷

定价：69.80 元

读者服务热线：(010)81055256　印装质量热线：(010)81055316
反盗版热线：(010)81055315

前　言

为满足"提高教学质量，降低学生学习难度，实施教育教学改革"的总体要求，本书编写以"符合人才培养需求，体现教育教学改革成果，保证教材质量，资源丰富多样"为指导；突出以学生为中心，以成果为导向，以学生"方便学、容易学、轻松学、快乐学"为原则；以学习机械制图的国家标准和能查阅标准获得相应要素为目的；以掌握 AutoCAD 的基本应用，并能使用计算机绘图软件正确、快速地绘制常见二维平面图、三视图、零件图、装配图等为要求；以能进行一级减速器零件图、装配图的正确绘制，完成图样输出打印，并能撰写部件工作说明书等内容为成果，理实结合，帮助学生完成课程学习。本书入选贵州省"十四五"职业教育省级规划教材拟立项建设名单。

本书采用项目化形式编写，以"一级减速器"完整装配图绘制为总任务，分解出齿轮轴、大透盖、箱座零件图的绘制等典型实例，以制图基础—视图形成—图样绘制—图形输出为任务主线，以"忠毅、严细、精优"的工匠精神为素养主线，由简到繁、由易到难，细化教学任务，根据项目特征分解工作任务，注重学生综合能力的培养。本书有以下特色。

1. 专业性。本书始终贯彻专业思想，严格执行与技术制图和机械制图等相关的国家标准，传授专业知识和技能，培养学生职业能力。

2. 实用性。本书降低了手工绘图理论知识的讲解难度，将国家标准、视图表达方法等内容融入 AutoCAD 用法讲解之中，解决了机械制图与计算机辅助设计教学脱节的问题。

3. 信息化。本书运用二维码等信息化技术，将教学视频、教学动画等资源附于教材中，使学生易于查找相关信息。

4. 技能性。本书重点讲解机械制图、识图的理论知识，培养学生用计算机绘图软件绘图的能力；将知识与技能结合起来，遵循"螺旋上升"的规律细化教学任务，有清晰的目标与方向，满足现代设计人员的能力提升需求。

5. 完整性。本书配有完整的课件、习题、教学设计及考试题库等，便于教师教学和学生自学。

本书由王江曼、赵传彬任主编，马延臣、虞勇、唐倩倩、杨晓婷任副主编，参与编写的人员还有郭思齐、史德海、石雄涛、张李军。全书由王江曼策划、统稿，由柏洪武教授担任主审。

本书在编写过程中参考了许多文献资料和相关教材，得到了欧敏、毛卫秀、胡月、何亚玲的大力支持和帮助，在此表示衷心的感谢。

由于编者水平有限，书中难免有疏漏和不足之处，欢迎专家、读者批评指正。

编者

2025 年 4 月

目 录

项目一
平面图形绘制

导学案

1. 学习目标

素质目标	• 培养学生忠诚爱国的品格 • 培养学生的规范意识 • 培养学生严谨、细致的学习习惯
知识目标	• 熟悉机械制图及技术制图国家标准的基本规定 • 熟练掌握几何图形作图的方法与技巧 • 熟悉二维平面图形的分析方法 • 熟悉常用的计算机绘图软件的基本操作 • 熟练掌握计算机绘图软件中常用绘图命令、编辑命令的使用方法 • 熟练掌握计算机绘图的基本思路
能力目标	• 具备正确标注图形尺寸的能力 • 具备正确分析平面图形的能力 • 具备应用绘图工具绘制常见二维平面图形的能力 • 具备正确设置计算机绘图软件绘图环境的能力 • 具备应用计算机绘图软件绘制常见二维平面图形的能力
学习重点	• 机械制图及技术制图国家标准的基本规定 • 尺寸注法 • 平面图形的画法分析 • 计算机绘图的基本思路
学习难点 （预判）	• 尺寸注法 • 圆弧连接

2. 知识图谱

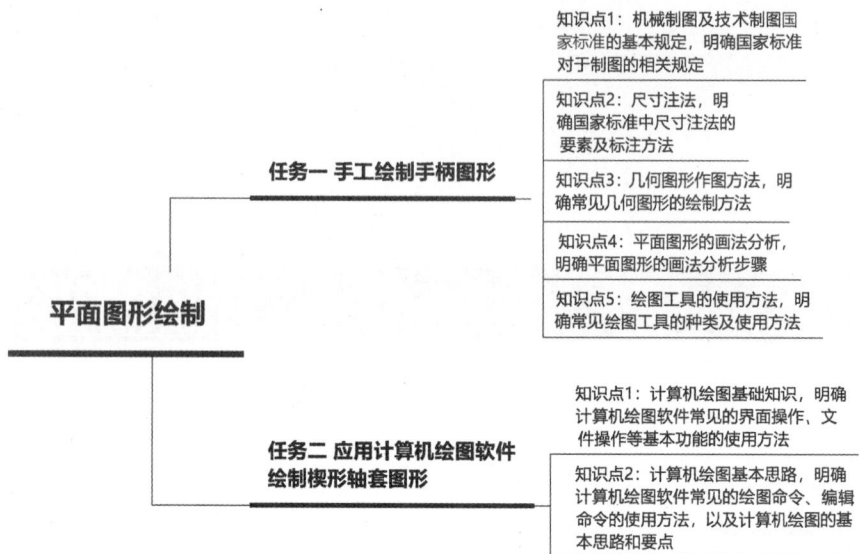

任务一 手工绘制手柄图形

知识点1：机械制图及技术制图国家标准的基本规定，明确国家标准对于制图的相关规定

知识点2：尺寸注法，明确国家标准中尺寸注法的要素及标注方法

知识点3：几何图形作图方法，明确常见几何图形的绘制方法

知识点4：平面图形的画法分析，明确平面图形的画法分析步骤

知识点5：绘图工具的使用方法，明确常见绘图工具的种类及使用方法

任务二 应用计算机绘图软件绘制楔形轴套图形

知识点1：计算机绘图基础知识，明确计算机绘图软件常见的界面操作、文件操作等基本功能的使用方法

知识点2：计算机绘图基本思路，明确计算机绘图软件常见的绘图命令、编辑命令的使用方法，以及计算机绘图的基本思路和要点

任务一　手工绘制手柄图形

任务导入

任务情境	××制造企业接到一批机床托板手柄的紧急加工任务，需要设计部快速制订手柄的零件图及加工方案，任务图例如图 1-1 所示。作为设计团队的负责人，你需要在规定时间内完成手柄图形的设计和绘制任务
任务图例	图 1-1　手柄轮廓

知识储备

一、机械制图及技术制图国家标准的基本规定

图纸幅面及格式

技术制图和机械制图国家标准是工程领域相关专业重要的技术标准，也是工程人员绘制机械图样的重要依据和识读、使用机械图样的准绳，因此我们必须认真学习和遵守这些标准。

1. 图纸幅面及格式（请查阅 GB/T 14689—2008）

（1）图纸幅面

为了便于装订和保存图纸，必须对图纸幅面做统一的规定。图纸的基本幅面代号以及对应的图框尺寸如表 1-1 所示。绘制技术图样时，应优先采用表 1-1 中规定的基本幅面。必要时允许使用加长幅面，具体尺寸请查阅 GB/T 14689—2008。

表 1-1　　　　　　　　　图纸的基本幅面代号以及对应的图框尺寸　　　　　　　单位：mm

幅面代号	A0	A1	A2	A3	A4
尺寸 $B \times L$	841×1189	594×841	420×594	297×420	210×297
e	20		10		
c	10			5	
a	25				

（2）图框格式与对中符号

图纸上的图框用粗实线画出，图形必须全部绘制在图框内。图框格式分为有装订边和无装订边两种，同一产品的系列图样只能采用其中一种格式，如图 1-2 所示。

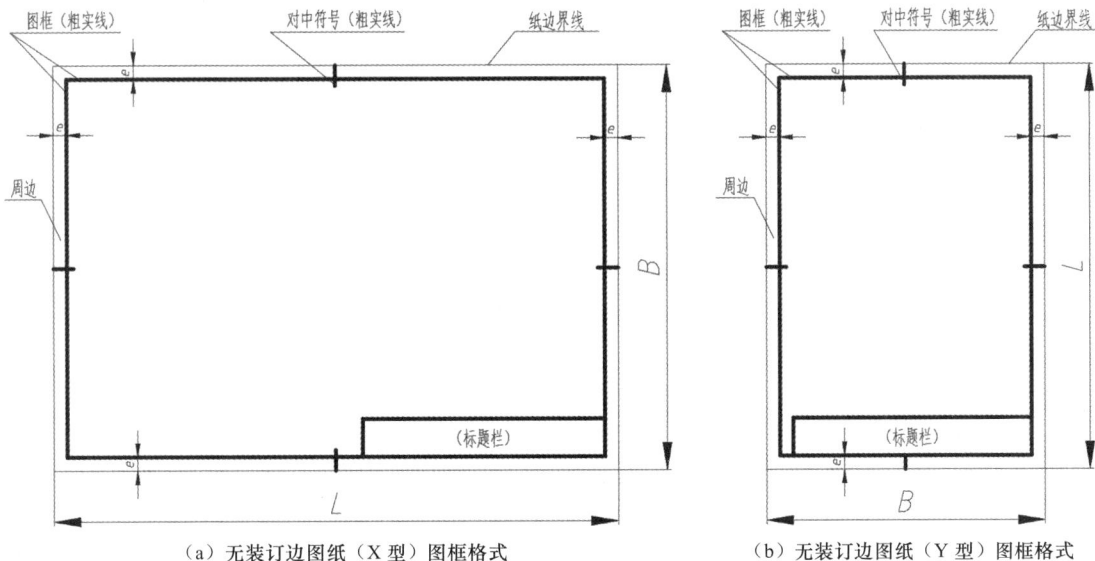

（a）无装订边图纸（X 型）图框格式　　　　　（b）无装订边图纸（Y 型）图框格式

图 1-2　图框格式

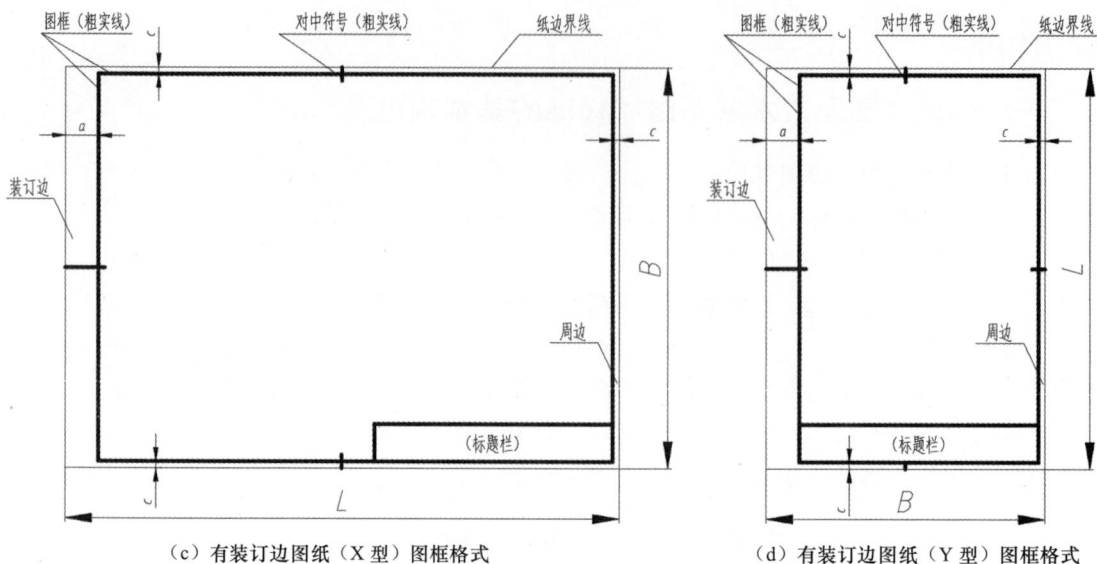

（c）有装订边图纸（X型）图框格式   （d）有装订边图纸（Y型）图框格式

图 1-2 　图框格式（续）

为了图样复制或缩微摄影定位方便，对于图纸的基本幅面，应在图纸各边长的中点处分别画出对中符号。为了利用预先印制的图纸，允许将 X 型图纸的短边置于水平位置使用，或将 Y 型图纸的长边置于水平位置使用，此时应画出方向符号，如图 1-3 所示。

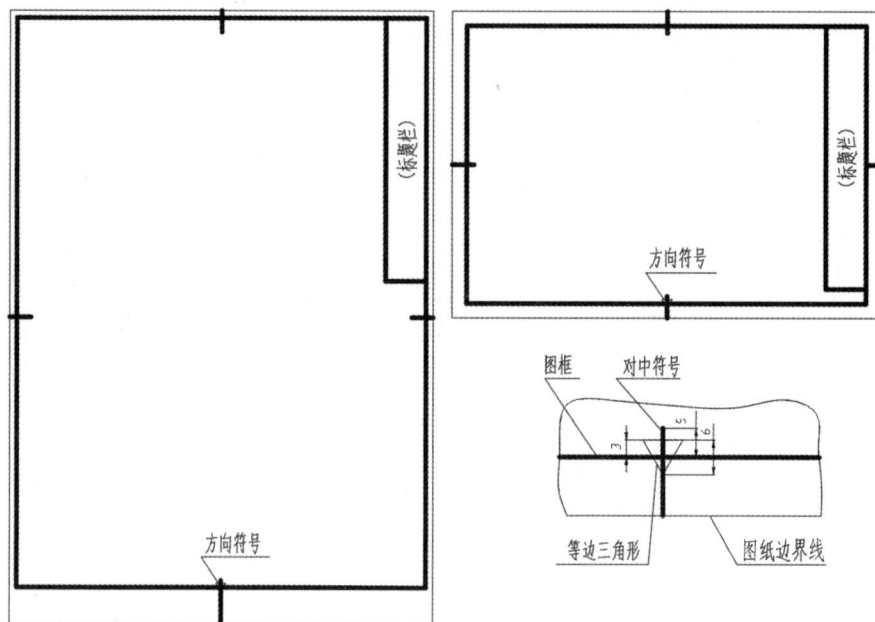

图 1-3 　对中符号和方向符号

（3）标题栏

每张图纸上都应画出标题栏，标题栏的格式和尺寸应按 GB/T 10609.1—2008 的规定。如果是在校学生，标题栏建议采用图 1-4 所示格式及尺寸。

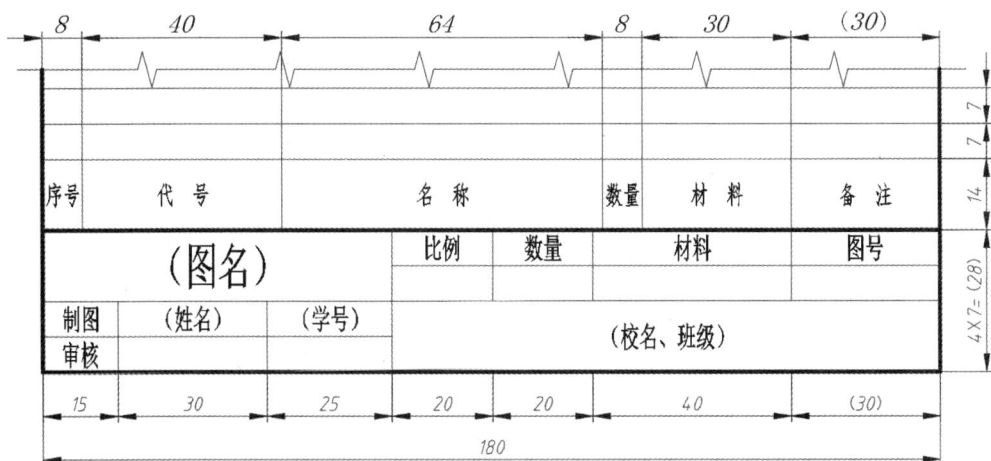

图 1-4　简化的标题栏及明细栏

2. 比例（GB/T 14690—1993）

比例是指图中图形与其实物相应要素的线性尺寸之比。为了能直观地反映出实物的大小，绘图时应尽量采用原值比例（1:1）。但由于各种实物的大小与结构千差万别，为了方便绘图与读图，可根据实际情况选择放大比例或缩小比例，常用的比例如表 1-2 所示。

比例

表 1-2　　　　　国家标准规定的常用比例系列

种类	优先选用系列	允许选用系列
原值比例	1:1	—
放大比例	5:1　2:1　　5×10^n :1 2×10^n:1　1×10^n :1	4:1　2.5:1 4×10^n:1　2.5×10^n:1
缩小比例	1:2　1:5　1:10 1:2×10^n　1:5×10^n　1:1×10^n	1:1.5　1:2.5　1:3　1:4　1:6　1:1.5×10^n 1:2.5×10^n　1:3×10^n　1:4×10^n　1:6×10^n

注：n 为正整数。

无论选择放大比例还是缩小比例绘制图形，其目的都是方便绘图与读图。因此，图形中标注的尺寸数值必须是实物的实际大小，与绘制图形的比例无关，如图 1-5 所示。

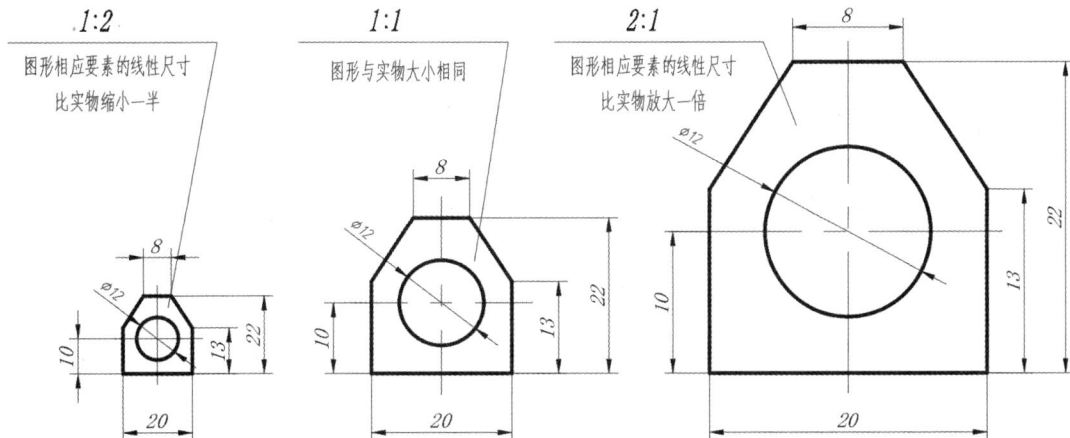

图 1-5　图形比例与尺寸

3. 字体（GB/T 14691—1993）

图样上除了要有表达机件形状的图形外，还需要有数字及文字说明机件的大小、技术要求等内容。图样中书写的文字必须做到字体工整、笔画清楚、间隔均匀、排列整齐。

（1）字体高度

字体高度用 h 表示，其公称尺寸系列为 1.8mm、2.5mm、3.5mm、5mm、7mm、10mm、14mm、20mm。如需要书写更大的字，其字体高度应按 $\sqrt{2}$ 的比率递增。

字体的号数代表着字体高度，如 10 号即表示字体高度为 10mm。

（2）汉字

汉字应写成长仿宋体字，并应采用中华人民共和国国务院正式公布推行的《汉字简化方案》中规定的简化字。汉字的高度 h 不应小于 3.5mm，其字宽一般为 $h/\sqrt{2}$。

（3）字母和数字

字母和数字按笔画宽度不同可分为 A 型和 B 型。A 型字体的笔画宽度 d 为字体高度 h 的 1/14，B 型字体的笔画宽度 d 为字体高度 h 的 1/10，即字体高度相同时，B 型字体比 A 型字体的笔画要稍粗一些。字母和数字有斜体和直体两种形式，一般采用斜体。在同一图样上，只允许选用一种类型的字体。

汉字、字母和数字的示例如表 1-3 所示。

表 1-3　　　　　　　　　　汉字、字母和数字的示例

字体		示例
长仿宋体汉字	10 号	字体工整笔画清楚间隔均匀
	7 号	横平竖直注意起落填满方格结构均匀
	5 号	机械制图及计算机绘图课程是职业院校学生的必修课程
拉丁字母	大写斜体	ABCDEFGHIJKLMNOPQRSTUVWXYZ
	小写斜体	abcdefghijklmnopqrstuvwxyz
	大写直体	ABCDEFGHIJKLMNOPQRSTUVWXYZ
	小写直体	abcdefghijklmnopqrstuvwxyz
阿拉伯数字	斜体	0123456789
	直体	0123456789

4. 图线（GB/T 4457.4—2002）

（1）线型

GB/T 4457.4—2002 规定了机械制图中所用图线的一般规则，其名称、线型、宽度以及主要用途如表 1-4 所示。

表 1-4　　　　　　　机械制图中常见图线的名称、线型、宽度及主要用途

名称	线型	图线宽度	主要用途
粗实线	——————————	d	可见轮廓线
细实线	————————	$d/2$	尺寸线、尺寸界线、剖面线、辅助线、重合断面的轮廓线、过渡线、指引线、螺纹牙底线及齿轮的齿根线
波浪线	～～～～～	$d/2$	断裂处边界线、视图与剖视图的分界线
双折线	(7.5d) 14d 30°	$d/2$	断裂处边界线、视图与剖视图的分界线
细虚线	12d　3d	$d/2$	不可见轮廓线
细点画线	6d　24d	$d/2$	轴线、对称中心线、齿轮的分度圆及分度线
粗点画线	▬ ▬ ▬ ▬	d	限定范围表示线
细双点画线	9d　24d	$d/2$	相邻辅助零件的轮廓线、中断线、可动零件的极限位置的轮廓线、成形前轮廓线、剖切面前的结构轮廓线、轨迹线

（2）线宽

机械图样中的图线分为粗线和细线两种。所有线型的图线宽度应按图样的类型和尺寸在下列数值中选择：0.13mm、0.18mm、0.25mm、0.35mm、0.5mm、0.7mm、1mm、1.4mm、2mm。粗线宽度 d 应根据图形大小和复杂程度在 0.25～2mm 选取，细线的宽度约为 $d/2$。

（3）图线的画法和注意事项

图线的画法如图 1-6 所示。

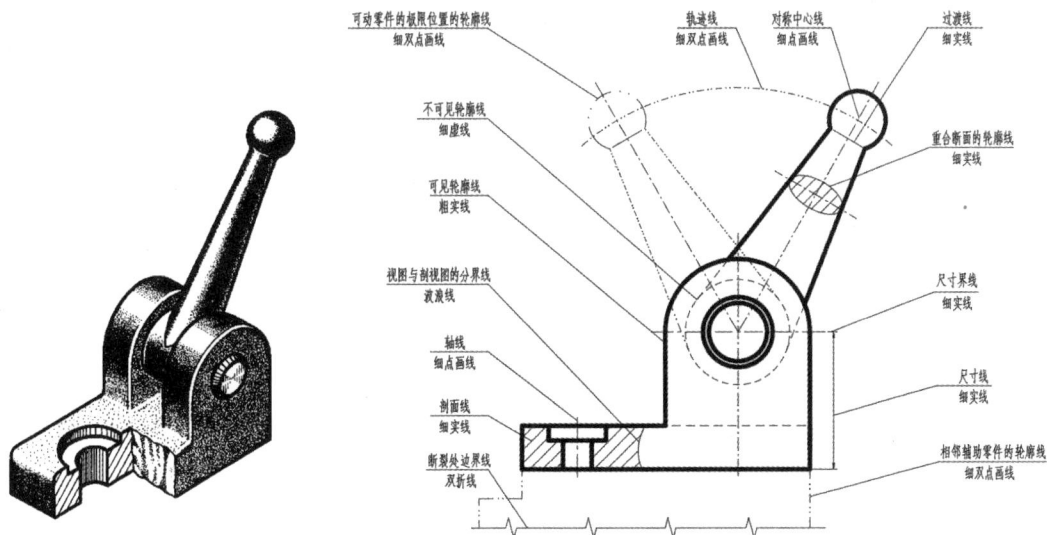

图 1-6　图线的画法

绘制图线时应注意以下问题。

① 同一图样中，同类图线的宽度应一致。虚线、点画线和双点画线的线段长短和间隔应大致相等。

② 各类图线相交时，必须是线段相交。

③ 绘制圆的对称中心线时，圆心应为线段的交点，首尾线段应超出图形轮廓线 2～5mm。

④ 在较小图形上绘制点画线或双点画线时，可用细实线代替画出。

⑤ 当虚线、点画线或双点画线是粗实线的延长线时，连接处应空开。

⑥ 当各种线条重合时，应按实线、虚线、点画线的顺序画出。

素养 小贴士	机械制图课堂上，王老师看着面前堆积如山且尺寸不一的图纸陷入了沉思，随即让每个组长对各自组的图纸进行整理，整理好后发现每个组都有除国家标准推荐的 5 种图幅外的其他图幅形式，导致图纸无法码放整齐。因此，图纸不但要正确、完整，还要注重标准、规范、美观，每一个工程技术人员都应该树立标准化的观念，自觉贯彻并执行国家标准，严谨细致。

二、尺寸注法

图样中的图形仅表达机件的形状，而机件的大小必须通过尺寸来确定。因此《机械制图 尺寸注法》（GB/T 4458.4—2003）和《技术制图 简化表示法 第 2 部分：尺寸注法》（GB/T 16675.2—2012）中对尺寸标注做了专门规定，工程技术人员绘图、读图时必须严格遵守。

标注尺寸的基本规则

1. 标注尺寸的基本规则

（1）机件的真实大小应以图样上所标注的尺寸数值为依据，与图形的大小及绘图的准确度无关。

（2）图样中的尺寸以 mm 为单位时，无须标注单位符号或名称，如果采用其他单位，则必须注明相应的单位符号。

（3）图样中所标注的尺寸，为该图样所示机件的最后完工尺寸，否则应另加说明。

（4）机件的每一尺寸，一般只标注一次，并应标注在反映该结构最清晰的图形上。

（5）标注尺寸时，应尽可能使用符号和缩写词。标注尺寸常用的符号及缩写词如表 1-5 所示，常用的符号比例画法如表 1-6 所示。

表 1-5　　　　　　　　　　　　标注尺寸常用的符号及缩写词

名称	符号或缩写词	名称	符号或缩写词	名称	符号或缩写词	名称	符号或缩写词
直径	ϕ	厚度	t	球直径	$S\phi$	均布	EQS
半径	R	45°倒角	C	球半径	SR		

表 1-6　　　　　　　　　　　　标注尺寸常用的符号比例画法

定义	符号比例画法	定义	符号比例画法
深度		弧长	

续表

定义	符号比例画法	定义	符号比例画法
正方形		斜度	
埋头孔		锥度	
沉孔或锪平			

2．尺寸的组成形式

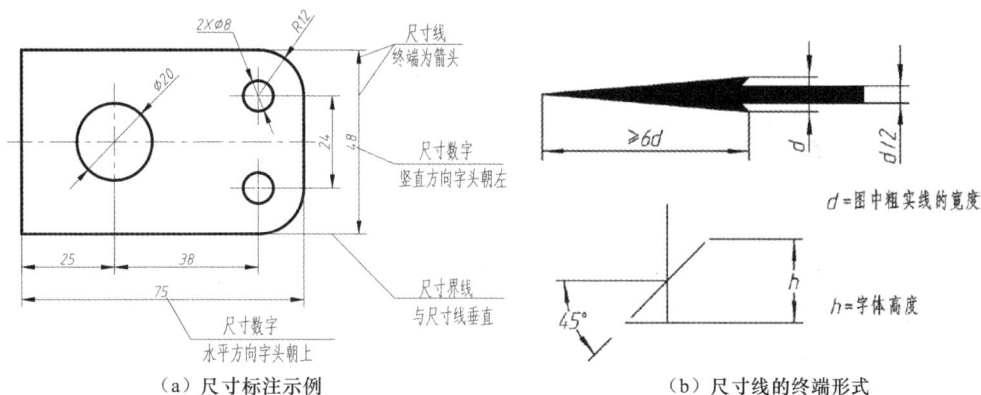

尺寸通常由尺寸数字、尺寸线和尺寸界线三要素组成。尺寸线的终端形式可以是箭头，也可以是 45°细斜线，机械图样中一般采用箭头，构架图和建筑图中常采用45°细斜线，如图 1-7 所示。

尺寸的组成形式

（a）尺寸标注示例　　　　　（b）尺寸线的终端形式

图 1-7　尺寸标注示例及尺寸线的终端形式

3．尺寸标注示例

常见的尺寸标注示例如表 1-7 所示。

尺寸标注示例

表 1-7　　　　　　　　常见的尺寸标注示例

尺寸类别	说明	图示
线性尺寸	① 尺寸线必须与所标注的线段平行； ② 两平行的尺寸线之间应留有充分的空隙，以便注写尺寸数字； ③ 标注两平行的尺寸应遵循"小尺寸在里，大尺寸在外"的原则	

续表

尺寸类别	说明	图示
角度尺寸	① 角度的尺寸界线应沿径向引出，尺寸线是以角顶点为圆心的圆弧； ② 尺寸数字一律水平注写，一般写在尺寸线的中断处，必要时允许写在外面，或引出标注	
直径与半径尺寸	① 直径（ϕ）与半径（R）的尺寸线应穿过圆心，其终端为箭头，如图（a）所示。在标注球面的直径或半径时，在ϕ或R前加注S，如图（b）所示； ② 圆弧半径过大或在图纸范围内无法标出圆心时，可按图（c）所示方法标注，若不需要标注圆心位置，可按图（d）所示方法标注	 （a）　　　　　　（b） （c）　　　　　　（d）

素养小贴士

　　××企业加工车间灯火通明，大家紧锣密鼓地加工着最后一个零件，随着最后一道工序完成，工人们的脸上终于露出了欣慰的笑容。突然，质检人员发现零件尺寸不对，无法装配。大家紧张地围了过来，技术组老张反复检测零件的每部分尺寸，均符合图纸要求。他们立即将设计部的唐工喊到车间，大家一起分析后发现了问题，零件图上的退刀槽是按照2:1的比例进行放大的，标注时未注成零件真实尺寸，导致退刀槽部分尺寸错误。因为此事故，该企业无法按时交付产品，被罚重金，受到严重的经济损失。

　　尺寸标注对于图样的重要性不言而喻，学生应增强责任意识和风险防范意识。

三、几何图形作图方法

1. 常见的几何图形作图方法

　　机件的形状虽各不相同，但都是由一些基本的几何图形所组成的。因此，熟练掌握基本几何图形的作图方法是提高绘图速度及保证图样质量的基本技能之一。常见的几何图形作图方法如表1-8所示。

常见的几何图形
作图方法

表 1-8　　　　　　　　　　　常见的几何图形作图方法

类型	作图方法	步骤说明
五等分圆周		① 等分半径OC得到点M； ② 以点M为圆心，MD为半径，画弧交AO于N； ③ 以DN为边长在圆上取点，将圆周五等分

续表

类型	作图方法	步骤说明
六等分圆周	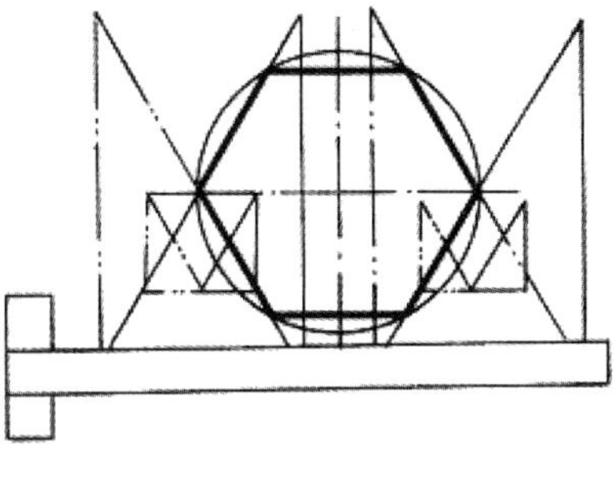 （a） 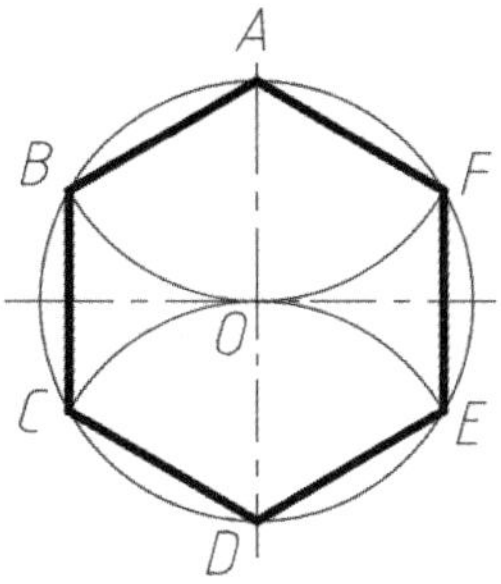　（b）	方法一：用 60°三角板和丁字尺作正六边形，如图（a）所示； 方法二：用圆规等分圆周作正六边形，如图（b）所示
斜度	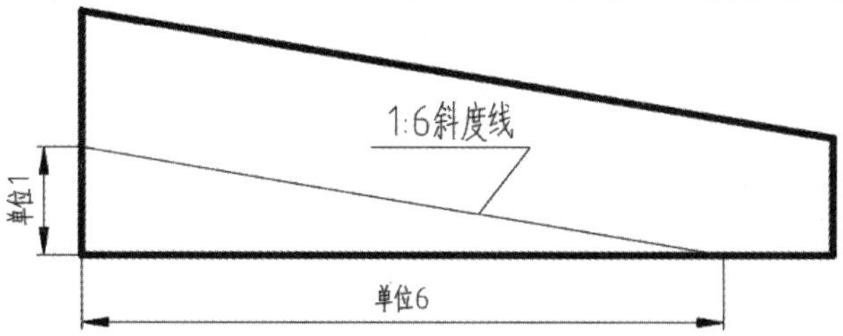 1:6斜度线　单位1　单位6	① 作 1:6 的参考斜度线； ② 过已知点作参考斜度线的平行线； ③ 完成作图并标注 斜度
锥度	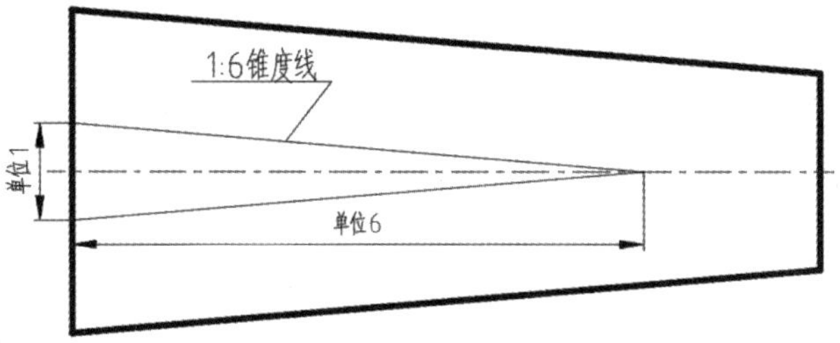 1:6锥度线　单位1　单位6	① 作 1:6 的参考锥度线； ② 过已知点作参考锥度线的平行线； ③ 完成作图并标注 锥度
椭圆	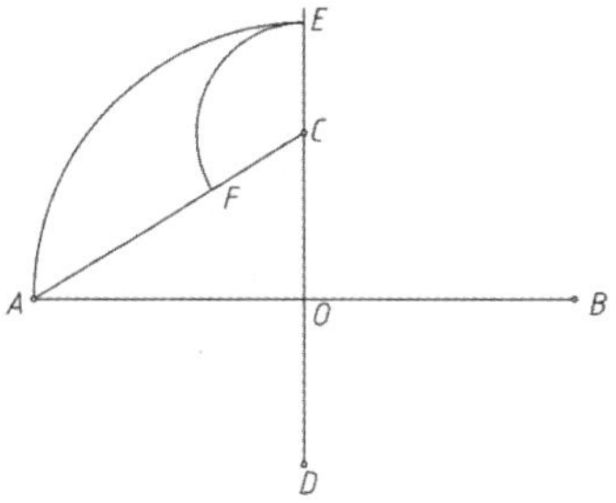 （a） 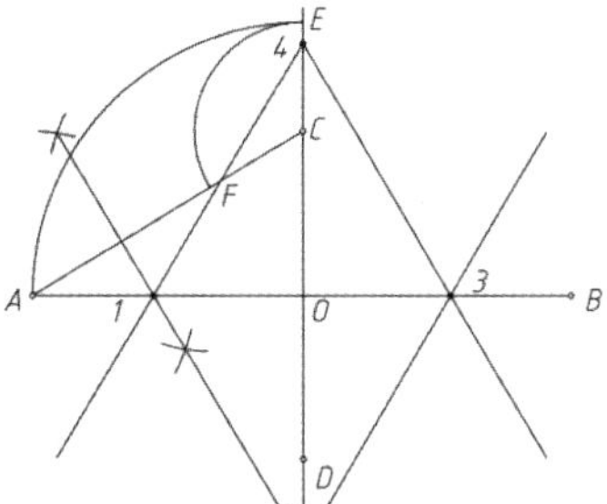　（b） 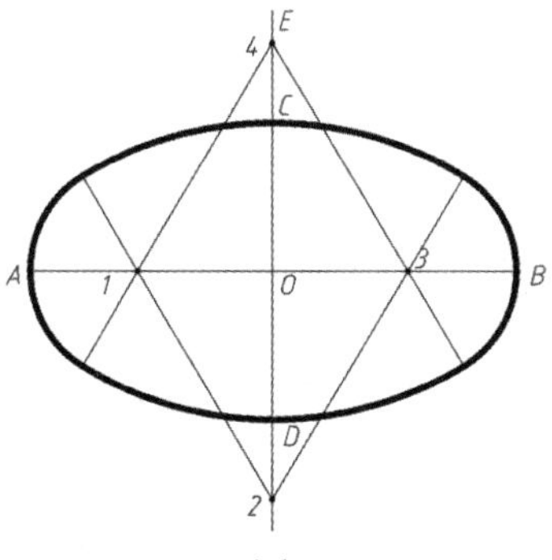　（c）	① 连接 AC，并在 AC 上截取 CF，使其等于 AO 与 CO 的差 CE，如图（a）所示； ② 作 AF 的垂直平分线，与 AO 和 OD（或其延长线）分别交于 1 和 2。以 O 为对称中心，作出 1 和 2 的对称点 3 和 4，再通过 1、2、3、4 点作图（b）所示的连接； ③ 分别以 2 和 4 为圆心，2C 和 4D 为半径画圆弧，再分别以 1 和 3 为圆心，1A 和 3B 为半径画圆弧，4 段圆弧相连即所求椭圆，如图（c）所示

2. 圆弧连接

用一已知半径的圆弧（连接圆弧）光滑连接（相切）两条已知直线段或圆弧称为圆弧连接。圆弧连接在作图时经常用到，作连接圆弧可归结为求连接圆弧的圆心和切点。圆弧连接的作图方法如表 1-9 所示。

圆弧连接

表 1-9	圆弧连接的作图方法	

类型	作图方法	步骤说明
两条直线段进行圆弧连接		① 求圆心：作两条已知直线段的平行线，间距为 R，交点 O 即连接圆弧的圆心； ② 找切点：自点 O 向两条已知直线段作垂线，垂足 M、N 即切点； ③ 圆弧连接：以 O 为圆心，R 为半径，过点 M、N 作连接圆弧
直线段与圆弧进行圆弧连接		已知直线段和圆弧 O_1，作半径为 R 的连接弧与之外切。 ① 求圆心：作一条直线段与已知直线段平行，间距为 R，再作圆弧的同心圆弧（半径为 R_1+R）与直线相交于点 O，O 即连接圆弧的圆心； ② 找切点：过交点 O 向已知直线段作垂线，垂足 M 即切点，连接 OO_1 交已知圆弧于切点 N； ③ 圆弧连接：以 O 为圆心，R 为半径，过点 M、N 作连接圆弧
圆弧与圆弧进行外切圆弧连接		以半径为 R 的圆弧为连接弧，使其与两已知圆弧外切。 ① 求圆心：分别以 O_1、O_2 为圆心，R_1+R 及 R_2+R 为半径，画弧交于点 O； ② 找切点：分别连接 OO_1、OO_2 交已知圆弧于点 M、N，即切点； ③ 圆弧连接：以 O 为圆心，R 为半径，过点 M、N 作连接圆弧
圆弧与圆弧进行内切圆弧连接		以半径为 R 的圆弧为连接弧，使其与两已知圆弧内切。 ① 求圆心：分别以 O_1、O_2 为圆心，$R-R_1$ 及 $R-R_2$ 为半径，画弧交于点 O； ② 找切点：分别连接 OO_1、OO_2 交已知圆弧于点 M、N，即切点； ③ 以 O 为圆心，R 为半径，过点 M、N 作连接圆弧

四、平面图形的画法分析

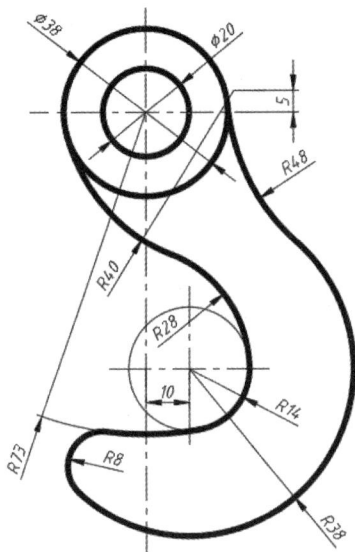

绘图前，必须对平面图形进行尺寸分析和线条分析，以检查尺寸的完整性及确定各线条的作图顺序。下面以图 1-8 所示的吊钩为例进行说明。

图 1-8 吊钩

1. 尺寸分析

平面图形中的尺寸，按其作用的不同，可分为以下两类。

（1）定形尺寸。确定平面图形中各线条（直线段或圆弧）或线框形状大小的尺寸称为定形尺寸。例如，图 1-8 中的 $\phi38$、$\phi20$、$R48$、$R40$、$R28$、$R14$、$R38$、$R8$、$R73$ 等。

（2）定位尺寸。确定平面图形中线条或线框间相对位置的尺寸称为定位尺寸。例如，图 1-8 中的 5、10。

2. 线条分析

平面图形中的线条，根据其定位尺寸的完整与否，可分为以下 3 类。

（1）已知线条：定形尺寸和定位尺寸齐全的线条，在作图时可直接画出。例如，图 1-8 中的 $\phi38$、$\phi20$ 及 $R73$ 所对应的线条。

（2）中间线条：已知定形尺寸和一个定位尺寸的线条，需待与其一端相邻的线条作出后才能画出。例如，图 1-8 中的 $R40$、$R38$ 及 $R14$ 所对应的圆弧。

（3）连接线条：已知定形尺寸，而定位尺寸皆未知的线条，需待与其两端相邻的线条全部作出后才能画出。例如，图 1-8 中的 $R48$、$R28$ 及 $R8$ 所对应的圆弧。

3. 画图的方法和步骤

（1）画作图基准线、定位线等，如图 1-9（a）所示。

（2）画已知线条，如图 1-9（b）所示。

（3）画中间线条，如图 1-9（c）所示。

（4）画连接线条，如图 1-9（d）所示。

（5）完善、优化图形，标注尺寸，如图 1-9（e）所示。

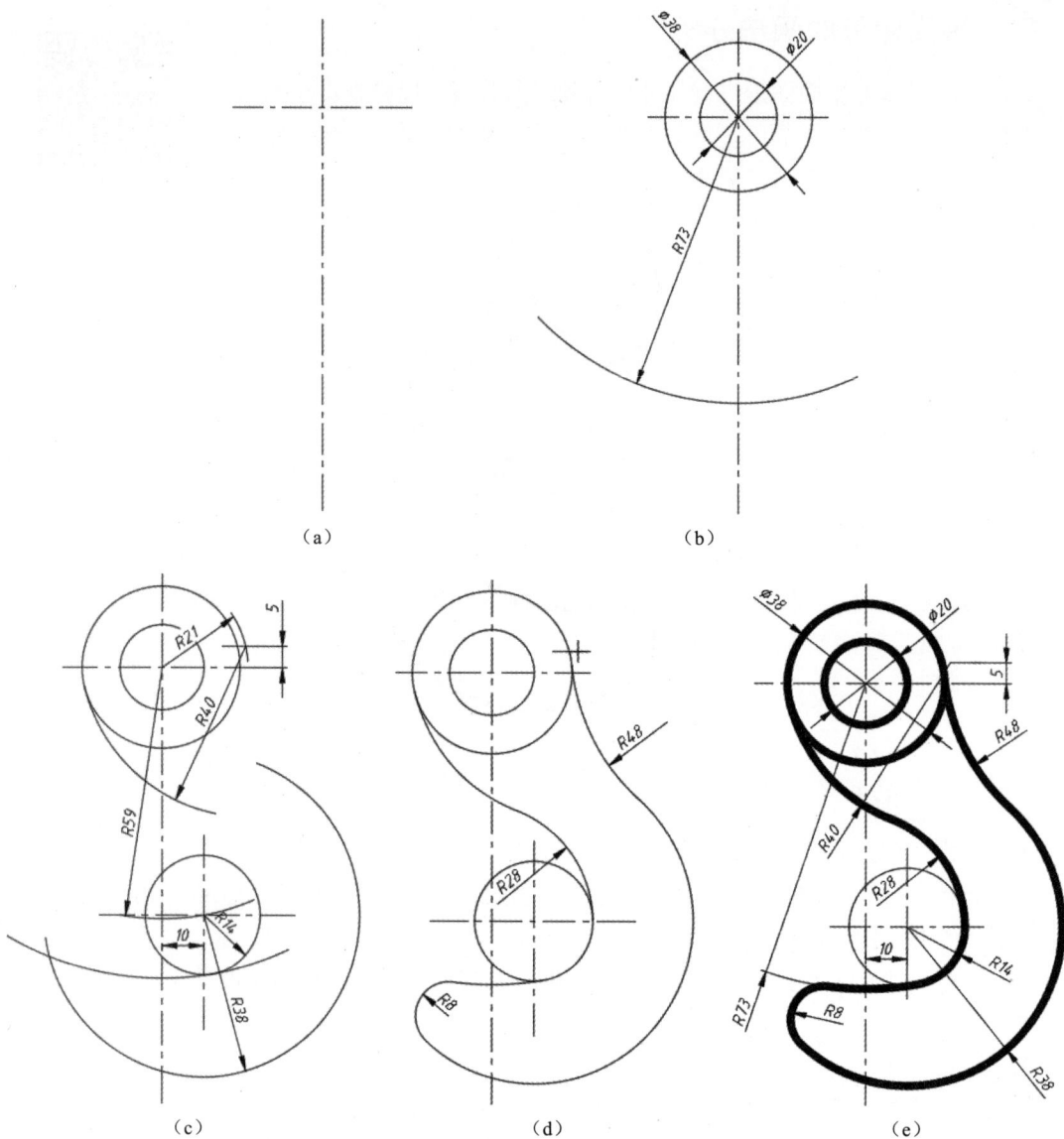

图 1-9　平面图形的作图步骤

五、绘图工具的使用方法

1．绘图板、丁字尺及三角板

（1）绘图板。绘图板是用来铺放、固定绘图纸的矩形木板，如图 1-10 所示。绘图板的尺寸与使用的图纸幅面相适应。

常用绘图工具

（2）丁字尺。丁字尺由互相垂直的尺头和尺身两部分组成，如图 1-10 所示。丁字尺一般采用透明有机玻璃制成，主要用来画水平线。

（3）三角板。一副三角板包括一块 45° 三角板和一块 30°（60°）三角板。三角板可直接用于画直线段，也可与丁字尺配合画垂直线或特殊角度（如 15°、30°、45°、60°、75°、105°等）的倾斜线，15°、45°、75°、105° 倾斜线的画法如图 1-11 所示。

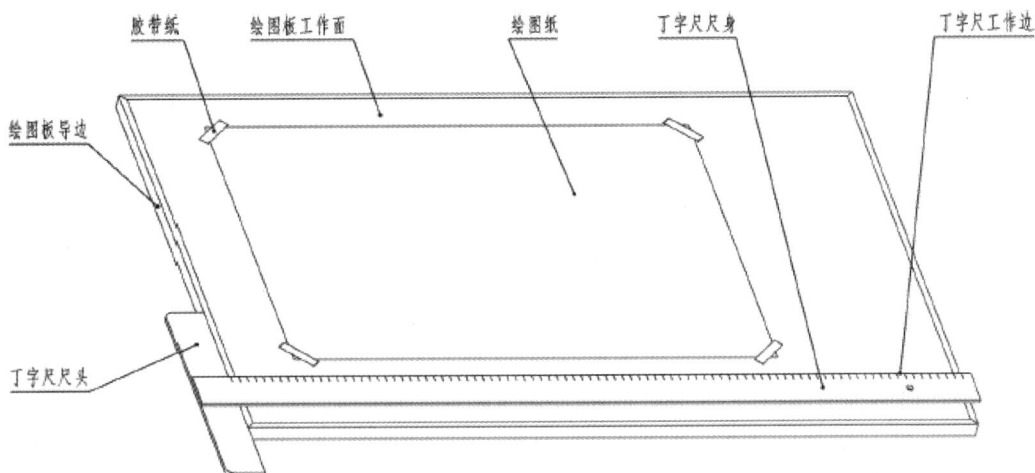

图 1-10　绘图板、丁字尺

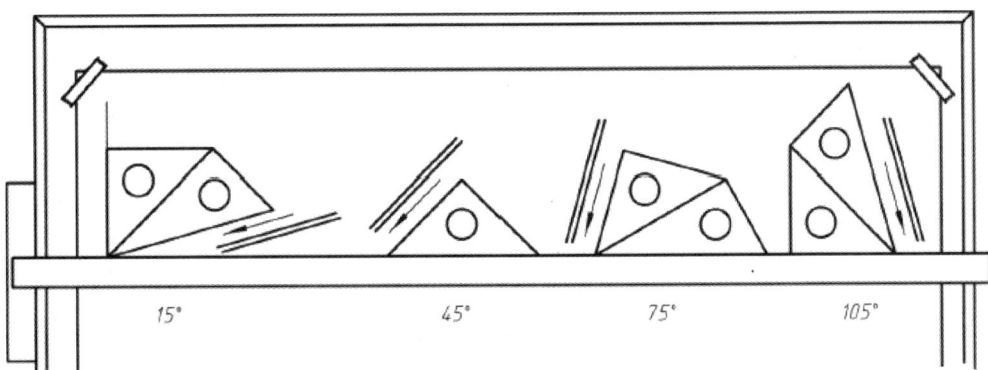

图 1-11　三角板及其用法示例

2. 圆规和分规

（1）圆规

圆规主要用来画圆或圆弧，其附件有钢针插脚、铅芯插脚、鸭嘴插脚和延伸插杆等。用圆规画圆或圆弧时，一般从圆的中心线开始，顺时针方向转动圆规，同时使圆规往前进方向稍作倾斜。圆或圆弧应一次性画完。圆规的使用方法如图 1-12 所示。

（2）分规

分规是用来截取尺寸、等分线段或等分圆周的工具。分规的使用方法如图 1-13 所示。

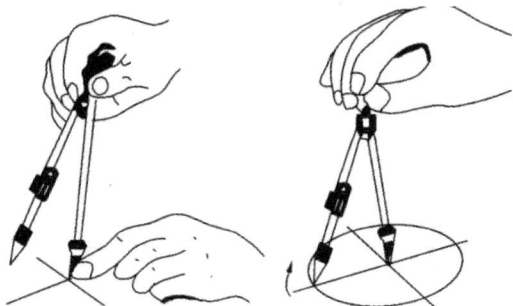

图 1-12　圆规的使用方法

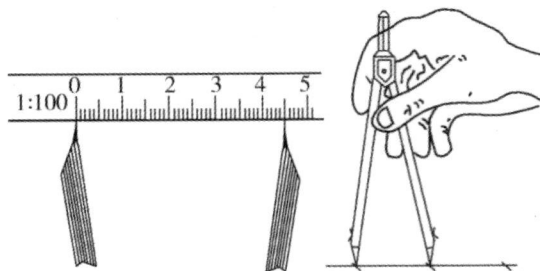

图 1-13　分规的使用方法

3．铅笔

机械制图要使用专用的"绘图铅笔"，铅笔根据铅芯软硬程度的不同分为 H～6H、HB 和 B～6B 等规格。H（Hard，硬度）前数字越大，表示铅芯越硬，画出的线条越淡；B（Black，黑度）前数字越大，表示铅芯越软，画出的线条越黑；HB 表示铅芯软硬适中。铅笔及铅芯的选用如表 1-10 所示。

表 1-10　　　　　　　　　　　　　　　　铅笔及铅芯的选用

类别	铅笔规格			圆规上使用的铅笔规格		
型号	2H	HB	HB 或 B	H	B	2B
铅芯形式						
用途	绘制底稿、草图等	加深细实线、虚线、细点画线及进行标注等	加深粗实线	绘制底稿、草图等	加深细实线、虚线、细点画线等	加深粗实线

除了上述绘图工具之外，绘图时还需要准备橡皮、小刀、量角器、胶带纸、砂纸（打磨铅芯）、擦图片、小毛刷（清除图纸上的橡皮屑）等。如果再备上圆模板及椭圆模板等辅助工具，则能进一步提高作图的效率与质量。

工作案

工作步骤		图示说明
1. 分析图形	① 分析图形尺寸。ϕ22、24、6、R20、R40、R84、R8 为定形尺寸，ϕ48 既是定形尺寸，又是定位尺寸，165 为定位尺寸。 ② 分析图形线条。ϕ22、24、6、R20 及 R8 所对应的线条为已知线条；R84 圆弧对应线条为中间线条；R40 圆弧对应线条为连接线条	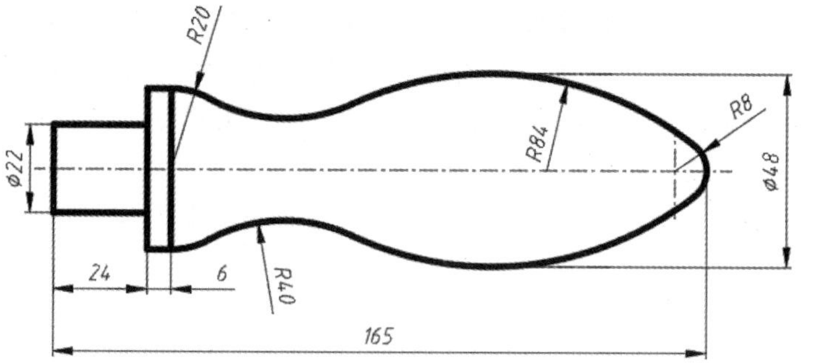
2. 绘制图形	① 画作图基准线、定位线等	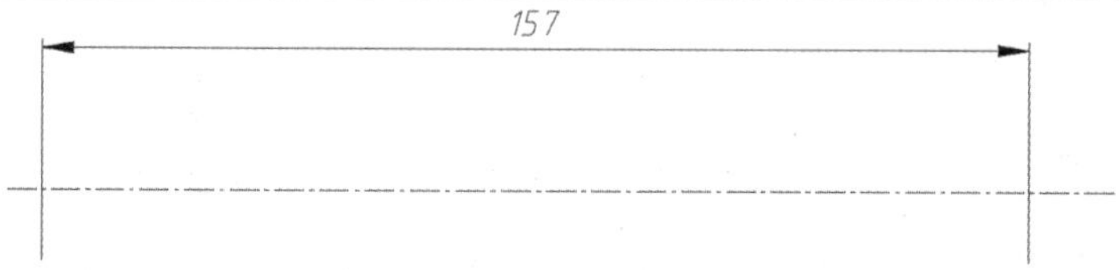

续表

工作步骤	图示说明
② 画已知线段	
③ 画中间线段	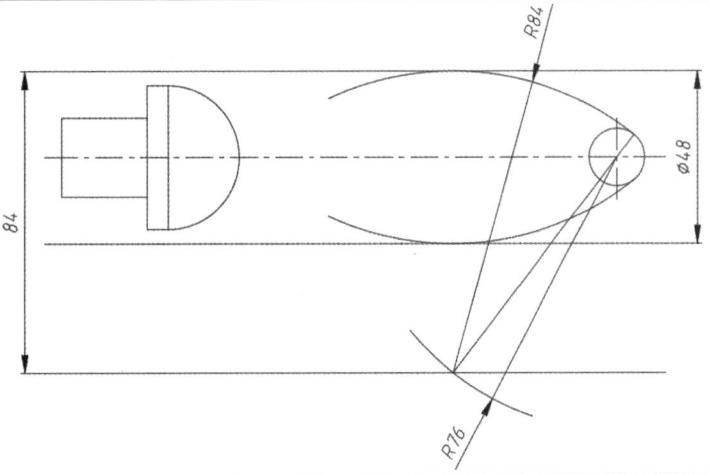
2. 绘制图形 ④ 画连接线段	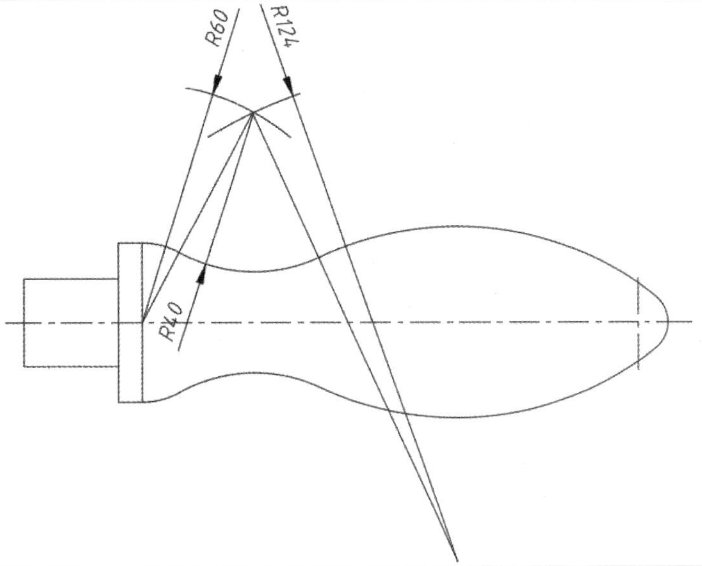
⑤ 优化图形，标注尺寸	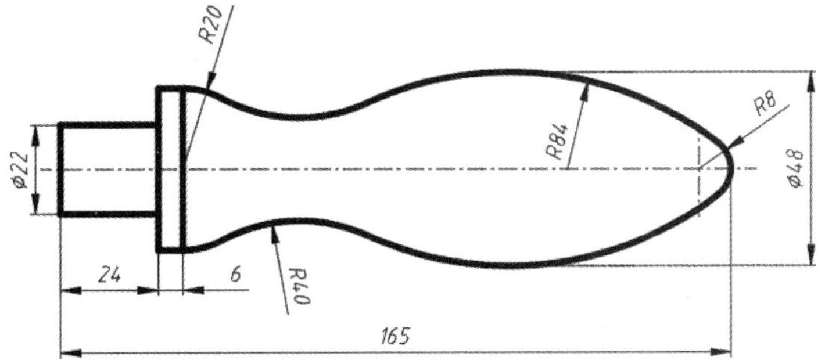

续表

工作步骤	图示说明
3.完善图形	将图形复制到A4图幅中，并填好标题栏，完成图形绘制 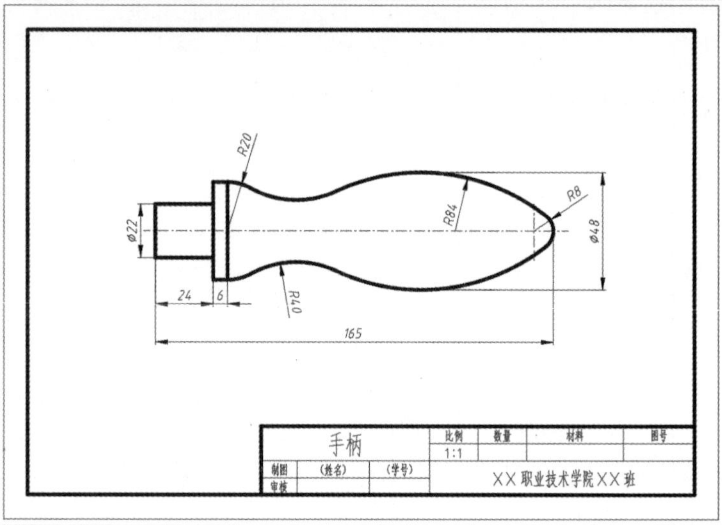

任务小结及评价

一、任务小结

任务名称	手动绘制手柄图形
任务实施步骤	分析图形—绘制图形—完善图形
任务涉及知识点	制图相关国家标准的基本规定、尺寸注法、几何作图方法、平面图形的画法分析、绘图工具的使用方法

二、任务评价

评价项目	评价内容	分值	自评（30%）	教师评价（70%）	改进建议
素质目标（30%）	考勤无迟到、早退、旷课	5分			
	团队合作、沟通能力	5分			
	认真、严谨、细致的作图习惯	10分			
	严格遵循国家标准技术要求的规范意识	10分			
知识目标（30%）	熟悉国家标准技术制图的基本规定	10分			
	熟练掌握几何图形作图的方法与技巧	10分			
	熟悉二维平面图形的分析方法	10分			
技能目标（40%）	具备正确标注图形尺寸的能力	10分			
	具备正确分析及绘制平面图形的能力	30分			
小计		100分			
总评	自评（30%）+教师评价（70%）=			教师签名：	

任务拓展

1. 基础知识练习

（1）2:1是（　　）比例。

A. 放大　　　　B. 缩小　　　　C. 优先选用　　　　D. 原值

（2）制图相关国家标准中规定，图纸幅面应优先选用（　　　）种基本幅面尺寸。

A．2　　　　　　　　B．3　　　　　　　　C．4　　　　　　　　D．5

（3）制图相关国家标准中规定，字体的号数是字体的（　　　）。

A．长度　　　　　　B．宽度　　　　　　C．高度　　　　　　D．比例

（4）可见轮廓线一般用（　　　）绘制。

A．粗实线　　　　　B．细实线　　　　　C．细点画线　　　　D．虚线

（5）图样中尺寸以（　　　）为单位时，不需要标注其计量单位，但采用其他计量单位时必须标明。

A．cm　　　　　　　B．m　　　　　　　　C．mm　　　　　　　D．dm

2．尺寸注法练习

（1）按照 1:1 的比例标注尺寸（数值从图中量取，取整毫米数）。

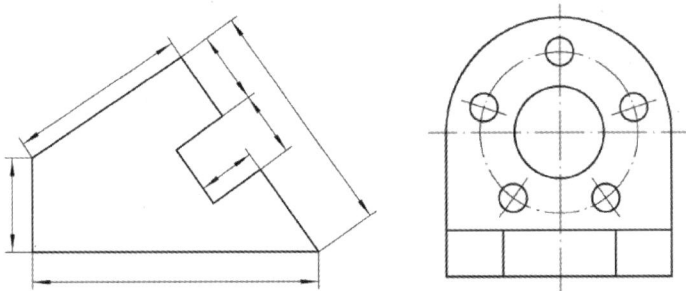

（2）检查左图尺寸标注的错误之处，并在右图中正确标注。

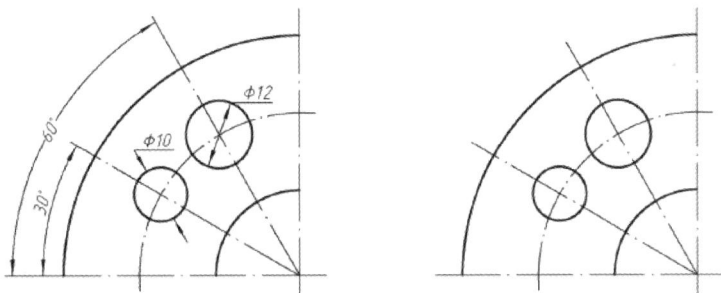

3．利用绘图工具按照 1:1 的比例手绘下列图形，并标注尺寸（图纸另附）

（1）

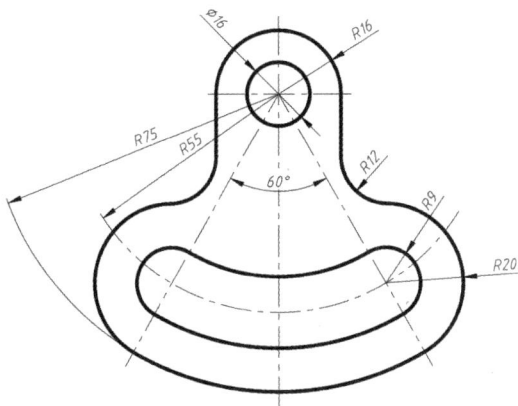

续表

（2）

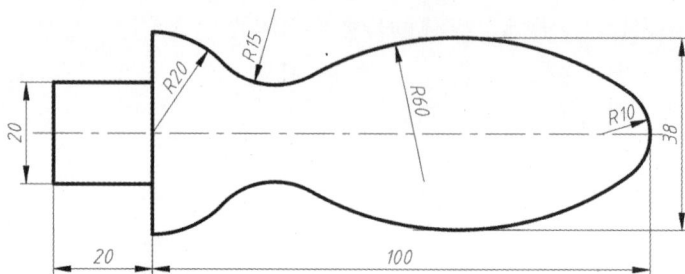

任务二　应用计算机绘图软件绘制楔形轴套图形

任务导入

任务情境	××企业在进行零件装配时，缺少一个"楔形轴套"零件，任务图例如图 1-14 所示。作为设计团队的负责人，你需要在规定时间内完成楔形轴套图形的设计及绘制任务
任务图例	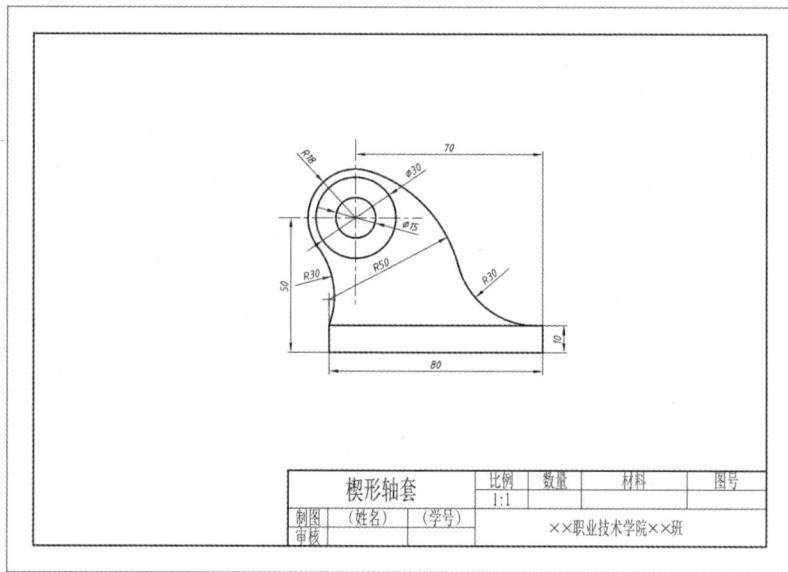 图 1-14　楔形轴套

知识储备

一、计算机绘图基础知识

AutoCAD 是美国 Autodesk 公司开发的计算机辅助绘图软件，现已成为我国设计行业应用最广泛的软件之一。本书以 AutoCAD 2024 为例进行介绍。在进行绘图工作前，用户要熟悉 AutoCAD 2024 的工作界面、AutoCAD 2024 的基本操作、文件的管理与设置、图形显示控制等内容，从而快速掌握应用软件绘图的基础知识。

1. AutoCAD 2024 的工作界面

打开 AutoCAD 2024，可显示图 1-15 所示的工作界面。从图 1-15 中可以看出，AutoCAD 2024 的工作界面主要包括"标题栏""菜单栏""功能区""文件选项卡""绘图区""命令行""状态栏"等部分。

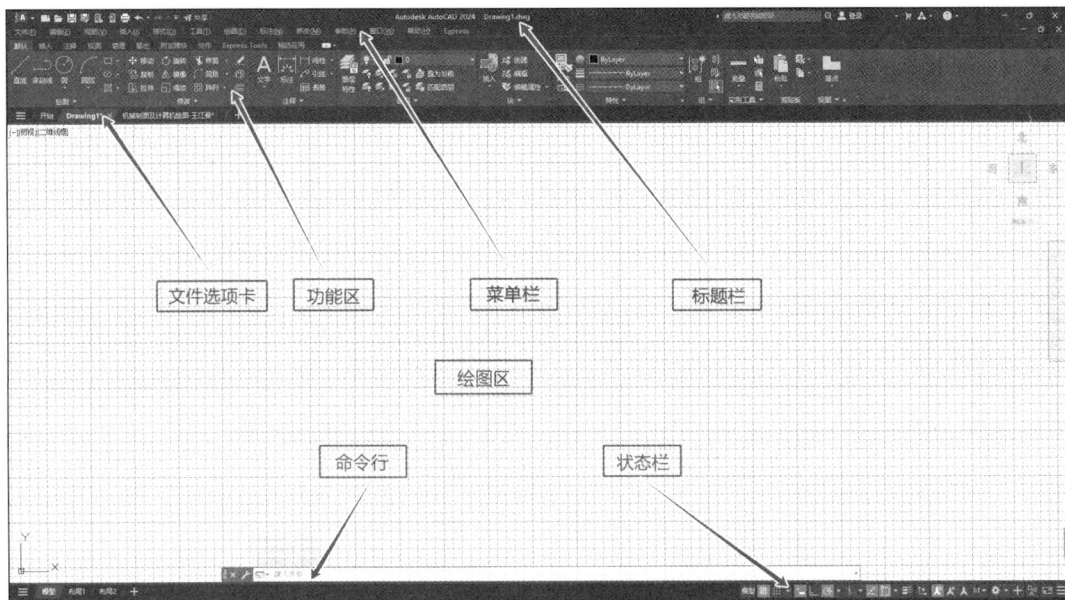

图 1-15　工作界面

（1）标题栏

标题栏位于工作界面的最上方，由"菜单浏览器"按钮█、快速访问工具栏、当前文件标题、搜索栏以及窗口控制按钮等组成。单击█按钮可执行新建、打开、保存、发布、打印等图形文件操作指令。快速访问工具栏用于显示经常使用的工具，用户还可通过单击█按钮自定义工具栏。

（2）菜单栏

菜单栏显示 AutoCAD 2024 的菜单项，包括"文件""编辑""视图""插入""格式""工具""绘图""标注""修改""参数"等。单击菜单栏中的某一项，系统会弹出相应的菜单。用户利用菜单可以执行 AutoCAD 2024 的大部分命令。

若未见菜单栏，可在工作界面的左上方，单击快速访问工具栏右端的下拉按钮，出现下拉菜单后，选择"显示菜单栏"选项，调出菜单栏。

（3）功能区

在 AutoCAD 2024 中，功能区包含选项卡和面板。例如，"默认"选项卡中包括"绘图""修改""注释""图层""块""特性""组""实用工具""剪贴板""视图"等面板，每个面板中又包括若干工具，如图 1-16 所示。其中，"绘图"面板中包含用于创建对象的工具，如"直线""圆""圆弧"等，如图 1-17 所示；"修改"面板中包含用于修改对象的工具，如"移动""复制""旋转"等，如图 1-18 所示。

图 1-16　功能区

图1-17 "绘图"面板

图1-18 "修改"面板

（4）文件选项卡

在任意一个文件选项卡上右击，将打开快捷菜单，在其中选择相应的命令，可执行"新建""打开""保存""关闭"等操作。

（5）绘图区

绘图区是用于创建、编辑图形对象的区域。

（6）命令行

命令行位于绘图区的底部，用于接收用户通过键盘、菜单或面板工具输入的命令、参数等信息。

（7）状态栏

状态栏位于工作界面的底部，用于显示或设置当前的绘图状态。状态栏左侧有模型空间和图纸空间选项卡，其中模型空间是进行大部分绘图工作的空间，而图纸空间的布局选项卡可供用户控制要发布的绘图区域和比例。状态栏的右侧显示常见的绘图帮助、注释释放工具和工作空间自定义工具。用户可单击 按钮自定义状态栏中显示的工具，如图1-19所示。

图1-19 状态栏

2．AutoCAD 2024 的基本操作

（1）选择对象的方法

AutoCAD 2024 提供了多种选择对象的方法，主要有直接点选、窗口选择、交叉窗口选择、栏选、全选和快速选择等。

① 直接点选。在绘图中，命令行提示"选择对象:"时，绘图区中的十字光标变为拾取框，此时将拾取框移动到目标对象上单击即可选中对象。

② 窗口选择。窗口选择简称"窗选"，操作时从左到右拖曳鼠标以完全封闭在选择矩形或套索中的所有对象，即可选中对象。

③ 交叉窗口选择。交叉窗口选择简称"窗交"，其操作方法与窗选相反，操作时从右到左拖曳鼠标拾取矩形窗口，此时窗口内的对象及与窗口相交的对象均会被选中。

④ 栏选。栏选通过绘制一条开放的多点栅栏（多段直线）来选择对象，此时所有与多点栅栏相交的对象均会被选中。

⑤ 全选。在 AutoCAD 2024 中执行修改命令时，通常先执行命令后选择对象，当命令行提示"选择对象:"时，输入"ALL"后按 Enter 键即可选择除被冻结图层外的所有对象。

⑥ 快速选择。当需要选择大量具有某些共同特性的对象时，可通过在"快速选择"对话框中进行相应设置，根据对象的图层、颜色等特性和类型来创建选择集。

在命令行中先输入"SELECT"，再输入"？"，以查看"选择"命令的参数列表。

> **技巧** 按住 Shift 键并单击单个对象，或跨多个对象拖曳，可取消选择对象。按 Esc 键可取消选择所有对象。

（2）命令调用

AutoCAD 属于人机交互软件，当用户需要绘图或进行其他操作时，需向系统输入指令以调用相应命令。下面以调用"直线"命令为例，说明调用 AutoCAD 命令的常用方法。

① 通过功能区调用命令。单击"绘图"面板中的"直线"按钮。

② 通过菜单栏调用命令。选择菜单栏中的"绘图"→"直线"命令。

③ 通过命令行调用命令。在命令行中输入"L"（Line），按 Enter 键。

（3）点的输入

在 AutoCAD 2024 中进行交互式绘图时，必须输入必要的指令和参数，点的坐标输入方式如表 1-11 所示。

表 1-11　　　　　　　　　　　　　　　　点的坐标输入方式

方式	表示方式		输入格式	说明
键盘输入	绝对坐标	笛卡儿坐标	x,y,z	通过键盘输入 x、y、z，3 个数值之间用","隔开。注：画二维图形时不需要输入 z
		极坐标	$L<a$	L 表示点到坐标原点的距离；a 表示该点与坐标原点的连线与 x 轴之间的夹角
	相对坐标	笛卡儿坐标	$@x,y,z$	@表示相对坐标，指当前点相对于前一个坐标点的坐标增量
		极坐标	$@L<a$	
用定标设备在屏幕上拾取点	一般位置点		直接拾取光标点	常用的定标设备是鼠标，当不需要精确定位时，移动十字光标到所需位置，单击即可将十字光标所在位置的点的坐标输入计算机中。当需要精确确定某点的位置时，需要用对象捕捉功能捕捉当前图中的特征点
	特殊位置点或具有某种几何特征的点		利用对象捕捉功能	
	按设定的方向定点		利用极轴追踪、自动追踪和正交模式	

3. 文件的管理与设置

（1）新建图形文件

启动 AutoCAD 2024 后将打开"开始"界面，如图 1-20 所示。单击"新建"图标，即可新建一个空白的图形文件。

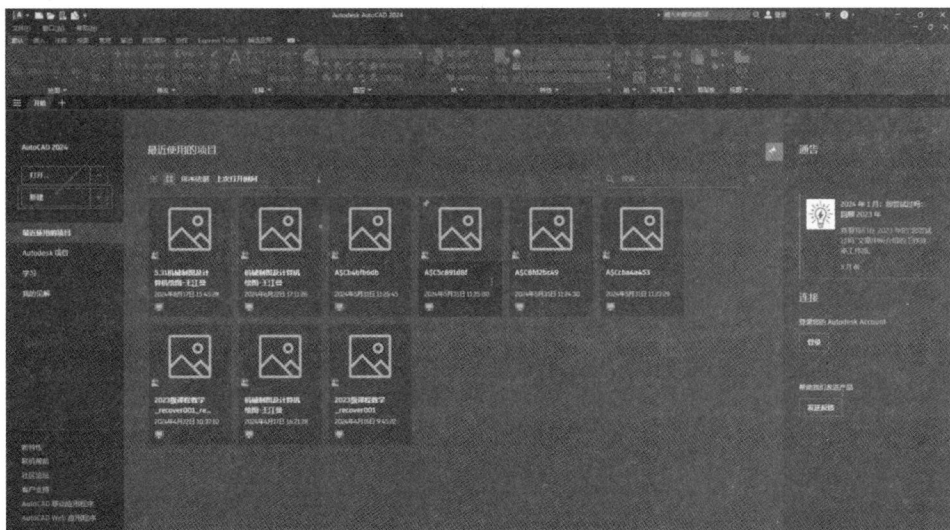

图 1-20　"开始"界面

用户还可通过以下方式来新建图形文件。

① 选择菜单栏中的"文件"→"新建"命令。

② 单击快速访问工具栏中的"新建"按钮。

③ 右击文件选项卡，在弹出的快捷菜单中选择"新建"命令。

④ 在命令行中输入"NEW"命令，按 Enter 键。

（2）打开文件

启动 AutoCAD 2024 后，在"开始"界面中单击"打开文件"按钮，在弹出的"选择文件"对话框中，选择需要的图形文件后，双击即可打开。

用户还可通过以下方式来打开文件。

① 命令行：输入"OPEN"。

② 菜单栏：选择菜单栏中的"文件"→"打开"命令。

③ 工具栏：单击"标准"工具栏中的"打开"按钮。

（3）保存文件

保存文件的方式如下。

① 命令行：输入"QSAVE"或"SAVE"。

② 菜单栏：选择菜单栏中的"文件"→"保存"命令。

③ 工具栏：单击"标准"工具栏中的"保存"按钮。

命令执行完毕，会出现"图形保存"对话框。如果选择菜单栏中的"文件"→"另存为"命令，将弹出"图形另存为"对话框，如图 1-21 所示。"保存"和"另存为"的区别在于保存的方式不同，"保存"方式是以现有文件名称（在标题栏处可以看到）保存，而"另存为"方式可将图形以其他名称保存。

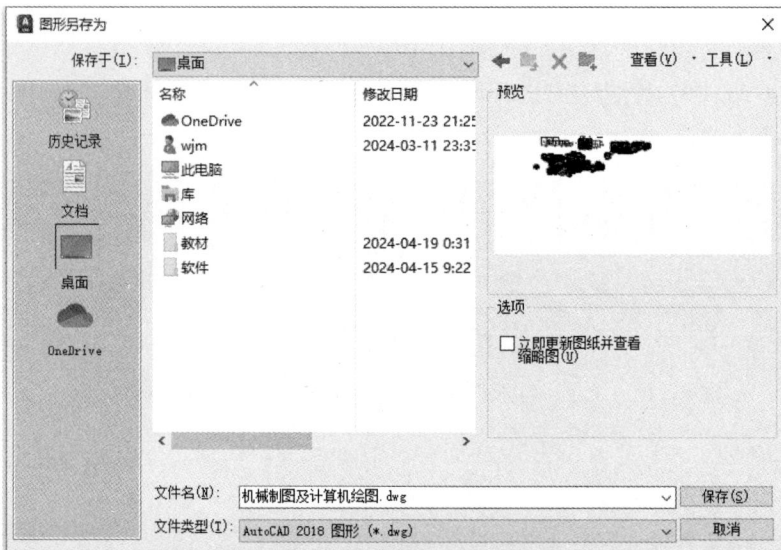

图 1-21 "图形另存为"对话框

（4）设置绘图环境

① 修改十字光标的大小。

绘图区中有一个类似于鼠标指针的十字线，其交点反映了鼠标指针在当前坐标系中的位置。

选择菜单栏中的"工具"→"选项"命令，弹出"选项"对话框。打开"显示"选项卡，在"十字光标大小"文本框中直接输入数值，或拖曳其后的滑块，即可对十字光标大小进行修改，如图 1-22 所示。

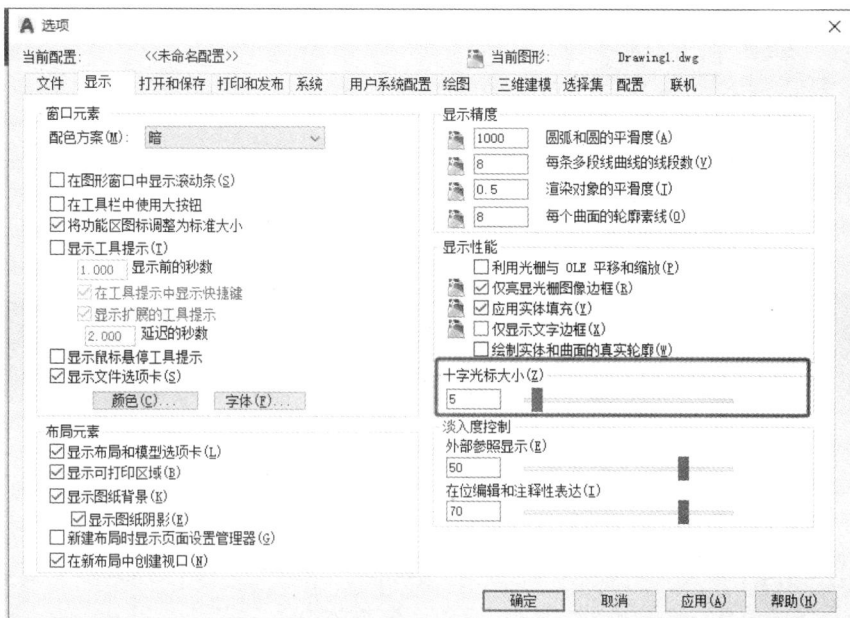

图 1-22　修改十字光标大小

② 修改绘图区的颜色。

默认情况下，AutoCAD 2024 绘图区的颜色为黑色，如需修改颜色，可按照以下步骤进行。

在图 1-22 所示的"显示"选项卡中，单击"窗口元素"栏中的"颜色"按钮，打开图 1-23 所示的"图形窗口颜色"对话框。

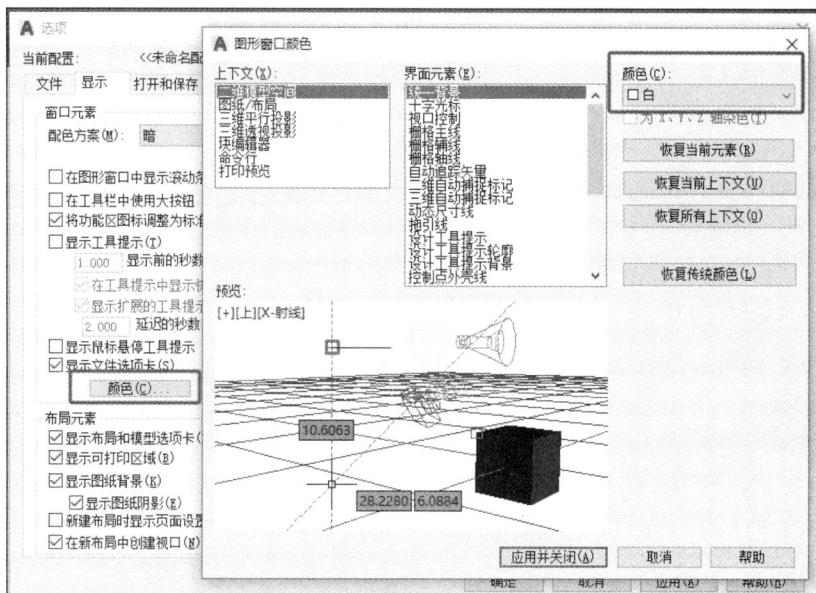

图 1-23　"图形窗口颜色"对话框

单击"颜色"下拉列表框右侧的下拉按钮，在打开的下拉列表中选择需要的颜色（通常按视觉习惯选择白色），然后单击"应用并关闭"按钮，此时 AutoCAD 2024 的绘图区背景色即会改变。

4. 图形显示控制

（1）图形的显示缩放

实现显示缩放操作的命令为"ZOOM"。

在执行"ZOOM"命令后，出现在命令行中的各选项的含义及操作如下。

① 全部（A）。

该选项用于显示整个图形。执行该选项后，如果各图形对象均没有超出由"LIMITS"命令设置的图形界限，AutoCAD 则按图纸边界显示，即在绘图区中显示位于图形界限中的内容；如果有图形对象绘制到图纸边界之外，则显示范围将扩大，使超出边界的图形也显示在绘图区中，效果如图 1-24 所示。

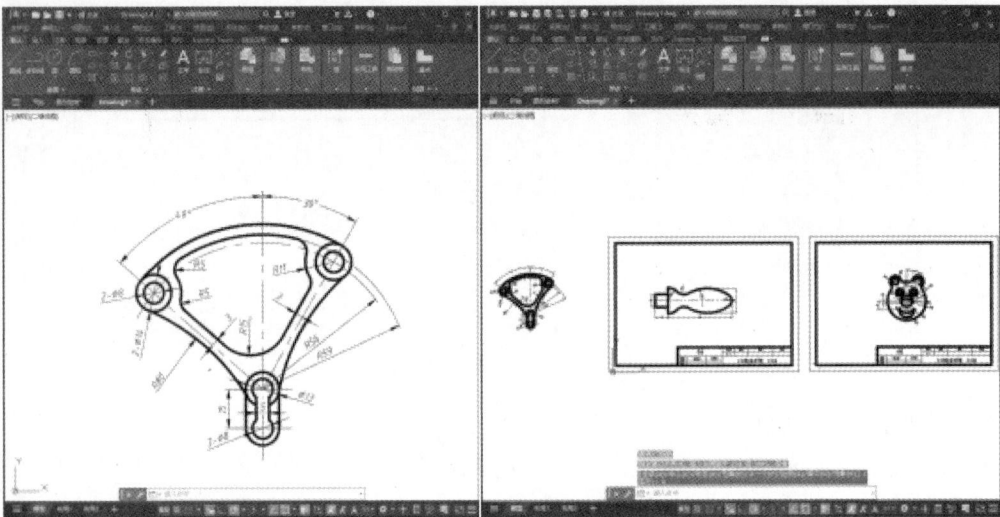

图 1-24　执行"ZOOM"命令中的"全部（A）"选项后的效果

② 中心（C）。

该选项用于重新设置图形的显示中心位置和缩放比例。执行该选项后，AutoCAD 会提示以下信息。

指定中心点。可通过在绘图区中单击或用键盘输入坐标的方式，指定新的显示中心位置。

输入比例或高度。在命令行中输入缩放比例或高度值，控制显示图形的缩放执行结果，AutoCAD 2024 将新指定的中心位置作为在绘图区中显示的中心位置，并对图形进行对应的放大或缩小。

③ 动态（D）。

该选项用于实现动态缩放。

④ 范围（E）。

执行该选项后，会使已绘出的图形充满绘图区，而与图形界限无关。

⑤ 上一个（P）。

该选项用于恢复上一次显示的视图。通过该选项最多可恢复前 10 幅视图。

⑥ 比例（S）。

该选项用于指定缩放比例实现缩放。执行该选项后，AutoCAD 2024 会提示以下信息。

用户在该提示下输入比例因子即可。同样，如果输入的比例因子是具体的数值，图形将按该比例值实现绝对缩放，即相对于图形的实际尺寸进行缩放；如果在输入的比例因子后面加 X，图形将实现相对缩放，即相对于当前所显示图形的大小进行缩放；如果在比例因子后面加 XP，图形则相对于图纸空间进行缩放。

⑦ 窗口（W）。

该选项允许用户通过确定作为观察区域的矩形窗口实现图形的缩放。确定窗口后，窗口的中心将变成新的显示中心，窗口内的区域将被放大或缩小，以尽量充满显示屏幕。

⑧ 对象（O）。

执行该选项后，当缩放图形时，AutoCAD 2024 会尽可能大地显示一个或多个选定的对象，并使其位于绘图区的中心。

⑨ 实时（默认选项）。

该选项用于实时缩放。执行"ZOOM"命令后直接按 Enter 或 Space 键，即执行"实时"选项，绘图区中的十字光标将带放大镜形状，并提示：

按 Esc 或 Enter 键退出，或单击鼠标右键显示快捷菜单。

（2）栅格捕捉与栅格显示

要提高绘图的速度和效率，可以显示并捕捉矩形栅格，还可以控制其间距等。

栅格是覆盖用户坐标系（User Coordinate System，UCS）的整个 XY 平面的直线或点构成的矩形图案。使用栅格类似于在图形下放置一张坐标纸，可以对齐对象并直观显示对象之间的距离。注意：栅格不会被打印出来。

栅格捕捉用于限制十字光标，并使其按照用户定义的距离移动。如果启用了捕捉功能，在创建或修改对象时，十字光标就会附着或捕捉到不可见的矩形栅格。

利用"草图设置"对话框中的"捕捉和栅格"选项卡，可以进行栅格捕捉与栅格显示方面的设置。方法为选择菜单栏中的"工具"→"绘图设置"命令，AutoCAD 2024 将打开"草图设置"对话框中的"捕捉和栅格"选项卡，如图 1-25 所示。

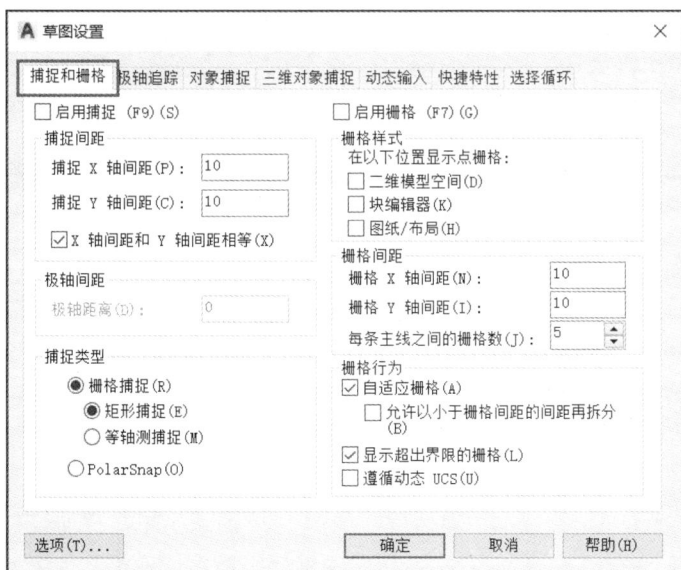

图 1-25 "捕捉和栅格"选项卡

用户可控制栅格的显示样式和区域。使用"草图设置"对话框中的"捕捉和栅格"选项卡的若干选项，可以更改栅格的显示样式。例如，在默认情况下，栅格显示为直线构成的矩形图案，当栅格样式设置为"二维模型空间"时，栅格显示为点样式，如图1-26所示。

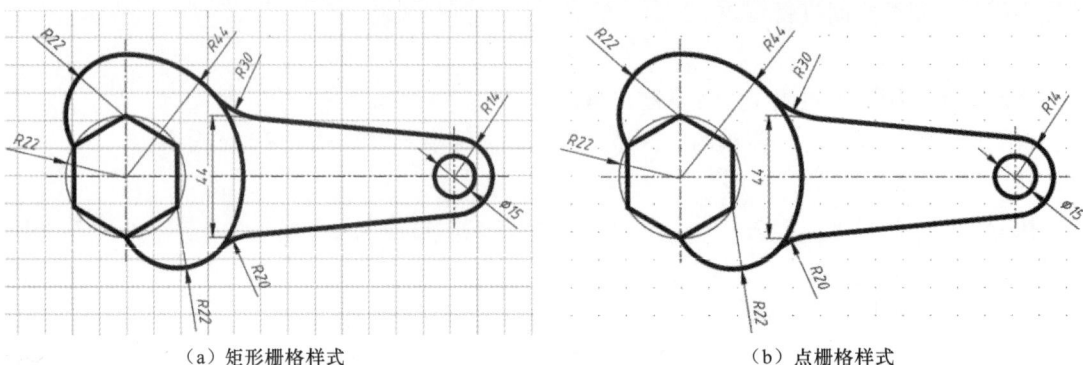

（a）矩形栅格样式　　　　　　　　　（b）点栅格样式

图1-26　更改栅格样式

5. 图层的设置与控制

图层的应用是有效管理图形、提高工作效率的重要手段。在AutoCAD 2024中，创建、删除图层以及对图层的其他管理都是通过"图层特性管理器"选项板来实现的。用户可通过菜单栏、功能区、命令行等多种方式打开"图层特性管理器"选项板。

（1）新建图层

单击"图层特性管理器"选项板上的"新建图层"按钮，"0"图层下显示一个新图层，如图1-27所示。默认图层名为"图层1"，用户可根据需要改变新图层名，并设置颜色、线型、线宽等属性。单击"删除图层"按钮，可将选中的图层删除。

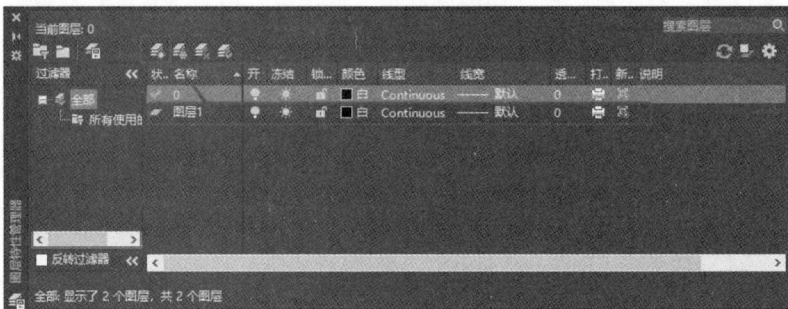

图1-27　"图层特性管理器"选项板

① 更改图层名称。

单击要更改的图层名（"0"图层不可更改），输入新的图层名称，按Enter键即可改变图层名称。

② 更改图层颜色。

单击颜色图标，显示"选择颜色"对话框，如图1-28所示，从中选择需要的颜色即可改变所选图层的颜色。

③ 更改图层线型。

单击线型名，显示"选择线型"对话框，如图1-29所示。单击"加载"按钮打开"加载或重载线型"对话框，如图1-30所示。选择所需线型后，单击"确定"按钮，在"选择线型"对话框的列表中选择已加载的线型，以更改选定图层的线型。

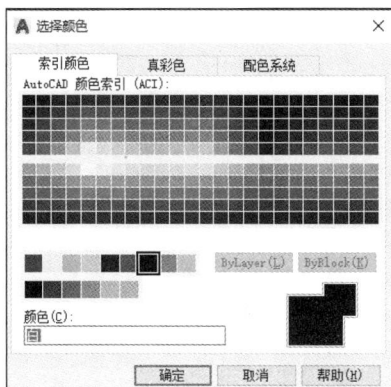

图 1-28 "选择颜色"对话框

图 1-29 "选择线型"对话框

④ 更改图层线宽。

单击线宽，显示"线宽"对话框，如图 1-31 所示，从中选择需要的线宽即可更改选定图层的线宽。一般情况下，粗实线选择 0.5mm，其他线型选择默认的 0.25mm。

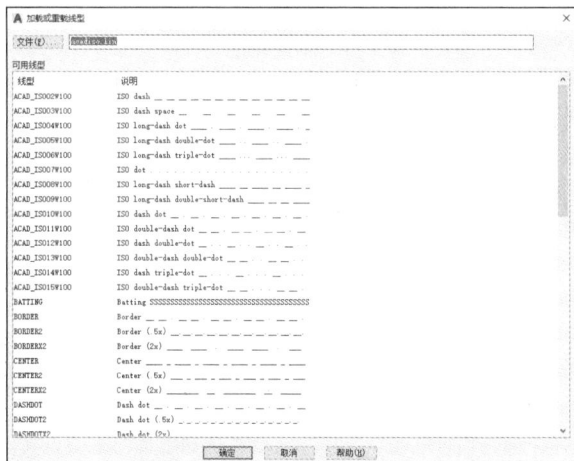

图 1-30 "加载或重载线型"对话框

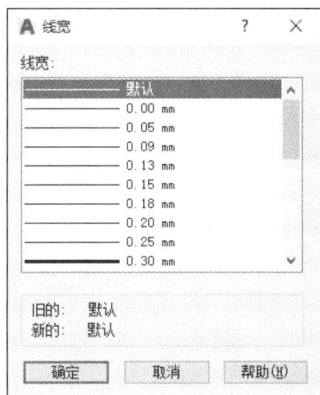

图 1-31 "线宽"对话框

（2）图层的特性

① 一张图可以包含多个图层，每个图层中的图形实体数量不受限制。

② 每当创建一张新图，系统都会自动生成"0"图层，"0"图层的默认颜色是白色，默认线型是 Continuous（连续线），默认线宽是"默认"（一般为 0.25mm）。"0"图层不能被删除。

③ 一张图中不允许建立两个相同名称的图层。

④ 每个图层只能选择一种颜色、一种线型和一种线宽，不同的图层可以具有相同的颜色、线型和线宽。

⑤ 用户要在某一特定的图层上绘制图形对象，必须把该图层设置为当前图层，但被编辑的对象则可以处于不同的图层上。

⑥ 图层可以打开或关闭。打开图层，图层上的实体才可以显示或打印。关闭图层，图层上的实体仍然存在，但不可见，也不能打印。

⑦ 当前图层和其他图层均可以被锁定，处于被锁定图层上的实体可见，但不可编辑。

素养小贴士	引导学生搜索计算机绘图技术的发展历程，分组讨论"科技创新如何推动产业升级"，强调精益求精、追求卓越的工匠精神在数字化设计中的重要性。

二、计算机绘图基本思路

1. 常用的绘图及编辑命令

任何图形都是由基本图形元素（如点、直线段、圆、圆弧等）组成的，熟悉这些基本图形元素的创建和编辑方法，是绘制图形的基础。借助 AutoCAD 2024 工作界面功能区中的命令和工具，可以方便地创建、编辑和发布对象。常用的绘图命令及其功能如表 1-12 所示，常用的编辑命令及其功能如表 1-13 所示。

表 1-12　　　　　　　　　　　　　常用的绘图命令及其功能

命令	功能
直线（LINE 或 L）	直线命令用于创建一系列连续直线段，每条直线段都可以单独进行编辑。可选择使用坐标输入或启用对象捕捉来进行精确作图
多段线（PLINE 或 PL）	多段线是作为单个对象创建的相互连接的线段序列，可以创建直线段、圆弧段或两者的组合线段，主要用于三维实体模型的拉伸等绘制工作
圆（CIRCLE 或 C）	AutoCAD 2024 中提供了 6 种绘制圆的方式，默认是指定圆心、半径进行绘图
圆弧（ARC 或 A）	圆弧绘制可采用指定圆心、端点、起点、半径、角度、弦长和方向等方式，默认方式为三点圆弧
矩形（RECTANG 或 REC）	用指定参数创建闭合矩形多段线。使用此命令，可以指定矩形的参数，如长度、宽度、旋转角度，并控制矩形角的类型，如圆角、倒角或直角，默认方式为指定矩形两个对角点
正多边形（POLYGON 或 POL）	利用正多边形命令可绘制边数为 3~1024 的多边形。在 AutoCAD 2024 中可以中心点和边长两种方式来绘制正多边形
椭圆（ELLIPSE 或 EL）	创建椭圆或椭圆弧，椭圆的形状和大小由定义其长轴和短轴的 3 个点确定
样条曲线（SPLINE 或 SPL）	样条曲线使用拟合点或控制点进行定义。默认情况下，拟合点与样条曲线重合，而控制点定义控制框

表 1-13　　　　　　　　　　　　　常用的编辑命令及其功能

命令	功能
删除（ERASE 或 E）	从图形中删除对象。对于临时被删除的对象可用 OOPS 或 UNDO 命令将其恢复
复制（COPY 或 C）	在指定方向上按照指定距离或指定几点复制对象，复制的对象大小和方向保持不变
镜像（MIRROR 或 MI）	绕指定轴翻转对象创建对称的镜像图形
偏移（OFFSET 或 O）	创建同心圆、平行线和平行曲线
阵列（ARRAY 或 AR）	分为矩形阵列和环形阵列两种，分别用于创建参数相同的以行、列为基本指定对象的阵列及圆弧上指定圆心、角度或阵列对象数的阵列，图形的大小不变
移动（MOVE 或 M）	在指定方向上按照指定距离移动对象，对象的大小和方向保持不变
旋转（ROTATE 或 RO）	绕指定对象按照指定角度或参考角度进行旋转
缩放（SCALE 或 SC）	放大或缩小选定对象，缩放后图形比例保持不变
修剪（TRIM 或 TR）	修剪对象以使其与其他对象的边相接。操作过程中，首先选择剪切边，然后指定被修剪的对象进行修剪

命令	功能
延伸——（EXTEND 或 EX）	延伸对象以使其精确地延伸至由其他对象定义的边界，其操作方法与修剪命令一样
倒角 （CHAMFER 或 CHA）	在两个对象（直线、多段线、构造线、射线、三维实体）之间创建倒角，操作时应先设置倒角的距离，然后添加需要进行倒角的对象
圆角（FILLET 或 F）	使用与对象相切并有指定半径的圆弧连接两个对象。操作时应先设置圆角半径，然后选择要添加圆角的对象
分解（EXPLODE）	将多段线、标注、图案填充、阵列、块等复合对象拆解为单个元素

2. 绘制平面图形的思路

（1）分析图形

绘制图形前，要进行图形分析，包括分析尺寸关系、线段结构关系等。

（2）设置绘图环境

分析完图形后，要确定基本的绘图步骤并设置绘图环境。

（3）绘制图形

按照绘图步骤进行作图。

（4）完善图形，标注尺寸

逐步核对图形要素，修改、完善图形，并标注图形尺寸，最后将图形复制至图框中，填写标题栏。

工作案

工作案

工作步骤	图示
1. 分析图形	图 1-14 所示的楔形轴套属于较复杂的平面图形，需要灵活应用各种绘图及编辑命令、尺寸标注和文字输入命令才能完成
2. 设置绘图环境	① 绘制 A4 图幅。 单击"绘图"面板中的"矩形"按钮，绘制"297×210"的 A4 横向图幅，然后绘制无装订边的图框

工作步骤	图示
② 创建图层。 根据图形要求，创建"粗实线"图层、"点画线"图层、"标注"图层	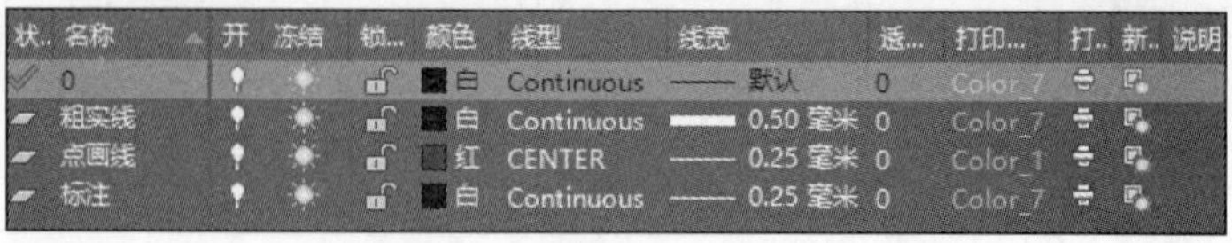
③ 设置文字样式。 单击"注释"面板中的下拉按钮，在打开的下拉面板中单击"文字样式"按钮，打开"文字样式"对话框。将字体设置为"gbenor.shx"，使用大字体"gbcbig.shx"，其他设置取默认值	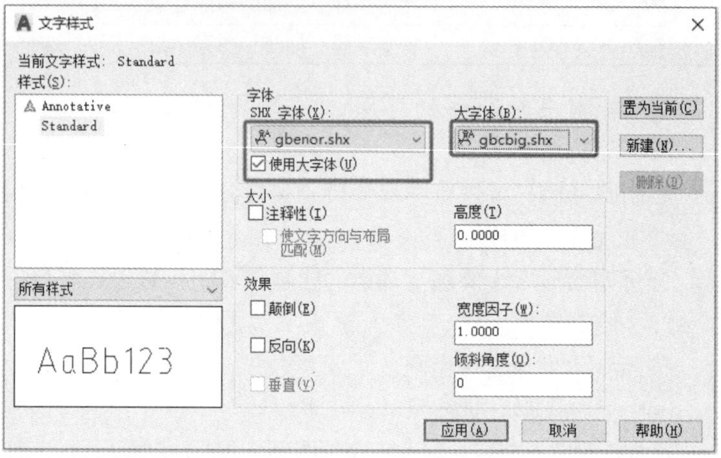
2.设置绘图环境 ④ 设置尺寸标注样式。 在"注释"面板的下拉面板中单击"标注样式"按钮，打开"标注样式管理器"对话框。单击"修改"按钮，打开"修改标注样式:ISO-25"对话框，修改"线""符号和箭头""文字"等选项卡中的选项。 将"符号和箭头"选项卡中的"箭头大小"设置为"3"，将"文字"选项卡中的"文字高度"设置为"3.5"，"文字对齐"选择"ISO标准"单选项，完成修改后，单击"确定"按钮，再单击"关闭"按钮退出设置	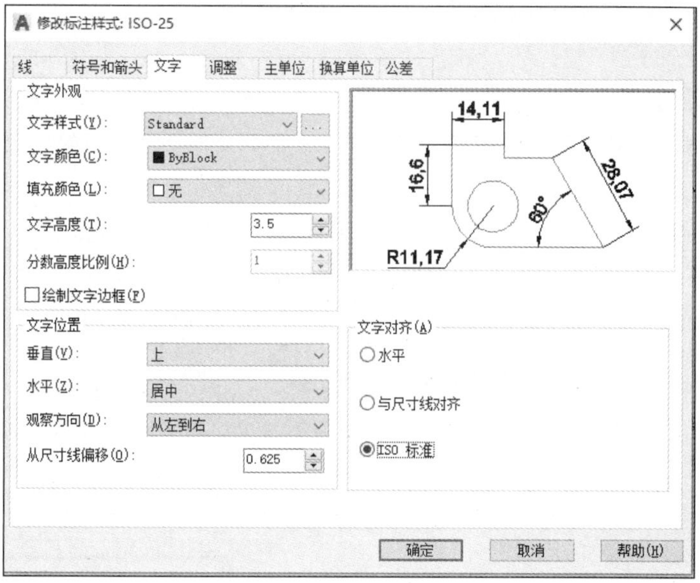
⑤ 绘制标题栏。 绘制学校用简化标题栏 ⑥ 创建文字，填写标题栏。 单击"注释"面板中的"多行文字"按钮，在标题栏中指定对角点以确定文本框位置，调整好文字的格式、样式、段落、对齐方式等，在文本框内输入文字	

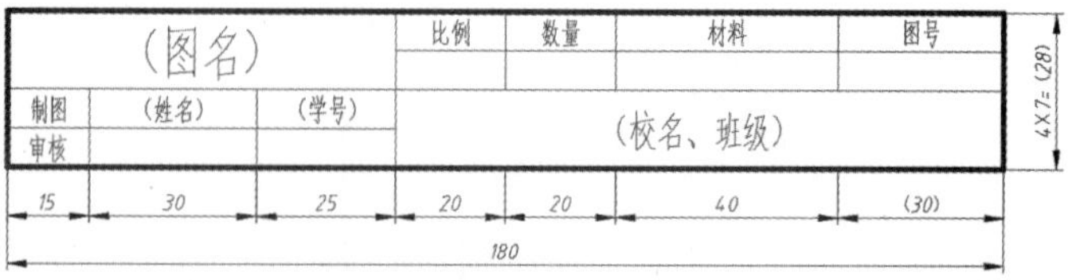

续表

工作步骤		图示
2. 设置绘图环境	⑦ 保存为样板文件。 完成上述绘图环境的设置后，执行"另存为"→"图形样板"命令，将文件保存为图形样板文件（*.dwt）	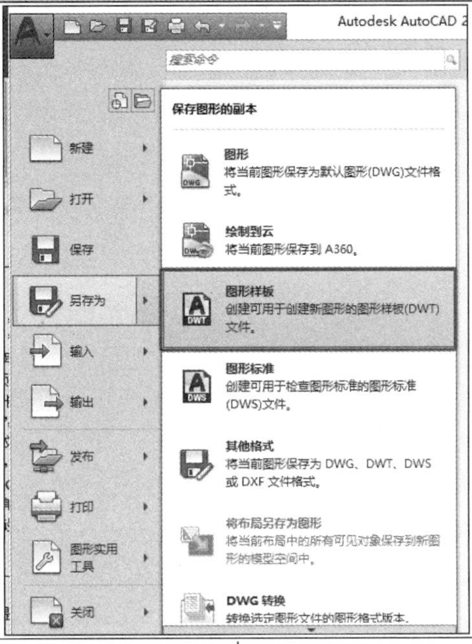
3. 绘制图形	① 绘制基准线。 绘制两条相交中心线确定圆弧中心	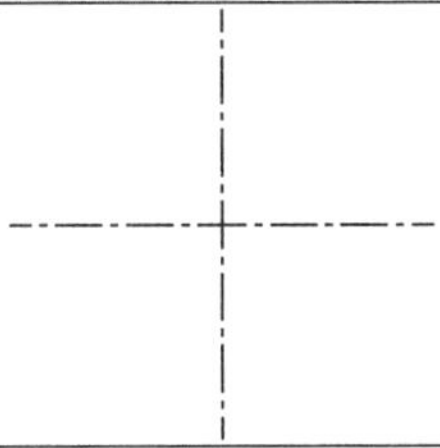
	② 绘制已知线条。 绘制 $\phi15$、$\phi30$、$R18$ 圆弧；从基准线偏移 70、50，绘制 80×10 方框	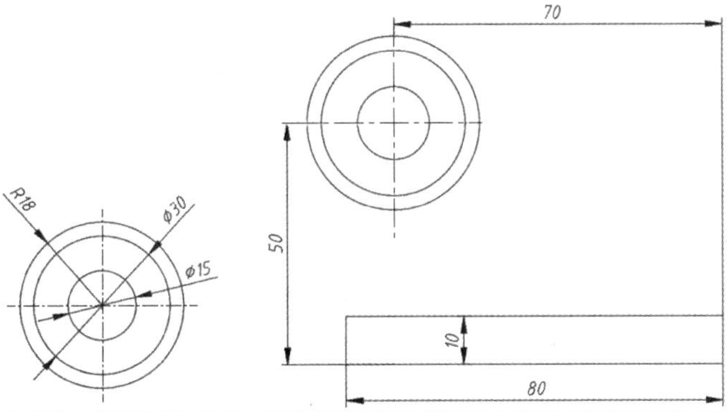
	③ 绘制中间线条。 由于 $R50$ 圆弧与 $R18$ 圆弧内切，以 $R18$ 圆弧的圆心为圆心，以"50-18=32"为半径画弧，与左下方框延长线相交，该交点即 $R50$ 圆弧的圆心，以此为圆心绘制 $R50$ 圆弧	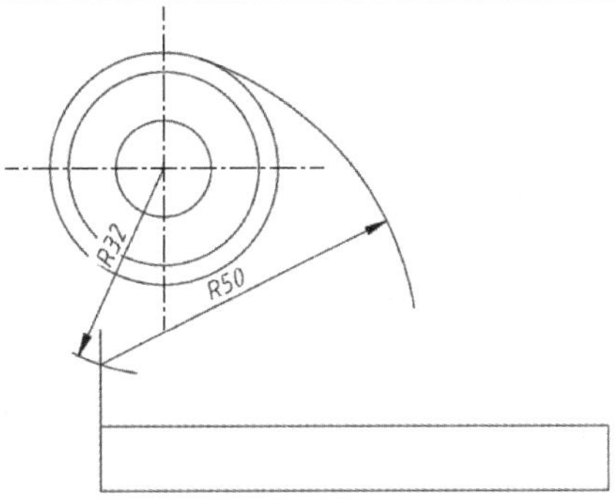

工作步骤	图示
3. 绘制图形	④ 绘制连接线条。 确定与 R50 圆弧、方框右上边均相切的 R30 圆弧的圆心，绘制 R30 圆弧；确定与方框左上角、R18 圆弧均相切的 R30 圆弧的圆心，绘制 R30 圆弧 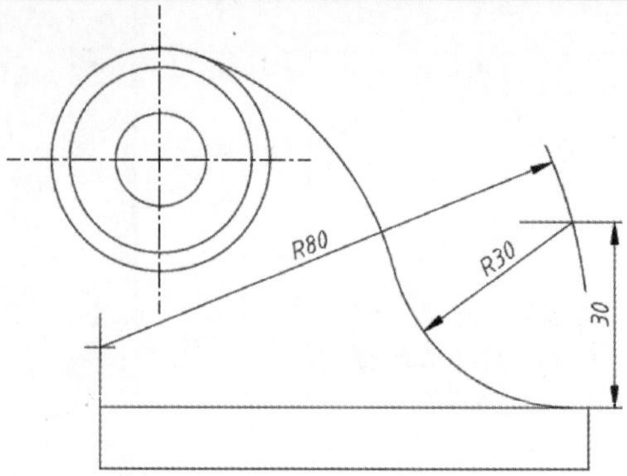 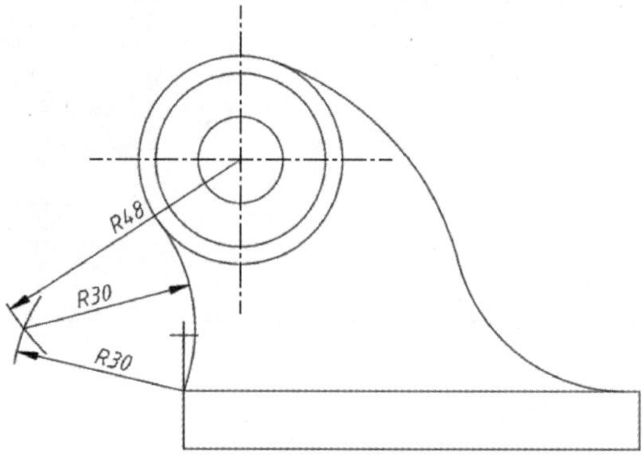
4. 完善图形	将图形复制到 A4 图幅中，并填好标题栏，完成图形绘制 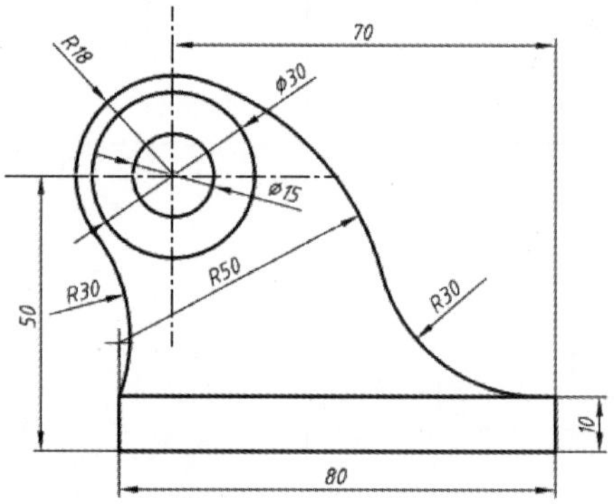 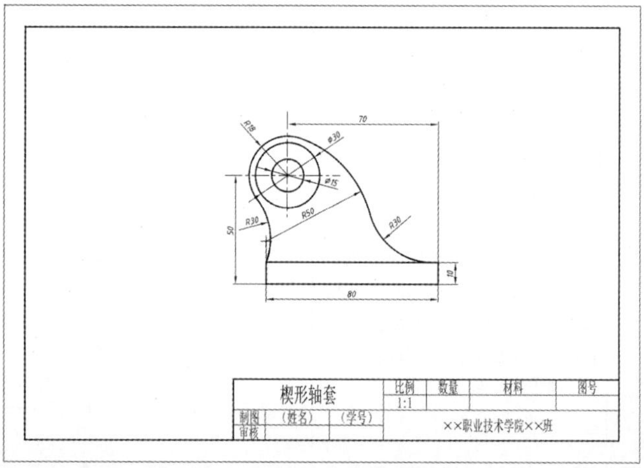

任务小结及评价

一、任务小结

任务名称	应用计算机绘图软件绘制楔形轴套图形
任务实施步骤	分析图形—设置绘图环境—绘制图形—完善图形
任务涉及知识点	计算机绘图基础知识，计算机绘图思路及步骤

二、任务评价

评价项目	评价内容	分值	评价分数		改进建议
			自评（30%）	教师评价（70%）	
素质目标（30%）	考勤无迟到、早退、旷课	5分			
	团队合作、沟通能力	5分			
	认真、严谨、细致的作图习惯	10分			
	严格遵循国家标准技术要求的规范意识	10分			
知识目标（30%）	熟悉常用的计算机绘图软件的基本操作	10分			
	熟练掌握计算机绘图软件中常用绘图命令、编辑命令的使用方法	10分			
	熟练掌握计算机绘图的基本思路	10分			
技能目标（40%）	具备正确设置计算机绘图软件绘图环境的能力	10分			
	具备应用计算机绘图软件绘制常见二维平面图形的能力	30分			
小计		100分			
总评	自评（30%）+教师评价（70%）=			教师签名：	

任务拓展

1. 应用计算机绘图软件按照 1:1 的比例绘制下面的二维平面图形，不标注尺寸

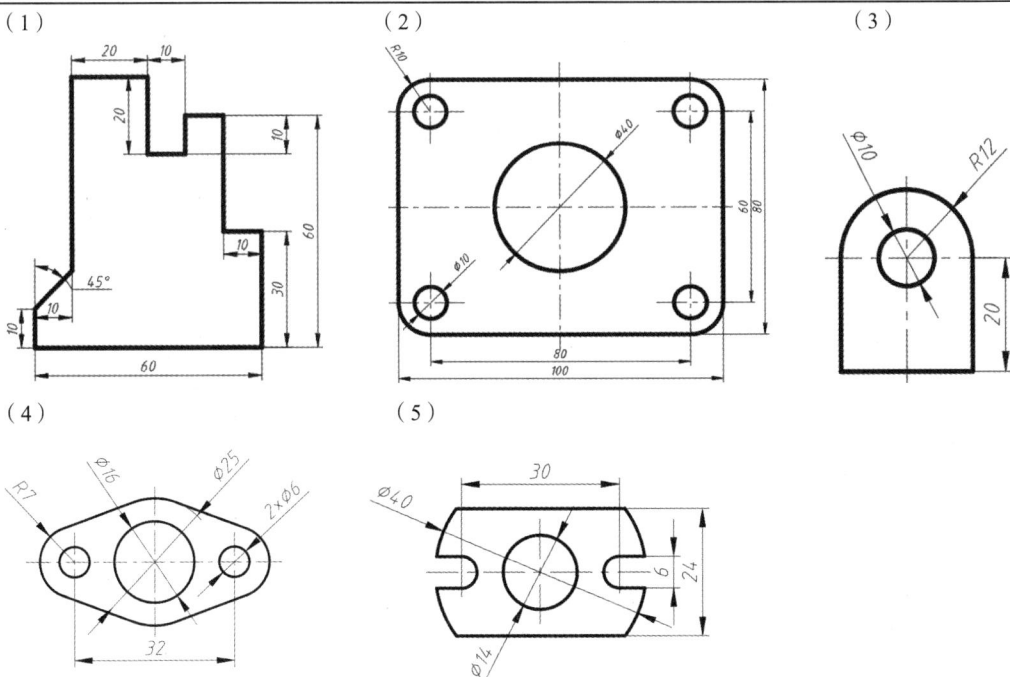

（1）　　　　　　　　　　　　（2）　　　　　　　　　　　　（3）

（4）　　　　　　　　　　　　（5）

2. 应用计算机绘图软件按照 1:1 的比例绘制下面的简单平面图形，不标注尺寸

（1）

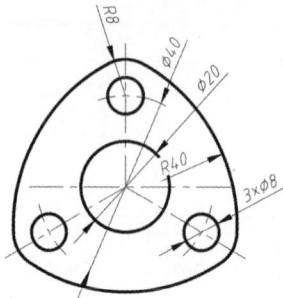

（2）

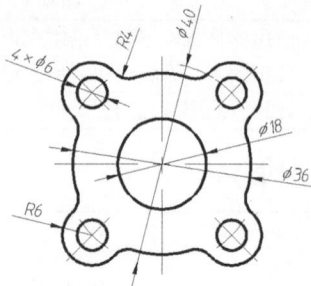

（3）

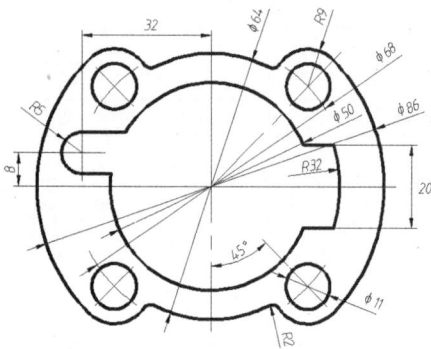

（4）

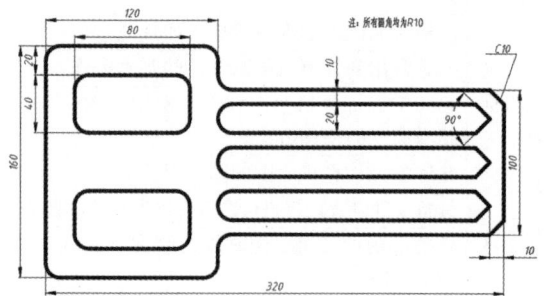

3. 应用计算机绘图软件按照 1:1 的比例绘制下面的平面图形（注意圆弧连接类型），并标注尺寸

（1）

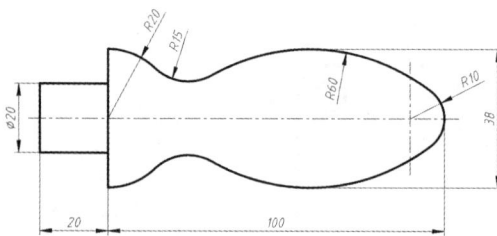

（2）

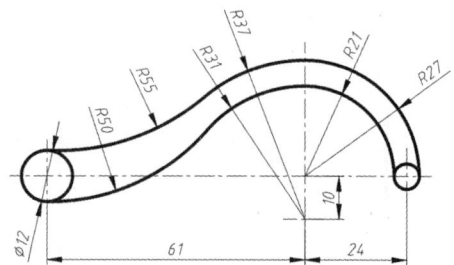

（3）

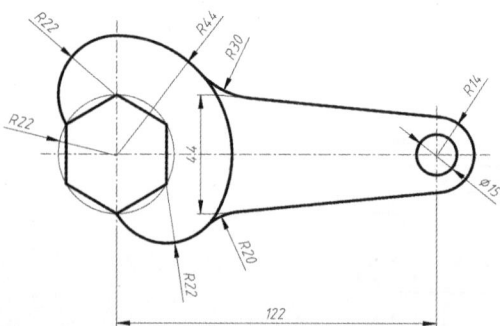

（4）

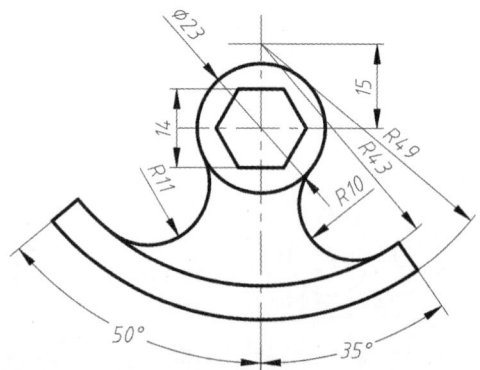

续表

（5）

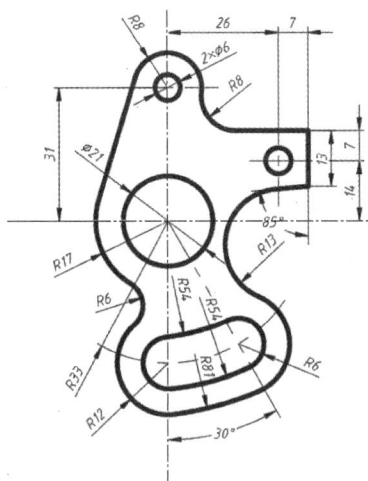

（6）

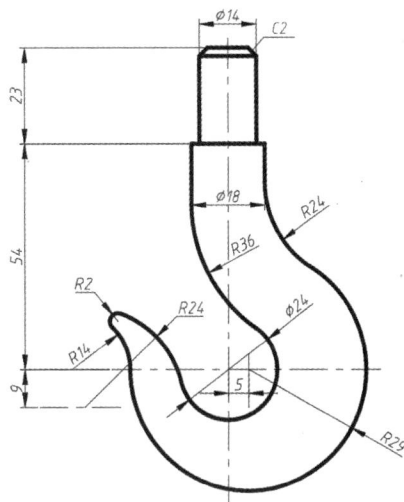

（7）

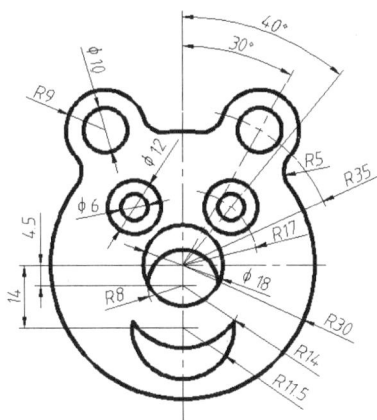

（8）

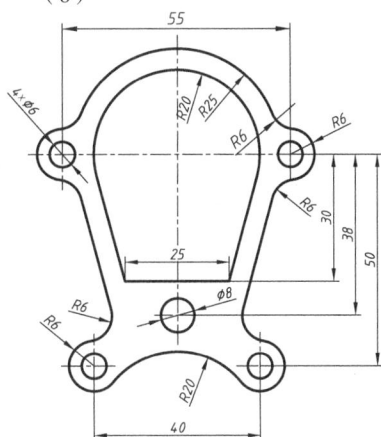

4. 应用计算机绘图软件按照 1:1 的比例绘制下面的复杂平面图形，并标注尺寸

（1）

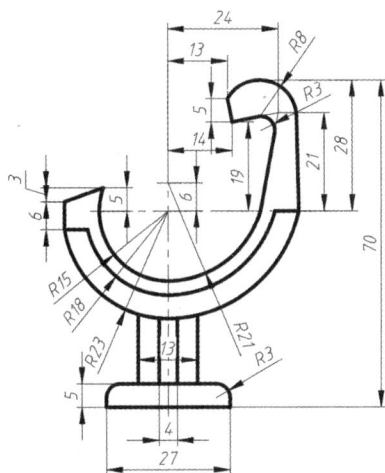

（2）

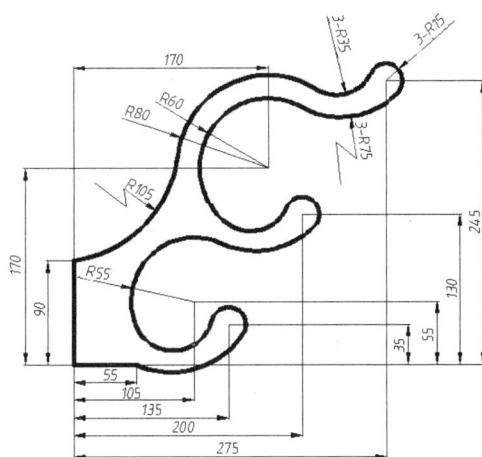

（3）

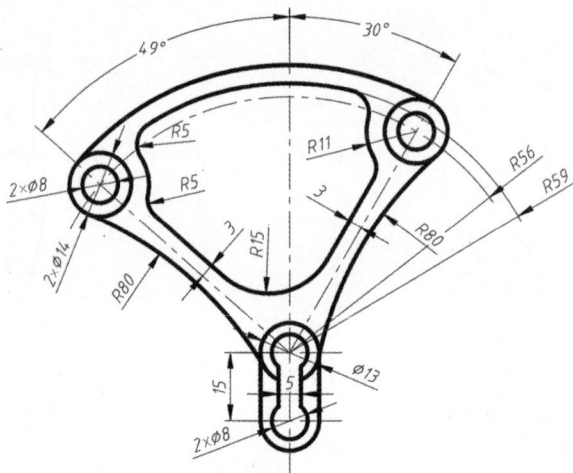

5. 应用计算机绘图软件按照 1:1 的比例绘制下面的趣味图形，并标注尺寸

（1）

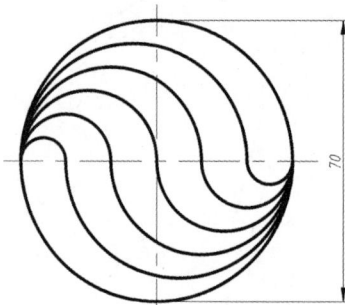

（2）

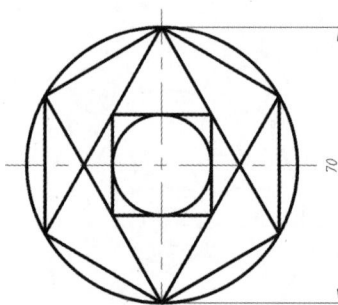

（3）

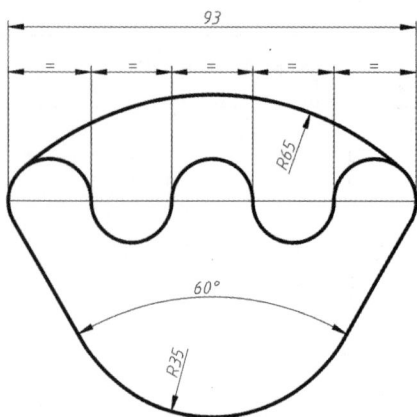

（4）

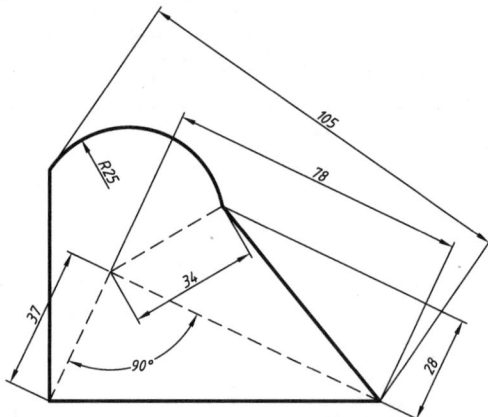

导学案

1. 学习目标

素质目标	• 让学生树立正确的世界观、人生观、价值观，注重学生规范意识的养成 • 培养学生面对困难勇往直前的意志和坚韧不拔的毅力 • 培养学生细致认真、一丝不苟的工作作风
知识目标	• 熟练掌握正投影法的基本特性、三视图的形成原理与投影规律 • 熟练掌握组合体三视图的绘制及标注方法 • 熟练掌握组合体三视图的识读方法，能够根据已知条件补画出正确的三视图
技能目标	• 具备运用投影规律绘制简单三视图的能力 • 具备正确分析组合体三视图的能力 • 具备对复杂三视图进行尺寸标注的能力 • 具备应用计算机绘图软件绘制组合体三视图的能力
学习重点	• 正投影法的基本特性、三视图的形成原理与投影规律 • 组合体三视图的识读方法
学习难点 （预判）	• 组合体三视图的识读方法，根据已知条件补画出正确的三视图 • 正投影法的基本特性、三视图的形成原理与投影规律 • 应用计算机绘图软件绘制组合体三视图

2. 知识图谱

知识点1: 投影法，明确投影法的基本概念、正投影法的基本特性

知识点2: 三视图，明确三视图的形成原理、三视图之间的关系

知识点3: 点、直线段和平面的投影，掌握在三视图和立体图上分析相应的点、直线段、平面的投影

知识点4: 基本体，学习平面立体的三视图、回转体的三视图

任务一 类螺栓三视图绘制

任务三 三通管三视图绘制

知识点1: 相贯的基本形式及相贯线的性质

知识点2: 正交两圆柱相贯线的画法

知识点3: 求作相贯线的注意事项

三视图绘制

知识点1: 平面立体的截交线，明确平面立体截交线的概念及画法

知识点2: 回转体的截交线，掌握回转体截交线的概念及画法

任务二 五棱柱截切三视图绘制

任务四 轴承座三视图绘制

知识点1: 组合体形体分析，明确组合体的组合形式、表面连接关系

知识点2: 组合体三视图的画法，掌握组合体三视图的常用画法

知识点3: 组合体的尺寸标注，掌握正确标注组合体尺寸的方法及要领

知识点4: 组合体三视图的识读方法，掌握识读组合体三视图的方法

任务一　类螺栓三视图绘制

任务导入

任务情境	在一个机械制造车间里，工程师小李审视着手中的类螺栓样品，思考着如何准确地将其结构特征表现在图纸上。最终，他决定使用三视图的方式来表达类螺栓的尺寸和形状。他打开绘图软件，开始细心地绘制
任务描述	根据类螺栓轴测图（见图2-1）想象其空间形状，分析其结构。按照1:1的比例绘制图2-2所示的类螺栓三视图，并标注尺寸  图 2-1　类螺栓轴测图 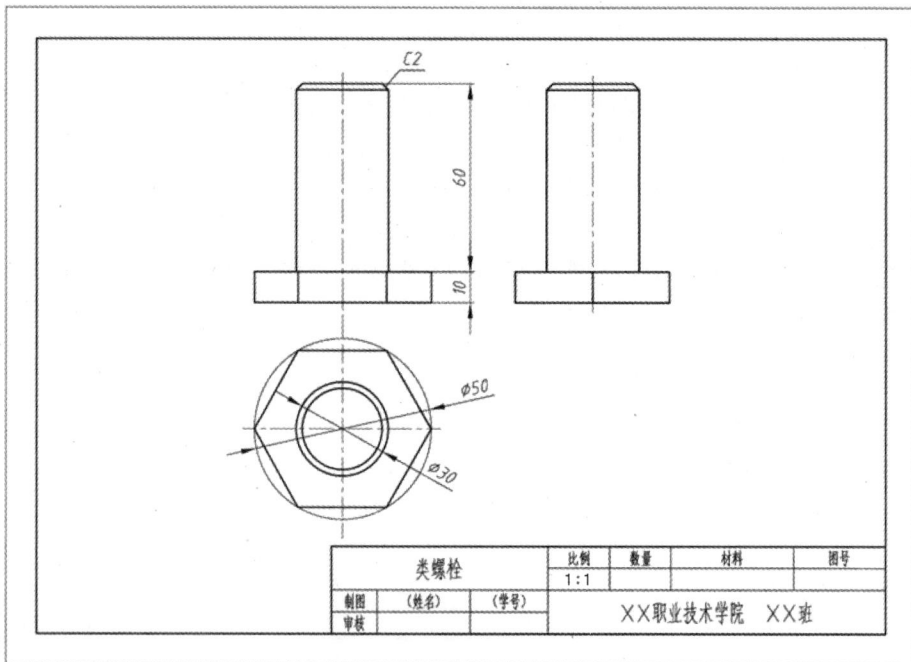 图 2-2　类螺栓三视图

知识储备

一、投影法

1. 投影法的概念

日常生活中，光线照射在物体上、地上或墙上会出现影子，这种现象就是投影现象。人们在长期的生产实践中对投影现象进行研究，总结出了光线、物体及影子之间的对应关系，从而产生了投影法。

投影法就是用投射线通过物体向选定的平面投射，并在该平面上得到图形的方法。其中承载投影的平面（P）称为投影面，发自投射中心且通过物体上各点的直线称为投射线，投影面上的图形称为投影。

2. 投影法的分类

根据投射线是否平行，投影法可以分为中心投影法和平行投影法。

（1）中心投影法

投射线汇交于一点的投影法称为中心投影法，如图 2-3 所示。其特点如下。

① 物体投影的大小会随着投射中心距离物体的远近或者物体距离投影面的远近而变化。

② 投影不能反映物体的真实大小，度量性差，不适用于绘制机械图样。

③ 图形立体感强，在绘制各类产品的效果图、建筑物外观图及美术画中被广泛使用。

（2）平行投影法

投射线相互平行的投影法称为平行投影法。

根据投射线是否垂直于投影面，平行投影法又可分为斜投影法和正投影法，如图 2-4 所示。

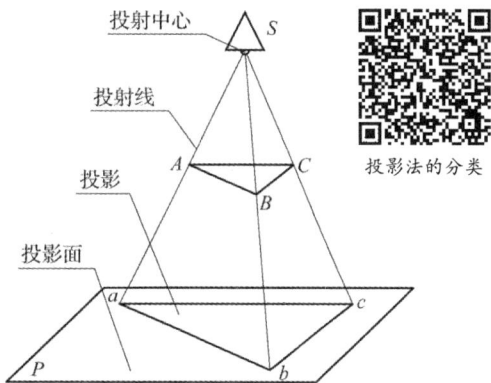

图 2-3　中心投影法

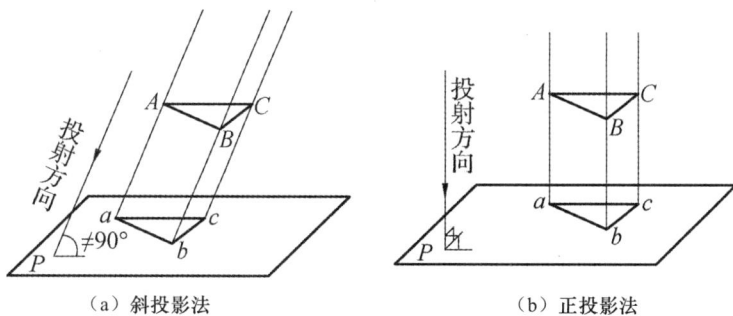

（a）斜投影法　　　　　（b）正投影法

图 2-4　平行投影法

① 斜投影法。投射线倾斜于投影面的投影法为斜投影法，所得的投影为斜投影，如图 2-4（a）所示。斜投影法主要用于绘制有立体感的图形。

② 正投影法。投射线垂直于投影面的投影法为正投影法，所得的投影为正投影，如图 2-4（b）所示。正投影法反映了物体的真实形状和大小。绘制机械图样时主要采用正投影法。

3．正投影法的基本特性

正投影法中，物体上的平面和直线段的投影具有以下 3 个特性，如表 2-1
所示。

正投影法的基本特性

表 2-1 　　　　　　　　　　　　　　正投影法的基本特性

基本特性	显实性	积聚性	类似性
图示			
说明	当物体上的平面和直线段平行于投影面时，它们的投影反映平面的真实形状和直线段的实长	当物体上的平面和直线段垂直于投影面时，它们的投影分别积聚成直线段和点	当物体上的平面和直线段倾斜于投影面时，平面图形的投影仍为类似的平面图形，但面积缩小，直线段的投影仍为直线段，但长度缩短

二、三视图

绘制机械图样时，仅用一个方向的视图不能完全表达空间物体的形状和大小，如图 2-5 所示。因此需要从几个不同的方向进行投影，形成一组视图来表达对象。绘制机械图样通常采用从 3 个方向投影得到的三视图来进行表达。

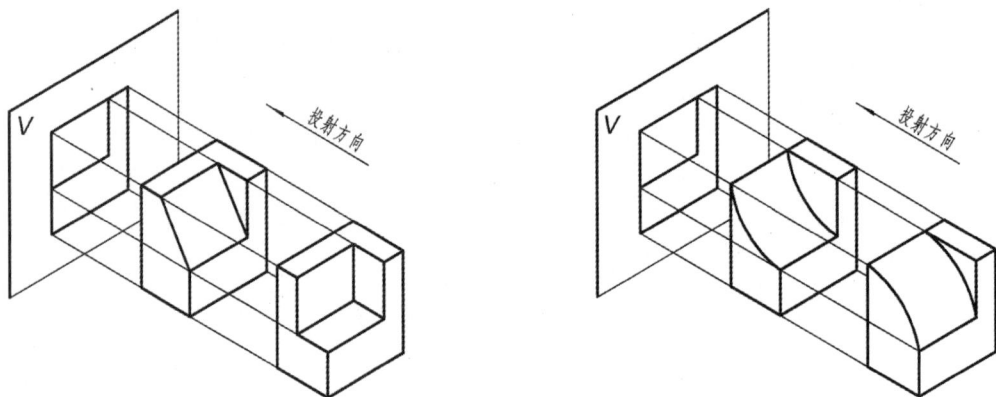

图 2-5　形状不同的物体的单面投影

1．三视图的形成原理

（1）三投影面体系

3 个相互垂直的投影面 V、H 和 W 把空间分成了 8 个区域，如图 2-6（a）所示。这 8 个区域也称 8 个分角或 8 个象限，我国采用第一分角。3 个相互垂直的投影面 V、H 和 W 就构成了三投影面体系，第一分角如图 2-6（b）所示。

三视图

正立投影面，简称正立面，用 V 表示。

水平投影面，简称水平面，用 H 表示。

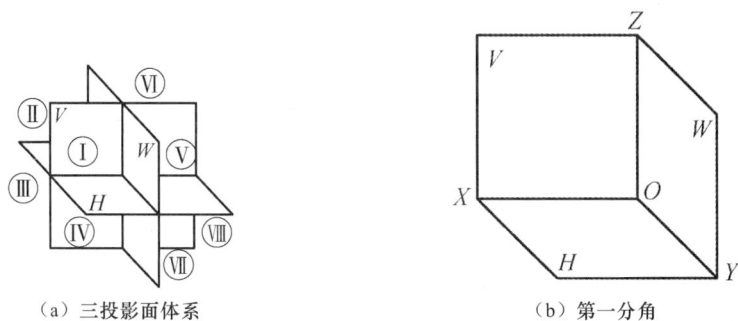

（a）三投影面体系　　　　　（b）第一分角

图 2-6　三投影面体系

侧立投影面，简称侧立面，用 W 表示。

3 个投影面之间的交线称为投影轴，分别用 OX、OY、OZ 表示。3 根投影轴相互垂直，其交点 O 称为原点。

（2）三视图的形成

将物体放在三投影面体系中，按正投影法分别向 V、H、W 投影面投射，即可得到物体在 3 个投影面上的投影，如图 2-7 所示。

物体在正立投影面（V 面）上的投影，也就是由前向后投射所得的视图，称为主视图。

物体在水平投影面（H 面）上的投影，也就是由上向下投射所得的视图，称为俯视图。

物体在侧立投影面（W 面）上的投影，也就是由左向右投射所得的视图，称为左视图。

主视图、俯视图及左视图通常称为物体的三视图，其中主视图应尽量反映物体的主要特征。

（3）三视图的展开

为把物体的 3 个投影画在同一平面上，规定：正立投影面（V 面）保持不动，将水平投影面（H 面）绕 OX 轴向下旋转 90° 与正立投影面重合，将侧立投影面（W 面）绕 OZ 轴向后旋转 90° 与正立投影面重合，正立投影面就是图纸平面，所得结果如图 2-8 所示。

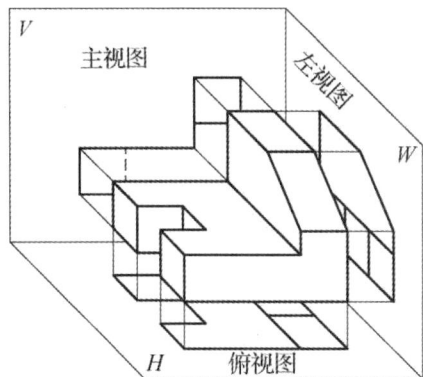

图 2-7　三视图的形成

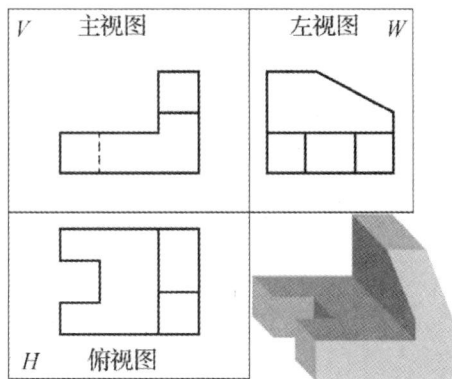

图 2-8　三视图的展开

2. 三视图之间的关系

三视图之间存在着位置、尺寸和方位 3 种对应关系。

（1）位置关系。一般以主视图为基准，俯视图在它的正下方，左视图在它的正右方，如图 2-8 所示。

（2）尺寸关系。三视图的每个视图都能够反映物体的两个方向的尺寸。其中：

主视图反映物体的长度（X）和高度（Z）；

俯视图反映物体的长度（X）和宽度（Y）；

左视图反映物体的高度（Z）和宽度（Y）。

从三视图的形成及展开过程可以看出三视图的尺寸关系为：长对正、高平齐、宽相等，如图 2-9 所示。

（3）方位关系。绘图者从正面（V 面）观察物体时，相对其自身而言，物体上、下、左、右、前、后 6 个方位在三视图中的对应关系如图 2-10 所示，即：

主视图——反映物体的上下和左右；

俯视图——反映物体的左右和前后；

左视图——反映物体的上下和前后。

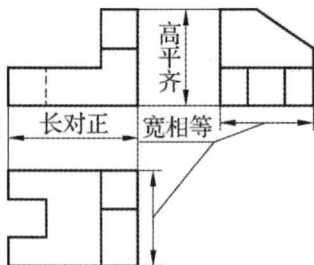

图 2-9　三视图之间的尺寸关系

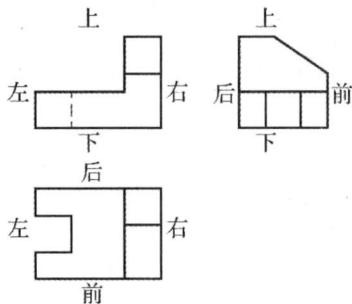

图 2-10　三视图之间的方位关系

俯、左视图靠近主视图的一侧（内侧），均表示物体的后面；远离主视图的一侧（外侧），均表示物体的前面。

三、点、直线段和平面的投影

点、直线段、平面是构成物体的基本几何要素，为了能迅速而准确地画出物体的三视图，应该熟练掌握点、直线段、平面的投影规律。

1.　点的投影

（1）点的三面投影

在三投影面体系内有一点 A，根据正投影法，点 A 在 3 个投影面上的投影分别用 a（水平投影）、a'（正面投影）、a''（侧面投影）表示，如图 2-11 所示。

为了将空间 3 个投影面上的投影画在同一平面上，规定：V 面不动，H 面绕 OX 轴向下旋转 $90°$，与 V 面重合；W 面绕 OZ 轴向后旋转 $90°$，与 V 面重合，得到展开后点 A 的三面投影，如图 2-12（a）所示。图 2-12（b）所示为去掉投影面边框后点 A 的三面投影。

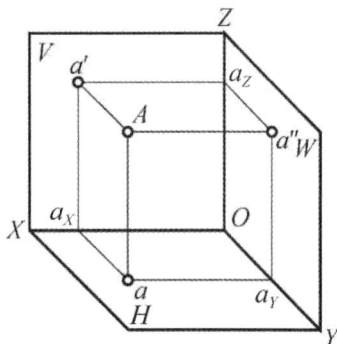

图 2-11　点的投影

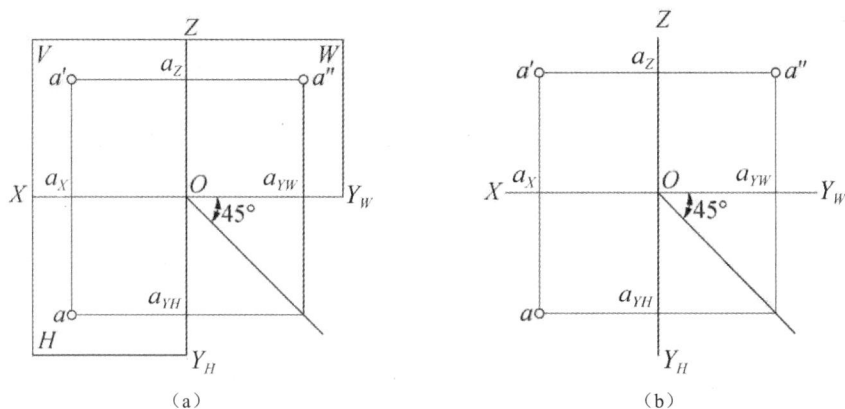

图 2-12　点的三面投影

（2）点的投影规律

通过对点的三面投影的分析，可总结出点的投影规律如下。

① 点的两面投影的连线，必定垂直于该两面的交线（投影轴），如图 2-12（b）所示。

$aa' \perp OX$，$a'a'' \perp OZ$，$aa_{YH} \perp OY_H$，$a''a_{YW} \perp OY_W$。

② 点的投影与直角坐标系的关系如图 2-11 所示。

$x = Oa_X = aa_Y = a'a_Z$，为 A 点到 W 面的距离。

$y = Oa_Y = aa_X = a''a_Z$，为 A 点到 V 面的距离。

$z = Oa_Z = a'a_X = a''a_Y$，为 A 点到 H 面的距离。

上述点的投影规律体现了三视图间的"长对正、高平齐、宽相等"的投影关系。空间中点 A 的坐标的规定书写形式为：$A(x, y, z)$。根据点的投影规律，可由点的坐标作出点的三面投影，也可根据点的已有两面投影作出点的第三面投影。

（3）根据点的两个投影求第三个投影

由于点的两个投影反映了该点的 X、Y、Z 这 3 个坐标，因此该点的空间位置已确定，应用点的投影规律，就可以根据点的任意两个投影求出第三个投影。

【例 2-1】 已知点 A 的正面投影 a' 和水平投影 a，求作点 A 的侧面投影 a''。

分析：由于点的两个投影反映了点 A 的 X、Y、Z 这 3 个坐标，因此点 A 的空间位置已确定，应用点的投影规律，就可以求出点 A 的侧面投影 a''。

已知点的两个投影求第三个投影的作图过程如图 2-13 所示。

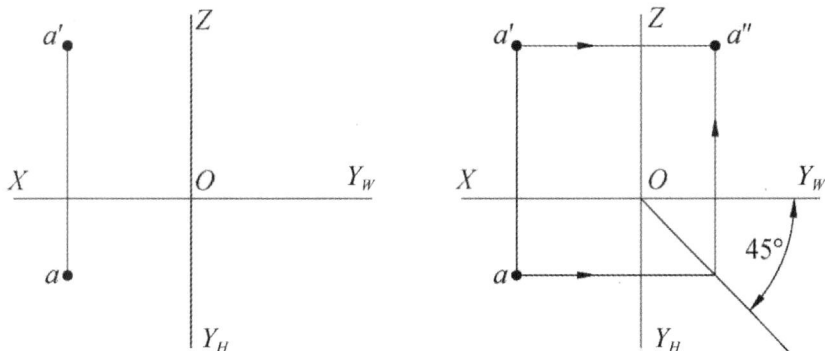

图 2-13　已知点的两个投影求第三个投影

2. 直线段的投影

直线段的投影一般情况下仍为直线段，特殊情况下积聚为点。

直线段由两点确定，因此，它的投影由直线段上两点的同面投影的连线来确定，如图 2-14 所示。

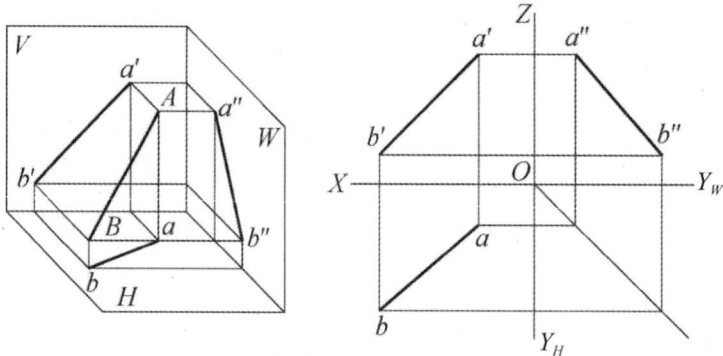

图 2-14　直线段的投影

直线段相对于投影面的位置有垂直、平行、倾斜 3 种情况，如图 2-15 所示。其中垂直与平行 2 种情况属于特殊位置直线段，倾斜属于一般位置直线段，由于位置不同，直线段的投影各有不同的投影特性。

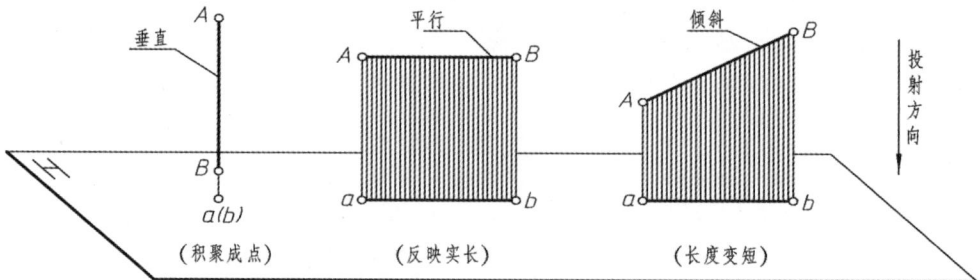

图 2-15　直线段相对于投影面的 3 种位置

（1）特殊位置直线段

① 垂直于一个投影面的直线段（必定与其他两个投影面平行），统称为投影面垂直线。其中：

垂直于 H 面的直线段，称为铅垂线；

垂直于 V 面的直线段，称为正垂线；

垂直于 W 面的直线段，称为侧垂线。

铅垂线、正垂线及侧垂线的投影特性如表 2-2 所示。

表 2-2　　　　　　　　　　　　投影面垂直线的投影特性

名称	铅垂线（垂直于 H）	正垂线（垂直于 V）	侧垂线（垂直于 W）
轴测图			

续表

名称	铅垂线（垂直于 H）	正垂线（垂直于 V）	侧垂线（垂直于 W）
投影图			
投影特性	① 在 H 面的投影积聚为一点； ② $a'b' \perp OX$，$a''b'' \perp OY_W$； ③ $a'b'=a''b''=AB$	① 在 V 面的投影积聚为一点； ② $ab \perp OX$，$a''b'' \perp OZ$； ③ $ab=a''b''=AB$	① 在 W 面的投影积聚为一点； ② $ab \perp OY_H$，$a'b' \perp OZ$； ③ $ab=a'b'=AB$

小结： a. 直线段在所垂直的投影面上的投影有积聚性；

　　　 b. 直线段与其他两面投影都平行，该两面投影都反映直线段实长，且垂直于相应的投影轴。

② 平行于一个投影面并与其他两个投影面相倾斜的直线段，统称为投影面平行线。其中：

　　　平行于 H 面并倾斜于 V 和 W 面的直线段，称为水平线；

　　　平行于 V 面并倾斜于 H 和 W 面的直线段，称为正平线；

　　　平行于 W 面并倾斜于 V 和 H 面的直线段，称为侧平线。

水平线、正平线及侧平线的投影特性如表 2-3 所示。

表 2-3　　　　　　　　　　　　投影面平行线的投影特性

名称	水平线	正平线	侧平线
轴测图			
投影图			
投影特性	① $a'b' /\!/ OX$，$a''b'' /\!/ OY_W$； ② $ab=AB$； ③ 反映 β、γ 的大小	① $ab /\!/ OX$，$a''b'' /\!/ OZ$； ② $a'b'=AB$； ③ 反映 α、γ 的大小	① $a'b' /\!/ OZ$，$ab /\!/ OY_H$； ② $a''b''=AB$； ③ 反映 α、β 的大小

小结： a. 直线段在平行的投影面上的投影反映实长；

　　　 b. 直线段的其他两面的投影平行于相应的投影轴；

　　　 c. 反映实长的投影与投影轴的夹角，等于空间直线段对相应投影面的倾角。

（2）一般位置直线段

一般位置直线段（见图 2-14）对 3 个投影面都倾斜，其三面投影仍为直线段。一般位置直线段具有以下投影特性。

① 一般位置直线段的各面投影都倾斜于投影轴。

② 一般位置直线段的各面投影的长度均小于实长（类似性）。

3．平面的投影

（1）平面的表示法

"平面的投影"中的"平面"指的是平面的有限部分，即平面图形。平面可以由点、线、面等几何元素表示，如图 2-16 所示。因此，求某一平面在投影面上的投影，就是求表示这个平面的几何元素在相同投影面上的投影。

平面的投影

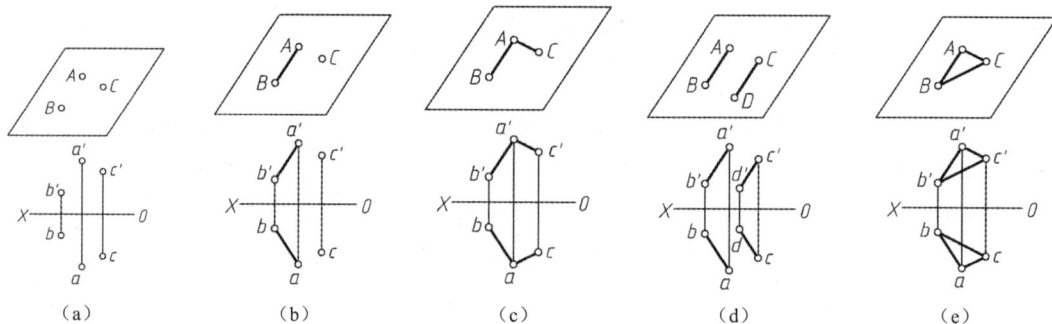

图 2-16　平面的表示法

（2）平面的投影特性

平面相对于投影面的位置有平行、垂直、倾斜 3 种情况。由于位置不同，平面的投影各有不同的特性，如图 2-17 所示。

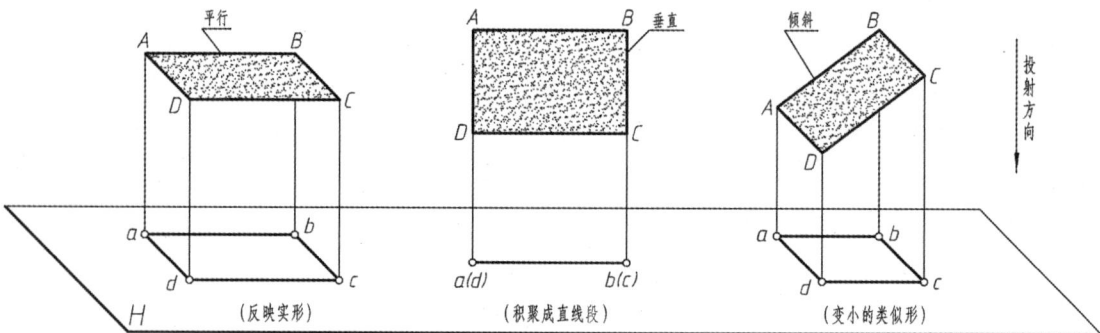

图 2-17　各种位置平面的投影特性

① 投影面平行面。

平行于一个投影面（必定垂直于其他两个投影面）的平面，统称为投影面平行面。其中：

平行于 H 面（垂直于 V 和 W 面）的平面，称为水平面；

平行于 V 面（垂直于 H 和 W 面）的平面，称为正平面；

平行于 W 面（垂直于 H 和 V 面）的平面，称为侧平面。

投影面平行面的投影特性如表 2-4 所示。

表 2-4   投影面平行面的投影特性

名称	水平面	正平面	侧平面
轴测图	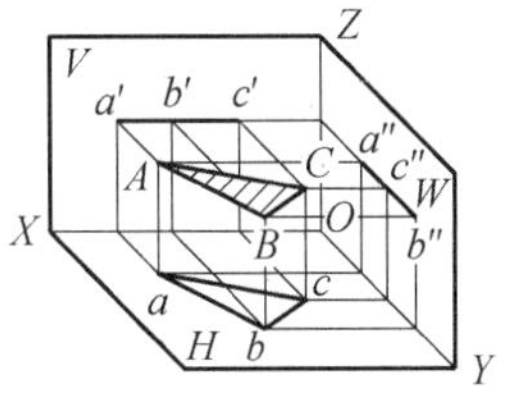	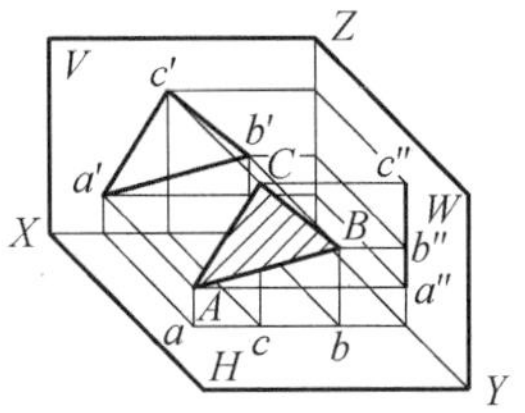	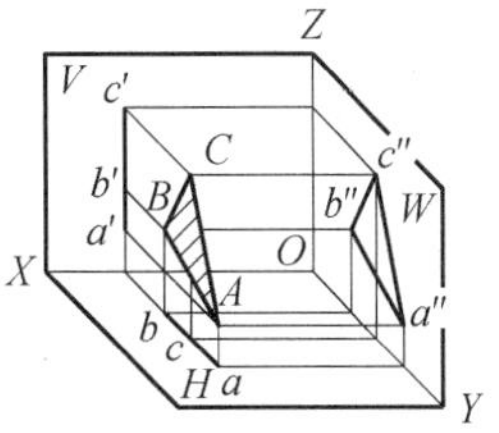
投影图	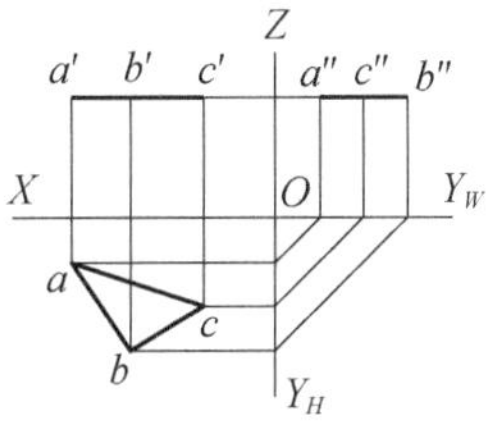	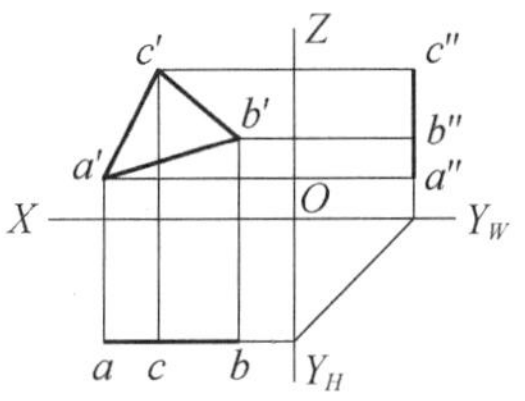	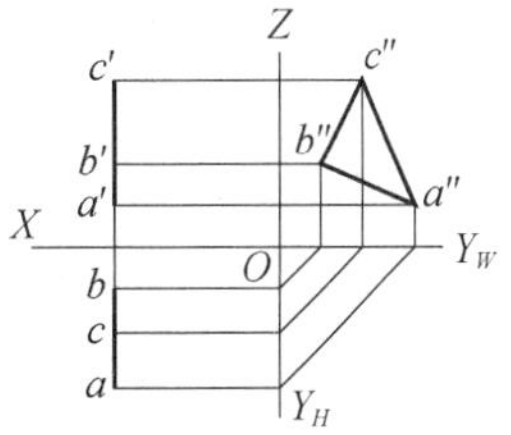
投影特性	① 在 V、W 面的投影积聚成直线段，分别平行于 OX、OY_W 轴； ② 在 H 面的投影反映实形	① 在 H、W 面的投影积聚成直线段，分别平行于 OX、OZ 轴； ② 在 V 面的投影反映实形	① 在 V、H 面的投影积聚成直线段，分别平行于 OZ、OY_H 轴； ② 在 W 面的投影反映实形

小结：a. 平面在所平行的投影面上的投影反映实形；

     b. 平面的其他两面的投影均积聚成直线段，且平行于相应的投影轴。

② 投影面垂直面。

垂直于一个投影面且倾斜于其他两个投影面的平面，统称为投影面垂直面。其中：

垂直于 H 面的平面（倾斜于 V、W 面），称为铅垂面；

垂直于 V 面的平面（倾斜于 H、W 面），称为正垂面；

垂直于 W 面的平面（倾斜于 V、H 面），称为侧垂面。

投影面垂直面的投影特性如表 2-5 所示。

表 2-5   投影面垂直面的投影特性

名称	铅垂面	正垂面	侧垂面
轴测图	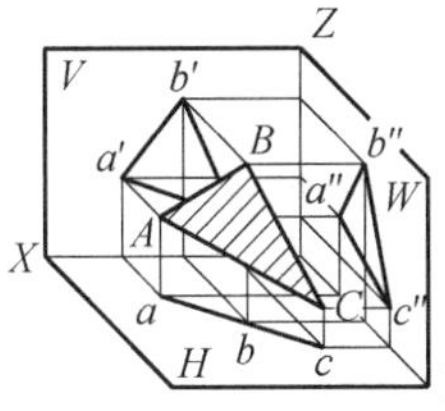	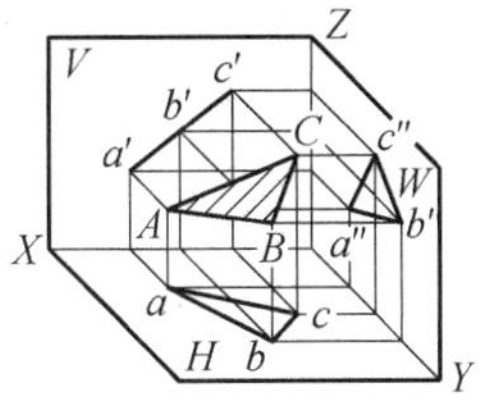	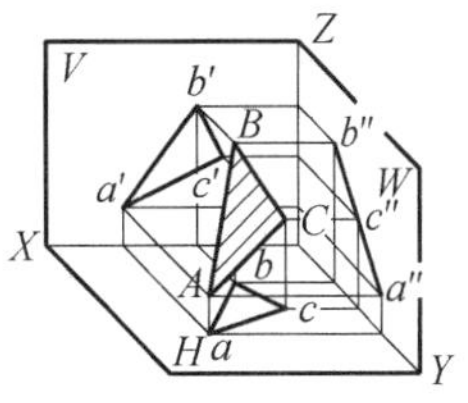
投影图	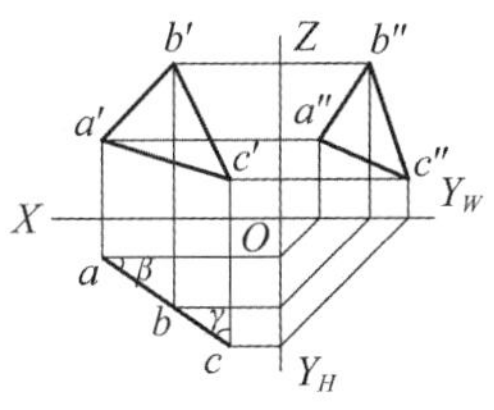	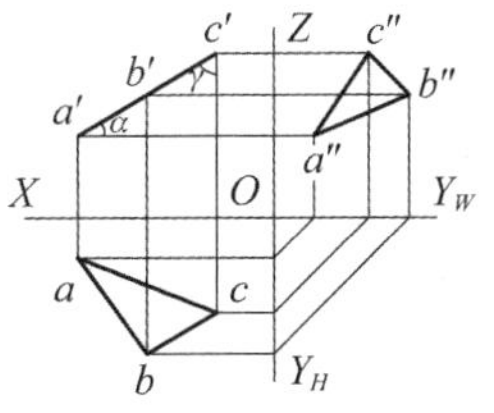	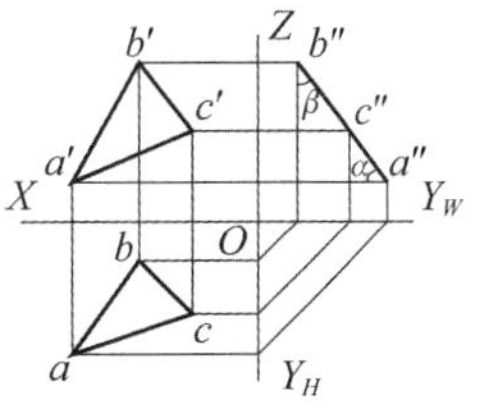

续表

名称	铅垂面	正垂面	侧垂面
投影特性	① 在 *H* 面的投影积聚成一条直线段； ② 在 *V*、*W* 面的投影均为比实形小的类似形； ③ 反映 β、γ 的大小	① 在 *V* 面的投影积聚成一条直线段； ② 在 *H*、*W* 面的投影均为比实形小的类似形； ③ 反映 α、γ 的大小	① 在 *W* 面的投影积聚成一条直线段； ② 在 *V*、*H* 面的投影均为比实形小的类似形； ③ 反映 α、β 的大小

小结：a. 平面在所垂直的投影面上的投影，积聚成倾斜于投影轴的直线段；

b. 平面的其他两面投影均为实形的类似形。

③一般位置平面。

倾斜于 3 个投影面的平面，称为一般位置平面，如图 2-18 所示。

由于一般位置平面对 3 个投影面都倾斜，因此它的三面投影都是面积小于原平面图形的类似形，不可能积聚成直线段，也不可能反映实形。

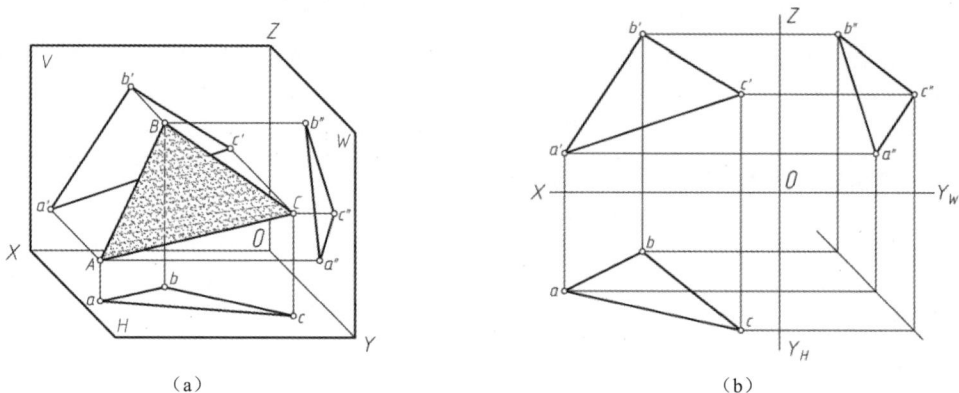

（a）　　　　　　　　　　　　　（b）

图 2-18　一般位置平面

四、基本体

基本体是指单一的几何体，它们是构成形体的基本单元。只有熟练掌握基本体的投影特性及其三视图的作图步骤，才能正确分析复杂的机械图样。

基本体分为平面立体和曲面立体两种。其中，平面立体是指表面均为平面的基本体，常见的平面立体有棱柱、棱锥等，如图 2-19（a）、图 2-19（b）所示；曲面立体是指表面全部由曲面或由曲面和平面共同组成的基本体，常见的曲面立体有圆柱、圆锥、球体等回转体，如图 2-19（c）、图 2-19（d）、图 2-19（e）所示。下面介绍常见的平面立体和回转体的三视图。

（a）棱柱　　　　　（b）棱锥　　　　　（c）圆柱　　　　　（d）圆锥　　　　　（e）球体

图 2-19　常见的基本体

1. 平面立体的三视图

（1）棱柱的三视图

现以正六棱柱为例介绍棱柱三视图的画法。画图前，一般要将立体摆平放正，如本例是使正六棱柱的底面平行于水平面并保持不动，然后画出其三视图，作图步骤如图 2-20 所示。

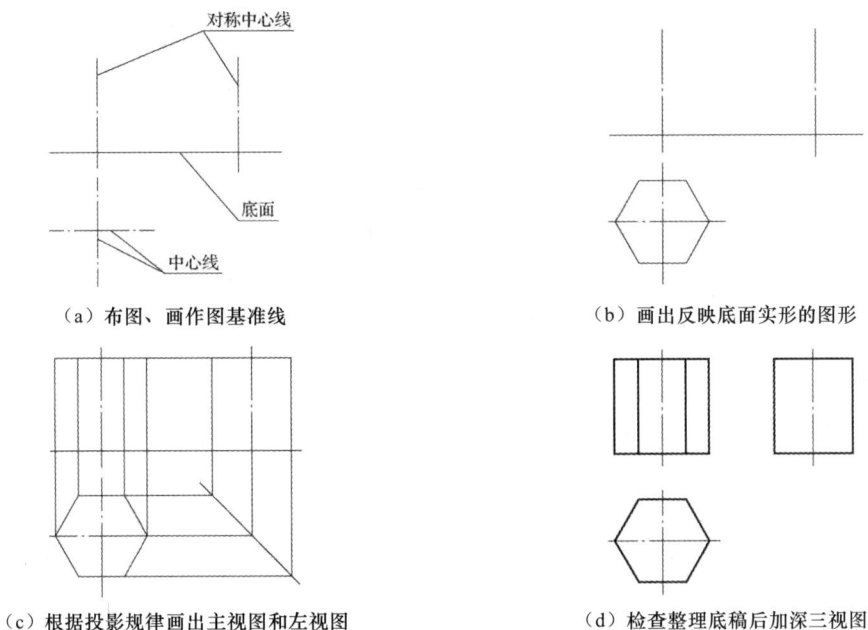

平面立体的三视图

（a）布图、画作图基准线

（b）画出反映底面实形的图形

（c）根据投影规律画出主视图和左视图

（d）检查整理底稿后加深三视图

图 2-20　棱柱三视图的作图步骤

（2）棱锥的三视图

以四棱锥为例，其三视图作图步骤如图 2-21 所示。

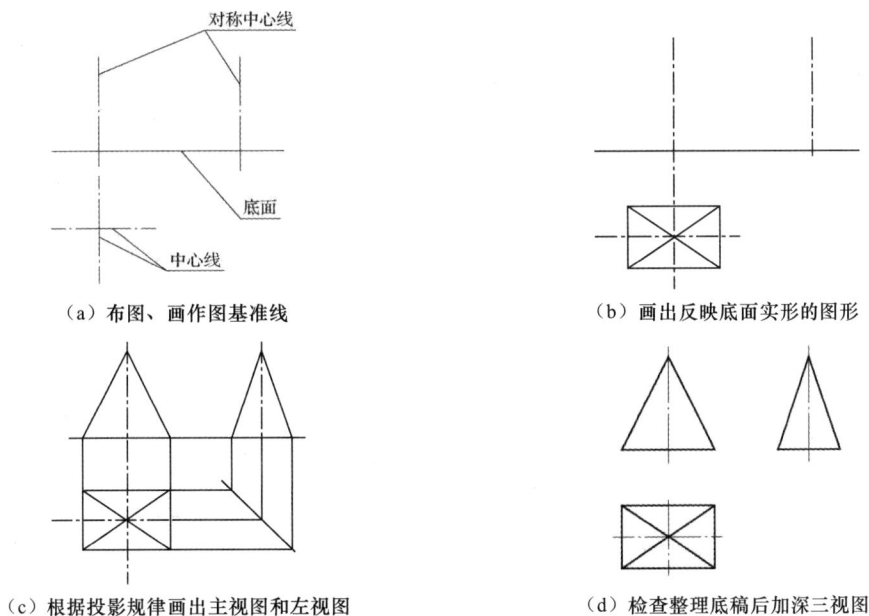

（a）布图、画作图基准线

（b）画出反映底面实形的图形

（c）根据投影规律画出主视图和左视图

（d）检查整理底稿后加深三视图

图 2-21　棱锥三视图的作图步骤

2. 回转体的三视图

（1）圆柱的三视图

圆柱是由圆柱面和上、下两个底面围成的实体。

画图前，需确定圆柱的回转轴线与投影面的相对位置（回转轴线通常垂直于某一投影面）。本例中圆柱的回转轴线与水平面垂直，如图 2-22 所示。

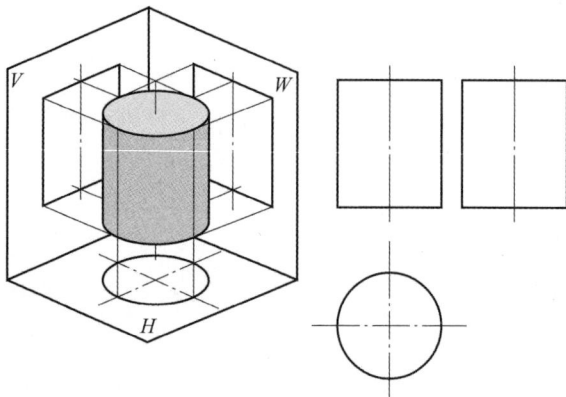

图 2-22　圆柱的三视图

作图要点分析：圆柱的水平投影为圆，圆周是整个圆柱面的积聚性投影；圆柱的正面和侧面投影是以轴线为对称线、大小完全相同的矩形；上、下底面的正面和侧面投影积聚为直线段，水平投影为圆。

（2）圆锥的三视图

圆锥是由圆锥面和底面围成的实体。

画图前，需要确定圆锥轴线与投影面的相对位置，如图 2-23 所示。

作图要点分析：圆锥的水平投影为圆；圆锥的正面和侧面投影是轴对称的、完全相同的等腰三角形；下底面的正面和侧面投影积聚为直线段，水平投影为圆。

（3）球体的三视图

球体是由球面围成的实体。

作图要点分析：图 2-24 中，球体的三面投影都是大小相同的圆，3 个圆分别是球面对 3 个投影面的转向轮廓线，其投影都没有积聚性；圆的直径等于球体的直径。

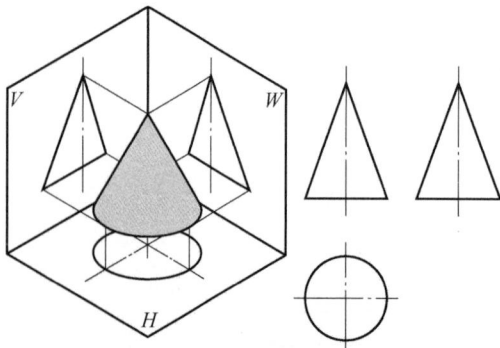

图 2-23　圆锥的三视图

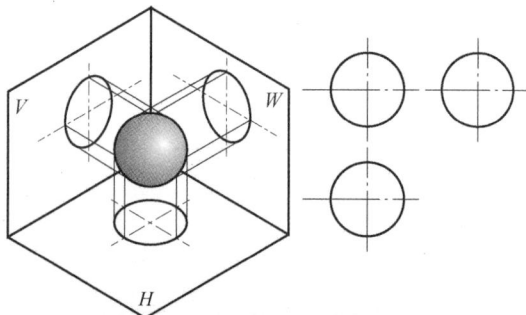

图 2-24　球体的三视图

工作案

工作步骤	图示
① 布图前,启用"直线"命令绘制基准线,包括中心线、底面基准线	
1. 绘制图形 ② 启用"直线""多边形""偏移""修剪"等命令绘制已知线条	60 10 ϕ50 ϕ30
③ 根据"长对正、高平齐、宽相等"原则,利用45°辅助线,补全主视图与俯视图中的缺漏线,倒斜角 C2	C2

工作步骤	图示
2.完善图形	删除多余线条并标注尺寸，填写标题栏中的文字描述 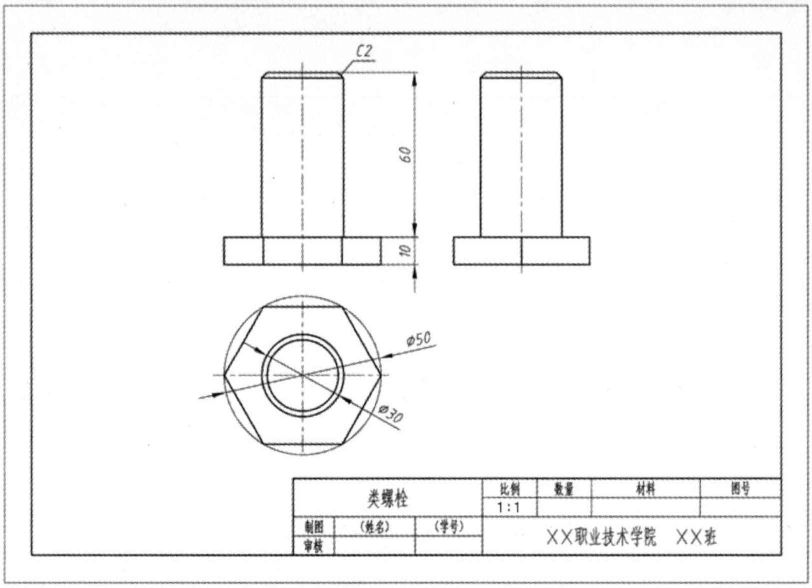

任务小结及评价

一、任务小结

任务名称	类螺栓三视图绘制
任务实施步骤	绘制图形—完善图形
任务涉及知识点	制图相关国家标准中的基本规定，正投影的基本特性，三视图的形成原理及作图步骤

二、任务评价

评价项目	评价内容	分值	评价分数		改进建议
			自评（30%）	教师评价（70%）	
素质目标（30%）	考勤无迟到、早退、旷课	5分			
	团队合作、沟通能力	5分			
	认真、严谨、细致的作图习惯	10分			
	严格遵循国家标准技术要求的规范意识	10分			
知识目标（30%）	熟悉正投影法的基本原理、三视图的形成过程与投影规律	10分			
	熟练掌握基本体三视图的绘制及标注方法	10分			
	熟悉基本体三视图的识读方法，能够根据已知条件补画出正确的三视图	10分			
技能目标（40%）	具备正确运用投影规律表达基本体三视图的能力	10分			
	具备正确应用计算机绘图软件绘制基本体三视图的能力	30分			
小计		100分			
总评	自评（30%）+教师评价（70%）=			教师签名：	

任务拓展

1. 基础知识练习

（1）机械图样中绘制三视图所采用的投影法为（　　　）。

A. 中心投影法　　　　　B. 斜投影法　　　　　C. 正投影法　　　　　D. 以上均采用

（2）能反映出物体前后、左右方位的视图是（　　　）。

A. 左视图　　　　　　　B. 俯视图　　　　　　C. 主视图　　　　　　D. 后视图

（3）三视图中"宽相等"是指（　　　）之间的关系。

A. 左视图与俯视图　　　　　　　　　　B. 主视图与左视图

C. 主视图和俯视图　　　　　　　　　　D. 主视图和侧视图

（4）点 A 的 Z 坐标为 0，其空间位置在（　　　）。

A. 原点处　　　　　B. Z 轴上　　　　　C. V 面上　　　　　D. H 面上

2. 投影知识练习

（1）已知 e 及 e''，求 e'。

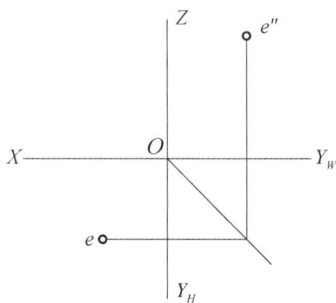

（2）已知点的两面投影，求其第三面投影。

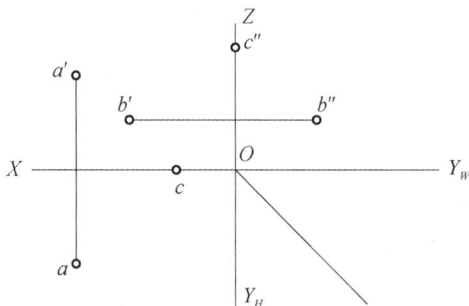

（3）作出直线段的三面投影：①已知端点 A(20,8,5)、B(5,18,20)；②已知直线段 CD 的两面投影。

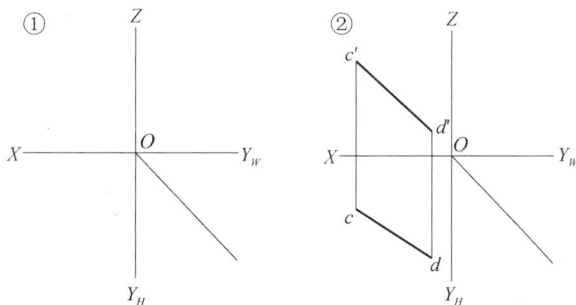

任务二　五棱柱截切三视图绘制

任务导入

任务情境	某机械加工厂接到一个订单，需要制造一个五棱柱零件。为满足装配要求，该零件需要在五棱柱的基础上按照特定的角度和位置进行截切。 截切后的五棱柱的几何形态较为复杂，因此绘制出的三视图要清晰展现截切面的形状和位置，确保投影关系正确无误、图纸易于理解，以便车间工人能准确加工
任务描述	根据五棱柱截切轴测图（见图2-25）想象其空间形状，分析其结构。按照1:1的比例绘制图2-26所示的五棱柱截切图形的三视图，并标注尺寸  图 2-25　五棱柱截切轴测图 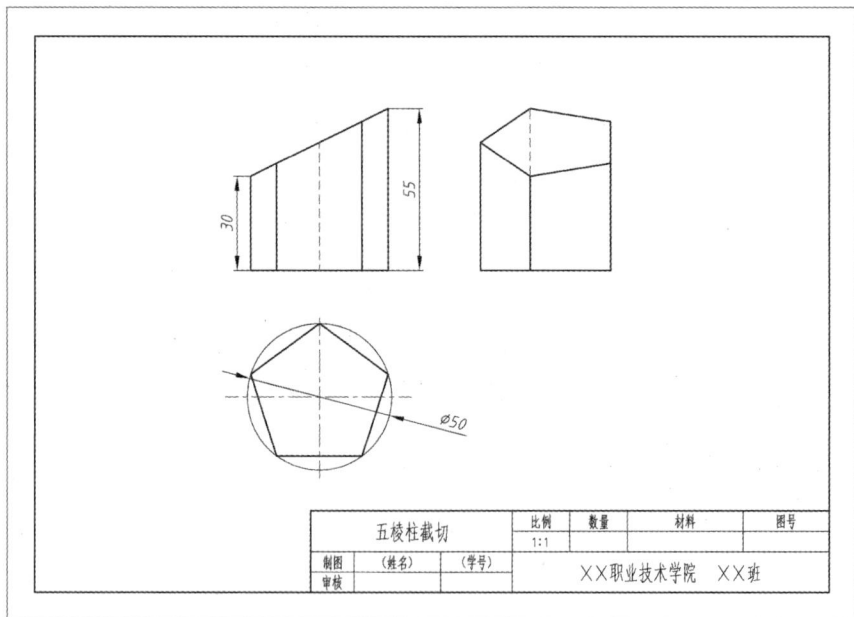 图 2-26　五棱柱截切图形的三视图

知识储备

用一个平面切割立体形成截断体，如图2-27所示。其中截平面指截切立体的平面，截切体（截断体）指被平面截切后的立体，截切面（截断面）指立体被截切后的断面，截交线指立体被平面截切后在表面产生的交线。

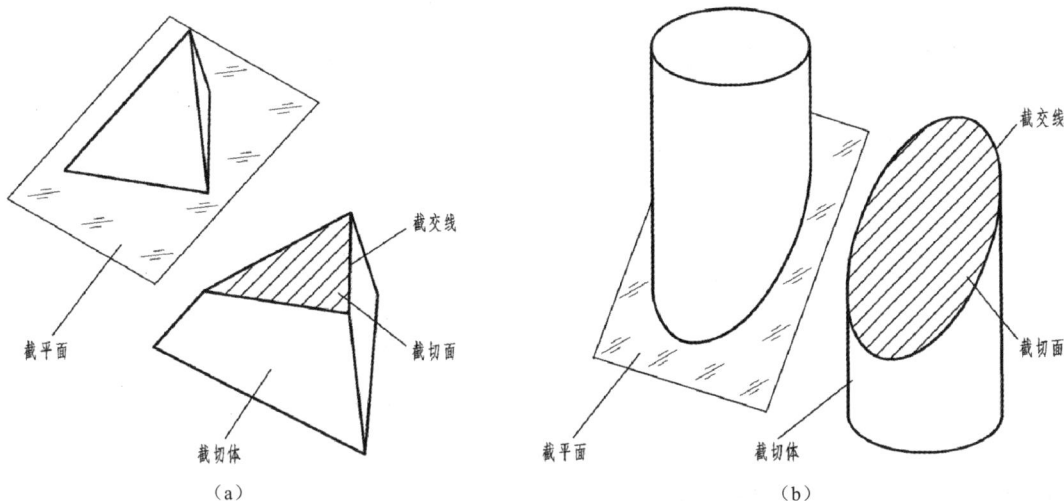

图 2-27　立体的截切

截交线的性质如下。

（1）截交线是截平面与立体表面的共有线，其上的点是截平面与立体表面的共有点。

（2）截交线一般是封闭的。

一、平面立体的截交线

1. 棱柱的截交线

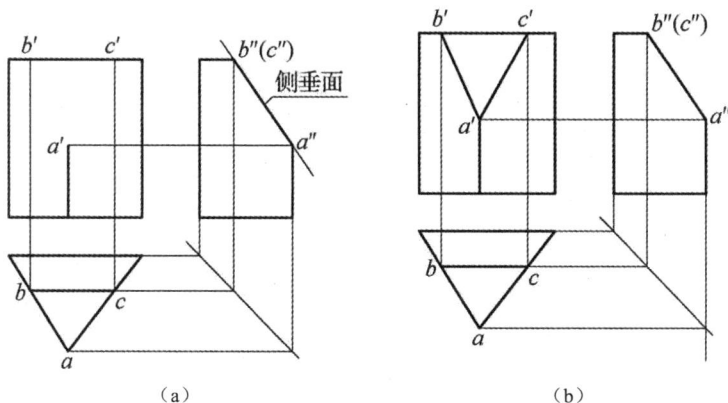

现以三棱柱被侧垂面截切为例，介绍截切三棱柱截交线的绘制方法。

分析：三棱柱被侧垂面截切，截交线形成三角形。其 3 个点分别是三棱柱顶面和棱线与截切面的交点。因此，只要先求出 3 个点的水平投影，再求出正面投影，然后依次连接，即可得到截交线的投影。作图过程如下。

（1）因截交线的侧面投影积聚成直线段，可以利用长对正、高平齐、宽相等，简称"三等关系"求出水平投影 a、b、c，再根据两点，求出第三点 a'、b'、c'，如图 2-28（a）所示。

（2）依次连接 $a'b'$ 和 $a'c'$，即为所求截交线，如图 2-28（b）所示。

图 2-28　三棱柱截交线的求解步骤

2. 棱锥的截交线

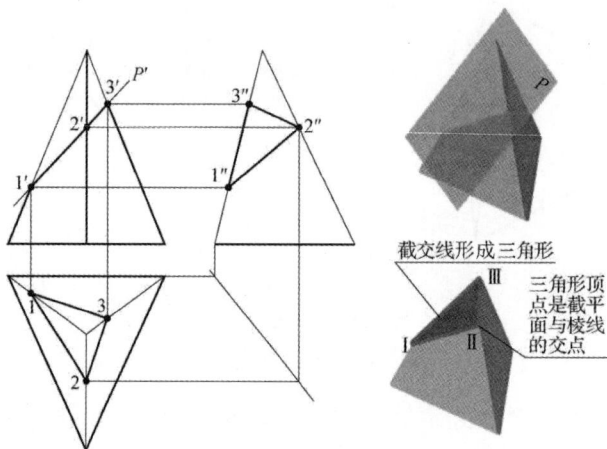

平面截切平面立体时，截交线形成平面多边形。多边形的各边是截平面与立体各表面的交线，而多边形的顶点是立体棱线或底边与截平面的交点。

求平面立体上的截交线时，可采用两种方法：先求各棱线或底边与截平面的交点，再用直线段依次连接各交点，如图 2-29 所示；也可以求出棱锥侧面与截平面的交线（作图略），从而得到截交线。

棱锥的截交线

图 2-29　棱锥的截交线

二、回转体的截交线

1. 圆柱的截交线

根据截平面与圆柱轴线的相对位置不同，圆柱的截交线可分为圆、椭圆和矩形 3 种基本情况，如表 2-6 所示。

圆柱的截交线

表 2-6　　　　　　截平面与圆柱轴线的相对位置不同时所得到的 3 种截交线

截平面位置	轴测图	投影图	截交线的形状
平行于轴线			矩形
垂直于轴线			圆
倾斜于轴线			椭圆

2. 圆锥的截交线

根据截平面与圆锥轴线的相对位置不同，圆锥的截交线可分为等腰三角形、圆、椭圆、封闭的抛物线和封闭的双曲线 5 种基本情况，如表 2-7 所示。

圆锥的截交线

表 2-7　　　　　　　　　　　　　　　　　圆锥的截交线

截平面的位置	立体图	截交线的形状	投影图
过圆锥顶点		等腰三角形	
垂直于轴线		圆	
倾斜于轴线		椭圆	
		封闭的抛物线	
平行于轴线		封闭的双曲线	

3. 球体的截交线

不论截平面怎样截切球体，其截交线形状均为圆。根据截交线与投影面的相对位置不同，其投影可能为圆、椭圆或直线段。当截交线的投影为直线段或圆时，其作图比较方便；若为椭圆，则需要通过在球体表面找点的方法作图。

图 2-30 中，球体上截交线在所平行的投影面上的投影为反映实形的圆（圆心与球心的投影重合），在另外两个投影面上则积聚成直线段，且直线段的长度等于反映实形的圆的直径。

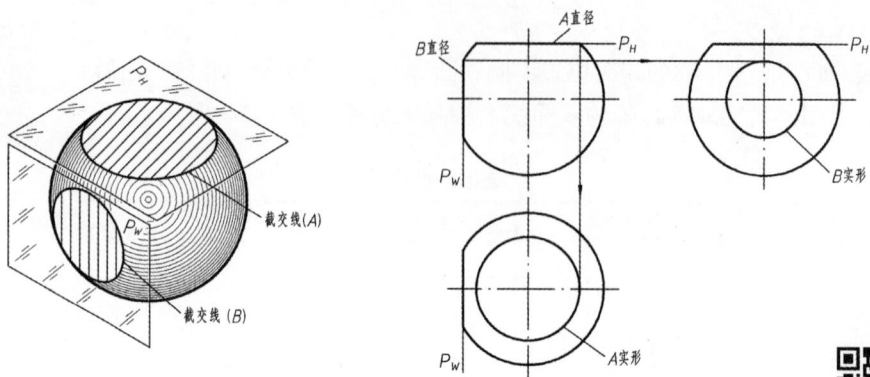

图 2-30　球体上截交线（圆）的尺寸关系

工作案

工作步骤	图示
1. 绘制图形 ① 绘制中心线，建立三视图体系	
② 执行"直线""偏移""修剪"等命令绘制已知线条	
③ 根据"高平齐、宽相等"原则，利用45°辅助线绘制连接线条	

续表

工作步骤		图示
1. 绘制图形	④ 补全左视图中的缺漏线	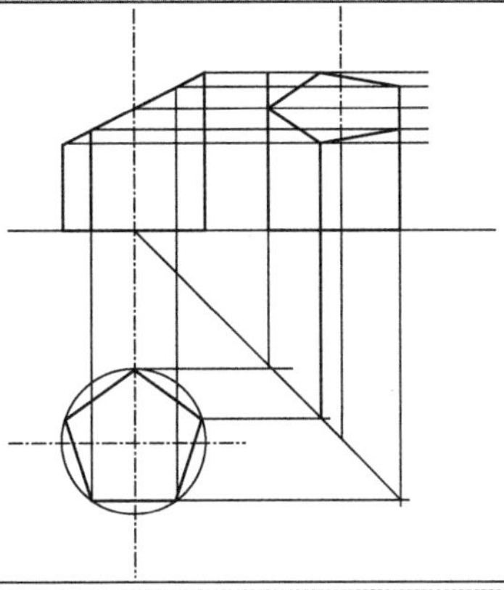
2. 完善图形	删除多余线条并标注尺寸，填写标题栏中的文字描述	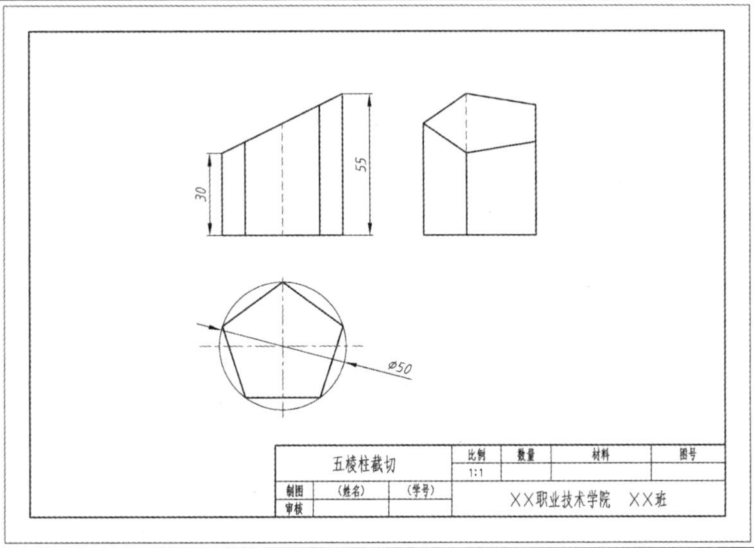

任务小结及评价

一、任务小结

任务名称	五棱柱截切三视图绘制
任务实施步骤	绘制图形—完善图形
任务涉及知识点	截交线的形成原理，平面立体的截交线种类及画法，回转体的截交线种类及画法

二、任务评价

评价项目	评价内容	分值	评价分数		改进建议
			自评（30%）	教师评价（70%）	
素质目标（30%）	考勤无迟到、早退、旷课	5分			
	团队合作、沟通能力	5分			
	认真、严谨、细致的作图习惯	10分			
	严格遵循国家标准技术要求的规范意识	10分			

续表

评价项目	评价内容	分值	评价分数		改进建议
			自评（30%）	教师评价（70%）	
知识目标（30%）	掌握截交线的形成原理和概念	10分			
	熟练掌握常见平面立体截交线的特点及画法	10分			
	熟练掌握常见回转体截交线的特点及画法	10分			
技能目标（40%）	具备正确分析截交线的能力	10分			
	具备正确应用计算机绘图软件绘制常见平面立体截交线的能力	15分			
	具备正确应用计算机绘图软件绘制常见回转体截交线的能力	15分			
小计		100分			
总评	自评（30%）+教师评价（70%）=			教师签名：	

任务拓展

1. 基础知识练习

（1）平面立体的截交线形成（   ）。

A. 平面多边形   B. 平面曲线   C. 空间折线   D. 空间曲线

（2）平面与球体相交，截平面垂直于轴线，则截交线形成（   ）。

A. 椭圆   B. 双曲线   C. 抛物线   D. 圆

2. 截交线绘制练习

（1）分析现有的视图，应用绘图工具绘制下图中截交线的俯视图投影，补出截切体的左视图。

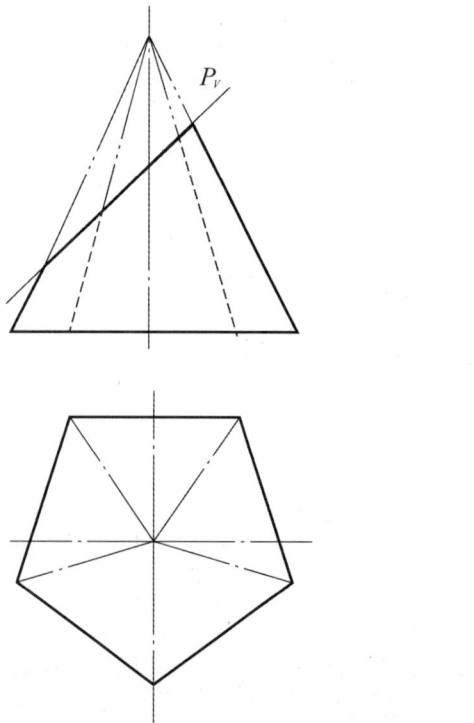

（2）根据主视图、俯视图补全左视图。

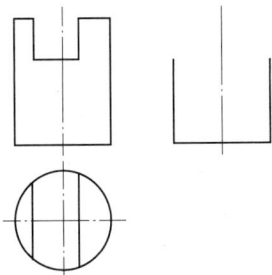

任务三　三通管三视图绘制

任务导入

任务情境	小李作为某机械厂机械设计岗位的实习生，接到"师父"给自己的一项考核任务，完成一种特定规格的三通管的三视图绘制。"师父"一再提醒：在绘制过程中，需特别注意相贯线的处理，需准确表示出各部分的轮廓线。同时，要确保各视图的投影关系正确，尺寸标注清晰、准确。此外，为提高绘图效率，可使用计算机辅助绘图软件辅助完成绘制任务
任务描述	根据三通管轴测图（见图 2-31）想象其形状，分析其结构。按照 1:1 的比例绘制图 2-32 所示的三通管三视图，并标注尺寸  图 2-31　三通管轴测图 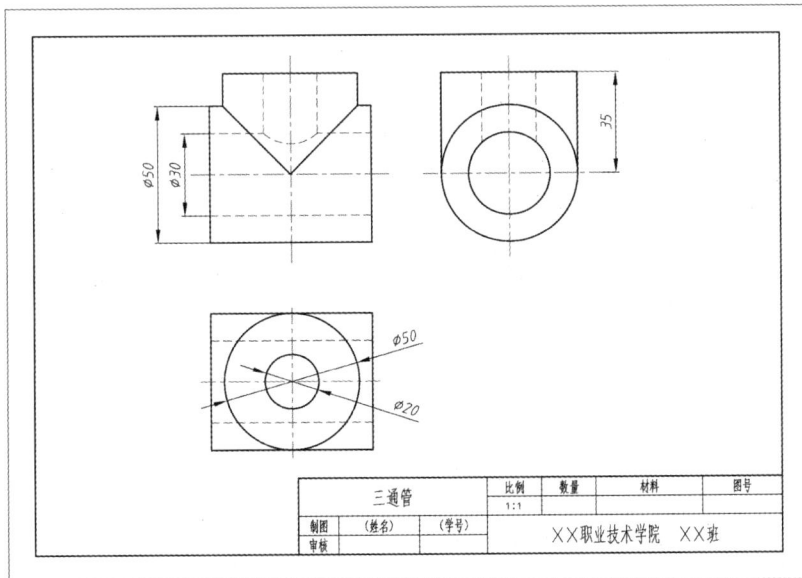 图 2-32　三通管三视图

知识储备

一、相贯的基本形式及相贯线的性质

两个基本体相交，其表面就会产生交线。相交的立体称为相贯体，其表面的交线为相贯线，如图 2-33 所示。

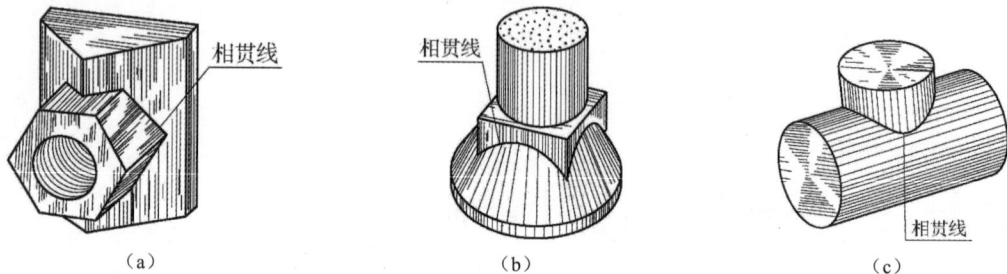

图 2-33　相贯线

由于组成机件的各基本体的几何形状、大小和相对位置不同，相贯线的形状也不相同，但任何相贯线都具有以下两个基本性质。

（1）相贯线是两个基本体表面的共有线，也是两个基本体表面的分界线，是一系列共有点的集合。

（2）因为基本体具有一定的范围，所以相贯线一般是封闭的。

根据表面几何形状不同，相贯体可分为两平面立体相交、平面立体与曲面立体相交和两曲面立体相交 3 种情况，分别如图 2-33（a）、图 2-33（b）、图 2-33（c）所示。

二、正交两圆柱相贯线的画法

两个圆柱相贯的形式有 3 种：两圆柱轴线平行相贯（相贯线为直线）、两圆柱轴线倾斜相贯、两圆柱轴线垂直相贯。这里只讨论两圆柱轴线垂直相贯的投影的画法。

正交两圆柱相贯线的画法

【例 2-2】　求作图 2-34（a）中直径不等的两圆柱正交相贯时相贯线的投影。

分析说明：由图 2-34（a）可以看出，两圆柱轴线垂直相交，其相贯线为一封闭的空间曲线。根据相贯线的共有性及两圆柱投影的积聚性，相贯线的水平投影和侧面投影分别积聚在它们的圆周上，因此，用表面找点法求出相贯线的正面投影即可。

作图步骤如下。

（1）求特殊位置点的投影：最高点 A、B（也是最左、最右点，又是正面投影上两圆柱轮廓线的交点）的投影可直接求出，最前点 C 与最后点 D 的正面投影重合，故可只求最前点 C 的正面投影，如图 2-34（b）所示。

（2）求一般位置点的投影：利用表面找点的方法，求出一般位置点 E、F 的投影，如图 2-34（c）所示。

（3）依次光滑连接 $a'e'c'f'b'$，得到相贯线的正面投影，如图 2-34（d）所示。

三、求作相贯线的注意事项

两圆柱正交相贯在工程中是十分常见的。为了提高读者的画图和识图能力，

求作相贯线的注意事项

这里强调以下几点注意事项。

（1）两圆柱正交相贯，其相贯线的两投影积聚在投影为圆的视图中，另一投影需在两圆柱投影为矩形的视图中求出，如图 2-34 所示。

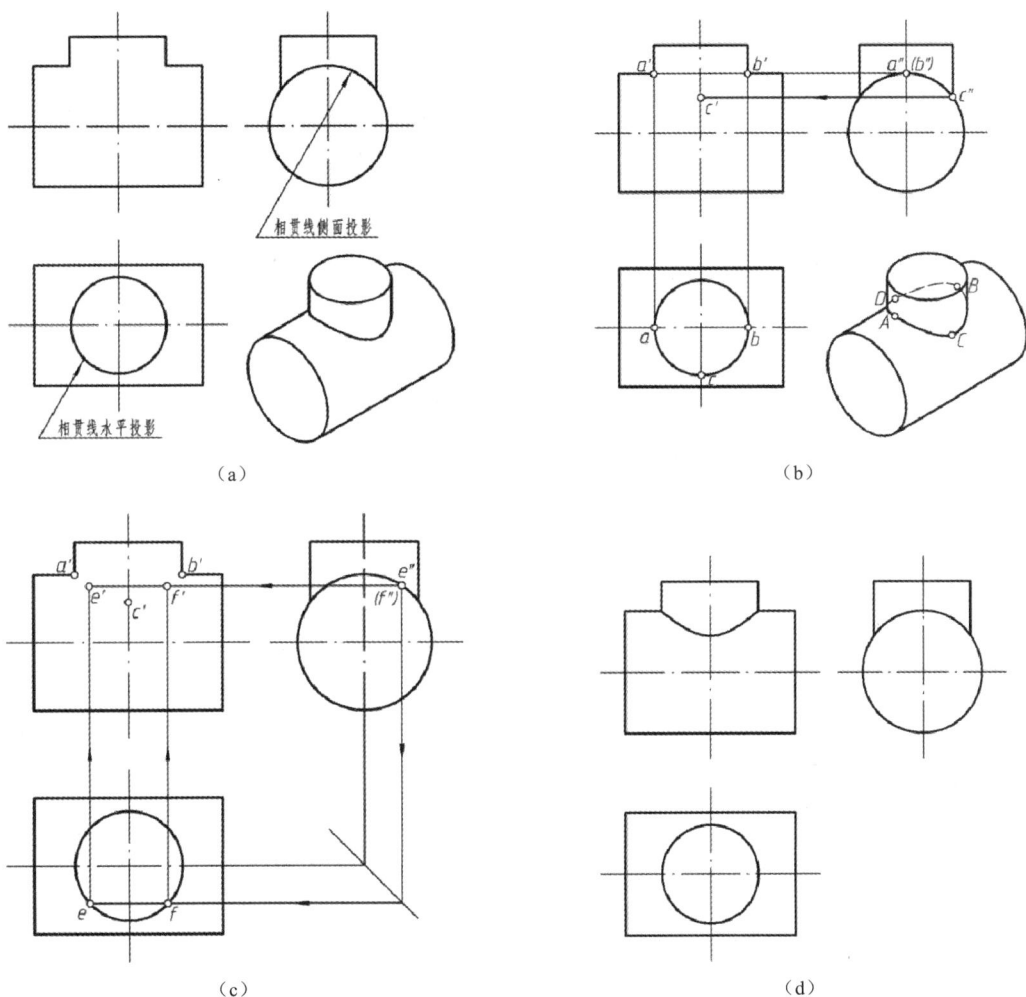

（a）

（b）

（c）

（d）

图 2-34　直径不等的两圆柱正交相贯

（2）两圆柱正交相贯时，其相贯线的投影变化与两圆柱直径的相对大小有关。相贯线投影的变化规律如图 2-35 所示。

① 直径不等的两圆柱正交相贯，其相贯线在两圆柱投影为矩形的视图中的投影——曲线，且朝大圆柱的轴线方向凸起，如图 2-35（a）、图 2-35（c）所示。

② 直径相等的两圆柱正交相贯，其相贯线在两圆柱投影为矩形的视图中的投影——两条相交直线段，且相交于两圆柱轴线的交点，如图 2-35（b）所示。

（3）直径不等的两圆柱正交相贯时，在不至于引起误解的情况下，其相贯线的投影允许采用一段圆弧来代替，该圆弧的半径为大圆柱的半径，圆心在小圆柱的轴线上。具体作图过程如图 2-36 所示。

（4）两圆柱正交相贯的基本形式。

① 两圆柱实体相贯，有完全贯通（见图 2-35）和不完全贯通（见图 2-37）两种形式。

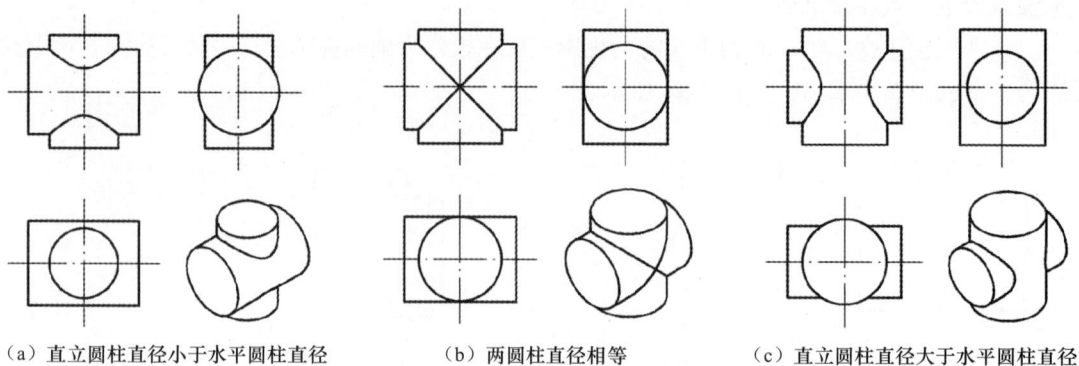

（a）直立圆柱直径小于水平圆柱直径　　　　（b）两圆柱直径相等　　　　（c）直立圆柱直径大于水平圆柱直径

图 2-35　两圆柱正交相贯时相贯线投影的变化规律

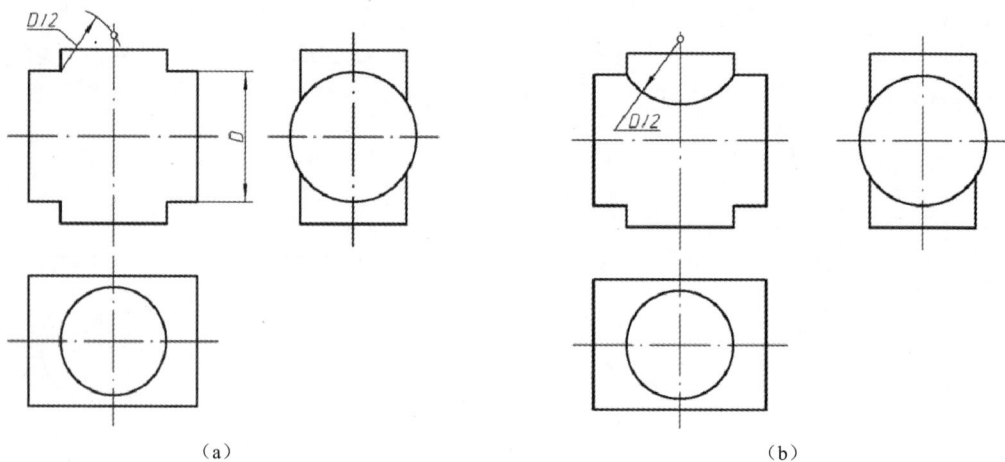

（a）　　　　　　　　　　　　　　　　　（b）

图 2-36　直径不等的两圆柱正交相贯时相贯线的近似画法

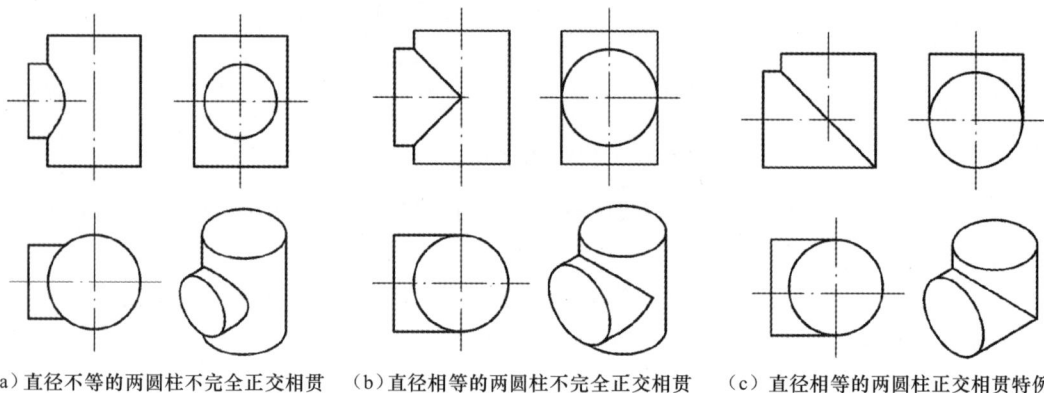

（a）直径不等的两圆柱不完全正交相贯　　（b）直径相等的两圆柱不完全正交相贯　　（c）直径相等的两圆柱正交相贯特例

图 2-37　正交相贯的两圆柱不完全贯通及其投影变化趋势

② 圆柱侧面穿孔或孔孔相贯，求其相贯线的方法与上述圆柱正交相贯相同。但应注意：圆柱侧面穿孔或孔孔相贯的孔的形状不同，则相贯线的投影形状也不同（如侧面穿圆孔，一般相贯线的投影为曲线；侧面穿方孔，则相贯线的投影为直线段）；不可见的相贯线的投影应画为虚线，如图 2-38 所示。

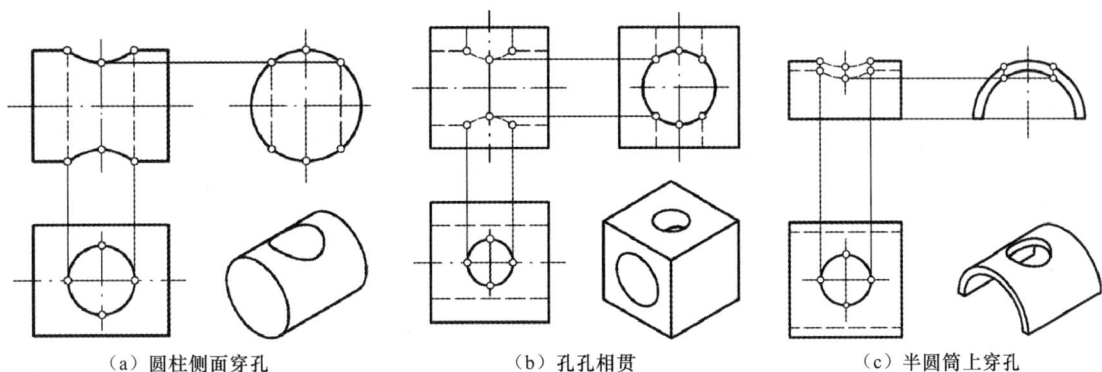

（a）圆柱侧面穿孔　　　　　　（b）孔孔相贯　　　　　　（c）半圆筒上穿孔

图 2-38　圆柱侧面穿孔及孔孔相贯的投影

③ 两圆筒正交相贯，即空心圆柱相交，则外表面和外表面有相贯线，内表面和内表面也有相贯线，只要按圆柱正交相贯的方法，分别求出内、外表面相贯线的投影，再判别可见性即可，如图 2-39 所示。

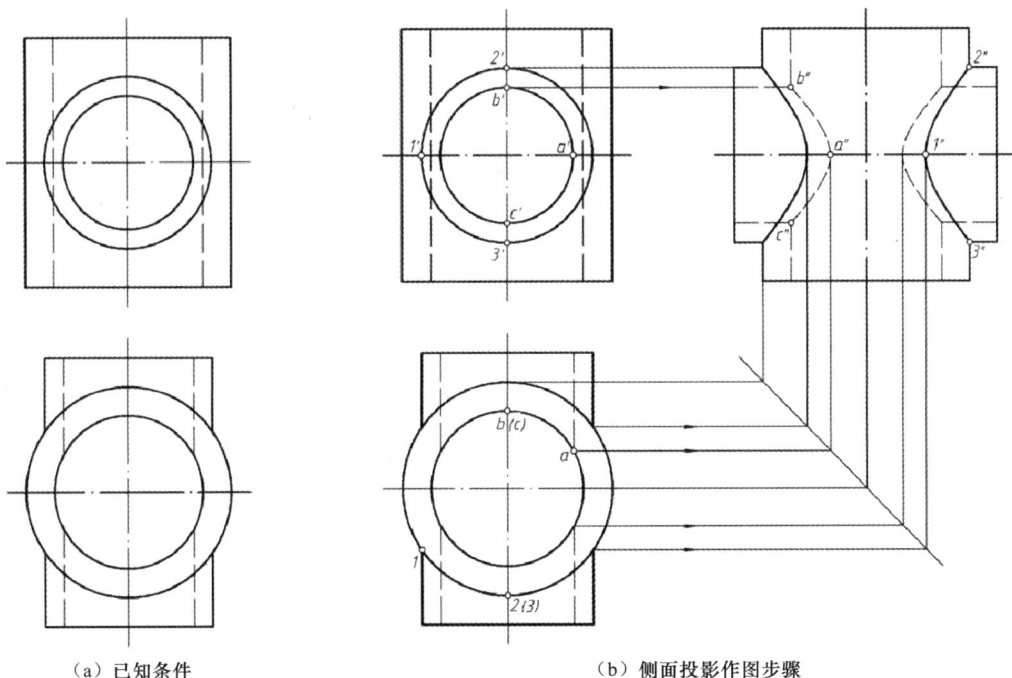

（a）已知条件　　　　　　　　（b）侧面投影作图步骤

图 2-39　两圆筒正交相贯

（5）特殊相贯线的投影。

① 同轴回转体相贯（回转体的轴线重合），其相贯线为垂直于公共轴线的圆，如图 2-40 所示。

② 内切于同一球面的两回转体相贯，如圆柱与圆柱相贯、圆柱与圆锥相贯，其相贯线是两个椭圆，该椭圆在非圆视图中的投影为两条相交直线段，该直线段为两回转体转向轮廓素线的投影的交点连线，如图 2-41 所示。

③ 两轴线平行的圆柱相贯，其相贯线是平行于轴线的直线段，如图 2-42 所示。

④ 两共顶圆锥相贯，其相贯线是过锥顶的直线段，如图 2-43 所示。

（a）　　　　　　　　　　　　　　　　　　（b）

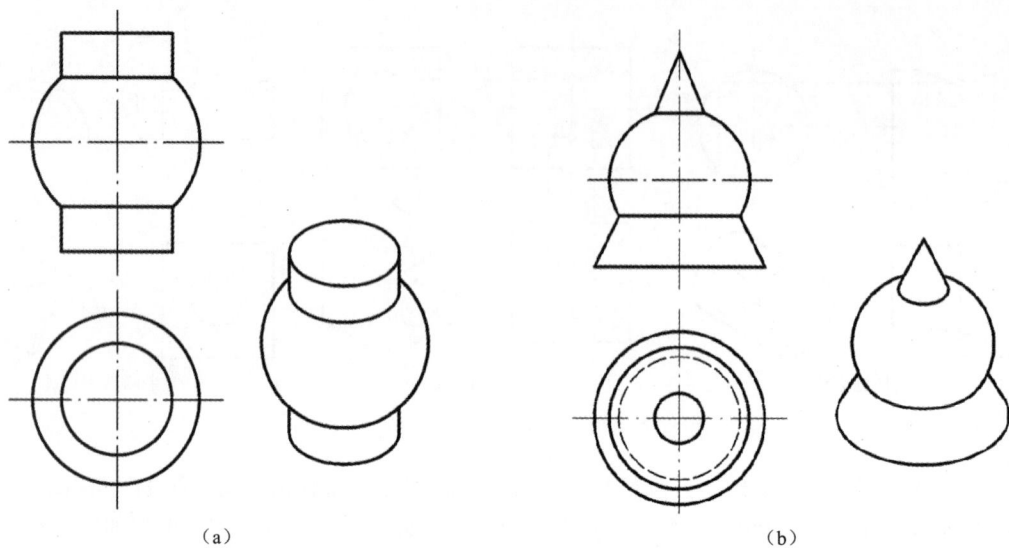

图 2-40　同轴回转体相贯

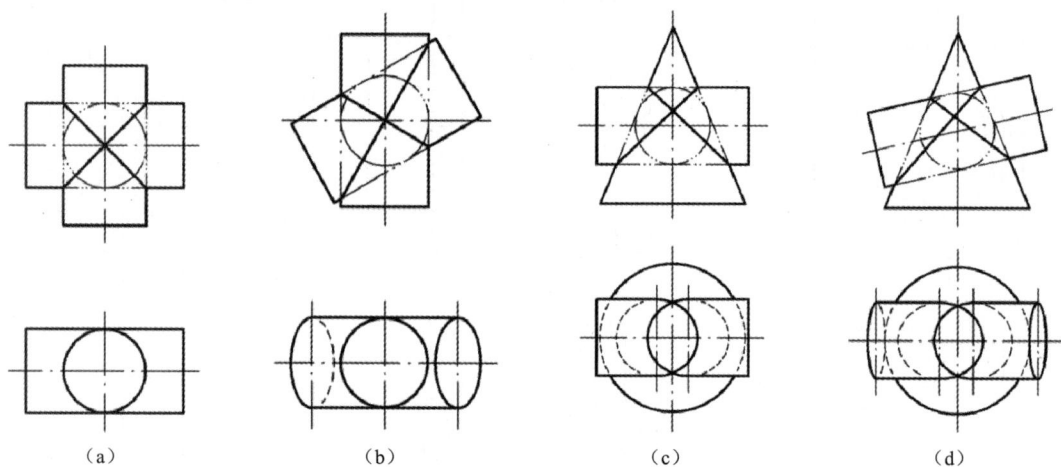

（a）　　　　　（b）　　　　　（c）　　　　　（d）

图 2-41　内切于同一球面的两回转体相贯

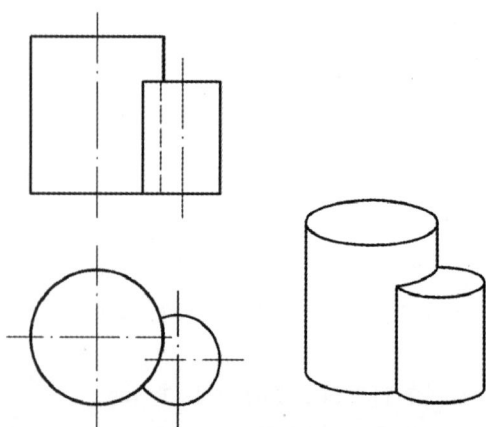

图 2-42　两轴线平行的圆柱相贯　　　　　图 2-43　两共顶圆锥相贯

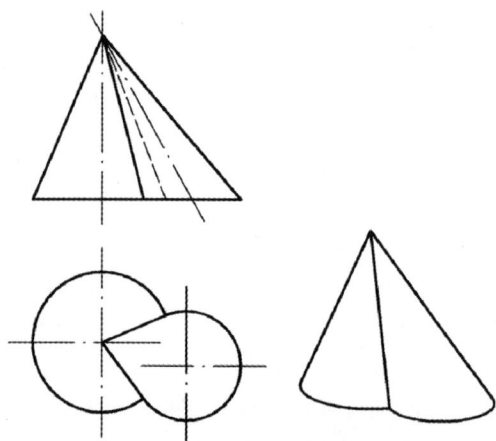

工作案

工作步骤	图示
1. 绘制图形	
① 绘制中心线，建立三视图体系	
② 利用已绘制好的中心线，启用"圆""直线""偏移""修剪"命令绘制已知线条	
③ 根据相贯线的绘制方法，绘制两圆柱的相贯线	

续表

工作步骤	图示
④ 绘制内部孔的结构	
1. 绘制图形 ⑤ 根据相贯线的简化画法，绘制内部孔的相贯线轮廓	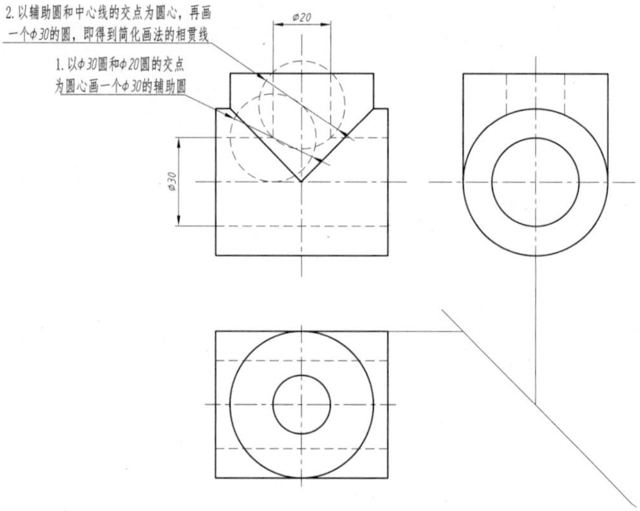 2. 以辅助圆和中心线的交点为圆心，再画一个φ30的圆，即得到简化画法的相贯线 1. 以φ30圆和φ20圆的交点为圆心画一个φ30的辅助圆 φ20 φ30
⑥ 整理、修剪相关线条	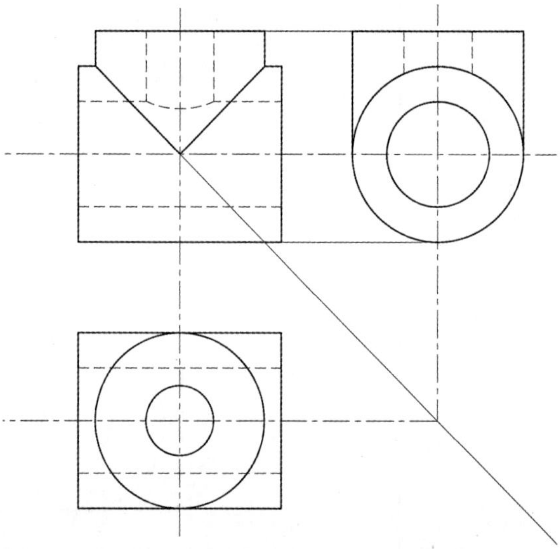

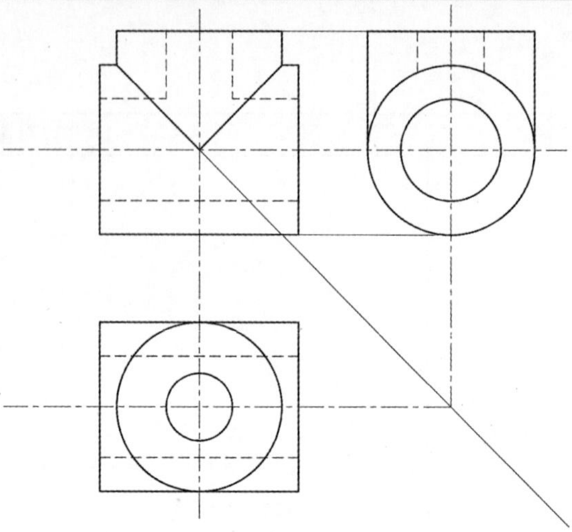

续表

工作步骤	图示
2. 完善图形 标注尺寸，填写标题栏中的文字描述	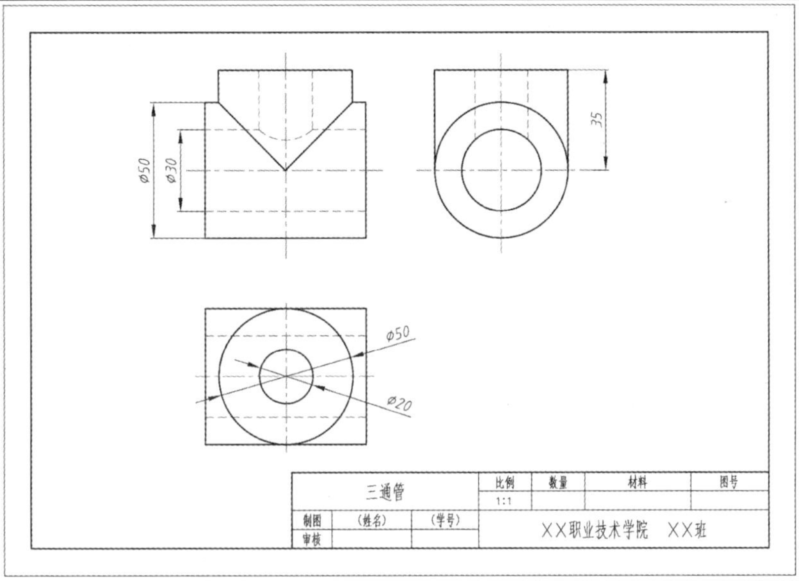

任务小结及评价

一、任务小结

任务名称	三通管三视图绘制
任务实施步骤	绘制图形—完善图形
任务涉及知识点	相贯线的形成原理，圆柱相贯线的画法及注意事项

二、任务评价

评价项目	评价内容	分值	评价分数		改进建议
			自评（30%）	教师评价（70%）	
素质目标（30%）	考勤无迟到、早退、旷课	5分			
	团队合作、沟通能力	5分			
	认真、严谨、细致的作图习惯	10分			
	严格遵循国家标准技术要求的规范意识	10分			
知识目标（30%）	了解相贯线的形成原理	10分			
	熟练掌握两圆柱相贯体三视图的绘制及标注方法	20分			
技能目标（40%）	具备正确分析两圆柱相贯体三视图的能力	10分			
	具备正确应用计算机绘图软件绘制两圆柱相贯体三视图的能力	30分			
小计		100分			
总评	自评（30%）+教师评价（70%）=			教师签名：	

任务拓展

1. 基础知识练习

（1）两立体相交所得的交线称为（   ）。

A. 截交线　　　　　　　B. 相贯线　　　　　　C. 过渡线　　　　D. 分界线

（2）下列说法中错误的是（   ）。

A. 相贯体的表面性质影响相贯线形状　　　　B. 相贯体的相对位置影响相贯线形状

C. 相贯体的尺寸影响相贯线形状　　　　　　D. 以上都不影响相贯线形状

2. 两圆柱相贯线绘制练习

分析两圆柱相贯的情况，画出相贯线的投影。

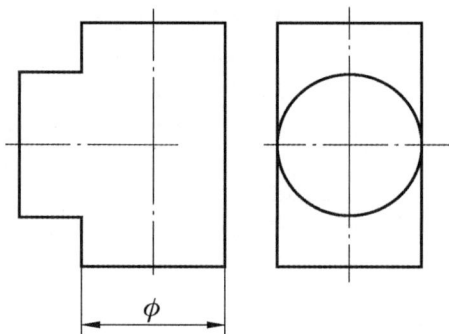

任务四　轴承座三视图绘制

任务导入

任务情境	××机械厂的设计师小李接到公司任务——绘制轴承座三视图，公司要求绘制的图纸要能够清晰地展示轴承座的结构、尺寸以及各部分之间的相对位置关系。小李收集资料、确定视图等，为绘图作好充分准备，并认真分析了轴承座作为一个组合体绘制的特点及难点，通过不断地检查与修正，最终圆满完成了任务
任务描述	根据轴承座轴测图（见图 2-44）想象其形状，分析其结构。按照 1:1 的比例绘制其三视图，并标注尺寸，如图 2-45 所示 图 2-44　轴承座轴测图

| 任务描述 | |

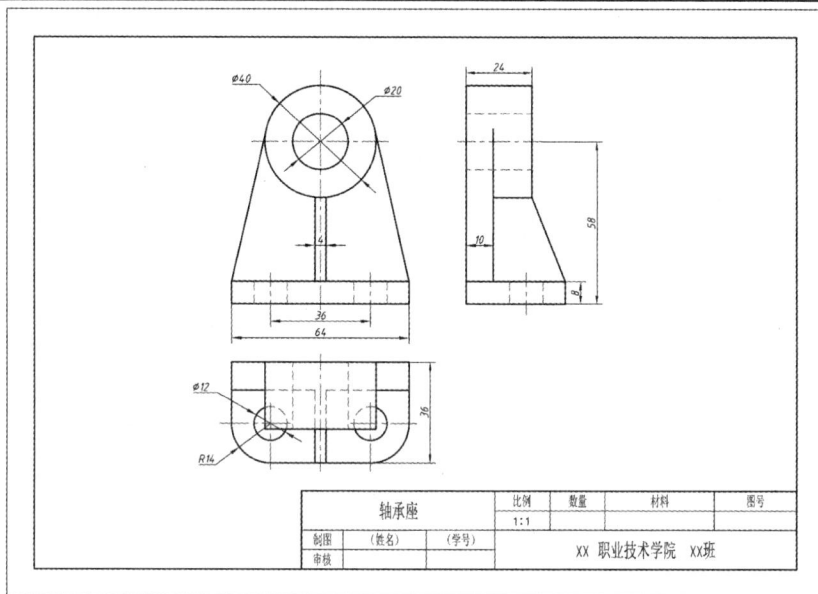

图 2-45　轴承座三视图

知识储备

一、组合体形体分析

1. 组合体的组合形式

组合体常见的组合形式有叠加型、切割型、综合型 3 种，分别如图 2-46（a）、图 2-46（b）和图 2-46（c）所示。

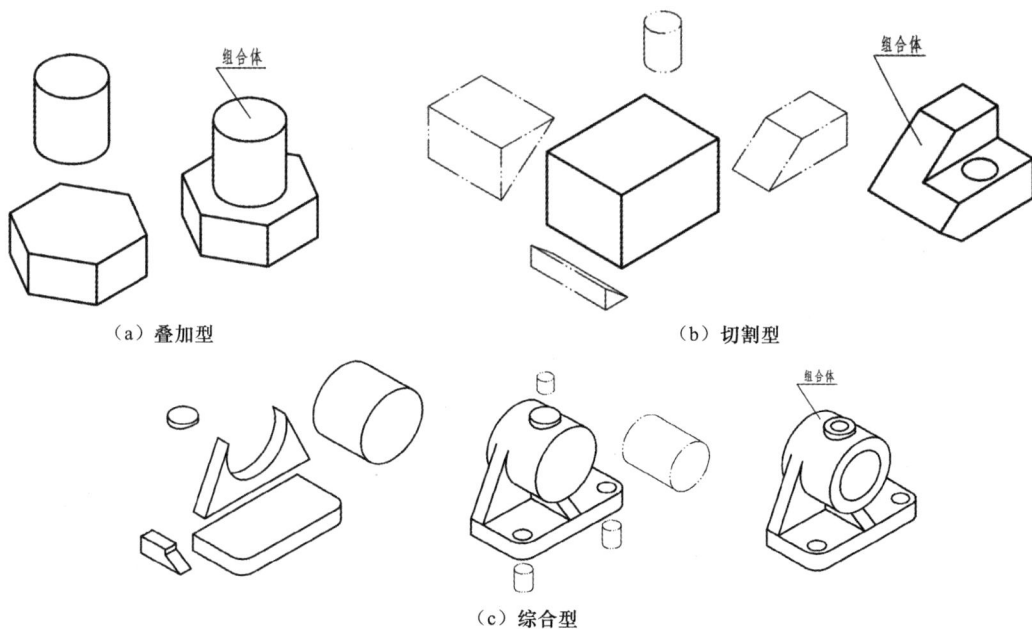

（a）叠加型

（b）切割型

（c）综合型

图 2-46　组合体常见的组合形式

2. 组合体的表面连接关系

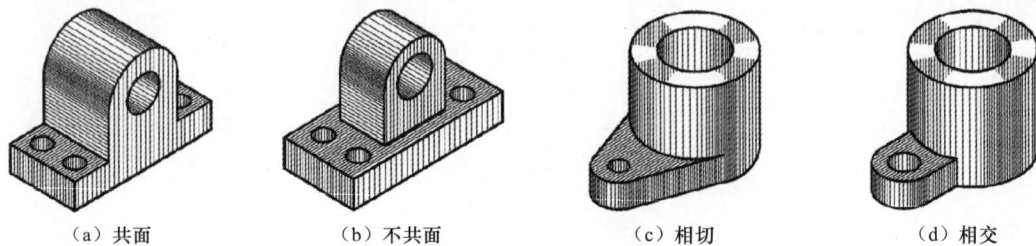

组合体中的基本体经过叠加、切割或穿孔后，其相邻表面之间可能会出现共面、不共面、相切、相交这几种关系，如图 2-47 所示。

组合体的表面连接关系

（a）共面　　　　（b）不共面　　　　（c）相切　　　　（d）相交

图 2-47　相邻表面的连接关系

（1）共面或不共面

当两形体邻接表面平齐时，共面处不应画线，如图 2-48 所示。当两形体邻接表面不平齐时，连接处应画线，如图 2-49 所示。

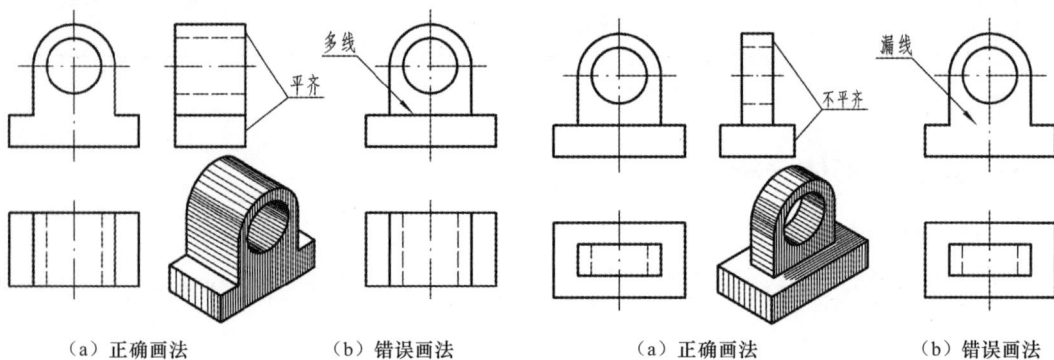

（a）正确画法　　　　（b）错误画法　　　　　（a）正确画法　　　　（b）错误画法

图 2-48　共面　　　　　　　　　　　　　　图 2-49　不共面

（2）相切

相邻两形体表面光滑连接（相切），作图时不画线，如图 2-50（a）所示。图 2-50（b）则是错误画法。

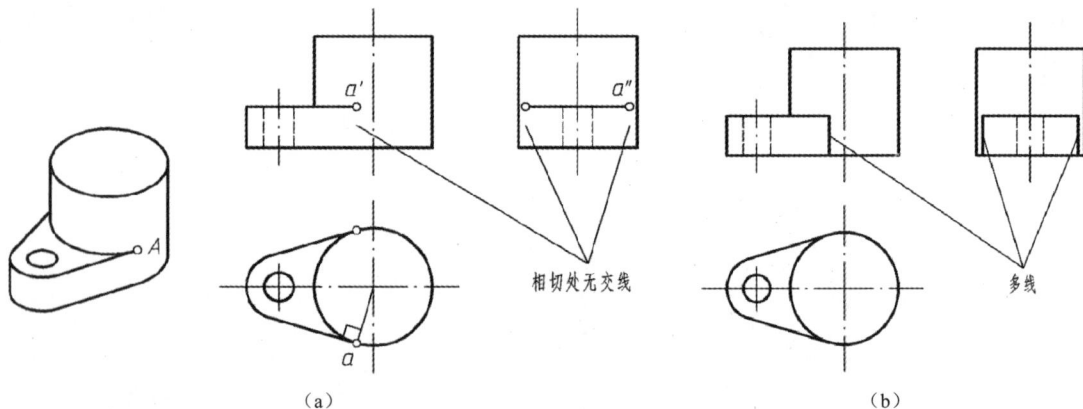

（a）　　　　　　　　　　　　　　　　　　（b）

图 2-50　相邻形体之间表面过渡关系的投影特征（相切）

（3）相交

相邻两形体表面相交，其交线投影在作图时必须画出，不要漏画，如图 2-51 所示。

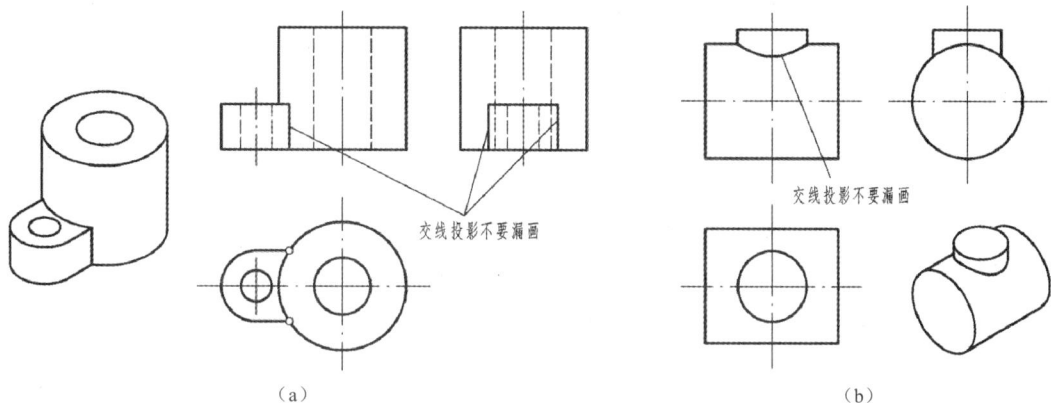

交线投影不要漏画

交线投影不要漏画

（a）　　　　　　　　　　　　（b）

图 2-51　相邻形体之间表面过渡关系的投影特征（相交）

二、组合体三视图的画法

根据组合体的组成形式，画组合体三视图时可采用形体分析法和线面分析法。形体分析法是指将组合体分解为若干个基本体，弄清各基本体的形状并考虑它们的相对位置及表面连接关系，从而形成整个组合体的完整概念的方法。线面分析法是指在形体分析的基础上，对不易表达清楚的局部，运用线面投影特性来分析视图中图线和线框的含义、线面的形状及其空间相对位置的方法。

下面结合具体实例，简述组合体三视图的画法及作图步骤。

1. 采用形体分析法画组合体三视图

（1）形体分析

运用形体分析法可将图2-52所示的轴承座分为5个部分：注油用的凸台1、支撑轴的圆筒2、支撑圆筒的支承板3、肋板4和底板5。其中，凸台1与圆筒2的轴线垂直正交，内外圆柱面都有交线——相贯线；支承板3的两侧与圆筒2的外圆柱面相切，应注意相切处无轮廓线；肋板4的顶面与圆筒2的外圆柱面相交，交线为两条直线段和一小段圆弧，底板、支承板、肋板相互叠合，并且底板与支承板的后表面平齐。

采用形体分析法画组合体三视图

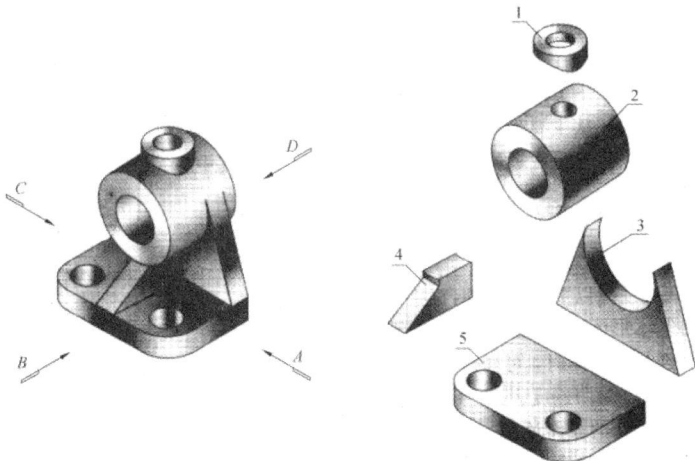

图 2-52　轴承座的形体分析

（2）视图选择

在三视图中，主视图通常反映机件的主要形状特征，是最主要的视图，因此主视图的选择很重要。选择主视图时，通常要将物体放正，保证物体的主要平面（或轴线）平行或垂直于投影面，所选择的投射方向应最具有表达能力。图 2-53 中，将轴承座自然放置，然后对 4 个方向的投影视图进行比较。显然，选择 B 向作为主视图方向最好，因为该投射方向最清楚地反映了轴承座各组成部分的形状及其相对位置。

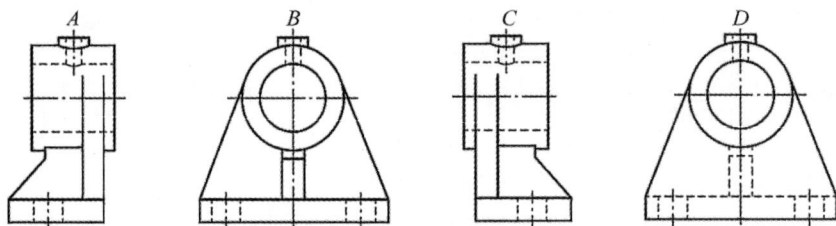

图 2-53 轴承座的视图选择

主视图一旦确定，俯视图和左视图也就确定了。

（3）画图步骤（见图 2-54）

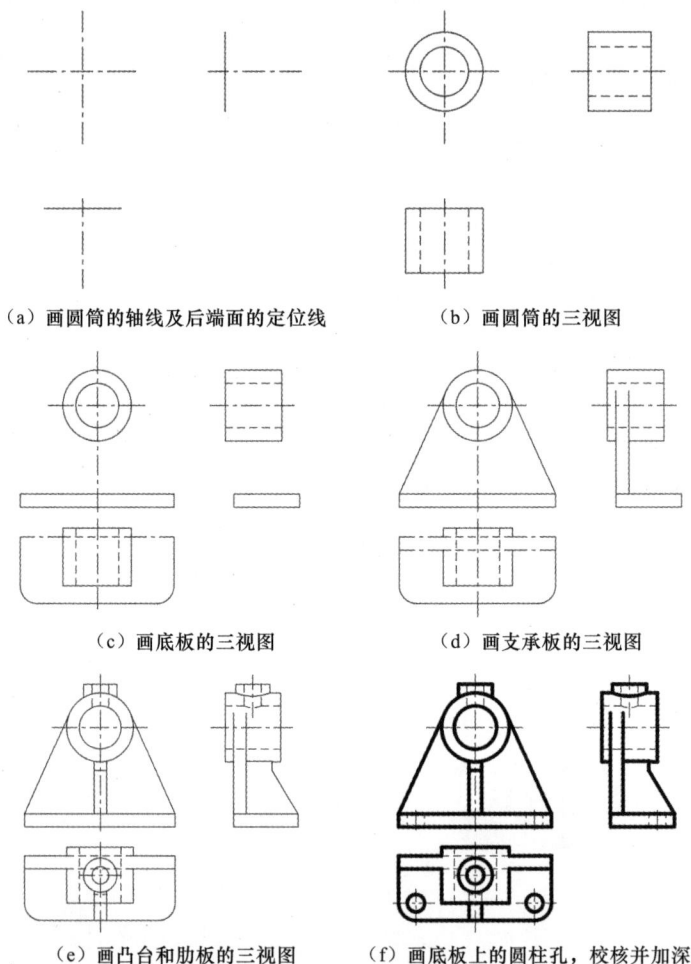

（a）画圆筒的轴线及后端面的定位线 　　（b）画圆筒的三视图

（c）画底板的三视图 　　（d）画支承板的三视图

（e）画凸台和肋板的三视图 　　（f）画底板上的圆柱孔，校核并加深

图 2-54 轴承座的画图步骤

① 选择适当的比例和图纸幅面。

② 在图纸上均匀布置视图，先确定好各视图的主要轴线、对称中心线或其他定位线。

③ 按形体分析，从主要形体入手，按各自之间的相对位置，逐个画出各基本体的视图。画图的一般顺序是：先主后次，先大后小，先整体后细节。其中各基本体都是先画主要轮廓，再画细小结构。

④ 检查、加深。完成底稿后，必须仔细检查，修改错误或不妥之处，擦去多余的图线，然后按规定加深图线。

⑤ 尺寸标注（略）。

⑥ 填写标题栏及签名（略）。

画图时还应注意以下几个问题。

① 画各基本体时，先从最具有形状特征的视图入手。

② 逐个画基本体时，可同时画 3 个视图，这样既能保证各基本体之间的相对位置和投影关系，又能提高绘图速度。

③ 各形体之间的表面过渡关系要表达正确。图 2-54（d）中，支承板与圆筒相切，其左视图和俯视图中相切处不能画上图线，且支承板的轮廓线应画至相切处；肋板顶面与圆筒相交，交线为两条直线段（素线），应与圆筒自身的侧面转向轮廓线区分开来。同时应考虑到实体内部无线，故该段转向轮廓线不存在，如图 2-54（e）所示。

2. 采用线面分析法画组合体三视图

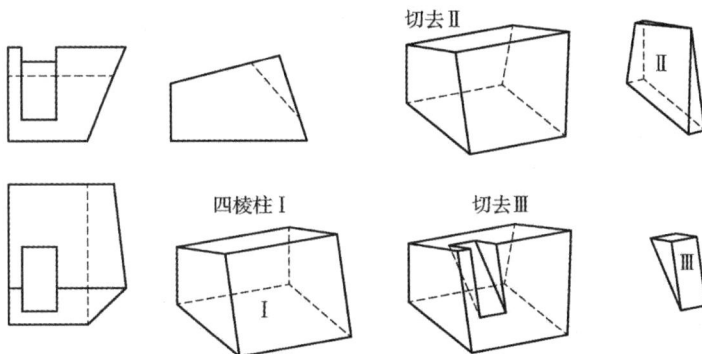

图 2-55 所示为机床铣刀的拉杆上部的楔块，可以看作由四棱柱 I 切去基本体 II、III 后形成。楔块的特点是斜面比较多，画图时，除了对物体进行形体分析外，还应对一些主要的斜面进行线面分析。

采用线面分析法画
组合体三视图

图 2-55　截割式组合体的形体分析

楔块的画图步骤如图 2-56 所示。在画图 2-56（b）时，要先画主视图，再画其他视图。P 面的俯视图封闭线框 p 与左视图封闭线框 p'' 为类似形。在画图 2-56（c）时，要先画左视图，再画主视图及俯视图。Q 面的俯视图封闭线框 q 与主视图封闭线框 q' 为类似形。

三、组合体的尺寸标注

视图仅能表达组合体的结构和形状，其结构大小及各部分之间的相对位置还需要根据尺寸来确定。

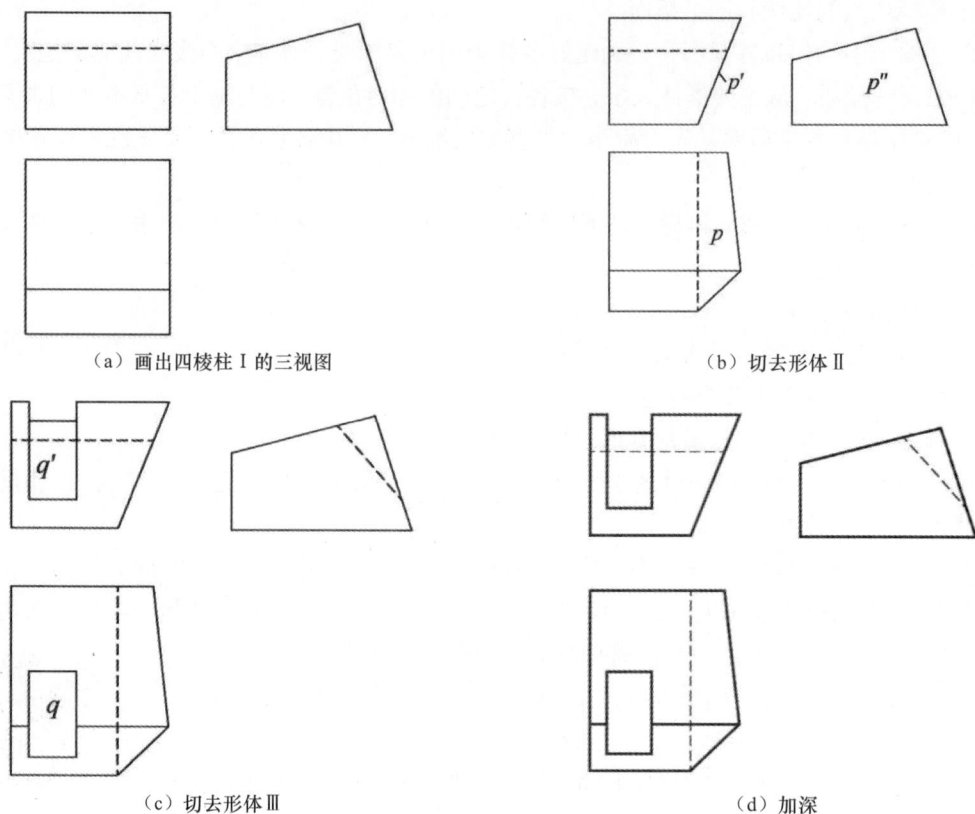

（a）画出四棱柱Ⅰ的三视图　　　　　　　　　　　（b）切去形体Ⅱ

（c）切去形体Ⅲ　　　　　　　　　　　　　　　（d）加深

图 2-56　楔块的画图步骤

1．组合体的尺寸标注基本要求

为便于看图，组合体的尺寸标注应符合以下要求。

（1）正确。尺寸标注要符合国家标准中有关"尺寸注法"的规定。

（2）完整。尺寸必须标注齐全，不遗漏，不重复。

（3）清晰。尺寸的标注布局要整齐、清晰，便于看图。

2．尺寸基准的选择

标注尺寸的起点叫作尺寸基准。

组合体包含长、宽、高 3 个方向的尺寸，标注每一个方向的尺寸都应先选好尺寸基准，以便从尺寸基准出发确定各组成部分形体间的定位尺寸。选择尺寸基准必须体现组合体的结构特点，并使尺寸度量方便。一般选择组合体的对称面、底面、重要面及轴线。每个方向除了可以有一个主要尺寸基准外，根据需要还可以有一些辅助尺寸基准。图 2-57 所示的支架，选择右端面作为长度方向尺寸基准，选择前、后对称面作为宽度方向尺寸基准，选择底面作为高度方向尺寸基准。

3．组合体尺寸种类

（1）定形尺寸。确定组合体各基本体的尺寸。例如，图 2-57 支架中的 14、72、11、$R5$、$R10$、$\phi20$、$R18$、6、16、36 都是定形尺寸。

（2）定位尺寸。确定各基本体之间相对位置的尺寸。例如，图 2-57 中的 38、18、15、55 都是定位尺寸。

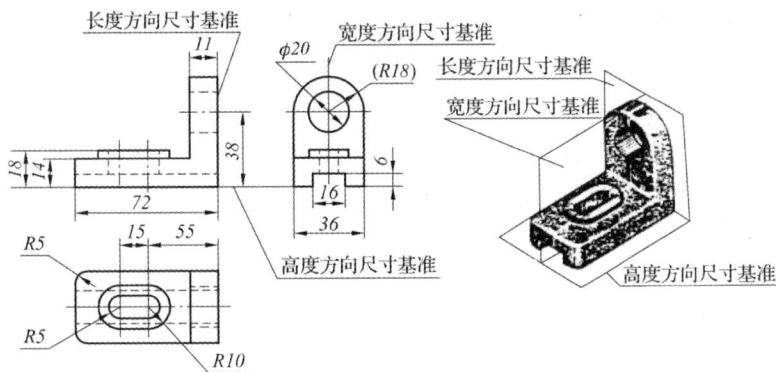

图 2-57　尺寸基准的选择

（3）总体尺寸。确定组合体外形总长、总宽、总高的尺寸。例如，图 2-57 中的 72、36、38+R18 分别是支架的总长、总宽、总高的尺寸。

总体尺寸一般直接标注。但对于具有圆弧面的结构，为了明确圆弧的中心位置和圆孔的确切位置，通常只标注到圆弧和圆孔的中心位置，而不直接标注出总体尺寸。例如，图 2-57 中的支架高度方向具有圆弧面结构，为了明确圆弧的中心位置和圆孔的确切位置，总高尺寸不直接标注出来，而是只标注底面到圆弧中心位置的尺寸 38 和圆弧的半径尺寸 R18。

4. 清晰标注尺寸的注意事项

尺寸不仅要标注完整，而且要标注清晰，使看图的人一目了然，因此必须注意尺寸线、尺寸界线和尺寸数字在图上的排列和布置。下面主要介绍清晰标注尺寸的注意事项。

（1）尺寸应尽量标注在视图外面，相邻视图的有关尺寸最好标注在两个视图之间，如图 2-58 所示。

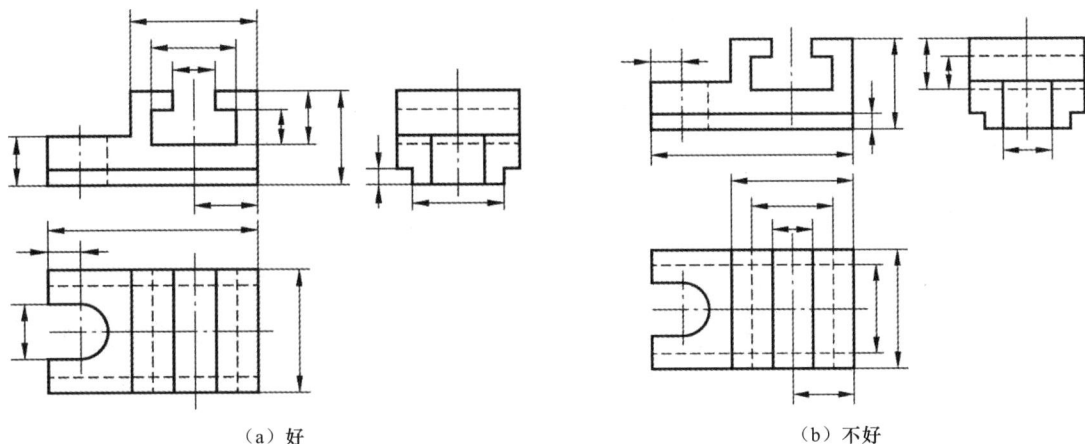

（a）好　　　　　　　　　　　　　　　　　（b）不好

图 2-58　相邻视图的有关尺寸最好标注在两个视图之间

（2）各基本体的定形尺寸、定位尺寸不要分散，要尽量集中标注在反映形体特征和形体间位置较为明显的视图上，如图 2-59 所示。

（3）在标注尺寸时，同一方向的尺寸应排列整齐，尽量配置在少数几条线上，如图 2-60 所示。

（4）尺寸平行排列时，应使小尺寸在内（靠近视图）、大尺寸在外依次向外分布，间隔要均匀，避免尺寸线与尺寸界线相交，如图 2-61 所示。

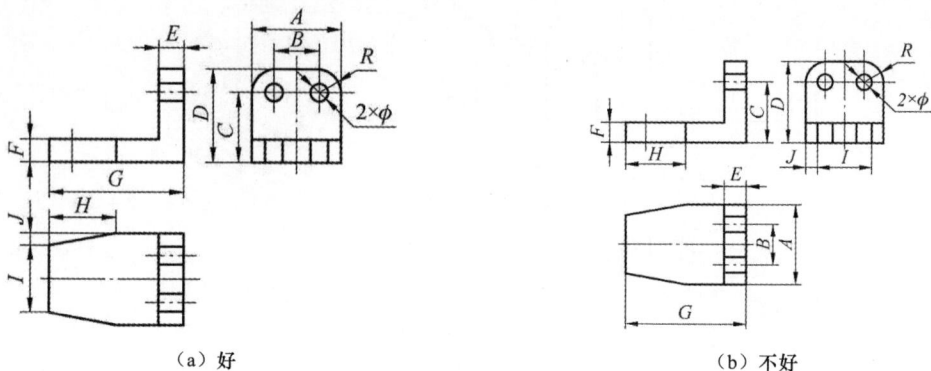

（a）好　　　　　　　　　　　　　　　　　（b）不好

图 2-59　定形尺寸、定位尺寸应尽量集中标注在反映形体特征和形体间位置较为明显的视图上

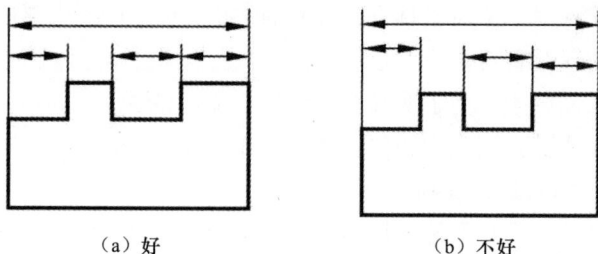

（a）好　　　　　　　　　　　　（b）不好

图 2-60　同一方向的尺寸应排列整齐

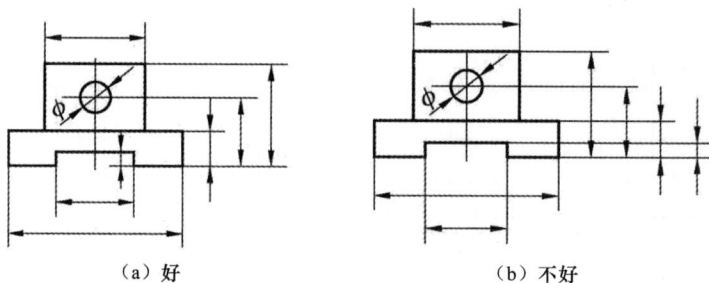

（a）好　　　　　　　　　　　　（b）不好

图 2-61　应遵循"小尺寸在内、大尺寸在外"的标注原则

（5）同轴的圆柱、圆锥的径向尺寸一般标注在非圆的视图上，圆弧半径尺寸要标注在投影为圆弧的视图上，如图 2-62 所示。

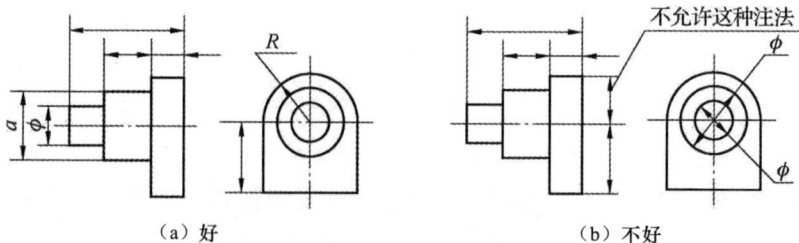

（a）好　　　　　　　　　　　　（b）不好

图 2-62　同轴径向尺寸、圆弧半径尺寸的标注

（6）在截交线和相贯线上标注尺寸是错误的，虚线处尽量不要标注尺寸。

四、组合体三视图的识读方法

读图是人们按已有视图，根据投影规律进行一系列想象、分析、判断、推论活动，在头脑中形成一幅清晰的空间形体图像的过程。

1. 读组合体三视图应该注意的几个问题

（1）将几个视图结合起来分析

一个视图不能确定物体的形状，必须将几个视图联系起来分析、构思，才能想象出物体的确切形状，如图 2-63 所示。

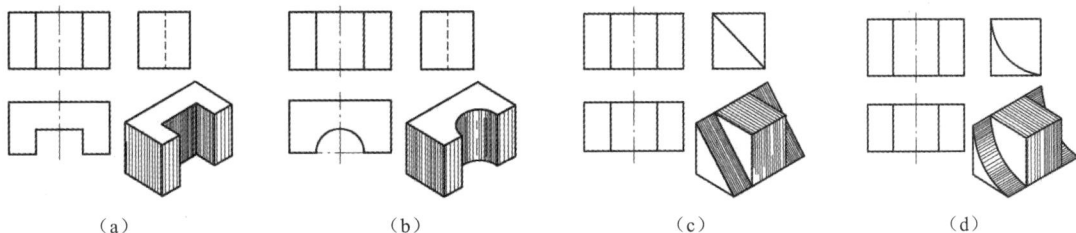

图 2-63 两个视图确定物体形状的不唯一性

（2）抓住形状特征进行视图分析

由于形状特征不一定集中在某一方向，因此看图时，必须从各视图中分离出表示各部分形状特征的线框，以特征线框所表示的特征面形状和位置为基础，想象该形体的形状。在图 2-64 中，想象形体 I，必须抓住主视图中反映其形状特征的线框 1′；想象形体 II，必须抓住左视图中反映其形状特征的线框 2″；想象形体III，必须抓住俯视图中反映其形状特征的线框 3；再联系其他投影，组合体的结构形状就能想象出来。

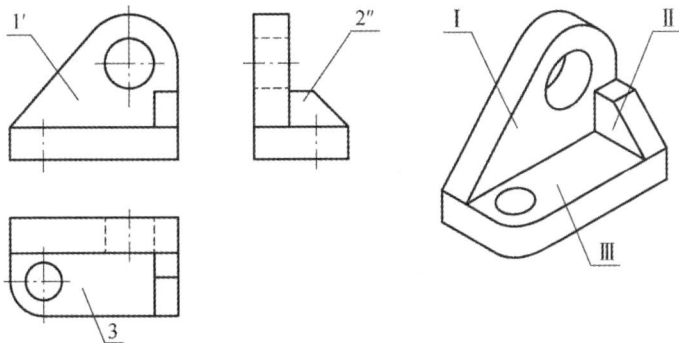

图 2-64 从形状特征视图入手进行分析

（3）理解视图中的图线、线框的空间含义

① 视图中的图线的 3 种含义。

表示物体上某一表面（平面或曲面）投影的积聚，如图 2-65（b）中的图线 1′。

表示物体上两个表面交线的投影，如图 2-65（b）中的图线 2′。

表示物体曲表面的转向线投影，如图 2-65（b）中的图线 3′。

② 视图中线框的含义。

表示一个简单物体的投影，如图 2-65（a）中的线框 d'。

表示物体某个表面的投影，如图 2-65（a）中的线框 a'、b'、c'。

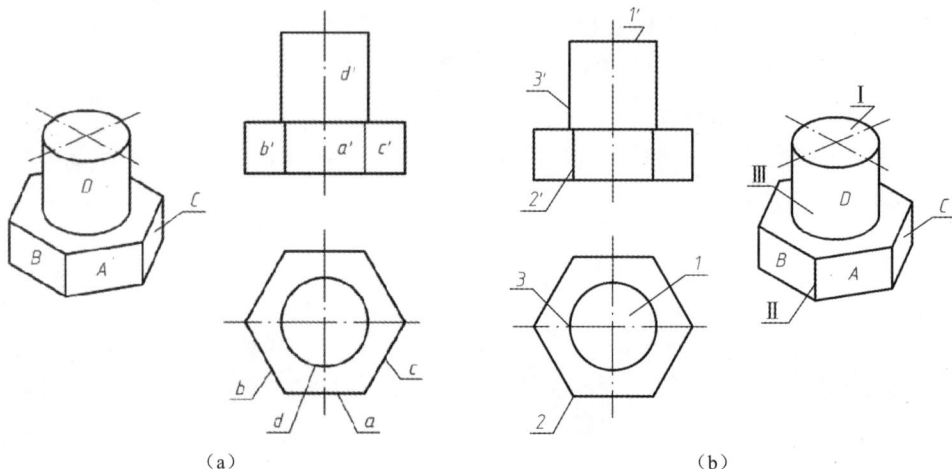

（a）　　　　　　　　　　　　　　（b）

图 2-65　视图中图线和线框的含义

2. 读图方法

（1）形体分析法

形体分析法是读图的基本方法。用形体分析法读图，一般是把反映物体形状特征的视图按线框划分成几个部分，然后根据投影规律逐个想象出每个部分的形状，并确定其相对位置、组成方式和表面连接关系，从而想象出整体形状。

形体分析法

下面以图 2-66（a）为例，讨论用形体分析法读组合体视图的方法和步骤。

① 对照视图，分离线框。

根据图 2-66（a）所示的三视图，可将主视图分成 Ⅰ、Ⅱ、Ⅲ、Ⅳ这 4 个线框，将这个组合体分成 4 个部分。

② 对照投影，想象形状。

根据投影规律逐个找出各线框所对应的其他投影，想象其空间形状。读线框 Ⅰ 时，应从俯视图并配合主视图、左视图中的有关线框的形状，综合想象 Ⅰ 是以水平投影形状为底面的柱体，如图 2-66（b）所示。读线框 Ⅱ 时，可从左视图中对应线框的形状，配合主视图、俯视图，想象 Ⅱ 是以侧面投影形状为底面的柱体，如图 2-66（c）所示。读线框 Ⅲ 时，从俯视图的圆形及主视图、左视图的线框，想象 Ⅲ 是轴线垂直于水平面的圆筒，如图 2-66（d）所示。读线框 Ⅳ 时，从主视图的直角三角形很容易确定 Ⅳ 是前面平行于正平面的三棱柱，如图 2-66（e）所示。

③ 综合归纳，想象整体。

看懂各线框所表示的简单形体后，再根据整体的三视图分析各简单形体的相对位置，就可想象出整个组合体的形状，如图 2-66（f）所示。

线面分析法

（2）线面分析法

读组合体视图时，在采用形体分析法的基础上，对局部难看懂的地方，则需要应用另一种方法——线面分析法。线面分析法就是运用点、线、面的投影规律，把形体上的某些线、面分离出来，通过识别这些几何要素的空间位置和形状，进而想象出形体形状的方法。

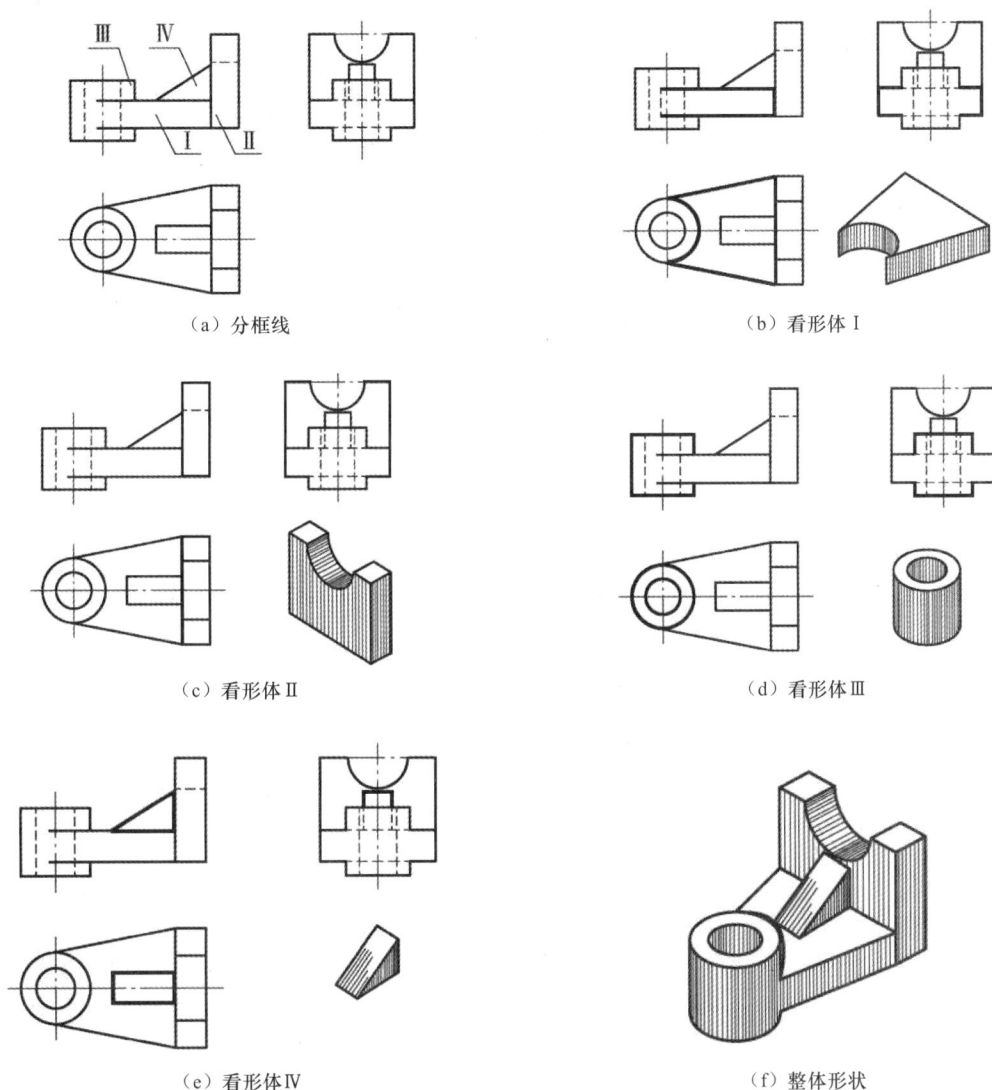

（a）分框线　　　　　　　　　　　　　　（b）看形体Ⅰ

（c）看形体Ⅱ　　　　　　　　　　　　　（d）看形体Ⅲ

（e）看形体Ⅳ　　　　　　　　　　　　　（f）整体形状

图 2-66　利用形体分析法读图

下面以图 2-67（a）为例，说明使用这种读图方法的步骤。

① 形体分析。

由已知的三视图可以看出，主视图的长方形缺一个角，俯视图的长方形缺前后对称的两个角，左视图的下半部左右各缺一个矩形，这样从三视图可初步了解该形体由长方体截切而成。

② 线面分析。

由图 2-67（b）中主视图的斜线 p' 及俯视图的线框 p 可知 P 面是梯形正垂面，其左视图的 p'' 是类似形，亦为梯形线框。

由图 2-67（c）中俯视图的斜线 q 及主视图的线框 q' 可知 Q 面是多边形铅垂面，其左视图的 q'' 是类似形，亦为多边形线框。

由图 2-67（d）中主视图的线框 r' 及左视图的直线段 r'' 可知 R 面是矩形正平面，其俯视图的 r 也是一条直线段，但这是虚线。

图 2-67（d）中还标出了交线 AB 及 CD 的投影，它们都是铅垂线。

③ 综合起来想出整体。

通过形体分析和线面分析就可以了解各部分的形状，根据它们在视图中的上下、前后、左右的相对位置关系，综合起来就可以想出组合体的整体形状，如图 2-67（e）所示。

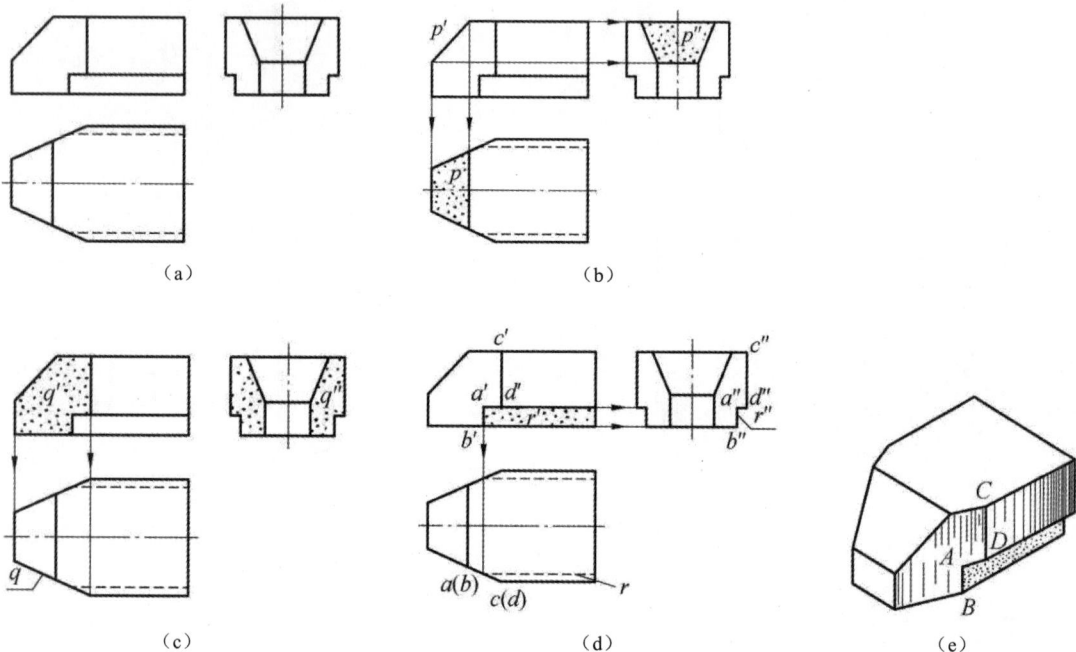

（a）　　　　　　　　　　　　　（b）

（c）　　　　　　　　（d）　　　　　　（e）

图 2-67　利用线面分析法读图

工作案

工作案 1　　　　工作案 2

工作步骤		图示
1. 绘制图形	① 绘制中心线，建立三视图体系	

续表

工作步骤	图示
② 启用"圆""直线""偏移""修剪"等命令绘制轴承座顶部支撑轴的圆筒的三视图及底板的三视图	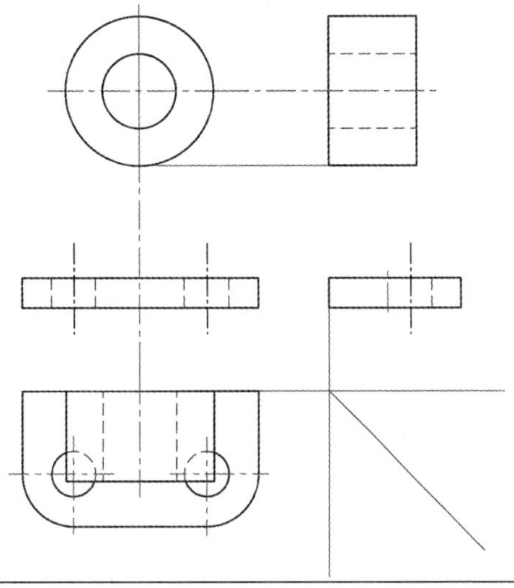
1. 绘制图形 ③ 绘制轴承座中间的支承板的三视图	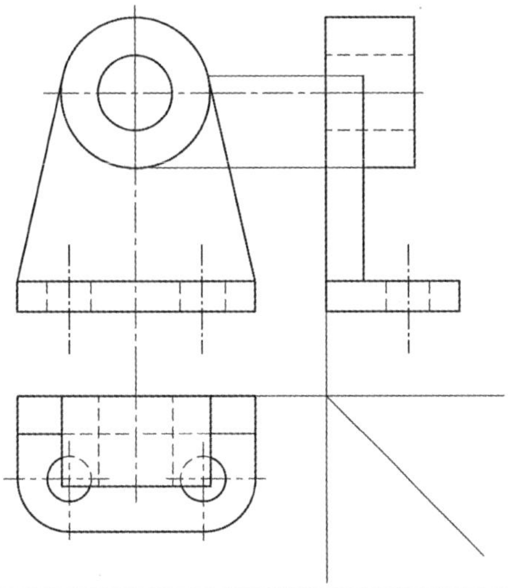
④ 绘制轴承座肋板的三视图	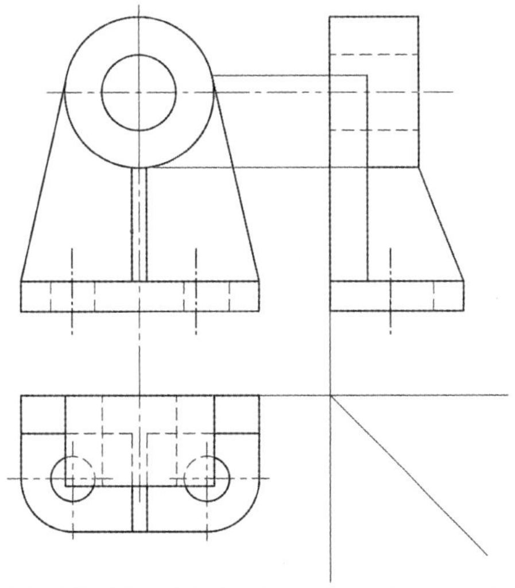

续表

工作步骤	图示
2. 完善图形	修剪、整理线条，并标注尺寸，填写标题栏中的文字描述 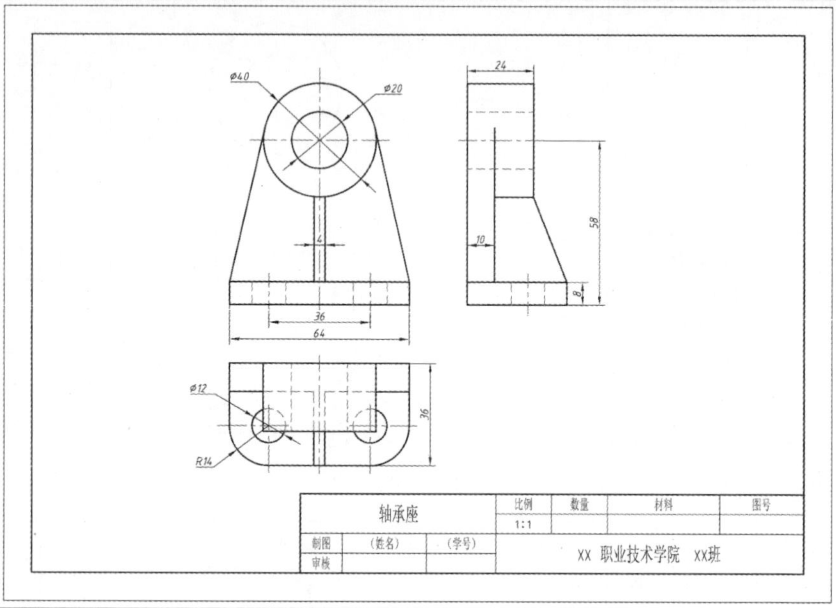

任务小结及评价

一、任务小结

任务名称	轴承座三视图绘制
任务实施步骤	绘制图形—完善图形
任务涉及知识点	组合体的组合形式及表面连接关系，组合体三视图的画法，组合体三视图的识读方法

二、任务评价

评价项目	评价内容	分值	评价分数		改进建议
			自评（30%）	教师评价（70%）	
素质目标（30%）	考勤无迟到、早退、旷课	5分			
	团队合作、沟通能力	5分			
	认真、严谨、细致的作图习惯	10分			
	严格遵循国家标准技术要求的规范意识	10分			
知识目标（30%）	掌握组合体的组合形式及表面连接关系	10分			
	掌握组合体三视图的识读方法	10分			
	熟练掌握组合体三视图的绘制及标注方法	10分			
技能目标（40%）	具备正确分析组合体三视图的能力	10分			
	具备正确应用计算机绘图软件绘制组合体三视图的能力	30分			
小计		100分			
总评	自评（30%）+教师评价（70%）=			教师签名：	

任务拓展

绘图练习

根据已知视图想象立体形状，补齐缺漏图线。

（1）

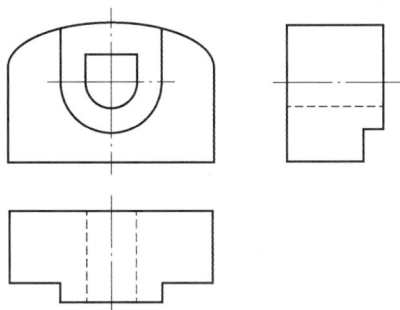

（2）

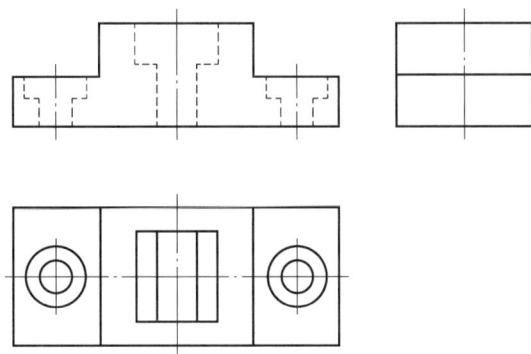

拓展知识点

一、轴测图的基础知识

1. 轴测图的形成

将物体连同其参考直角坐标系，沿不平行于任意一个坐标面的方向，用平行投影法将其投影在单一投影面 P 上所得的具有立体感的图形，称为轴测投影图，简称"轴测图"。这个形成过程如图 2-68 所示。

在轴测图中，我们把这个单一投影面 P 称为轴测投影面；直角坐标系中的坐标轴 OX、OY、OZ 在轴测投影面上的投影 O_1X_1、O_1Y_1、O_1Z_1 称为轴测轴；而每两根轴测轴之间的夹角，称为轴间角；3 条直角坐标轴上的单位长度 e 的轴测投影长度为 e_X、e_Y、e_Z，它们与 e 之比，分别称为 O_1X_1、O_1Y_1、O_1Z_1 轴上的轴向伸缩系数，分别用 p、q、r 表示。

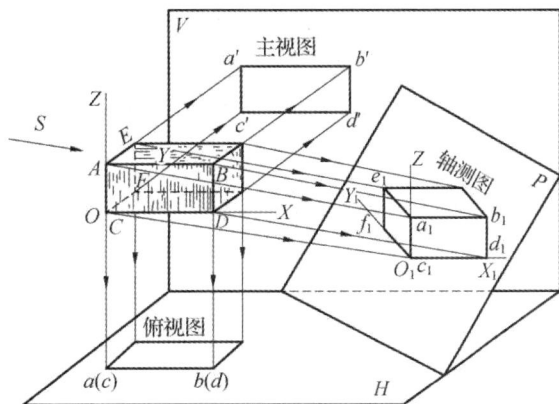

图 2-68　轴测图的形成

2．轴测图的分类

按投射方向与轴测投影面的夹角，轴测图可分为以下两种。

（1）正轴测图——轴测投射方向（投射线）与轴测投影面垂直时投影所得到的轴测图。

（2）斜轴测图——轴测投射方向（投射线）倾斜于轴测投影面时投影所得到的轴测图。

若按轴向伸缩系数的不同，轴测图又可分为以下 3 种。

（1）正（或斜）等测轴测图——$p=q=r$。

（2）正（或斜）二测轴测图——$p=r\neq q$。

（3）正（或斜）三测轴测图——$p\neq q\neq r$。

本书只介绍正等测轴测图和斜二测轴测图。

3．轴测图的基本性质

由于轴测投影属于平行投影，因此轴测投影仍具有平行投影的基本性质。

（1）物体上互相平行的线段，在轴测图中仍然互相平行。

（2）物体上与坐标轴平行的线段，在轴测图中也必定平行于相应的轴测轴，并且与相应的轴测轴有着相同的轴向伸缩系数。

熟练掌握和运用以上性质，既能迅速而正确地画出轴测图，又能方便地识别轴测图画法中的错误。

二、正等测轴测图

1．正等测轴测图的轴间角和轴向伸缩系数

设轴测投射方向 S 垂直于轴测投影面 P，并使在形体上建立的直角坐标系 $O\text{-}XYZ$ 的 3 根坐标轴与轴测投影面 P 的倾角相等。这时，有 $p=q=r=0.82$，$\angle X_1O_1Y_1=\angle X_1O_1Z_1=\angle Y_1O_1Z_1=120°$，则形体在该轴测投影面 P 上的投影图称为正等测轴测图。

画正等测轴测图时，规定轴测轴 O_1Z_1 画在铅垂线位置，因而 O_1X_1、O_1Y_1 与水平线成 30°角，如图 2-69 所示。

因为 $p=q=r=0.82$，所以在画图时还要进行烦琐的线段投影长度换算。而在实际画图中，通常取 $p=q=r=1$（叫作简化系数），这样就把形体的图形放大了 $1/0.82\approx1.22$ 倍，如图 2-70 所示。图 2-70（a）所示为按轴向伸缩系数 0.82 画出的立方体正等测轴测图，图 2-70（b）所示为按简化系数 1 画出的同一立方体的正等测轴测图。可见，按简化系数绘制对理解形体形状没有任何影响，而作图却简便多了。

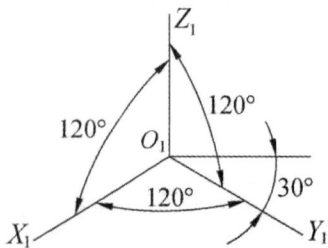

图 2-69　正等测轴测图的轴测轴与轴间角　　图 2-70　按轴向伸缩系数和简化系数画出的正等测轴测图

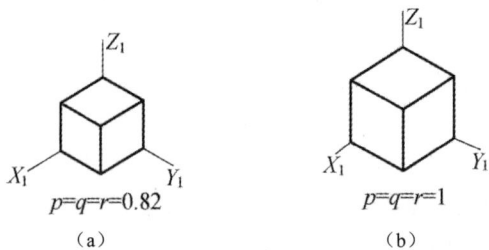

2．平面立体的正等测轴测图

平面立体的正等测轴测图有坐标法和截割法两种作图方法。

（1）坐标法

根据形体结构特点，建立适当的直角坐标系，由形体表面各顶点坐标，画出它们的轴测投影后，按形体结构特点连接各轴测投影点，便可得到该形体的轴测图。

【例 2-3】 已知正六棱柱的主视图、俯视图，求作它的正等测轴测图。其作图步骤如图 2-71 所示。

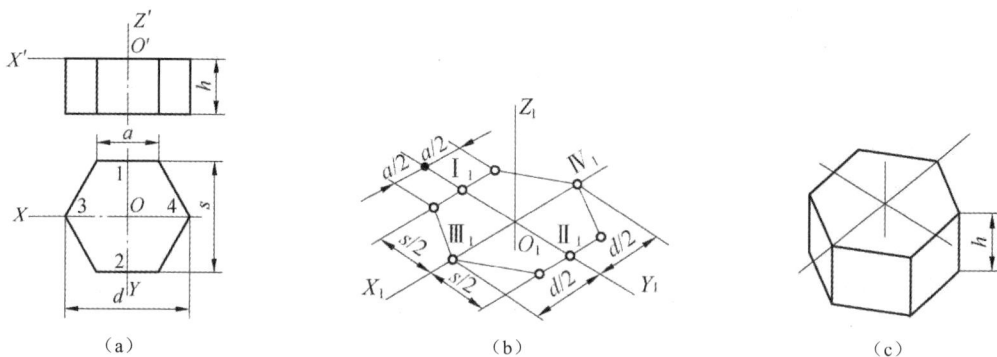

图 2-71 正六棱柱正等测轴测图的画法

① 分析其几何体形状，选定坐标。轴测图一般不画出不可见的轮廓线。为了作图简便，避免画一些不必要的线条（如不可见的轮廓线等），因此要建立合适的坐标系。例如，图 2-71（a）中把坐标原点设置在六棱柱的上端面上。

② 画出所建坐标系 $O\text{-}XYZ$ 的轴测投影 $O_1\text{-}X_1Y_1Z_1$，并作出正六棱柱上端面的轴测投影，如图 2-71（b）所示。

③ 根据棱柱高 h 作出可见棱柱侧面的轴测图，并描粗加深，如图 2-71（c）所示。

（2）截割法

对于不完整的形体，可先按完整的形体画出其轴测图，再按形体分析法一块块地截去，最后得到形体的轴测图。

【例 2-4】 根据图 2-72（a）所示的形体三视图，画出其正等测轴测图，其作图步骤如图 2-72（b）～图 2-72（e）所示。

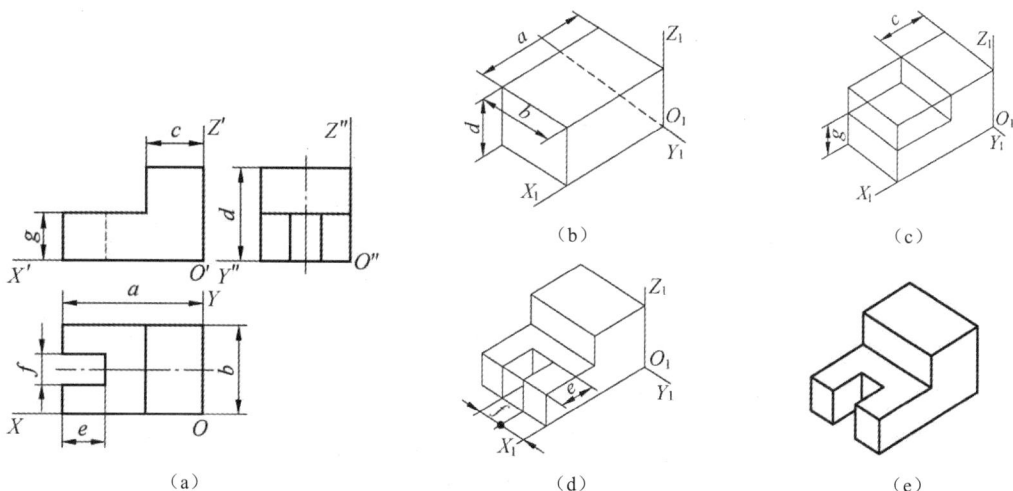

图 2-72 用截割法画平面立体的正等测轴测图

① 分析形体并选定坐标。由图 2-72（a）可知，该形体的完整形状为长 a、宽 b、高 d 的长方体。建立空间直角坐标系 O-XYZ。

② 画出 O-XYZ 的轴测投影 O_1-$X_1Y_1Z_1$ 和长方体的正等测轴测图，如图 2-72（b）所示。

③ 根据尺寸 c 和 g 截去左上部分，如图 2-72（c）所示。

④ 根据尺寸 e 和 f 截去左端矩形槽，如图 2-72（d）所示。

⑤ 擦去多余图线，描粗加深，如图 2-72（e）所示。

3. 圆的正等测轴测图

设在单位立方体的 3 个平行于坐标面的表面各有一个内切圆，这些圆的正等测轴测图均为椭圆，如图 2-73 所示。

已知圆的直径 D，画正等测椭圆时，常用"四心扁圆"近似代替椭圆，具体画法如图 2-74 所示。

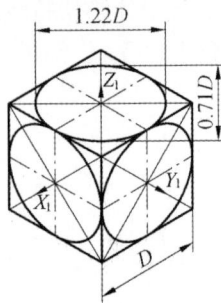

图 2-73　平行于各坐标面的圆的正等测轴测图

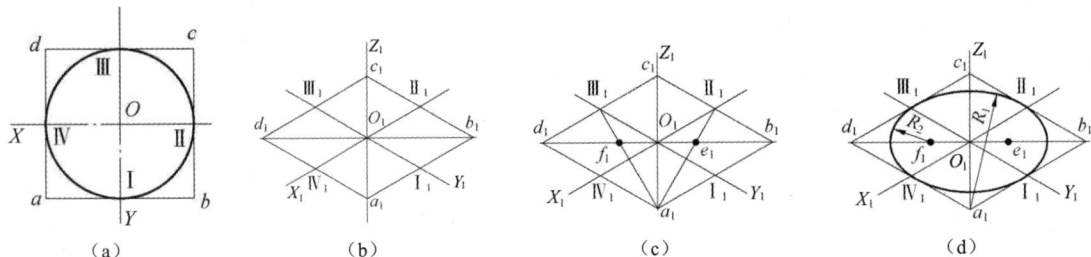

图 2-74　平行于 XOY 坐标面的圆的正等测轴测图画法

三、斜二测轴测图

1. 轴间角和轴向伸缩系数

如图 2-75 所示，斜二测轴测图轴间角 $\angle X_1O_1Z_1=90°$，$\angle X_1O_1Y_1=\angle Y_1O_1Z_1=135°$，$O_1Y_1$ 与水平轴成 $45°$，$p=r=1$，$q=0.5$。可以使用 $45°$ 三角板和丁字尺画出图形，凡与坐标面 XOZ（或与轴测投影面 P）平行的平面几何要素，其轴测投影反映实形。

2. 斜二测轴测图的画法

斜二测轴测图的画法与正等测轴测图一样，也要建立坐标系。

【例 2-5】 画出图 2-76（a）所示拨叉的斜二测轴测图，其作图步骤如下。

① 在视图上建立 O-XYZ 坐标系，由拨叉的视图可知只有 Y 方向有圆这个要素，且 Y 方向有 3 个主要平面（层次），使这些主要平面与 XOZ 坐标面平行，如图 2-76（a）所示。

② 画出各主要平面的轴测轴，如图 2-76（b）所示。

③ 画出前面主要平面的斜二测轴测图和倒角圆的斜二测轴测图，如图 2-76（c）所示。

④ 由有关尺寸画中间主要平面的斜二测轴测图，注意确定各要素的位置，如图 2-76（d）所示。

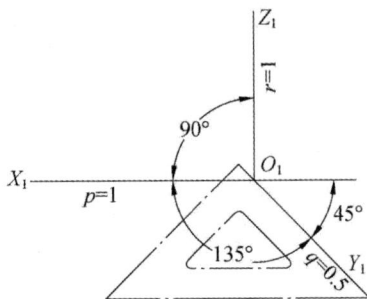

图 2-75　斜二测轴测图的轴测轴与轴间角

⑤ 画后面主要平面的斜二测轴测图，根据其尺寸确定各要素的位置，如图 2-76（e）所示。

⑥ 擦去作图辅助线，修饰表面，得到拨叉的斜二测轴测图，如图 2-76（f）所示。

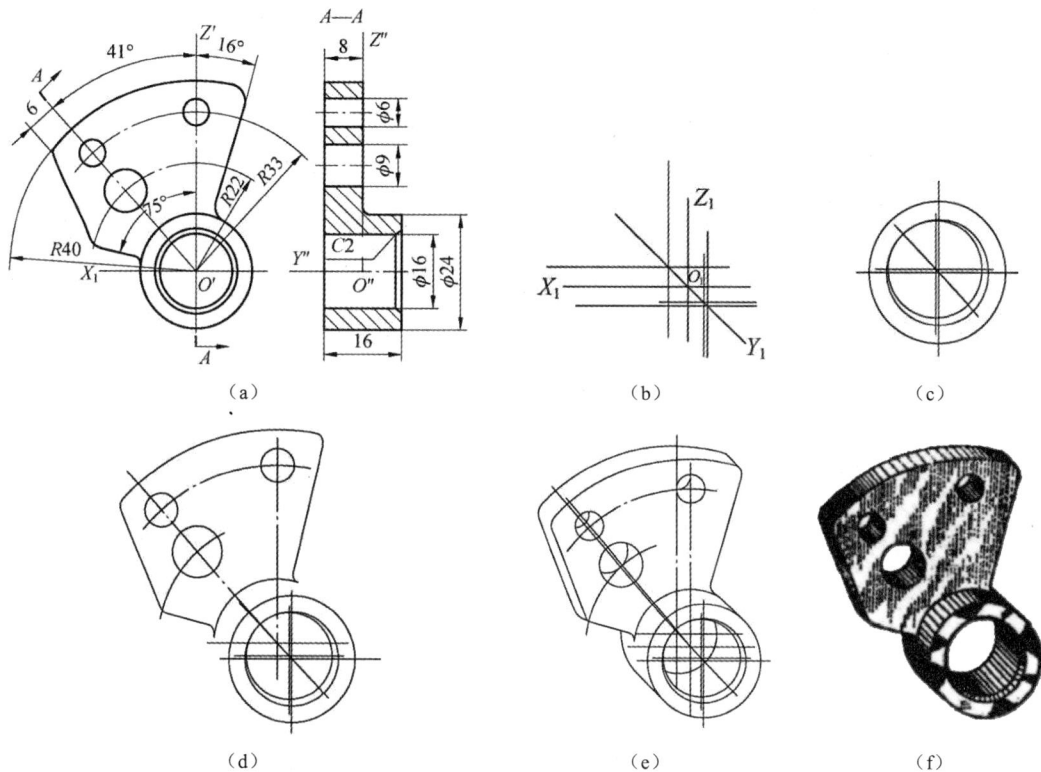

图 2-76　组合体斜二测轴测图的画法

导学案

1. 学习目标

素质目标	• 培养学生的规范意识 • 培养学生严谨、细致的工作作风 • 培养学生精益求精的工作态度
知识目标	• 熟悉国家标准中关于视图的基本规定 • 掌握机件的结构表达要求 • 掌握基本视图、向视图、局部视图和斜视图的画法及标注方法 • 掌握剖视图的种类及其规定画法 • 掌握断面图的画法及标注方法 • 掌握局部放大图的画法及标注方法
能力目标	• 能正确制订机件结构表达方案 • 能选用合适的视图来表达机件结构
学习重点	• 基本视图、向视图、局部视图和斜视图的画法与标注方法 • 剖切面的选用、剖视图的种类及剖视图的规定画法 • 断面图、局部放大图的画法与标注方法
学习难点 （预判）	• 表达方法的选择 • 局部视图和斜视图的区别 • 剖切面的合理选用 • 断面图的标注规则

2. 知识图谱

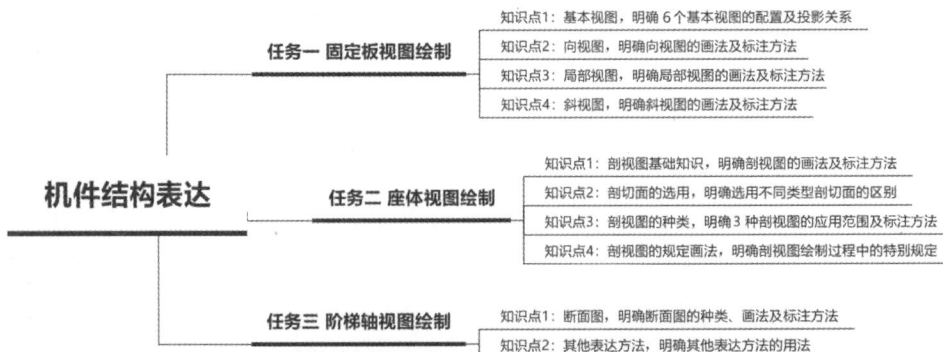

任务一　固定板视图绘制

任务导入

任务情境	××工业科技公司正忙于一个关键的智能生产线设备改造项目。其中一项重要任务是对生产线中用于支撑和定位的零部件——固定板进行改造和升级。作为该项目的机械设计师，你被分配了绘制固定板视图的任务。你需要根据已有的固定板三视图（见图 3-1），选择合适的表达方案，绘制出简洁、准确的固定板视图。这个视图将作为后续加工和安装的指导依据，对于整个项目的成功至关重要
任务图例	 图 3-1　固定板三视图

知识储备

在实际工程中，机件的形状多种多样，有些机件的内外结构十分复杂，仅依靠三视图难以完整、清晰地表达其形状和结构，所以必须增加表达方法，扩充表达手段。为此，《技术制图　图样画法　视图》（GB/T 17451—1998）和《机械制图　图样画法　视图》（GB/T 4458.1—2002）等国家标准中规定了视图、剖视图、断面图、局部放大图和简化画法等多种不同的表达方法，并将视图分为基本视图、向视图、局部视图和斜视图 4 种。

一、基本视图

机件向基本投影面投射所得的视图，称为基本视图。

在三投影面体系中原有正立面、侧立面、水平面的基础上，在其各自的对

基本视图

面再平行增加一个投影面，构成一个正六面体，这 6 个面称为基本投影面。将机件放在正六面体中，沿前、后、上、下、左、右 6 个方向投射，可获得 6 个基本视图。除主视图、俯视图、左视图外，

还有后视图、仰视图和右视图，如图 3-2 所示。其展开效果如图 3-3 所示。

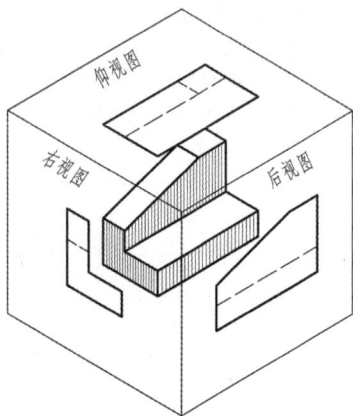

图 3-2　6 个基本视图的形成　　　　图 3-3　6 个基本视图的展开效果

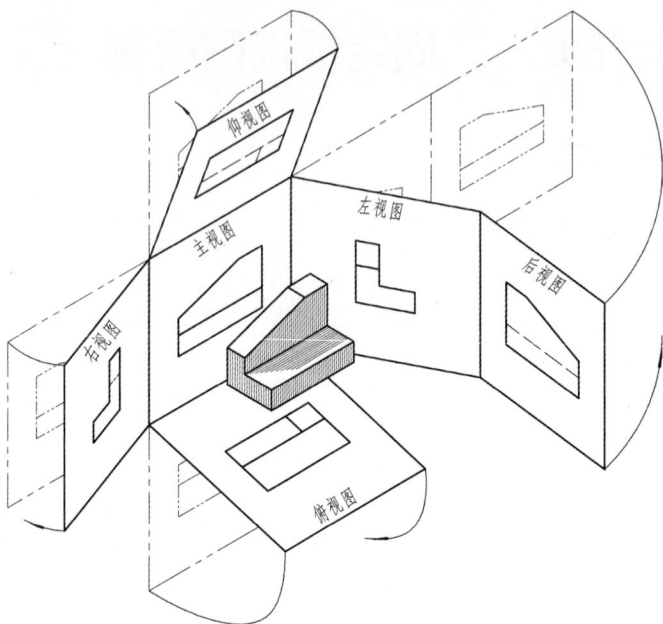

1．6 个基本视图及其配置

主视图，即自前向后投射所得的视图。

左视图，即自左向右投射所得的视图。

俯视图，即自上向下投射所得的视图。

后视图，即自后向前投射所得的视图。

右视图，即自右向左投射所得的视图。

仰视图，即自下向上投射所得的视图。

国家标准（GB/T 14692—2008）规定，在同一张图纸上绘制的 6 个基本视图，其配置及投影关系如图 3-4 所示，且一律不标注视图的名称。

2．6 个基本视图之间的投影规律

图 3-4 中，6 个基本视图之间仍然遵循"长对正、高平齐、宽相等"的投影规律，即主视图、俯视图、仰视图、后视图之间满足"长对正"，主视图、左视图、右视图、后视图之间满足"高平齐"，俯视图、仰视图、左视图、右视图之间满足"宽相等"。除后视图外，各视图的里边（靠近主视图的一边）均表示机件的后面；各视图的外边（远离主视图的一边）均表示机件的前面。

3．视图选择的一般原则

在实际应用中，应根据机件的结构特点，按照实际需要选择视图。视图选择的一般原则如下。

（1）机件的主视图不能缺少。

（2）一般优先考虑主视图、俯视图、左视图，然后再考虑其他视图。

（3）在表达清楚机件结构特点的前提下，视图的数量要尽可能少。

（4）机件各部分的特征视图一般不能缺少。

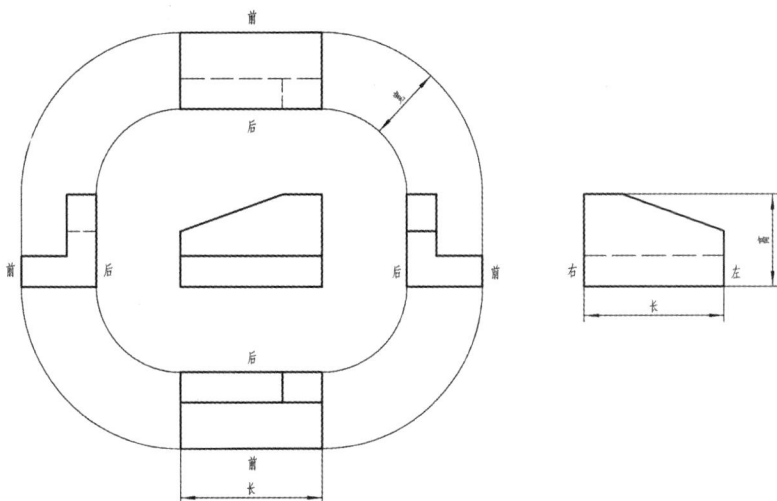

图 3-4　6 个基本视图的配置及投影关系

二、向视图

向视图是可以自由配置的视图。

为便于读图，向视图必须进行标注，即在向视图的上方标注"×"（"×"为大写拉丁字母），在相应视图的附近用箭头指明投射方向，并标注相同的字母，如图 3-5 所示。

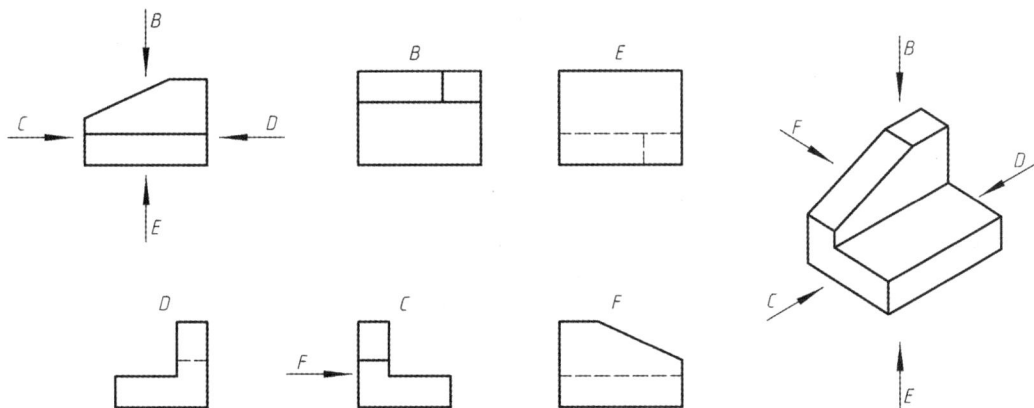

图 3-5　向视图及其标注

画向视图时，应注意以下几点。

（1）向视图是基本视图的另一种表达方式，是移位配置的基本视图，只能平移配置，不可旋转配置。

（2）向视图必须完整地画出投射所得的图形，不能只画局部；否则，所得的局部图形就是局部视图而非向视图。

（3）表示投射方向的箭头尽可能配置在主视图上，以使所获视图与基本视图一致。表示后视图投射方向的箭头应配置在左视图或右视图上。

三、局部视图

将机件的某一部分向基本投影面投射，所得的视图称为局部视图。

向视图

局部视图

局部视图一般用于机件在某个方向上有部分形状需要表示，但又没有必要画出整个基本视图的情形。对于图 3-6（a）中的机件，采用主、俯两个基本视图，其主要结构已表达清楚，但左、右两个凸台的形状未表达清晰（缺少特征视图），如果再完整地画出左、右视图，则有些重复。因此，可采用局部视图表达机件的局部外形。图 3-6（b）中的 A 向和 B 向局部视图，分别表达了两个凸台的形状。这样，机件结构既完全表达清楚了，图形又简单明了。

1. 局部视图的画法

局部视图的断裂边界以波浪线（或双折线）表示，如图 3-6（b）中的 A 向局部视图；若表示的局部结构是完整的，且外形轮廓是封闭的，断裂边界可省略不画，如图 3-6（b）中的 B 向局部视图。

2. 局部视图的配置和标注

局部视图一般可按以下两种形式配置，并进行必要的标注。

（1）按基本视图的配置形式配置，若中间没有被其他图形隔开，则可省略标注，如图 3-6（b）中也可省略字母 A 和箭头。

（2）按向视图的配置形式配置和标注，如图 3-6（b）中的 B 向局部视图所示。

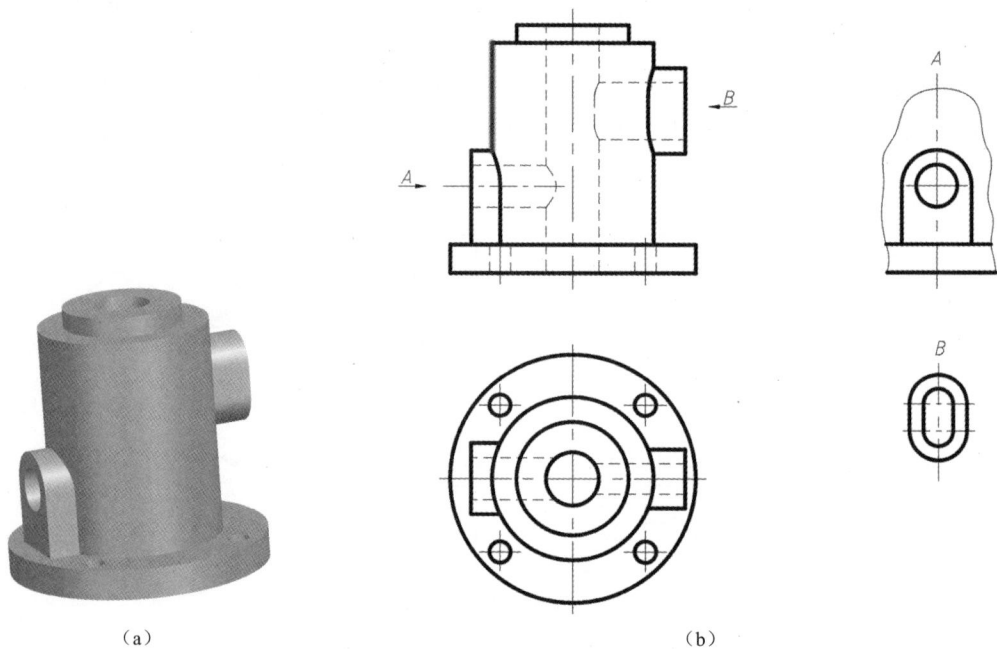

（a）　　　　　　　　　　　　　　（b）

图 3-6　局部视图

四、斜视图

将机件向不平行于基本投影面的平面投射，所得的视图称为斜视图。

图 3-7（a）中，为了表达耳板倾斜部分的真实形状，可借助一个与倾斜部分平行的辅助投影面 P，将耳板倾斜部分用正投影法投影至辅助投影面 P 上，得到斜视图。

斜视图的画法与标注如下。

（1）斜视图只表达倾斜结构的真实形状，其断裂边界用波浪线表示。

斜视图

（2）斜视图通常按向视图的配置形式配置并标注，如图 3-7（b）中 A 向斜视图所示。

（3）必要时，允许将斜视图旋转配置（可顺时针旋转，也可逆时针旋转），但需画出旋转符号，且其方向要与实际旋转方向一致，字母应位于旋转符号带箭头的一侧，如图 3-7（c）所示。当然，也可将旋转角度标注在字母之后。

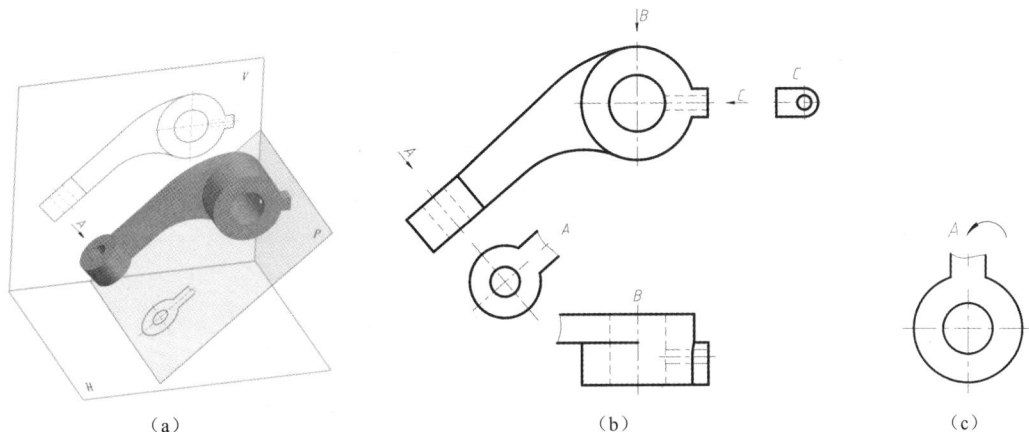

（a）　　　　　　　　　　　　（b）　　　　　　　　　　　　（c）

图 3-7　斜视图

工作案

工作案

工作步骤		图示
1. 确定视图表达方案	① 分析机件结构。 固定板右侧斜板倾斜于各基本投影面，若采用三视图表达，其俯视图和左视图都不反映实际形状，画图麻烦且表达不清楚	
	② 表达倾斜结构。 为了表达倾斜结构，可如右图所示，在平行于斜板的正垂面上作斜视图	

工作步骤	图示
1. 确定视图表达方案	③ 确定表达方案。采用一个基本视图（主视图）、*B*向局部视图（代替俯视图）、*A*向斜视图来简要、清晰地表达固定板结构 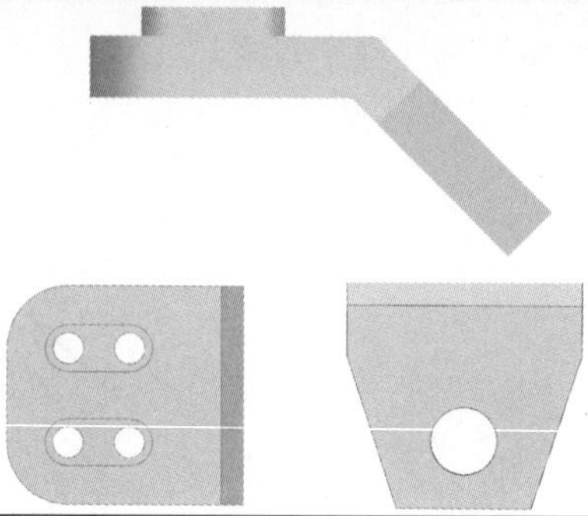
2. 绘制各表达视图	① 绘制主视图 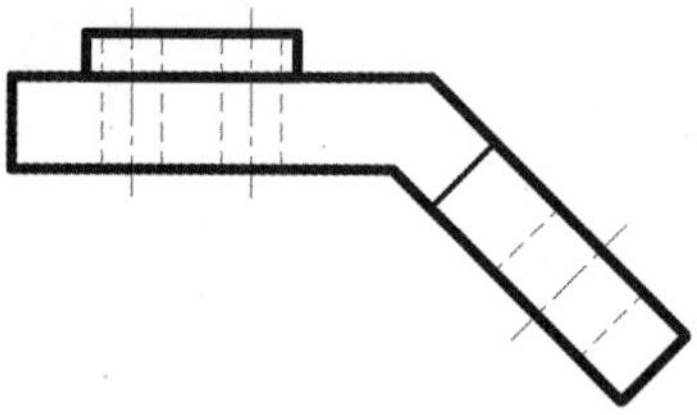
	② 绘制 *B* 向局部视图 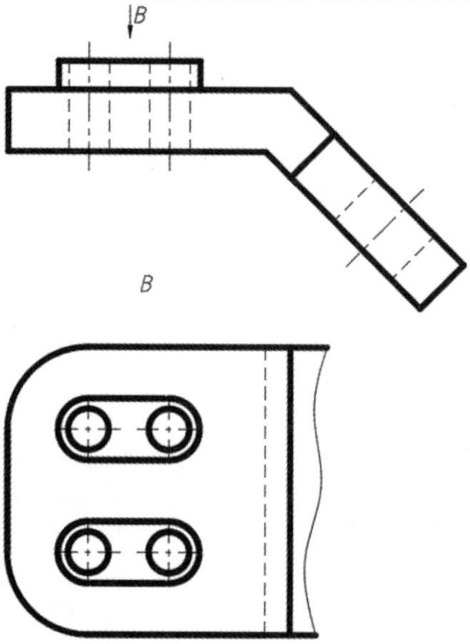
	③ 绘制 *A* 向斜视图 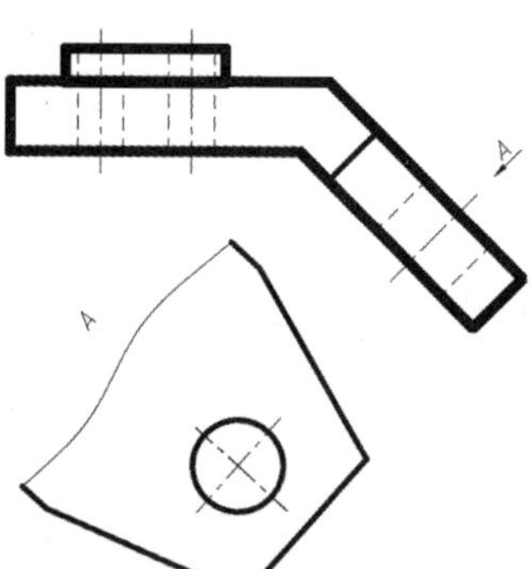

续表

工作步骤	图示
2. 绘制各表达视图	④ 优化表达方案。 为了使图面布局紧凑且便于画图，可将 A 向斜视图旋转配置
3. 标注尺寸并完善图形	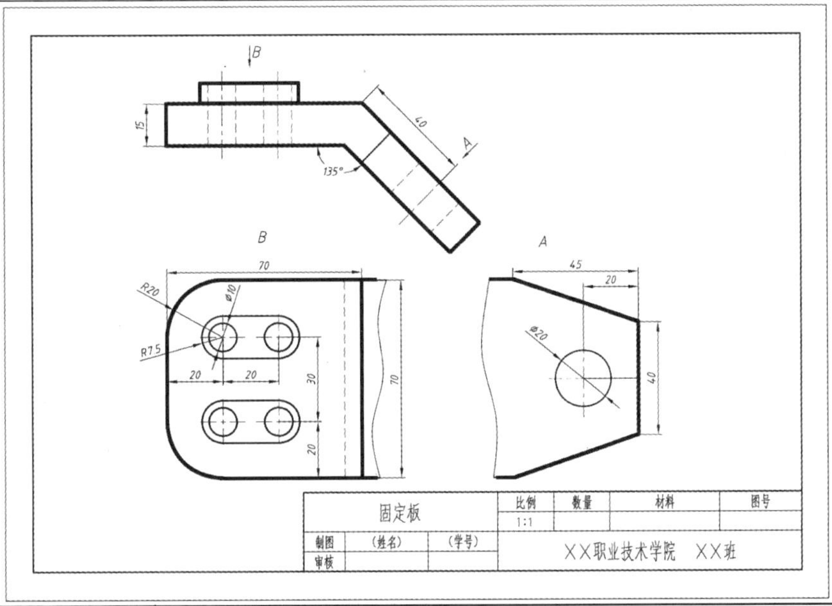

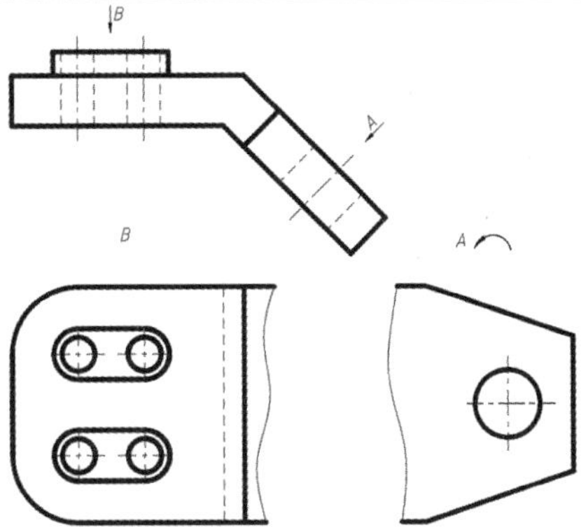

任务小结及评价

一、任务小结

任务名称	固定板视图绘制
任务实施步骤	确定视图表达方案—绘制各表达视图—标注尺寸并完善图形
任务涉及知识点	基本视图的配置及投影关系，向视图的定义，局部视图、斜视图的画法与标注方法

二、任务评价

评价项目	评价内容	分值	评价分数		改进建议
			自评（30%）	教师评价（70%）	
素质目标（30%）	考勤无迟到、早退、旷课	5 分			
	团队合作、沟通能力	5 分			
	认真、严谨、细致的作图习惯	10 分			
	严格遵循国家标准技术要求的规范意识	10 分			

续表

评价项目	评价内容	分值	评价分数		改进建议
			自评（30%）	教师评价（70%）	
知识目标（30%）	掌握机件的结构表达要求	10分			
	掌握基本视图的配置及投影关系	10分			
	掌握基本视图、向视图、局部视图和斜视图的画法及标注方法	10分			
技能目标（40%）	能合理制订固定板的表达方案	10分			
	能正确绘制固定板视图	30分			
小计		100分			
总评	自评（30%）+教师评价（70%）=			教师签名：	

任务拓展

1. 基础知识练习

（1）视图分为基本视图、（　　　）、（　　　）和（　　　）4种。

A. 向视图　　　　　B. 局部视图　　　　　C. 斜视图　　　　　D. 简化视图

（2）将机件的某一部分向基本投影面投射所得的视图称为（　　　）。

A. 基本视图　　　　B. 局部视图　　　　　C. 斜视图　　　　　D. 向视图

（3）机件向基本投影面投射所得的视图称为（　　　）。

A. 基本视图　　　　B. 局部视图　　　　　C. 斜视图　　　　　D. 向视图

（4）将机件向不平行于基本投影面的平面投射所得的视图称为（　　　）。

A. 基本视图　　　　B. 局部视图　　　　　C. 斜视图　　　　　D. 向视图

2. 作图练习：根据给出的视图，画出箭头所指方向的各视图，并按规定进行标注

（1）

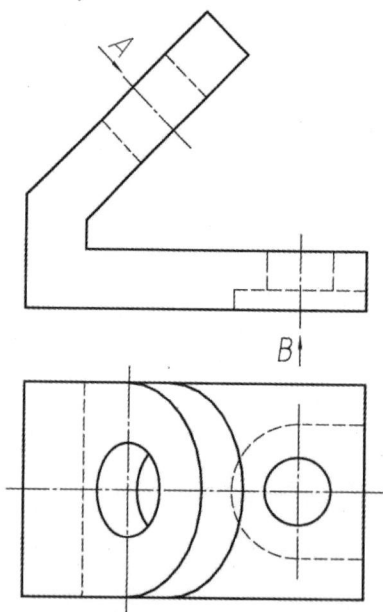

（2）

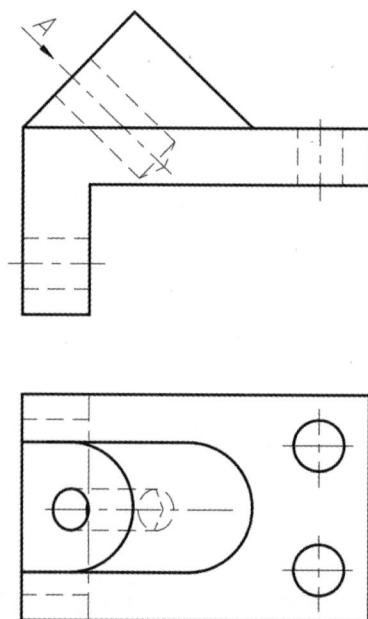

任务二　座体视图绘制

任务导入

任务情境	在××精密机械制造公司中，工程师团队正在为新一代高精度机床进行关键零部件的设计。其中，机床的座体是支撑和固定机床主体部分的重要部件。作为机械设计部门的核心成员，你被分配了绘制座体视图的任务。你需要根据已有的座体三视图（见图3-8），选择合适的表达方案，绘制出清晰、准确的座体视图。你的工作将直接影响到机床的稳定性和加工精度，为公司的产品研发和市场竞争力做出贡献
任务图例	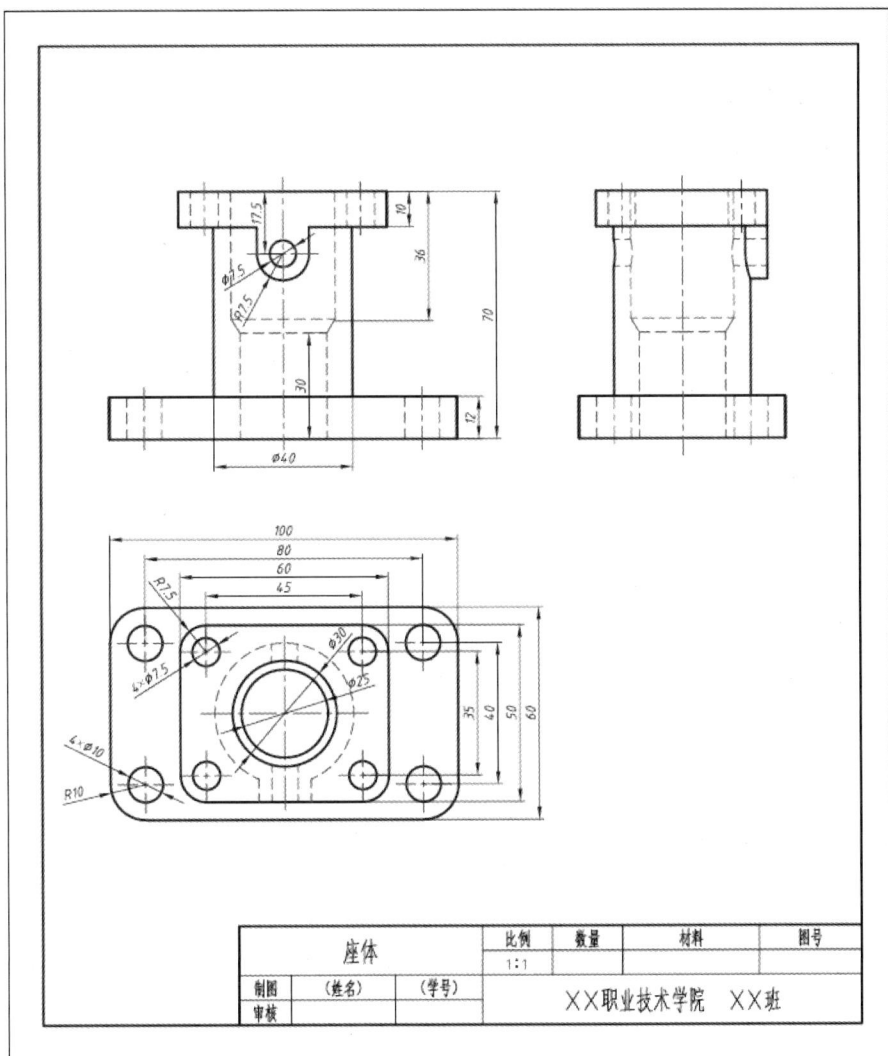

图 3-8　座体三视图

知识储备

　　视图主要用来表达机件的外部形状，而当机件的内部结构比较复杂时，视图中会出现较多虚线，不便于识图和标注尺寸，如图 3-9（a）所示。为了清晰地表达类似机件的内部结构，常采用剖视图的方式来表示。剖视图的绘制应遵循国家标准《技术制图 图样画法 剖视图和断面图》（GB/T 17452—1998）和《机械制图 图样画法 剖视图和断面图》（GB/T 4458.6—2002）中的规定。

一、剖视图基础知识

1. 剖视图的概念

假想用剖切面剖开机件，将位于观察者与剖切面之间的部分移去，将其余部分向投影面投射所得的图形称为剖视图。

剖视图的形成过程如图 3-9（b）、图 3-9（c）所示。图 3-9（d）中主视图为机件的剖视图。

（a）主视图中虚线较多　　　　　　　　　（b）用剖切面剖开支座

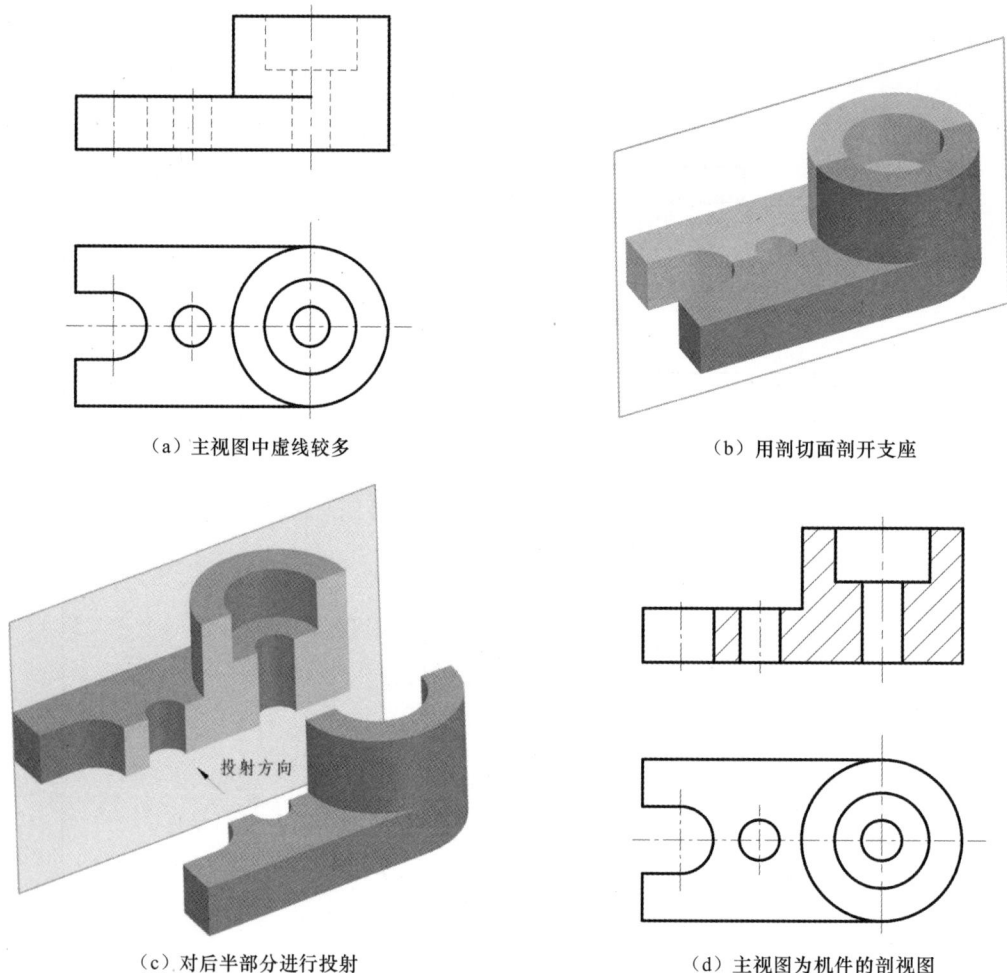

（c）对后半部分进行投射　　　　　　　　（d）主视图为机件的剖视图

图 3-9　剖视图的形成过程

2. 剖视图的画法

（1）确定剖切面的位置

剖切被表达机件的假想平面或曲面称为剖切面。剖切面一般应通过机件的对称中心线或机件内部的孔、槽的轴线，如图 3-9（b）所示。

（2）画外部轮廓

剖视图主要表达机件的内部结构，但外部实体轮廓线的绘制也必不可少。先将外部实体的轮廓线用粗实线画出，其中轮廓线内部相邻部分之间的连接线则无须绘制，如图3-9（d）所示。

（3）画内部空腔（被剖切到的孔或槽）

机件经剖切后，内部不可见轮廓变为可见，将原来表示内部结构的细虚线改为粗实线，如图3-9（d）所示。

（4）画剖面符号

为了区分实体和空腔，需用剖面符号表示剖切面与机件接触的部分。剖面符号与机件的材料有关（见表3-1），国家标准《机械制图 剖面区域的表示法》（GB/T 4457.5—2013）中规定了常用材料的剖面符号。对于金属材料制成的机件，其剖面符号为细实线，且一般应画成与主要轮廓线成45°的、等间隔的平行线，如图3-9（d）的主视图所示。

表3-1　　　　　　　　　　材料的剖面符号（GB/T 4457.5—2013）

材料	剖面符号	材料	剖面符号	材料	剖面符号
金属材料（已有规定剖面符号者除外）		非金属材料（已有规定剖面符号者除外）		型砂、填砂、粉末冶金、砂轮、陶瓷刀片、硬质合金刀片等	
钢筋混凝土		混凝土		基础周围的泥土	
木材纵断面		木材横断面		木质胶合板（不分层数）	
格网（筛网、过滤网等）		线圈绕组元件		转子、电枢、变压器和电抗器等的叠钢片	
玻璃及供观察用的其他透明材料		砖		液体	

注：① 剖面符号仅表示材料的类型，材料的名称和代号必须另行注明。
　　② 叠钢片的剖面线方向，应与束装中叠钢片的方向一致。
　　③ 液面用细实线绘制。

同一机件的所有视图上的剖面区域，其剖面线间隔要相等、方向要相同。当某视图中的主要轮廓线与水平线成 45° 时，该视图中的剖面线应调整为与水平线成30° 或60°，其倾斜的方向仍与该机件其他视图中的剖面线方向一致，如图3-10所示。

3. 剖视图的配置和标注

（1）剖视图的配置

① 按投影关系配置，如图3-9（d）所示。

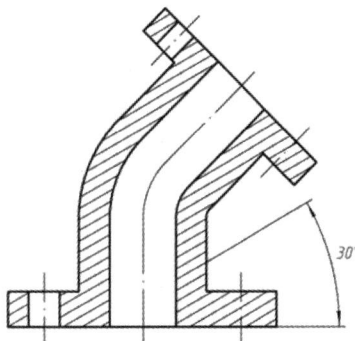

图 3-10　主要轮廓线与水平线成45°时的剖面线的画法

② 根据图面布局配置在其他位置，如图 3-11 中的剖视图 B—B。

（2）剖视图的标注

剖视图的标注包括剖切面的位置标注、投射方向的标注和剖视图名称的标注。剖切面的起讫和转折位置要标注剖切符号，剖切符号通常用长 5～10mm、线宽为 1～1.5 倍粗实线的粗短线表示（剖切符号不能与图形轮廓线相交）；投射方向用箭头表示；在剖切符号转折处注上大写字母"×"；剖视图名称是在所画剖视图的上方用相同的字母"×—×"表示，如图 3-11 中的 A—A、B—B。

① 当剖视图按投影关系配置，且中间没有其他图形隔开时，由于投射方向明确，可省略箭头，如图 3-11 中的剖视图 A—A 所示。

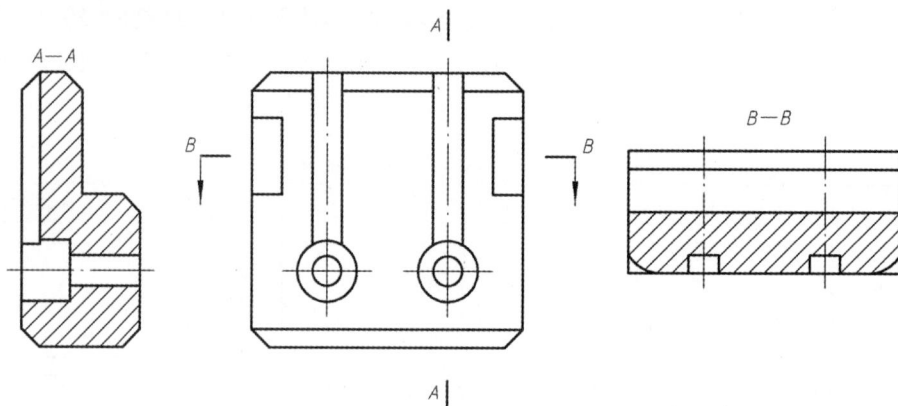

图 3-11　剖视图的配置

② 当单一剖切平面通过机件的对称面或基本对称面，又满足上述条件①时，剖切位置、投射方向及剖视图都十分明确，故可省略标注，如图 3-9 所示。

4. 画剖视图的注意事项

（1）因剖切是假想的，故当机件的一个视图画成剖视图后，其他视图并不会因此剖切而受影响。

（2）一般情况下，剖视图中不画细虚线。只有当绘制少量细虚线即可省略一个视图，且不会因此影响图形清晰度时，才会选择绘制细虚线。如图 3-12 所示，剖视图中画出少量细虚线，就能省去一个左视图。

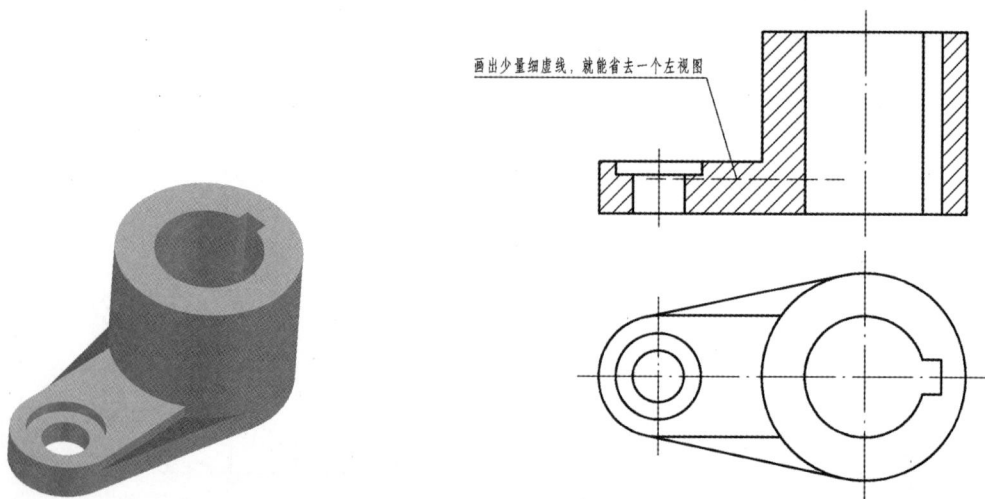

画出少量细虚线，就能省去一个左视图

图 3-12　剖视图中的细虚线

（3）画剖视图时，不应漏画剖切面后的可见轮廓线，如图 3-13 所示。

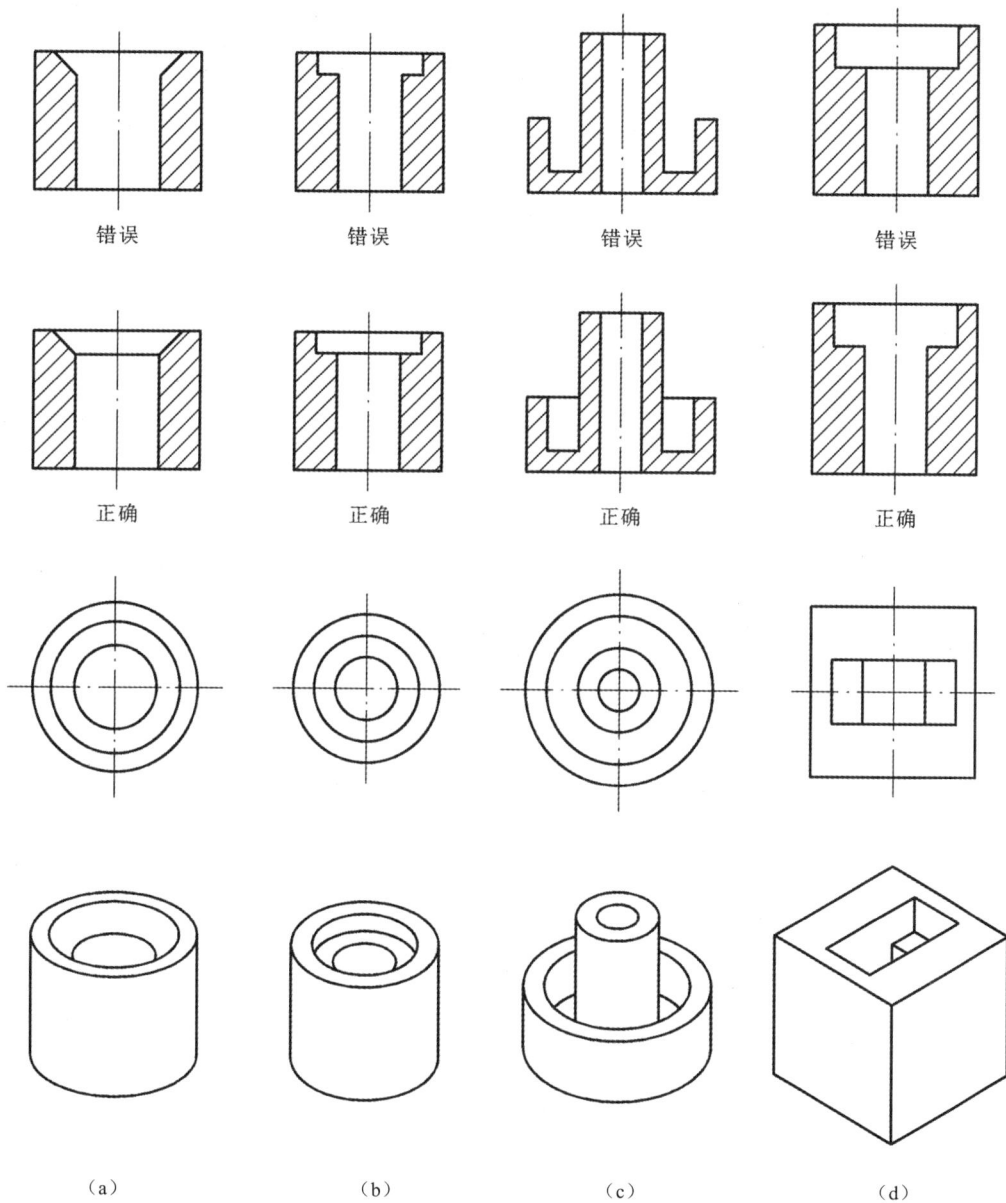

错误　　　　　　　错误　　　　　　　错误　　　　　　　错误

正确　　　　　　　正确　　　　　　　正确　　　　　　　正确

（a）　　　　　　　（b）　　　　　　　（c）　　　　　　　（d）

图 3-13　剖视图的正误对比

二、剖切面的选用

根据机件结构的特点和表达需要，可选用单一剖切平面、几个平行的剖切平面、几个相交的剖切平面来剖开机件。

剖切面的选用——
单一剖切平面

1. 单一剖切平面

当机件的内部结构位于一个剖切面上时，可选用单一剖切平面。当机件仅用一个剖切平面进行剖切即可表达清楚内部结构时，尽量采用单一剖切平面。单一剖切平面又可分为以下两种类型。

（1）单一平行剖切平面。单一平行剖切平面平行于某一个基本投影面，如图 3-11 中的剖视

图 A—A、B—B，图 3-14（a）中的剖视图 B—B。

（2）单一斜剖切平面。单一斜剖切平面不平行于任何基本投影面，主要用于表达机件倾斜部分的内、外形，通常也称之为斜剖，如图 3-14（a）中的剖视图 A—A。

用斜剖获得的剖视图一般按投影关系配置在与剖切符号相对应的位置，也可将获得的剖视图移至图纸的其他适当位置。在不至于引起误解的情况下，允许将图形旋转，此时必须加注旋转符号，如图 3-14（b）所示。

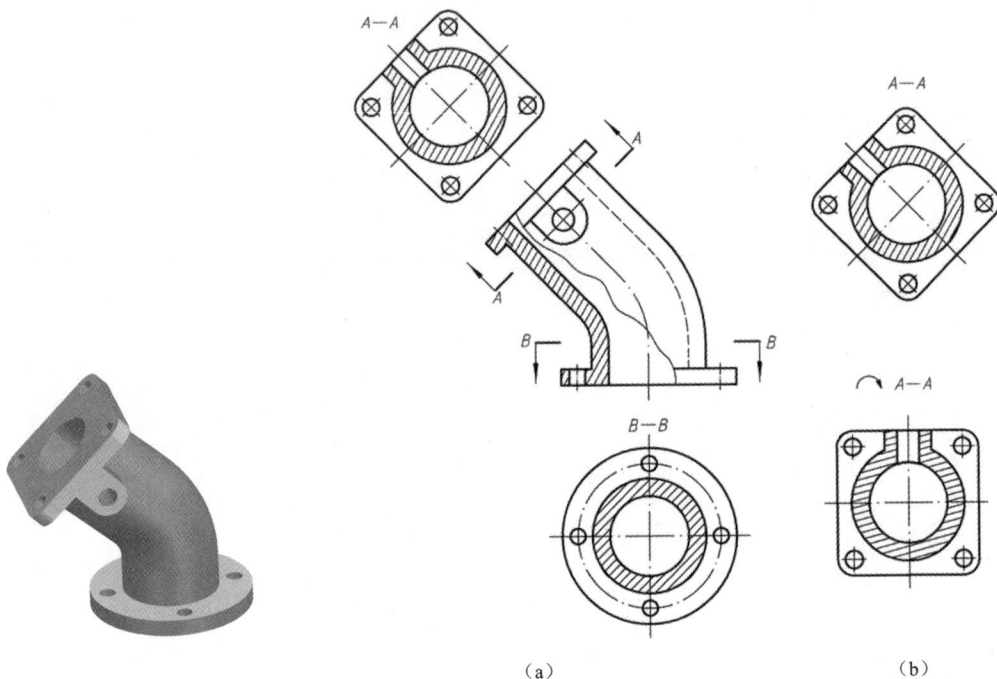

（a）

（b）

图 3-14　用单一剖切平面剖切

2. 几个平行的剖切平面

当机件的内部结构位于几个平行的平面上时，可采用几个平行的剖切平面进行剖切，如图 3-15 所示。具体需要注意以下几点。

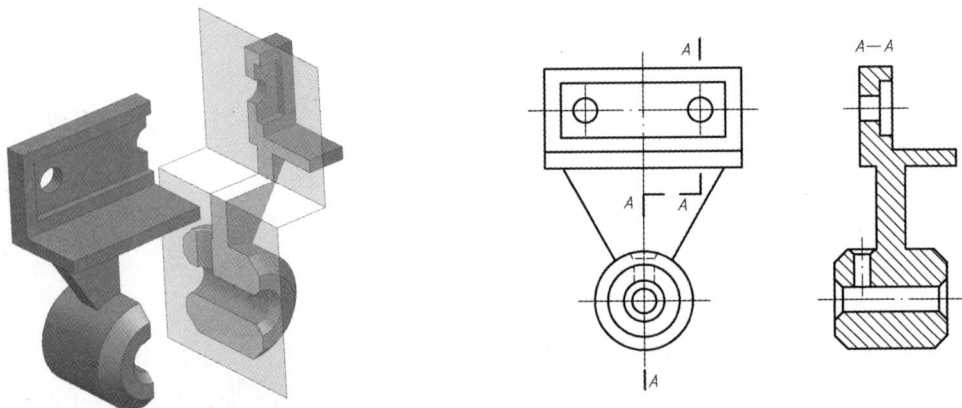

图 3-15　用几个平行的剖切平面剖切

① 各剖切平面的转折处必须是直角。

② 在剖视图中不应画出两个剖切平面转折处的投影线，如图 3-16 中的主视图所示。

③ 剖切符号的转折处不应与图中的轮廓线重合，如图 3-17 所示。

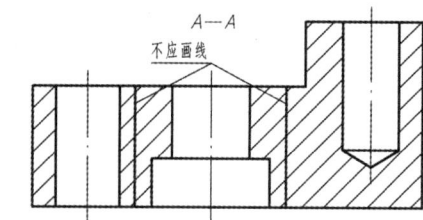

图 3-16　转折处不画线

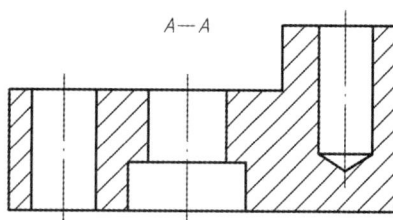

图 3-17　不应在轮廓线处转折

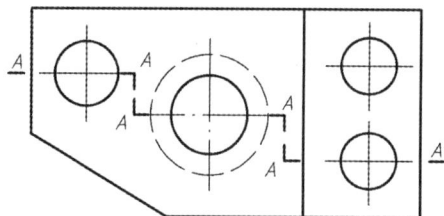

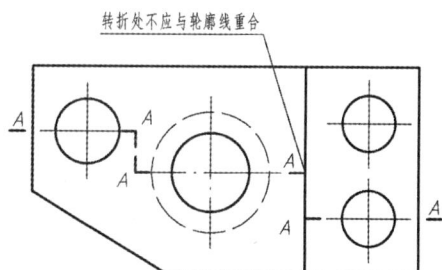

④ 要正确选择剖切平面的位置，剖视图中不应出现不完整的要素，如图 3-18（a）所示。只有当两个要素在剖视图中具有公共对称轴线时，才能各画一半，如图 3-18（b）所示。

⑤ 用几个平行的剖切平面剖切所获得的剖视图必须进行标注，如图 3-18 所示；若剖视图按投影关系配置，中间又没有其他图形隔开，可省略箭头，如图 3-15、图 3-16 所示；当转折处的空间有限，且不至于引起误解时，允许省略字母，如图 3-18（b）所示。

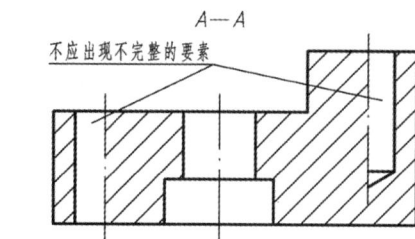

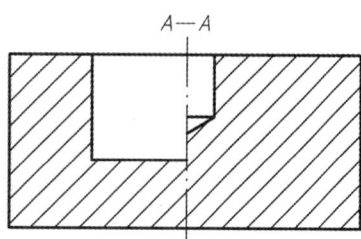

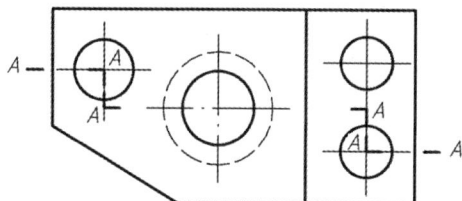

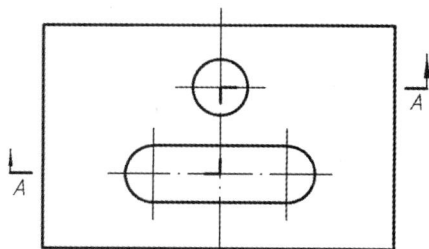

（a）

（b）

图 3-18　剖视图中不应出现不完整的要素

3. 几个相交的剖切平面

当机件的内部结构不在同一平面但由公共回转轴相连接时，可以用几个相交的剖切平面（交线垂直于某一基本投影面）剖开机件。此时，两剖切平面的交线应与回转轴重合，这种剖切方法也叫旋转剖，如图 3-19（a）所示。用这种方法画剖视图时，应将被剖开的结构及其有关部分旋转到与选定的基本投影面平行后，再进行投射，如图 3-19（b）所示。绘制时应注意以下几点。

剖切面的选用——
几个相交的剖切平面

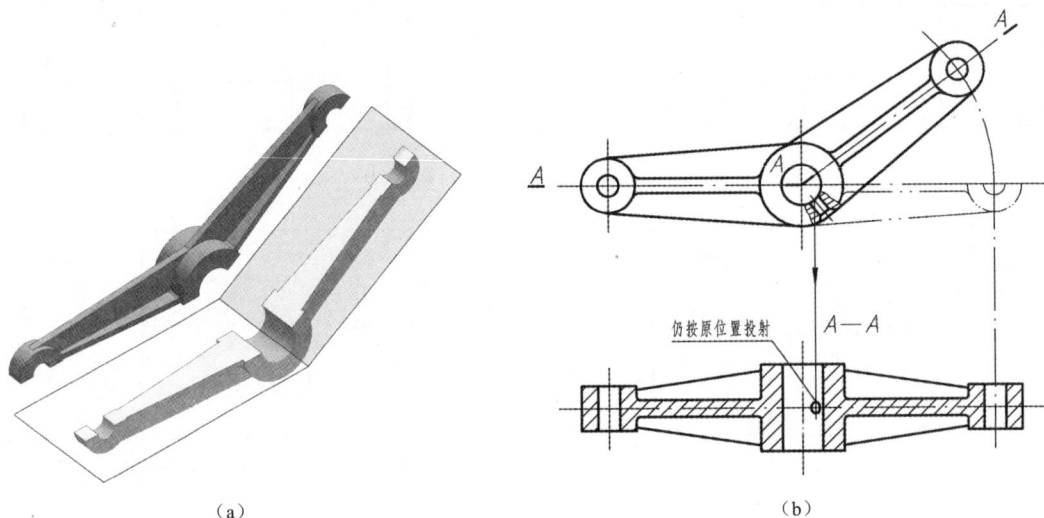

（a）

（b）

图 3-19　用两个相交的剖切平面剖切

① 在剖切面后的其他结构一般仍按原来的位置投射，如图 3-19 中机件底部的小圆孔（油孔）在剖视图 A—A 中仍按原来的位置投射画出。

② 当剖切后产生不完整的要素时，应将此部分按不剖绘制，如图 3-20 所示。

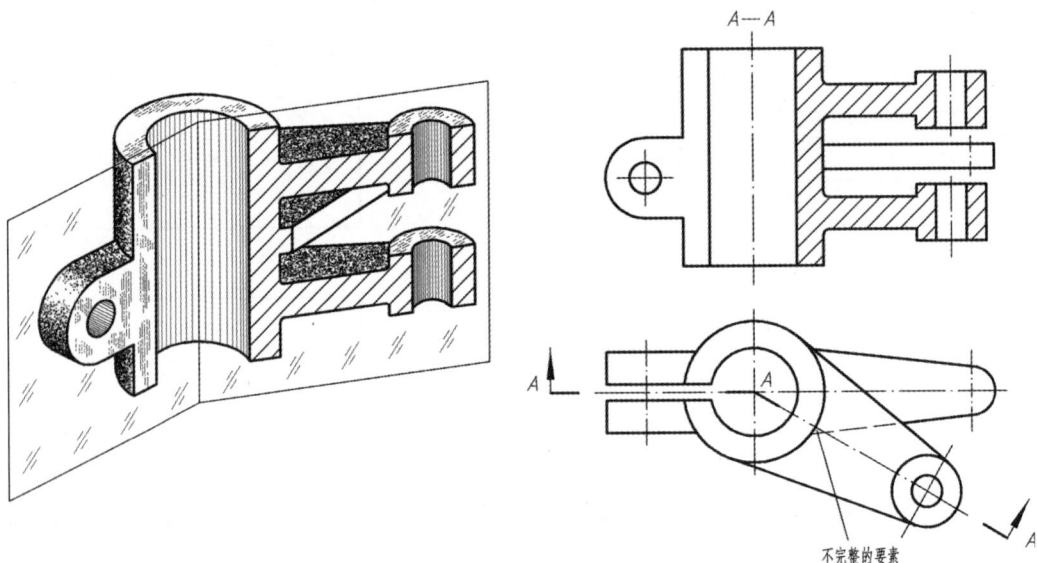

图 3-20　用几个相交的剖切平面进行剖切时产生的不完整要素的处理

③ 采用几个相交的剖切平面进行剖切时，必须加以标注，标注方法与几个平行的剖切平面剖切时相同。

当用以上各种剖切平面都不能简单而集中地表达机件的内部结构形状时，可以采用几种剖切平面组合起来的方式对机件进行剖切，即组合剖切或复合剖切。

三、剖视图的种类

根据剖切范围，剖视图可分为全剖视图、半剖视图和局部剖视图 3 种。

1. 全剖视图

（1）概念。用剖切面将机件完全剖开后所得到的剖视图称为全剖视图。前面所讲的剖视图都是全剖视图。

（2）应用范围。全剖视图主要用于表达复杂的内部结构，它不能够表达同一投射方向上的外部形状，所以适用于内形复杂、外形简单的机件，如图 3-21 所示。

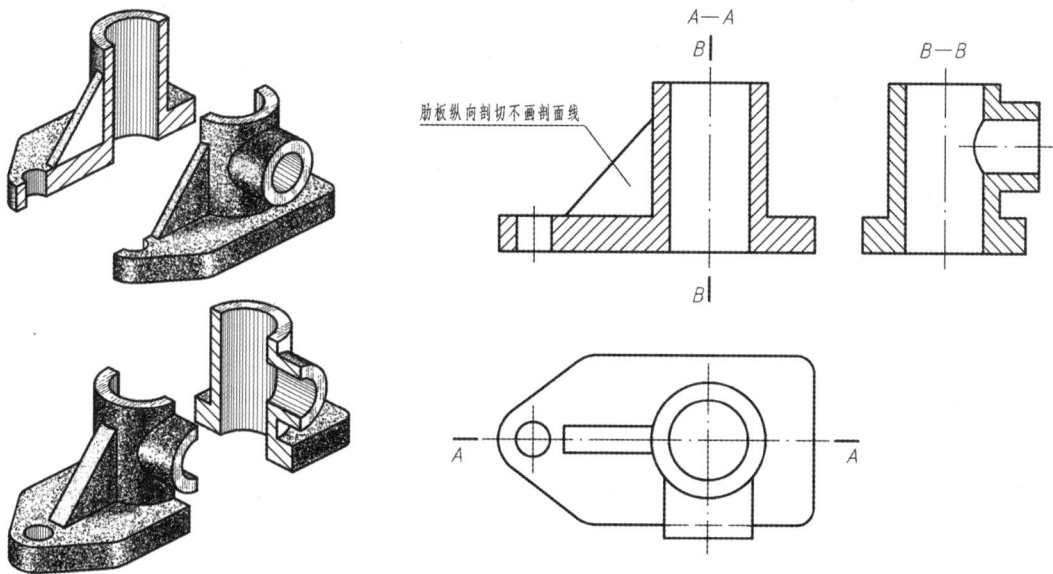

图 3-21　全剖视图

（3）全剖视图的标注。完整的标注包括剖切位置、投射方向、剖视图名称，在符合省略标注的条件时，允许省略相应的标注。

2. 半剖视图

（1）概念。当机件具有对称平面时，向垂直于对称平面的投影面上投射所得的图形，以对称中心线为界，一半画成剖视图，另一半画成视图，这种组合的图形称为半剖视图，如图 3-22 所示。

（2）应用范围。半剖视图用于内、外形状都需要表达的对称机件。当机件的形状接近于对称，且不对称部分已另有图形表达清楚时，可画半剖视图，如图 3-23 所示。

（3）画半剖视图时应注意以下几点。

① 视图与剖视图之间的分界线必须是点画线。

② 因机件是对称的，其内部结构在半剖视图中已表达清楚，故在表达外形的那一半视图中细虚线一般不需画出，但对于孔或槽等，应画出中心线位置。

③ 半剖视图中的半个剖视图一般放在主视图的右半侧，俯视图和左视图的前半侧。

（a）主视图的半剖

（b）俯视图的半剖

（c）原视图

（d）半剖视图

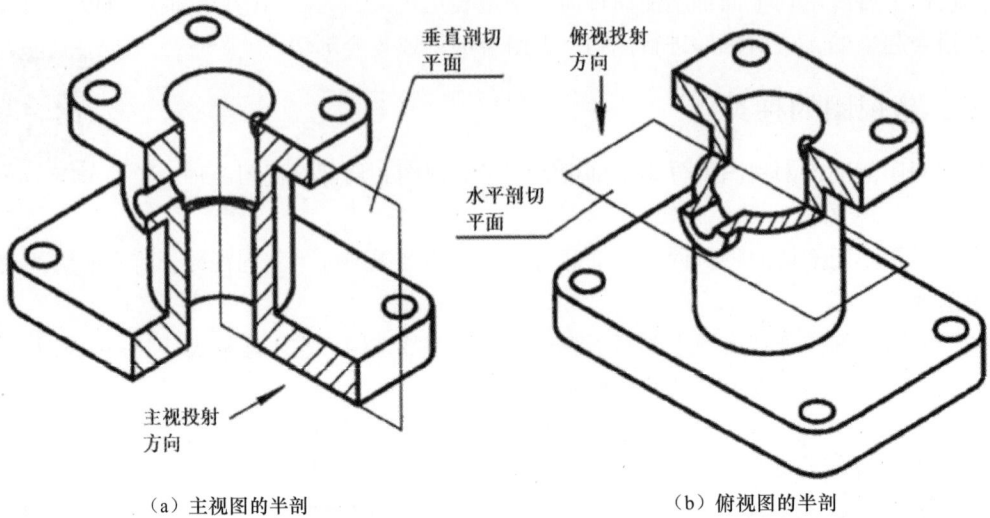

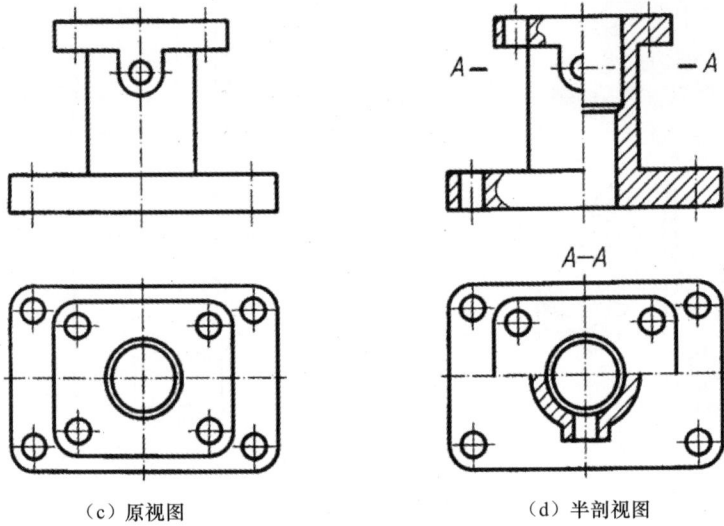

图 3-22　半剖视图

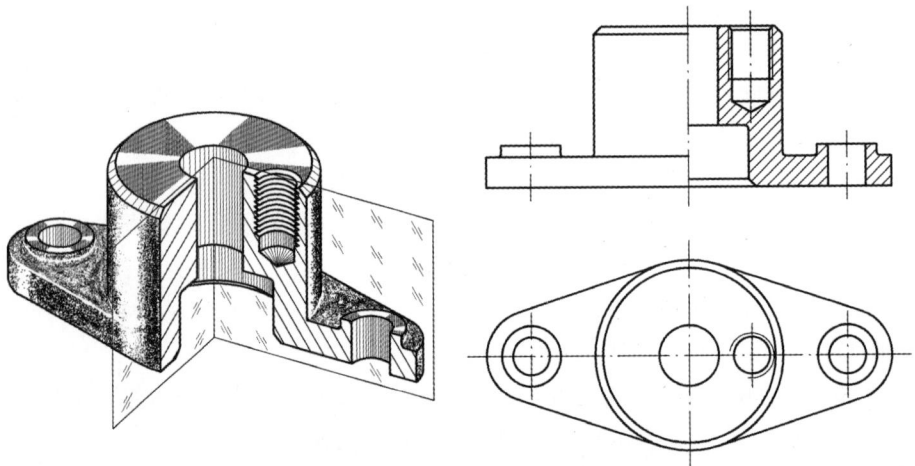

图 3-23　用半剖视图表示基本对称的机件

④ 当对称机件的轮廓线与中心线重合时，不宜采用半剖视图表达（用局部剖视图）。

（4）半剖视图的标注。半剖视图的标注方法和全剖视图相同。

3. 局部剖视图

（1）概念。用剖切面局部地剖开机件所得到的剖视图称为局部剖视图。在局部剖视图中，画成剖视图的部分用以表达内部结构，其余部分画成视图用以表达外形。视图与剖视图的分界线用波浪线或双折线表示，如图 3-24 所示。

局部剖视图

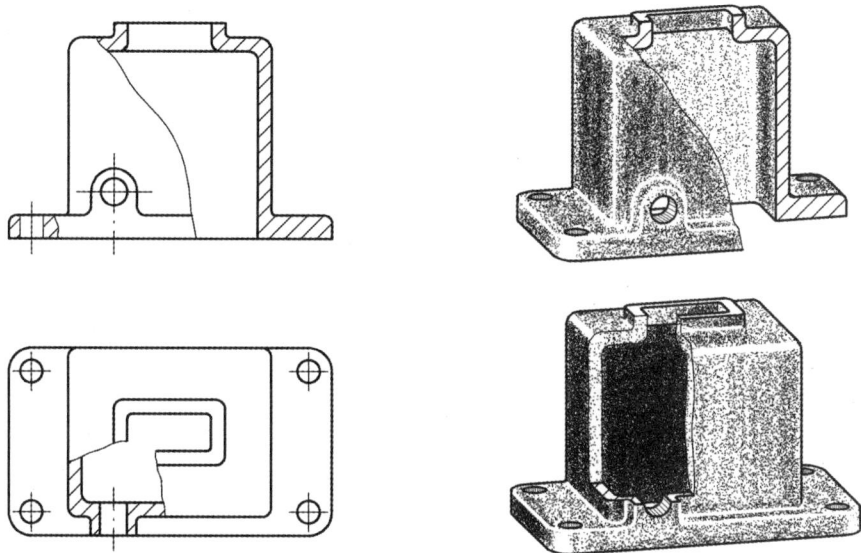

图 3-24　局部剖视图（一）

（2）应用范围。

① 需要同时表达不对称机件的内、外形状时。

② 虽有对称面，但对称中心线上出现轮廓线（轮廓线与对称中心线重合），不宜采用半剖视图时，如图 3-25（a）所示。

③ 实心轴中的孔槽结构宜采用局部剖视图，以避免在不需要剖切的实心部分画上过多的剖面线，如图 3-25（b）所示。

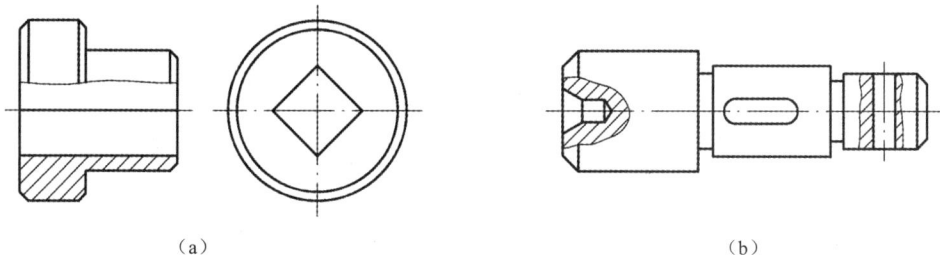

（a）　　　　　　　　　　　　　　　　　　　　（b）

图 3-25　局部剖视图（二）

（3）画局部剖视图时应注意以下几点。

① 表示剖切范围的波浪线（可理解为实体断裂边界的投影）不应超出轮廓线，不应画在孔洞处，也不应与图样上其他图线重合，如图 3-26 所示。

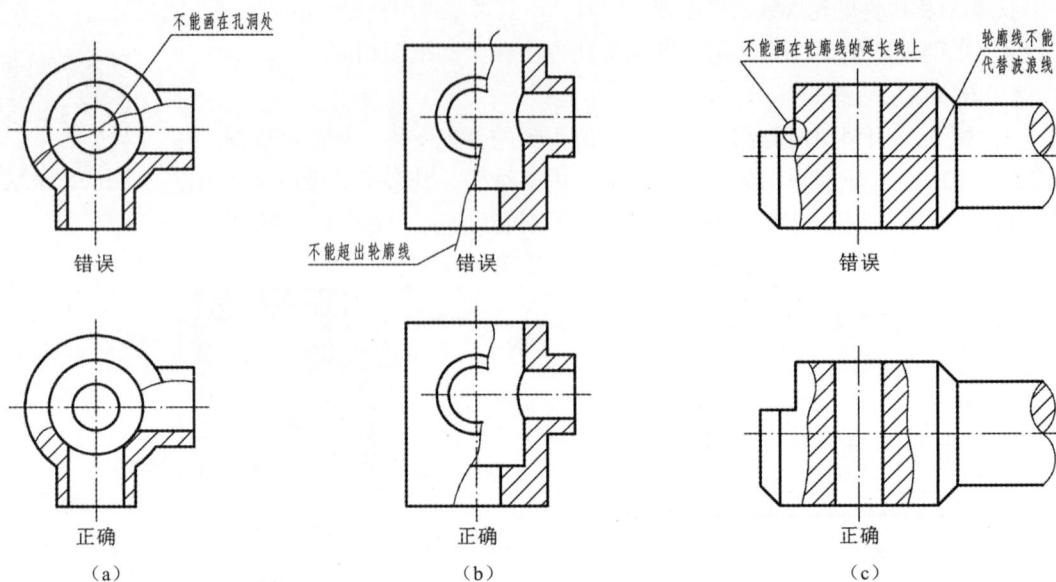

图 3-26　局部剖视图中波浪线的画法

② 在同一个视图中，局部剖视图的数量不宜过多，否则会使得图形"支离破碎"，影响图形的清晰度。

③ 有些机件经剖切后，仍有内部结构未表达清楚，允许在剖视图中再做一次简单的局部剖切，这种局部剖切习惯称为"剖中剖"。采用这种画法时，两者的剖面线应错开，但方向和间隔要相同，如图 3-27 中的 B—B 所示。

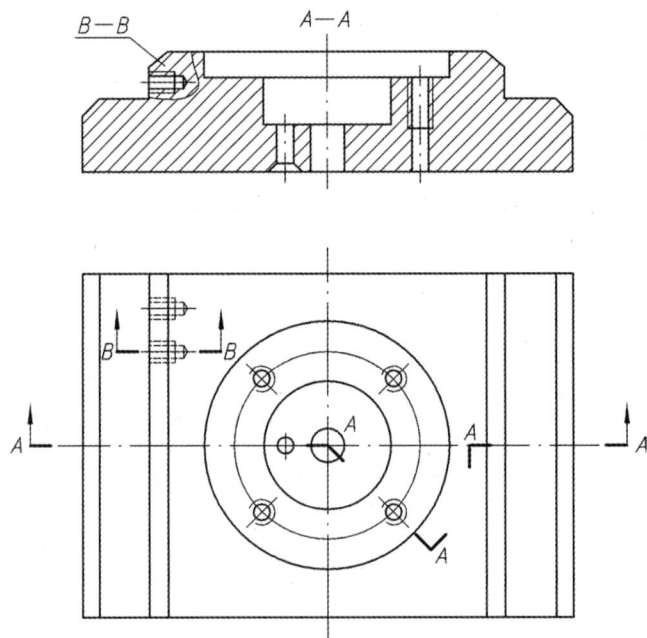

图 3-27　在剖视图中再作局部剖切（剖中剖）

（4）局部剖视图的标注。局部剖视图的标注方法与全剖视图相同。当单一剖切平面的剖切位置明显时，局部剖视图的标注可以省略。

剖视图的规定画法

四、剖视图的规定画法

（1）当对机件上的肋板、轮辐等结构进行剖切时，若剖切面与肋板的特征面或轮辐的长度方向平行（即进行纵向剖切），则肋板和轮辐不需要绘制剖面线，而用粗实线将其与相邻部分进行区分，如图 3-21 和图 3-28（a）所示。

（2）当回转体上均匀分布的肋板、孔等结构并未处于剖切面上时，可假想这些结构被旋转至剖切面上进行绘制。无论这些结构的数量是奇数还是偶数，在剖视图中都应呈现为对称的布局，如图 3-28（b）所示。

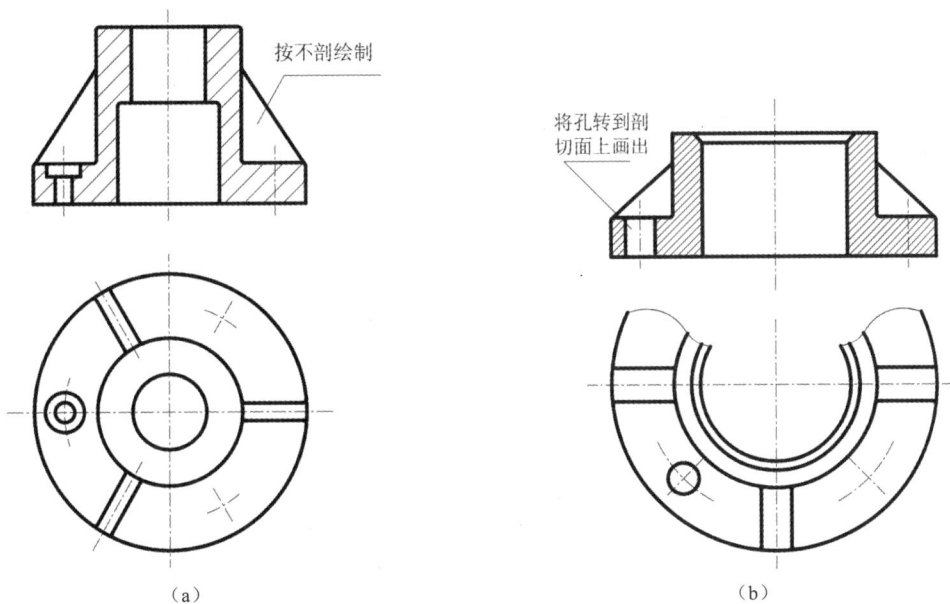

（a）   （b）

图 3-28　剖视图的规定画法

工作案

工作案

工作步骤	图示
1. 确定视图表达方案	① 分析机件结构。 由座体的三视图分析可知，该机件由底板、垂直圆筒、垂直耳板和顶板 4 个部分组成。 若采用三视图表达，无法将其内部结构展现出来，并且其左视图作用不大，画图麻烦且表达不清楚

工作步骤	图示
1. 确定视图表达方案 ② 确定主视图画法。由于座体是对称结构，且内部有较复杂的阶梯孔结构，因此主视图主要采用半剖视图，以对称中心线为界，右半部分画成剖视图，将座体内部阶梯孔表达清楚，左半部分则画成视图，表达外形	
③ 确定俯视图画法。俯视图采用半剖视图，以对称中心线为界，前半部分画成剖视图，表达内部结构，后半部分则画成视图，表达外形	
④ 补充局部剖视图。只有以上主视图和俯视图无法表达清楚顶板和底板上的通孔的内部结构，故在主视图的基础上补充两个局部剖视图将其表达清楚	
2. 绘制各表达视图 ① 绘制主视半剖视图，以及顶板、底板的局部剖视图	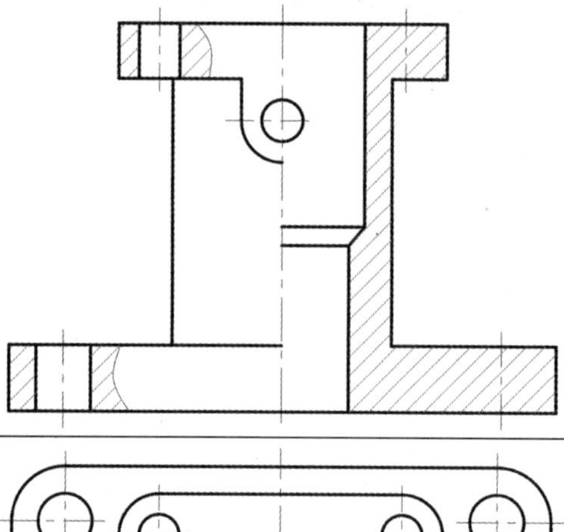
② 绘制俯视半剖视图	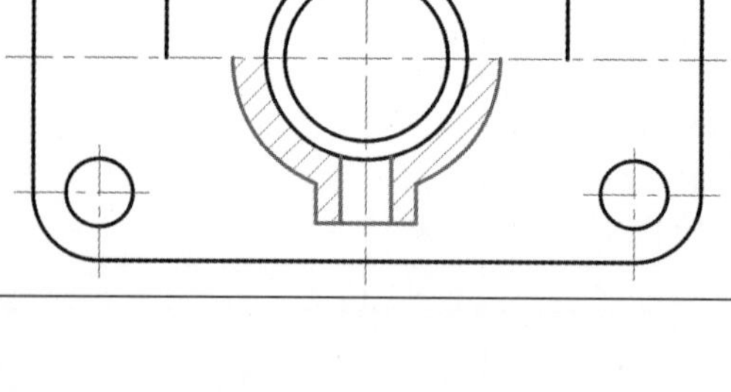

续表

工作步骤	图示
3.标注尺寸并完善图形	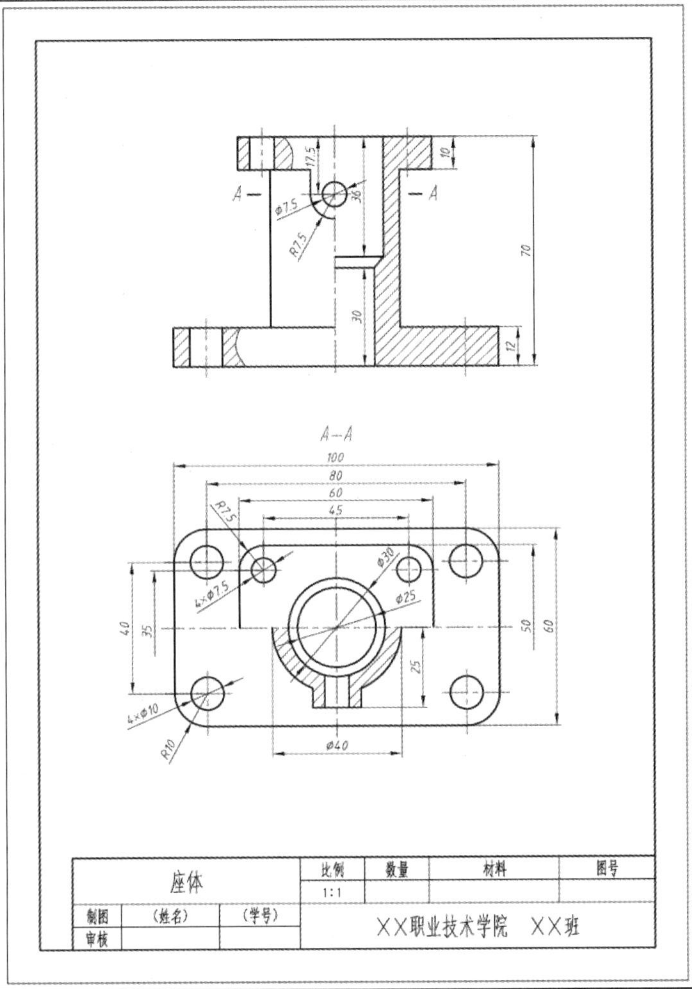

任务小结及评价

一、任务小结

任务名称	座体视图绘制
任务实施步骤	确定视图表达方案—绘制各表达视图—标注尺寸并完善图形
任务涉及知识点	剖视图基础知识，剖切面的选用，剖视图的种类，剖视图的规定画法

二、任务评价

评价项目	评价内容	分值	评价分数		改进建议
			自评（30%）	教师评价（70%）	
素质目标（30%）	考勤无迟到、早退、旷课	5分			
	团队合作、沟通能力	5分			
	认真、严谨、细致的作图习惯	10分			
	严格遵循国家标准技术要求的规范意识	10分			

续表

评价项目	评价内容	分值	评价分数		改进建议
			自评（30%）	教师评价（70%）	
知识目标（30%）	掌握机件的结构表达要求	10 分			
	掌握剖切面的选用方法	10 分			
	掌握剖视图的种类及其规定画法	10 分			
技能目标（40%）	能合理制订座体的表达方案	10 分			
	能正确绘制座体视图	30 分			
小计		100 分			
总评	自评（30%）+教师评价（70%）=			教师签名：	

任务拓展

1. 基础知识练习

（1）为了清晰地表达机件的内部结构，常采用（　　）的画法。

A. 基本视图　　　　　　B. 剖视图　　　　　C. 向视图　　　　　　D. 斜视图

（2）对于金属材料制成的机件，其剖面符号一般应画成与主要轮廓线（或剖面区域的对称线）成（　　）的一组平行等间隔的细实线。

A. 30°　　　　　　　　B. 45°　　　　　　　C. 60°　　　　　　　　D. 90°

（3）根据剖切范围，剖视图可分为（　　）、（　　）和（　　）3 种。

A. 全剖视图　　　　　　B. 半剖视图　　　　C. 斜剖视图　　　　　　D. 局部剖视图

（4）用剖切面局部地剖开机件所得到的剖视图称为（　　）。

A. 全剖视图　　　　　　B. 半剖视图　　　　C. 斜剖视图　　　　　　D. 局部剖视图

2. 补画剖视图中缺失的图线

（1）	（2）	（3）

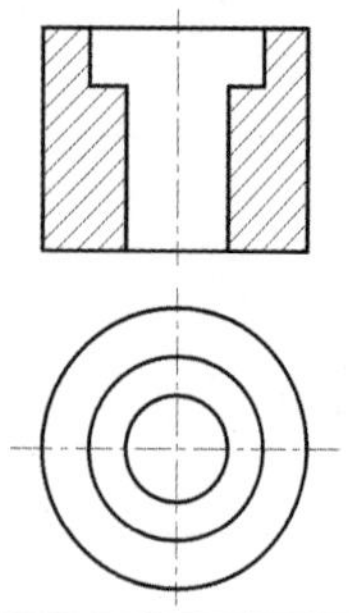

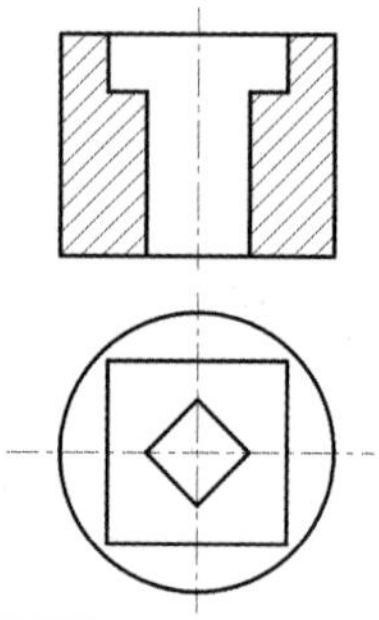

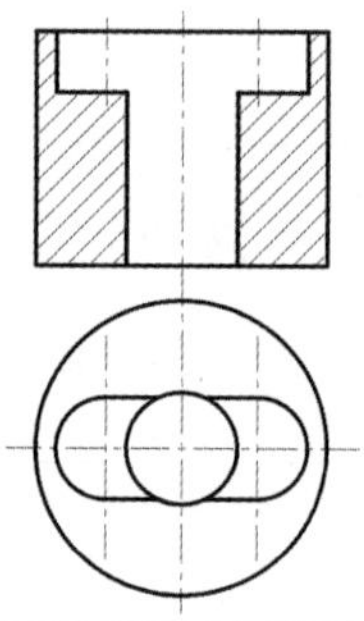

（4）	（5）

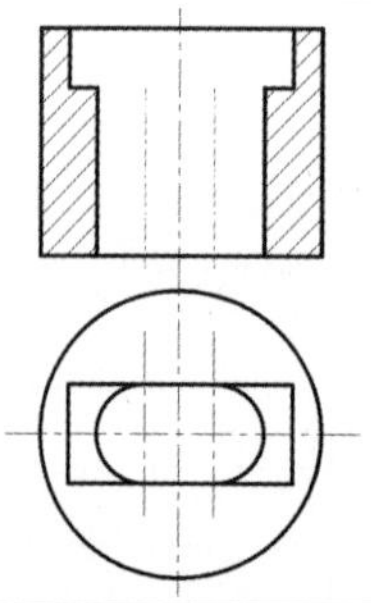

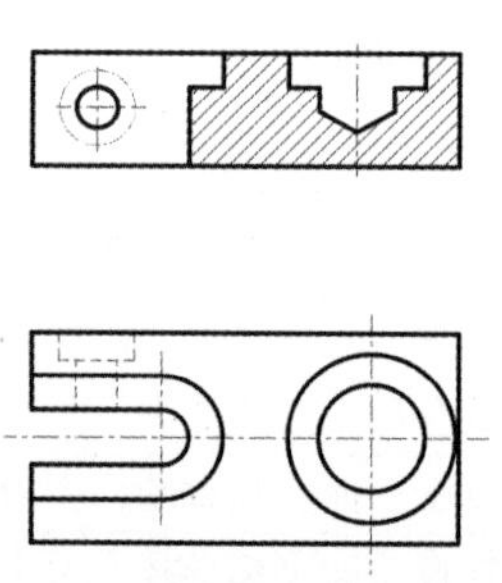

3. 根据已知视图，将主视图画成全剖视图

（1）　　　　　　　　　　　　　　　（2）

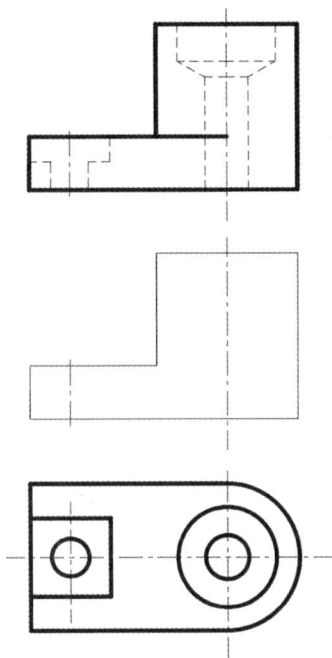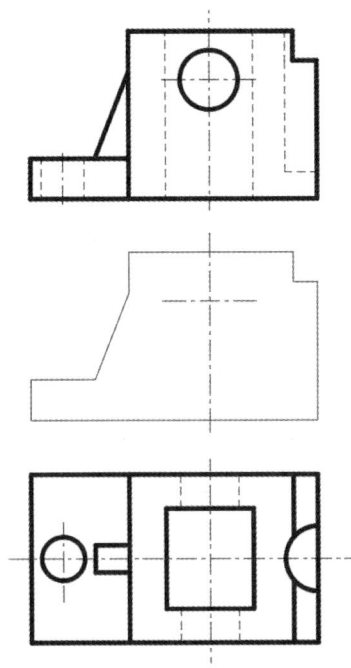

4. 根据已知视图，将主视图画成半剖视图

（1）　　　　　　　　　　　　　　　（2）

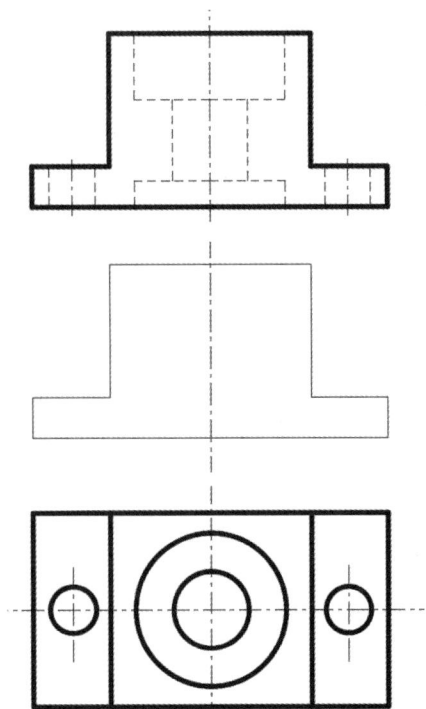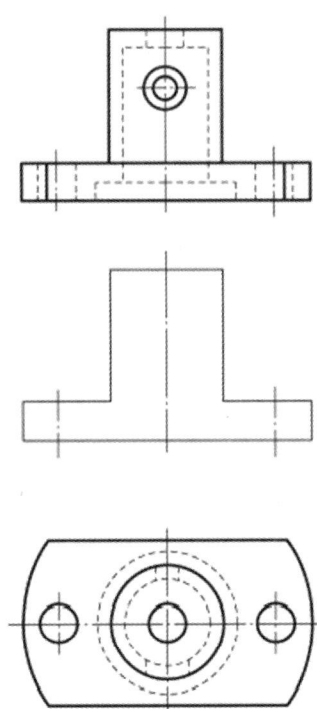

5. 根据指定的剖切面绘制剖视图

（1）	（2）

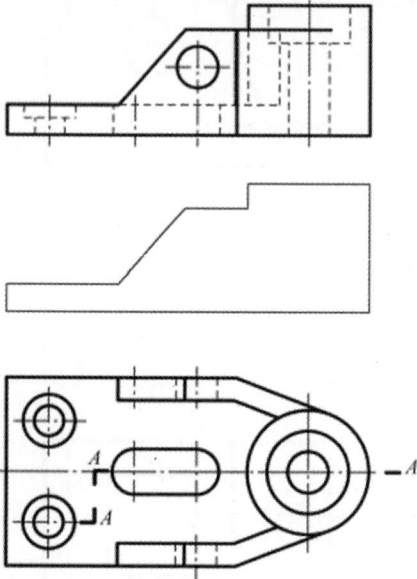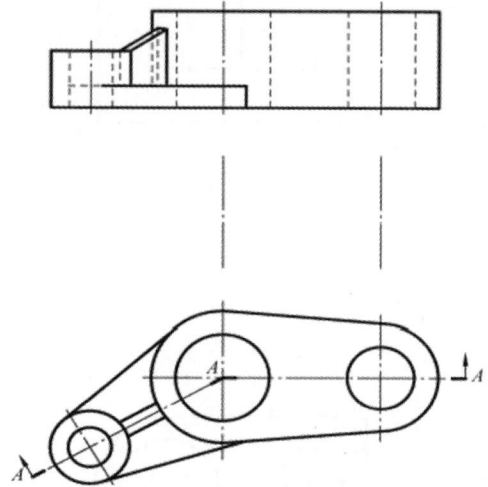

6. 将主视图改为合适的剖视图

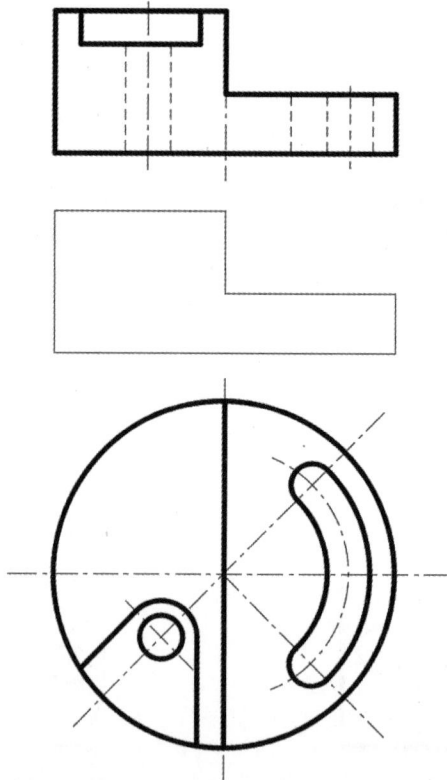

7. 利用 AutoCAD 抄绘下面的剖视图

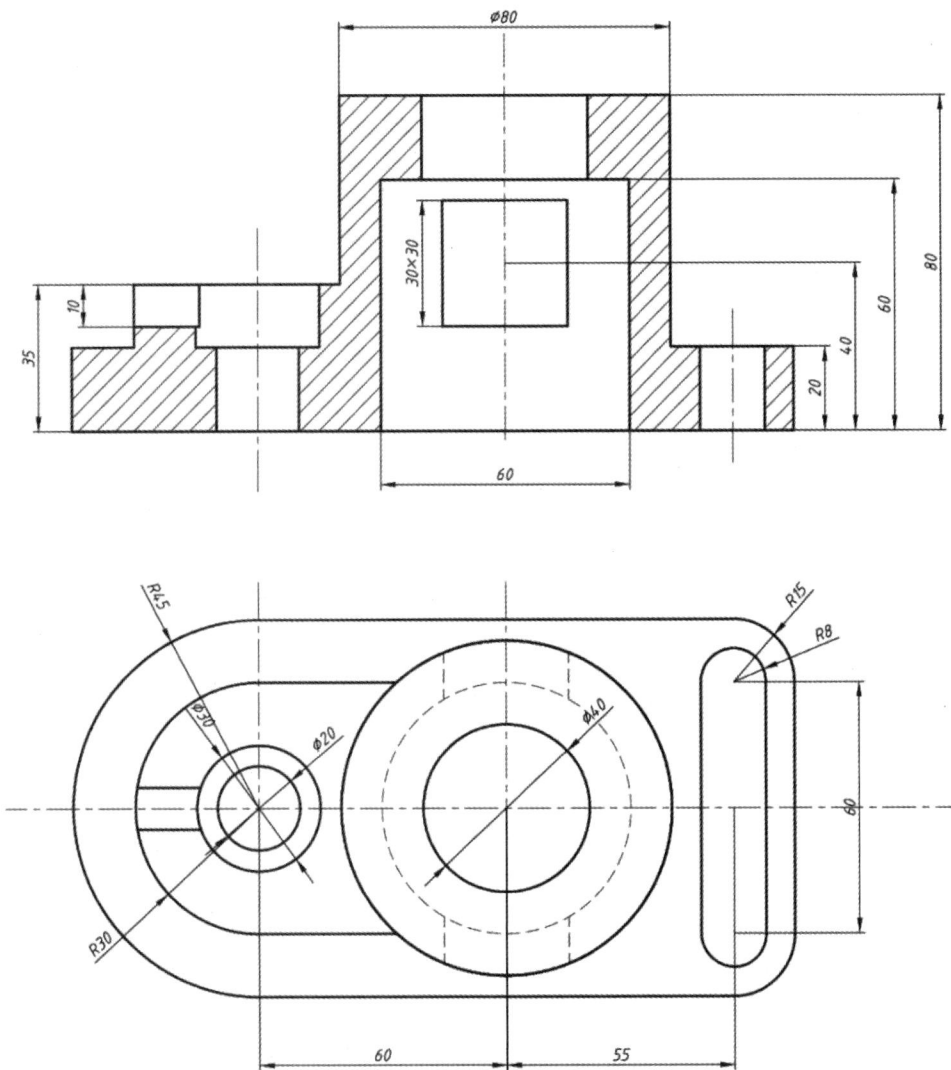

任务三　阶梯轴视图绘制

任务导入

任务情境	在××精密机械制造公司中，工程师团队正在为一个重要项目忙碌着。这个项目涉及一个复杂机械设备的研发，而阶梯轴作为该设备的关键传动部件，其精度和制造质量直接影响着整个设备的性能和寿命。作为机械设计部门的骨干，你被分配了绘制阶梯轴视图的任务。你需要根据已有的三视图（见图 3-29），选择合适的表达方案，绘制出清晰、简洁的阶梯轴视图。你的工作将直接影响到设备传递动力的稳定性，对于项目至关重要

续表

| 任务图例 |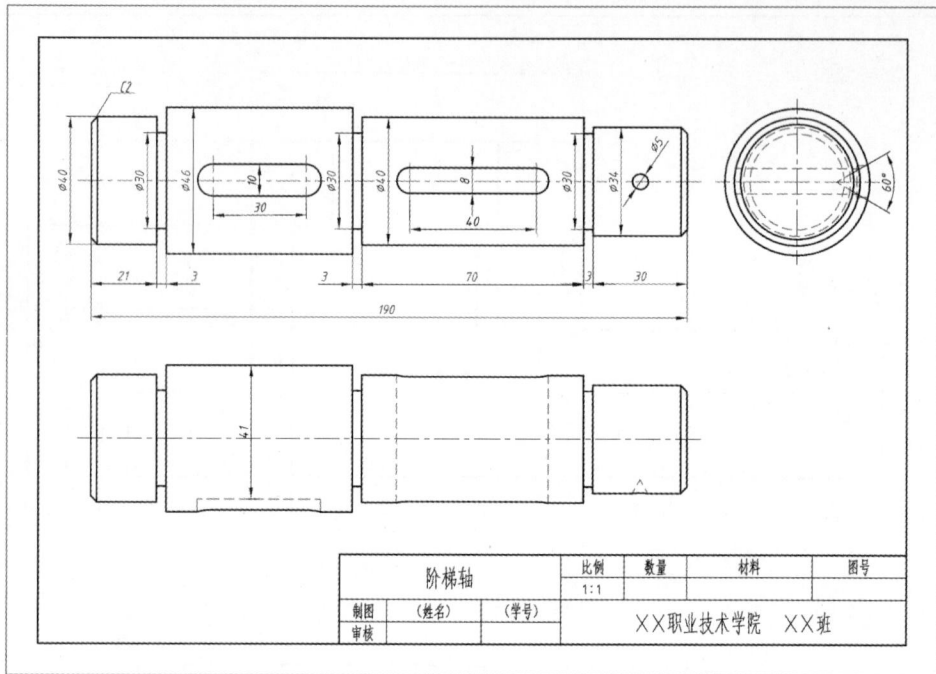

图 3-29　阶梯轴三视图

知识储备

断面图主要用来表达机件上某处的断面形状，本项目任务二开头提到的国家标准中规定了有关断面图的画法。

一、断面图

1．断面图的概念

假想用剖切面将机件的某处切断，仅画出该剖切面与机件接触部分的图形，称为断面图，如图 3-30 所示。

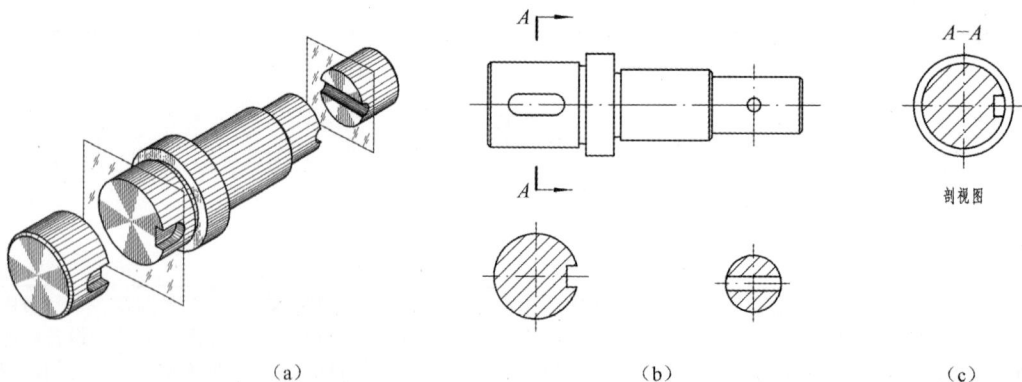

（a）　　　　　　　　　　　（b）　　　　　　　　　　　（c）

图 3-30　断面图与剖视图

断面图与剖视图的区别是：断面图只画出了机件的断面形状，而剖视图除了包含断面形状外，还要画出机件剖切后其余部分的投影，如图 3-30（c）中的剖视图 *A—A* 所示。

主视图中表明了键槽的形状和位置，键槽的深度虽然可以用视图或剖视图来表达，但通过比较发现，用断面图表达更清晰、简洁，同时也便于标注尺寸。

根据断面图配置的位置，可将断面图分为移出断面图和重合断面图两种，如图 3-31 所示。

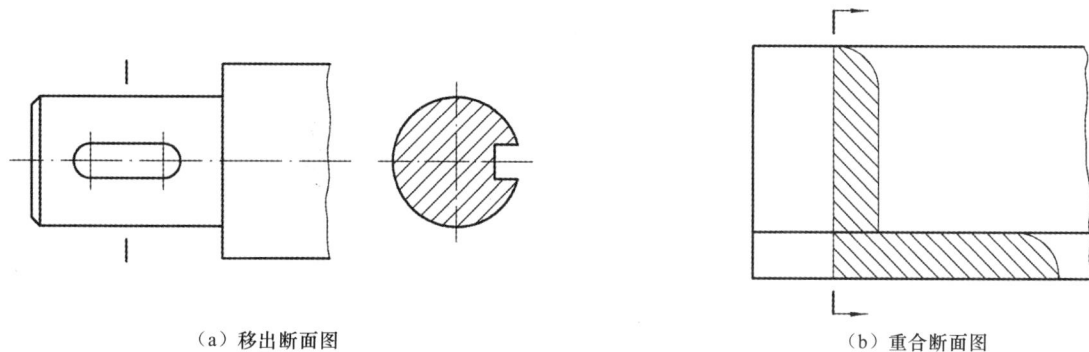

（a）移出断面图　　　　　　　　　　　　　　　　　　　　　　　　（b）重合断面图

图 3-31　断面图的种类

2. 移出断面图

画在视图轮廓之外的断面图，称为移出断面图。移出断面图的轮廓线用粗实线绘制。

（1）移出断面图的配置方式。

① 移出断面图通常配置在剖切符号的延长线上或剖切线的延长线上，如图 3-30（b）所示。

② 当移出断面图的图形对称时，移出断面图也可配置在视图的中断处，如图 3-32（a）所示。

③ 由两个或多个相交的剖切平面剖切所得出的断面图，中间一般应断开，如图 3-32（b）所示。

移出断面图

（a）　　　　　　　　　　　　　　　　　　　　　（b）

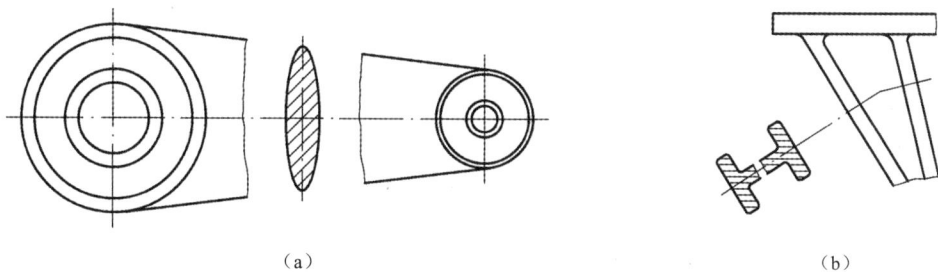

图 3-32　移出断面图的配置

（2）移出断面图的绘制应注意以下几点。

① 当剖切平面通过回转形成的孔或凹坑的轴线时，该部分按剖视图绘制，如图 3-33（a）所示。

② 当剖切平面通过非圆孔，会导致出现完全分离的剖面区域时，这些结构应按剖视图的要求绘制，如图 3-33（b）所示。

（3）移出断面图的标注。

① 移出断面图完整的标注包括剖切位置（用粗短线表示）、投射方向（用箭头表示，根据情况注写字母）、断面图名称（×—×），如图 3-34 所示。

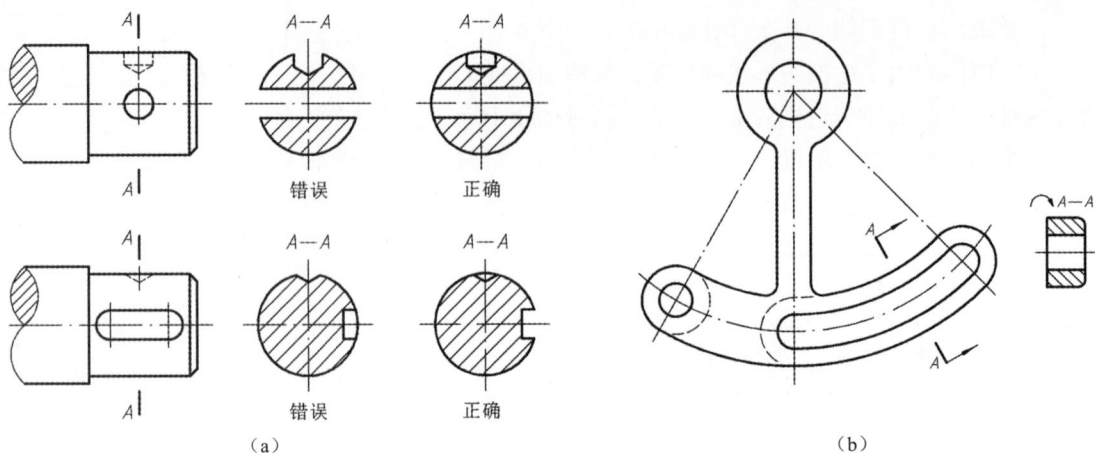

图 3-33　移出断面图画法

② 配置在剖切符号或剖切线的延长线上的移出断面图可省略字母，如图 3-34（a）、图 3-34（b）所示。

③ 移出断面图对称时，可省略箭头，如图 3-34（a）、图 3-34（c）所示；移出断面图按投影关系配置时，可省略箭头，如图 3-34（d）所示。

④ 配置在剖切线的延长线上的对称移出断面图可不标注，如图 3-34（a）所示。主视图中左侧小孔的中心线同时是剖切线（细点画线）。

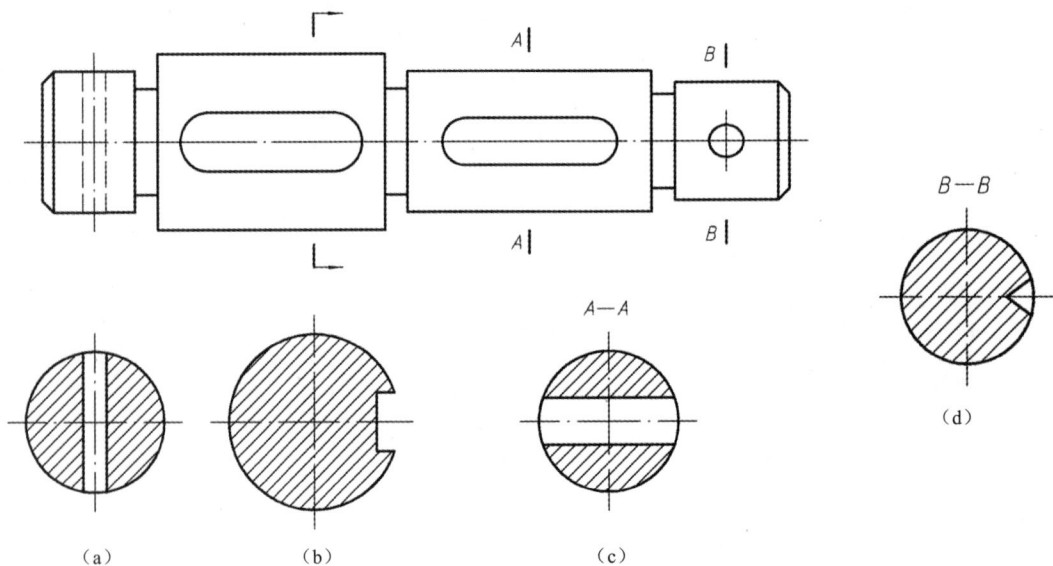

图 3-34　移出断面图的标注

3. 重合断面图

画在视图轮廓线内的断面，称为重合断面。重合断面图的轮廓线用细实线绘制。当视图中的轮廓线与重合断面图的图形重叠时，视图中的轮廓线仍应连续画出，不可间断，如图 3-35（a）、图 3-35（b）所示。

不对称的重合断面图需标出剖切位置符号和箭头，可省略字母，如图 3-35（b）所示；对称的重合断面图可省略标注。

重合断面图

(a)   (b)

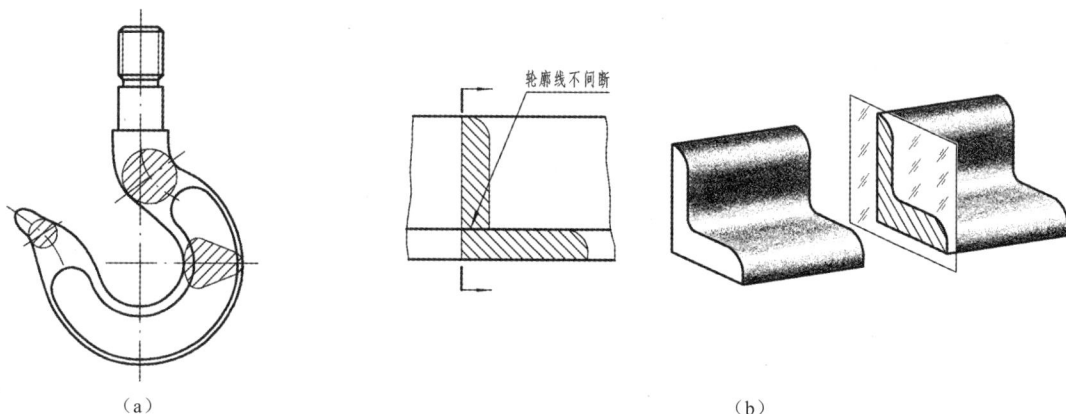

图 3-35   重合断面图

为得到断面的真实形状，剖切面应垂直于机件上被剖切部分的轮廓线，如图 3-36 所示。

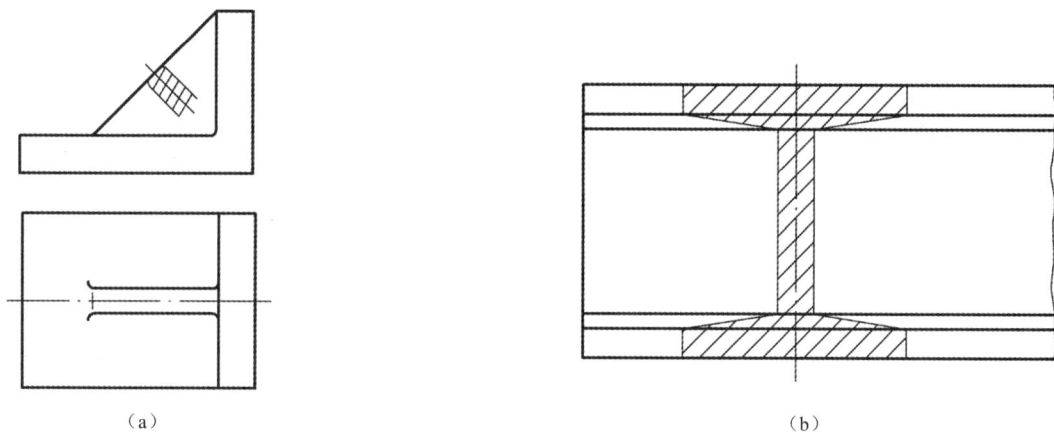

(a)   (b)

图 3-36   重合断面图画法

二、其他表达方法

为使图形清晰和画图简便，制图国家标准中规定了局部放大图和简化画法，供绘图时选用。

1. 局部放大图（摘自 GB/T 4458.1—2002）

将机件的部分结构用大于原图形所采用的比例画出的图形，称为局部放大图，如图 3-37 所示。当机件上的细小结构在视图中表达不清楚或不便于标注尺寸和技术要求时，可采用局部放大图。

局部放大图

画局部放大图时应注意以下几点。

（1）根据表达需要，局部放大图可以画成视图、剖视图或断面图，与原图被放大部位的表达方式无关，如图 3-37（a）所示。局部放大图应尽量配置在被放大部位的附近。

（2）绘制局部放大图时，要用细实线圈出被放大的部位；当同一机件上有几个被放大的部位时，必须用罗马数字依次标明被放大的部位，并在局部放大图上方以分数形式标注出相应的罗马数字及局部放大图本身的真实比例，各个局部放大图的比例根据表达需要给定，不要求统一，如图 3-37 所示。若机件上仅有一个被放大的部位，则在局部放大图的上方注明采用的比例即可。

（a）　　　　　　　　　　　　　　　　　（b）

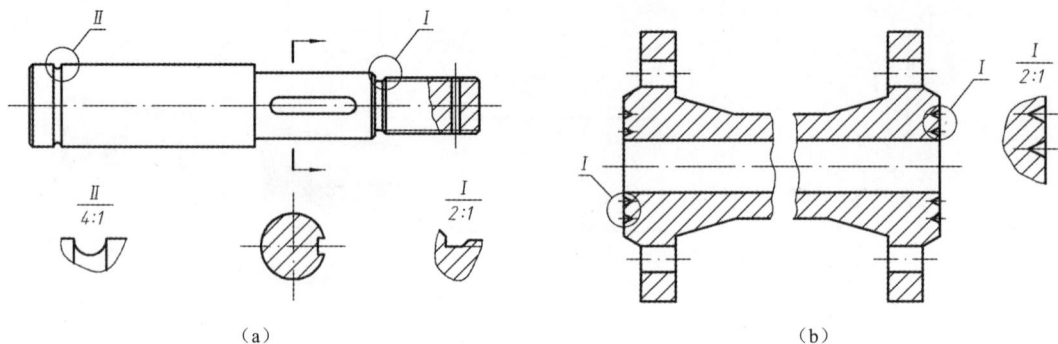

图 3-37　局部放大图

（3）同一机件上不同部位的局部放大图相同或对称时，只需画出一个，如图 3-37（b）所示。

2. 简化画法（摘自 GB/T 16675.1—2012、GB/T 16675.2—2012）

（1）相同结构要素的画法

当机件上有相同结构要素（如孔、槽、齿等）并按一定规律分布时，只需要画出几个完整的结构，其余的可用细实线连接，并在图中注明总数，如图 3-38所示。

简化画法

（a）　　　　　　　　　　　　　　　　　（b）

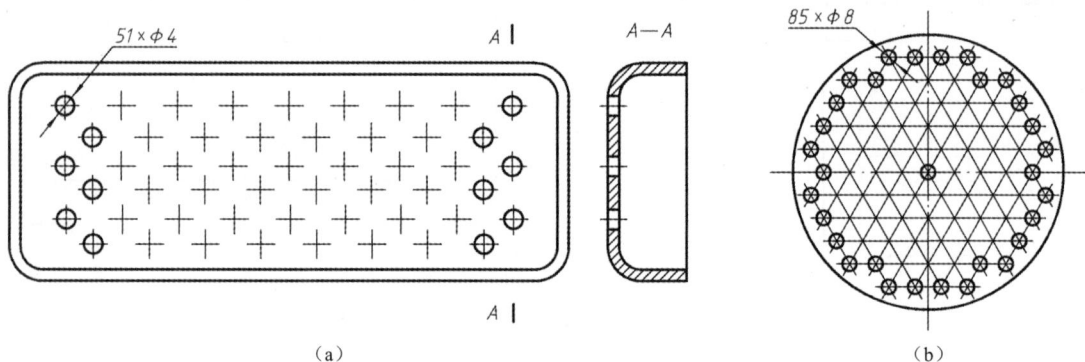

图 3-38　相同孔的简化画法

（2）断开画法

较长的机件（如轴、杆等）沿长度方向的形状相同或按一定规律变化时，可断开后缩短绘制，断开后的结构应按实际长度标注尺寸。断开边界可用波浪线、双折线绘制，如图 3-39 所示。

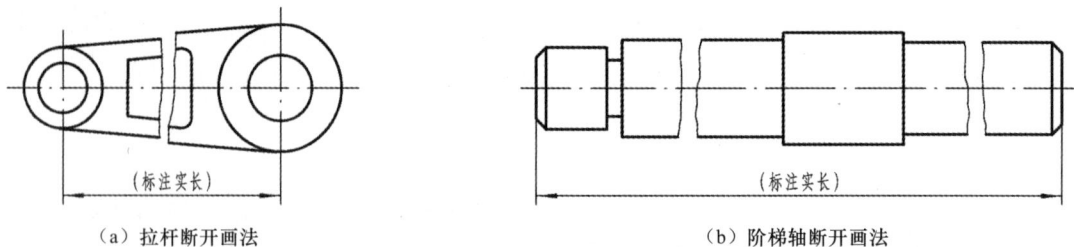

（a）拉杆断开画法　　　　　　　　　　　　　（b）阶梯轴断开画法

图 3-39　断开画法

（3）回转体机件上平面的画法

当回转体机件上的平面在图形中不能充分表达时，可用细实线绘出两条对角线表示平面，如图 3-40 所示。

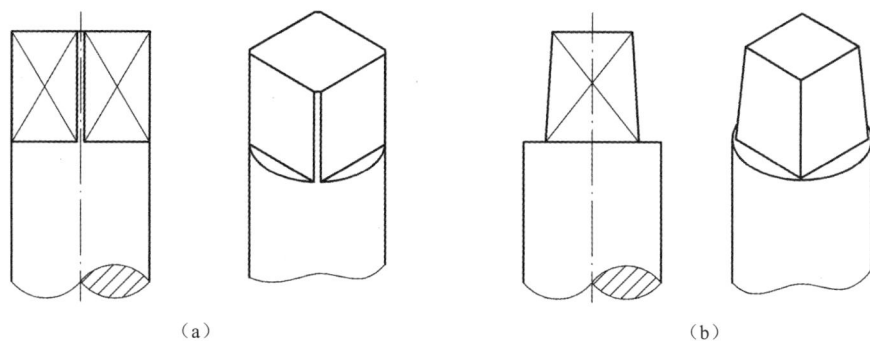

（a） （b）

图 3-40 回转体机件上平面的画法

（4）小倾角投影的简化画法

与投影面倾斜角度小于或等于 30° 的圆或圆弧，手工绘图时，其投影可用圆或圆弧代替，如图 3-41 所示。

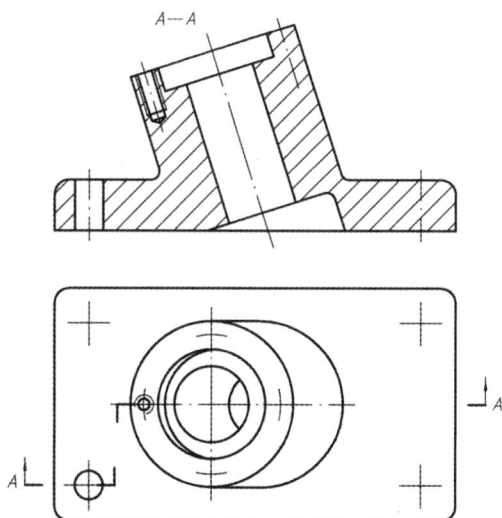

图 3-41 小倾角投影的简化画法

（5）较小结构的省略画法

当机件上较小的结构及斜度等已在一个图形中表达清楚时，其他图形应当简化或省略，也可只按其斜度、锥度的小端画出，如图 3-42 所示。

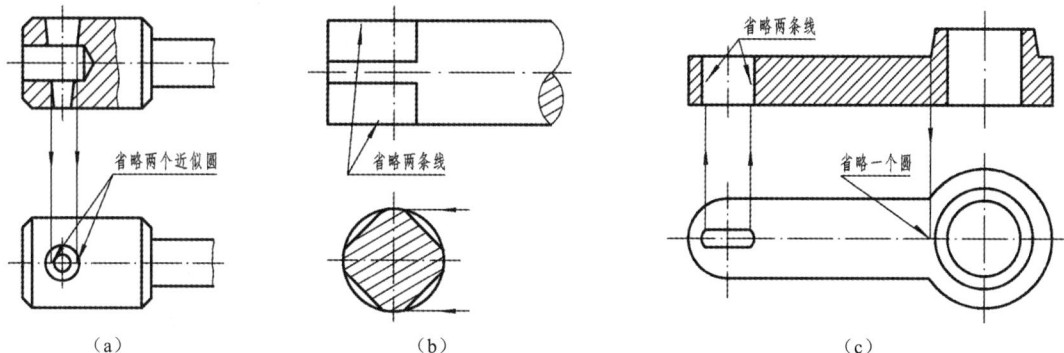

（a） （b） （c）

图 3-42 较小结构的省略画法

工作案

工作案

工作步骤		图示
1. 确定视图表达方案	① 分析机件结构。 该轴由 4 段直径不等的同轴圆柱组成，中间两段轴上分别有一个键槽、一个通槽，右端有一个定位孔，还有倒角、退刀槽等结构。 若采用三视图表达，主视图和俯视图重复度高，并且其左视图作用不大，画图麻烦且表达不清楚	
	② 确定主视图画法。 主视图轴线水平放置，表达轴的主体结构，不画俯视图、左视图，如右图所示	
	③ 补充移出断面图。 用 3 个移出断面图分别表达键槽、通槽和定位孔	
	④ 补充局部放大图。 若只有以上视图则无法表达清楚退刀槽的结构，故补充一个局部放大图，以 2:1 的比例将退刀槽放大，便于观察其结构	
2. 绘制各表达视图	① 绘制主视图	
	② 绘制移出断面图	
	③ 绘制局部放大图	

续表

工作步骤	图示
3.标注尺寸并完善图形	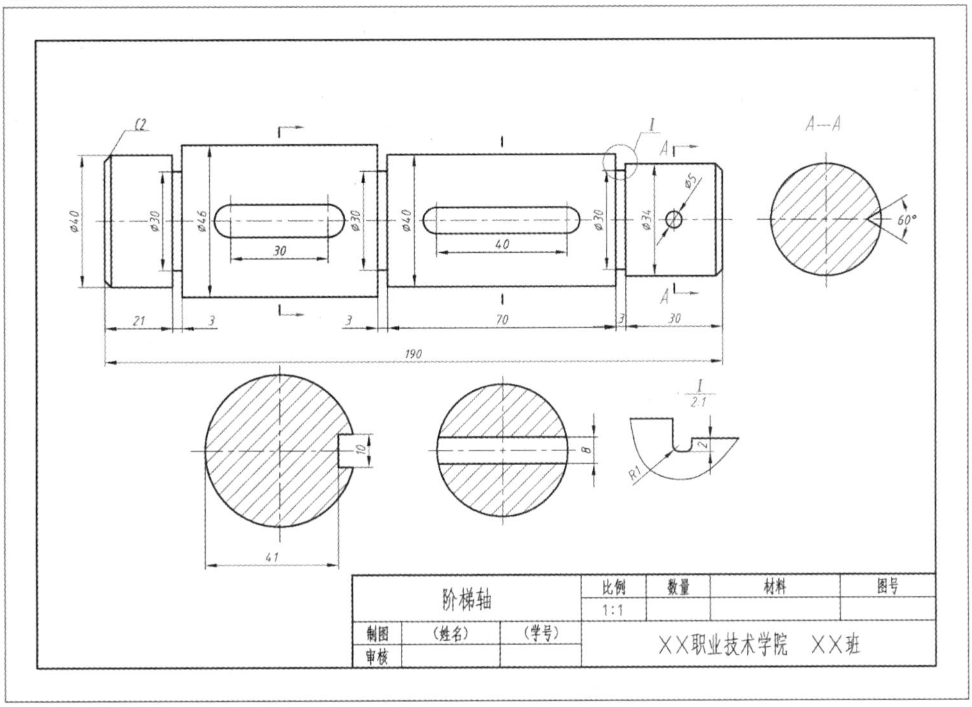

任务小结及评价

一、任务小结

任务名称	阶梯轴视图绘制
任务实施步骤	确定视图表达方案—绘制各表达视图—标注尺寸并完善图形
任务涉及知识点	断面图的概念及种类，断面图的绘制及标注，局部放大图，简化画法

二、任务评价

评价项目	评价内容	分值	评价分数		改进建议
			自评（30%）	教师评价（70%）	
素质目标（30%）	考勤无迟到、早退、旷课	5分			
	团队合作、沟通能力	5分			
	认真、严谨、细致的作图习惯	10分			
	严格遵循国家标准技术要求的规范意识	10分			
知识目标（30%）	掌握机件的结构表达要求	10分			
	掌握断面图的画法及标注方法	10分			
	掌握局部放大图的画法及标注方法	10分			
技能目标（40%）	能合理制订阶梯轴的表达方案	10分			
	能正确绘制阶梯轴视图	30分			
小计		100分			
总评	自评（30%）+教师评价（70%）=			教师签名：	

任务拓展

1. 基础知识练习

（1）（　　）只需画出机件的断面形状，不需画出机件剖切后其余部分的投影。

A. 基本视图　　　　　B. 剖视图　　　　　C. 断面图　　　　　D. 局部放大图

（2）根据断面图配置的位置，断面图分为（　　）和（　　）两种。

A. 重合断面图　　　　B. 移出断面图　　　C. 相交断面图　　　D. 平行断面图

（3）移出断面图的轮廓线用（　　）绘制。

A. 细实线　　　　　　B. 粗实线　　　　　C. 点画线　　　　　D. 虚线

（4）当机件上的细小结构在视图中表达不清楚或不便于标注尺寸和技术要求时，可采用（　　）。

A. 移出断面图　　　　B. 重合断面图　　　C. 局部放大图　　　D. 简化画法

（5）在标注移出断面图时，以下哪些情况可省略箭头？（　　）

A. 移出断面图配置在剖切符号或剖切线的延长线上

B. 移出断面图的图形对称

C. 移出断面图按投影关系配置

D. 移出断面图的剖切平面通过非圆孔

2. 在指定位置画出移出断面图

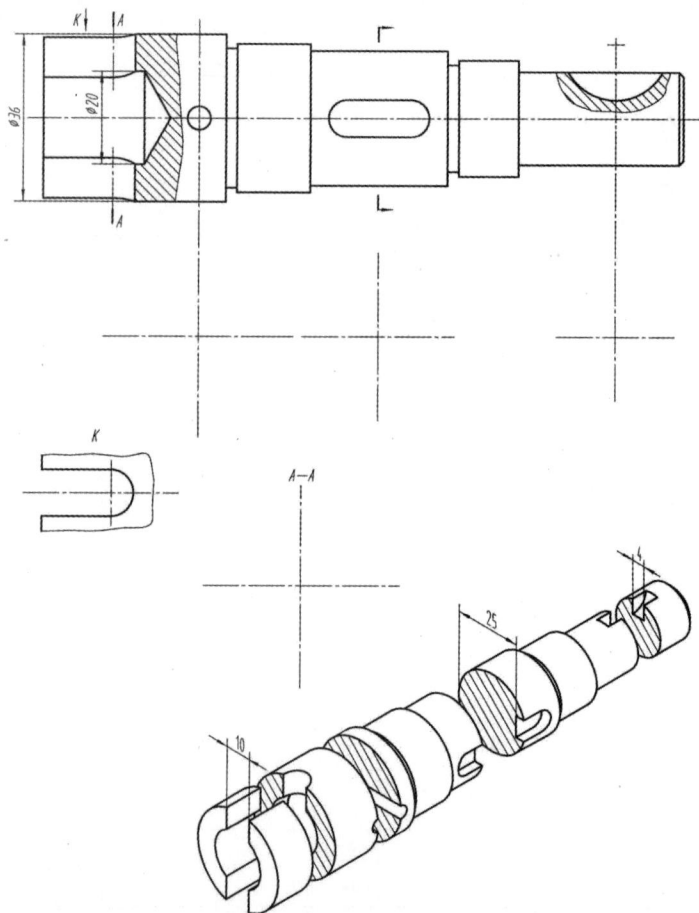

3. 请找出正确的移出断面图

（1）

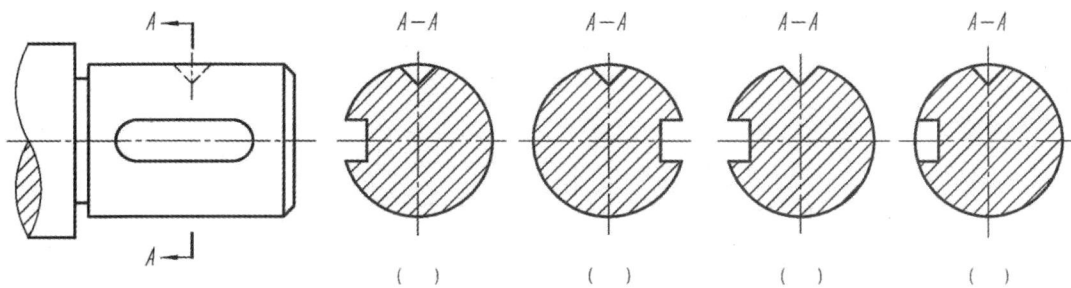

（2）

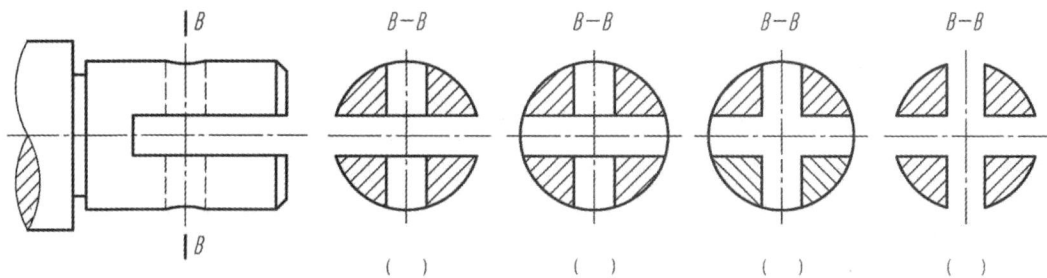

（3）

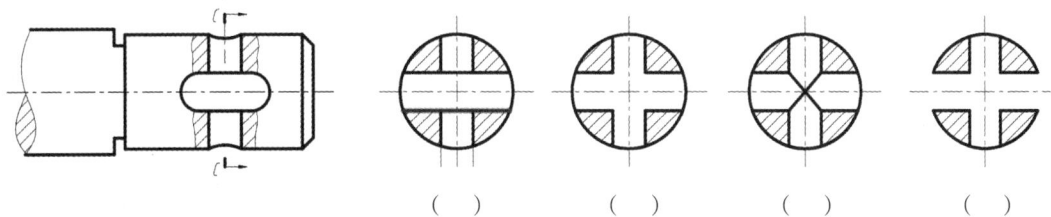

（4）

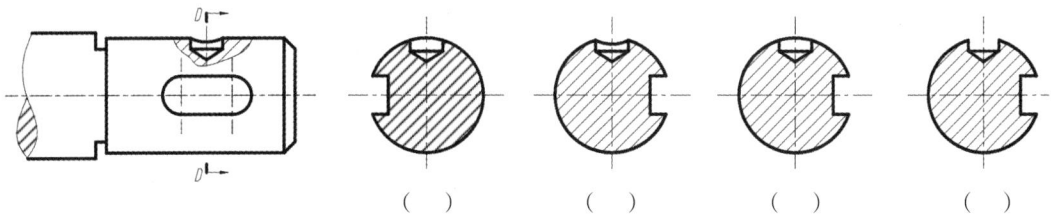

4. 在指定位置画出 A 向局部视图和 B—B 移出断面图

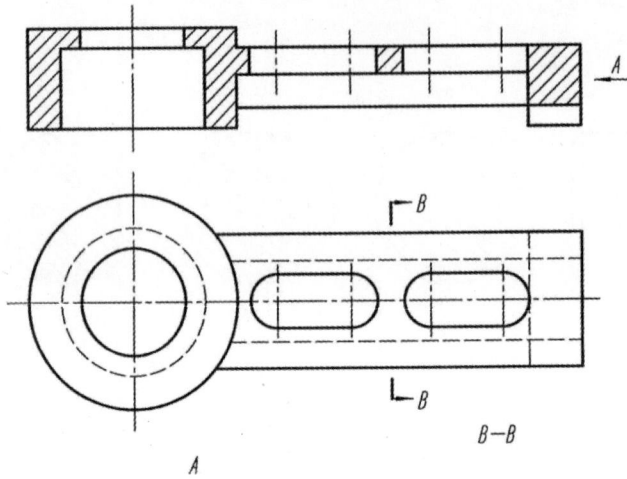

项目四
标准件及常用件绘制

导学案

1. 学习目标

素质目标	• 培养学生的质量意识、环保意识、安全意识及成本意识 • 培养学生创新思维的养成 • 培养学生的集体意识和团队合作精神
知识目标	• 熟练掌握螺纹的基本要素 • 熟练掌握螺纹及螺纹联接件在国家标准中规定的画法 • 熟悉国家标准对于标准件查询的作用与意义 • 熟悉键联接的查表及作图方法 • 熟悉销联接的查表及作图方法 • 熟悉齿轮的基础知识、轮齿上各部分参数及其计算方法 • 熟悉国家标准中规定的直齿圆柱齿轮的画法 • 熟悉滚动轴承的基本代号及画法
技能目标	• 具备按照国家标准中规定的画法正确绘制螺纹及螺纹紧固件的能力 • 具备正确标注螺纹及螺纹紧固件的能力 • 具备按照"比例画法"正确绘制螺纹联接图的能力 • 具备正确查询国家标准获取键、销尺寸参数的能力 • 具备正确绘制键联接、销联接图的能力 • 具备正确计算直齿圆柱齿轮各部分参数的能力 • 具备正确绘制直齿圆柱齿轮图形的能力 • 具备正确查询滚动轴承参数并按照规定画法绘制图样的能力
学习重点	• 螺纹的基本要素 • 螺纹及螺纹紧固件联接图绘制 • 直齿圆柱齿轮参数计算 • 直齿圆柱齿轮图形绘制 • 键的查表及联接图绘制 • 滚动轴承的基本代号及画法
学习难点 （预判）	• 螺纹及螺纹紧固件联接零件图绘制 • 直齿圆柱齿轮零件图绘制 • 滚动轴承的基本代号及零件图画法

2. 知识图谱

知识点1：螺纹，学习螺纹的基本要素、国家标准中规定的画法及螺纹的标注方法

知识点2：螺纹紧固件，学习螺纹紧固件及其常见联接的画法

任务一 螺纹及螺纹联接件绘制

知识点1：齿轮的基础知识，明确常见的齿轮分类

知识点2：直齿圆柱齿轮各部分名称及尺寸关系，明确直齿圆柱齿轮的组成及各部分结构

知识点3：直齿圆柱齿轮各部分的尺寸计算，明确直齿圆柱齿轮的基本参数及其计算方法

知识点4：直齿圆柱齿轮的规定画法，明确直齿圆柱齿轮及其啮合的画法要点及步骤

任务四 齿轮绘制

知识点1：普通平键的类型和标记，学习正确查询国家标准获取相应参数的方法

知识点2：键槽的画法和尺寸标注方法，明确键槽的规定画法及尺寸标注方法

知识点3：键联接的画法，明确键联接的画法要点

任务二 键联接绘制

标准件及常用件绘制

知识点1：滚动轴承概述，明确滚动轴承的结构及其用途

知识点2：滚动轴承的基本代号，明确滚动轴承的代号组成，并能根据代号查询国家标准获取相应参数

知识点3：滚动轴承的画法，熟悉国家标准规定的滚动轴承的各种画法

任务五 滚动轴承绘制

知识点1：销的种类和标记，学习正确查询国家标准获取相应参数的方法

知识点2：销联接的画法，明确销联接的画法要点

任务三 销联接绘制

任务一　螺纹及螺纹联接件绘制

任务导入

任务情境	××学院在进行机械设计课程设计时，需要查询国家标准绘制螺纹联接件图形。作为设计团队的负责人，你需要组织团队合理选择螺栓、螺母及垫圈，按照比例画法绘制图 4-1 所示的螺栓联接
任务图例	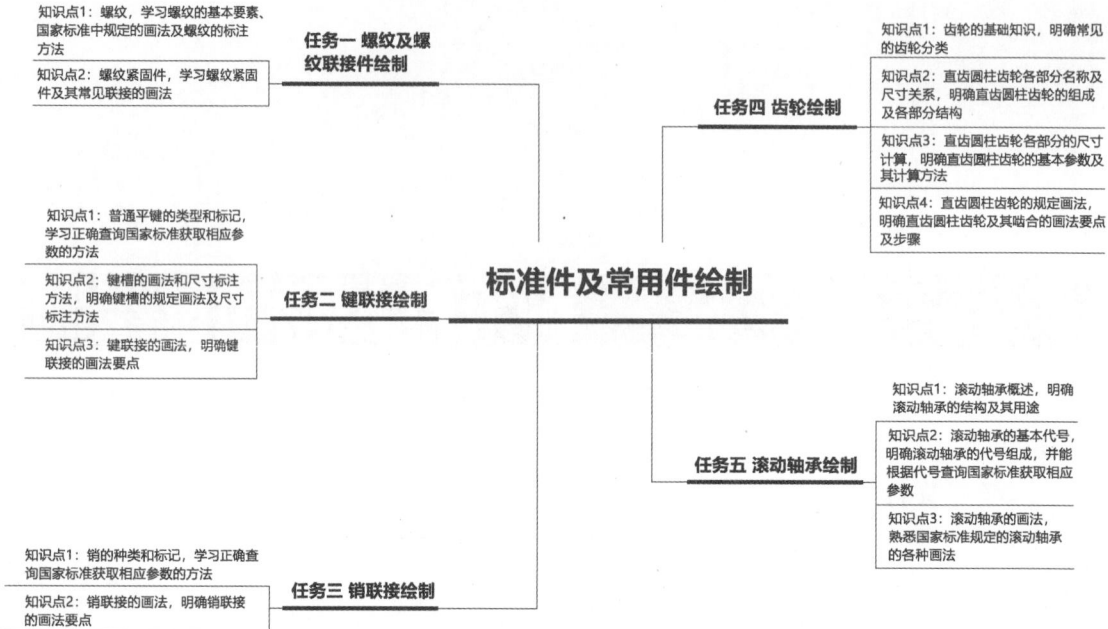

图 4-1　螺栓联接 |

知识储备

一、螺纹（详见"附录一　螺纹"）

螺纹是零件上常见的一种结构，常用来连接机件和传递动力等。加工在圆柱外表面的螺纹叫外螺纹，加工在圆柱内表面的螺纹叫内螺纹。

1. 螺纹的形成

螺纹可认为是一个平面图形（如三角形、梯形、锯齿形等）沿圆柱面上的螺旋线运动而形成的具有相同断面的连续凸起和沟槽。

螺纹常见的加工方法是在车床上车削加工，如图 4-2 所示，也可用丝锥和板牙等手工加工方法来加工螺纹。

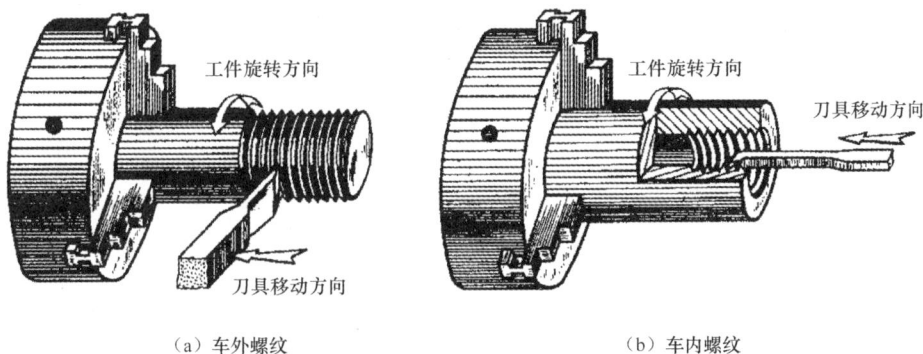

（a）车外螺纹　　　　　　　　　　　　　（b）车内螺纹

图 4-2　在车床上加工螺纹

2. 螺纹的要素

（1）牙型

在通过螺纹轴线的断面上，螺纹的轮廓形状称为牙型。常见的牙型有三角形、矩形和锯齿形等。

（2）直径

螺纹包含大径、中径和小径，如图 4-3 所示。

螺纹的要素

（a）外螺纹　　　　　　　　　　　　　　（b）内螺纹

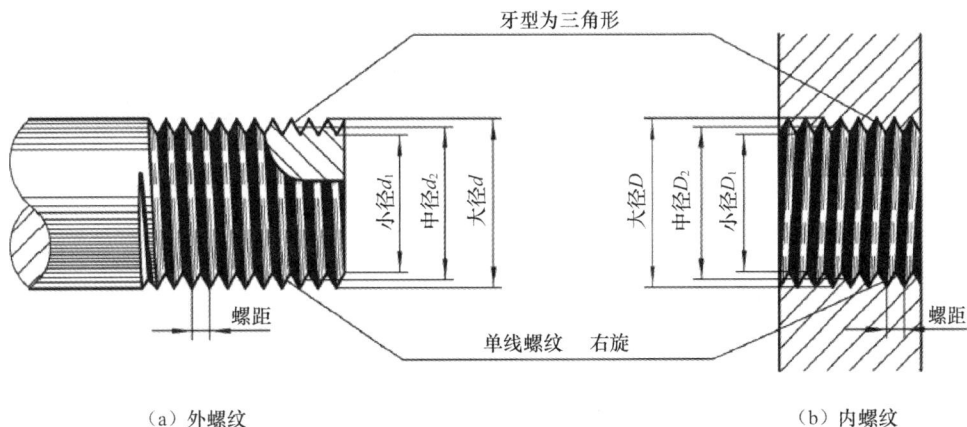

图 4-3　螺纹的要素

① 大径。大径是指与外螺纹牙顶或内螺纹牙底相切的假想圆柱的直径，外螺纹大径用 d 表示，内螺纹大径用 D 表示。

② 中径。一个假想圆柱的母线通过牙型上沟槽和凸起宽度相等的地方，该圆柱的直径即中径，外螺纹中径用 d_2 表示，内螺纹中径用 D_2 表示。

③ 小径。小径是指与外螺纹牙底或内螺纹牙顶相切的假想圆柱的直径，外螺纹小径用 d_1 表示，内螺纹小径用 D_1 表示。

（3）线数

螺纹有单线螺纹和多线螺纹之分。沿一条螺旋线所形成的螺纹，称为单线螺纹，如图 4-4（a）所示；沿两条或两条以上且在轴向等距分布的螺旋线所形成的螺纹，称为多线螺纹，图 4-4（b）所示的多线螺纹为双线螺纹。

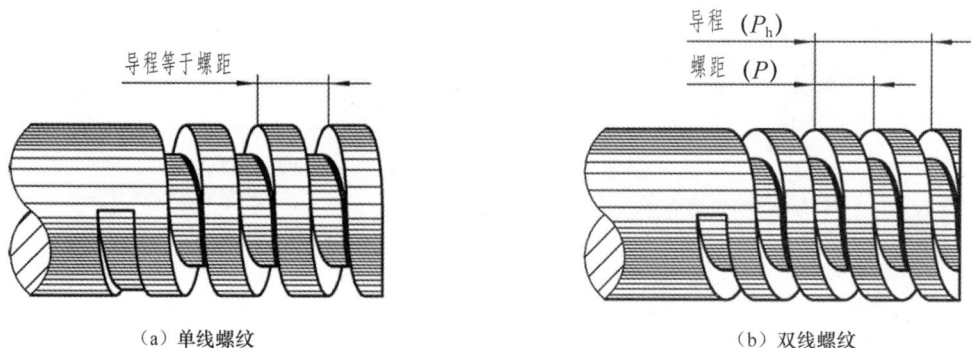

图 4-4　线数、螺距与导程

（4）螺距和导程

螺距是指两相邻螺牙同侧在螺纹中径上对应两点的轴向距离，用 P 表示；导程是指在同一条螺旋线上两相邻螺牙同侧在螺纹中径上对应两点的轴向距离，用 P_h 表示。

螺距、导程、线数的关系是：导程 $P_h=$ 螺距 $P\times$ 线数 n。对于单线螺纹（线数 $n=1$），螺距 $P=$ 导程 P_h。

（5）旋向

螺纹有左旋和右旋之分。不管是外螺纹还是内螺纹，顺时针旋入的螺纹都为右旋螺纹，逆时针旋入的都为左旋螺纹。

在螺纹的诸多要素中，牙型、直径和螺距是决定螺纹结构的最基本要素，称为螺纹三要素。凡是符合国家标准的螺纹，都称为标准螺纹。

> **注意**　只有牙型、直径、螺距、线数和旋向等所有要素都相同的内、外螺纹才能旋合。

3．螺纹的规定画法

为了简化绘图工作，国家标准《机械制图　螺纹及螺纹紧固件表示法》（GB/T 4459.1—1995）对螺纹及螺纹紧固件进行了相应的画法规定。螺纹的规定画法如表 4-1 所示。

外螺纹的规定画法　　内螺纹的规定画法

表 4-1   螺纹的规定画法

类型		画法示例	说明
外螺纹		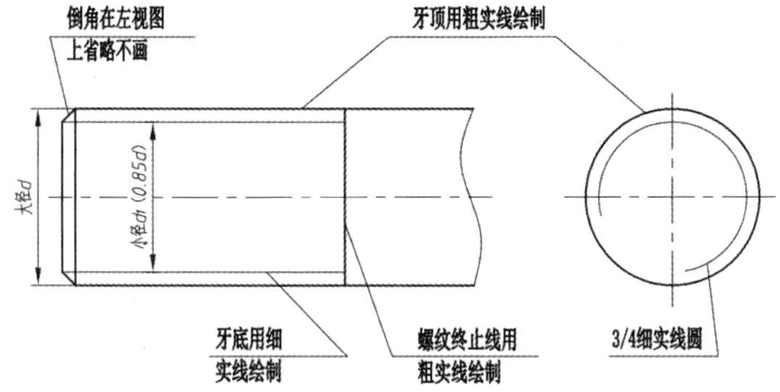 倒角在左视图上省略不画　牙顶用粗实线绘制 大径D　小径d₁ (0.85D) 牙底用细实线绘制　螺纹终止线用粗实线绘制　3/4细实线圆	外螺纹的牙顶（大径线）和螺纹终止线用粗实线绘制，外螺纹的牙底（小径线）用细实线绘制，在倒角或倒圆部分的细实线也应画出。在投影为圆的视图中，大径画粗实线圆，小径画 3/4 细实线圆，倒角圆省略不画，当需要表示螺尾时，用与轴线成 30° 的细实线绘制，螺纹终止线只画出大径和小径之间的部分，剖面线应画到粗实线处
内螺纹	通孔内螺纹	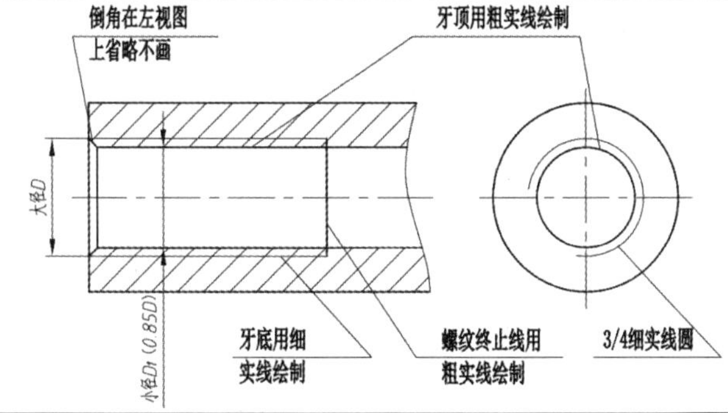 倒角在左视图上省略不画　牙顶用粗实线绘制 大径D 小径D₁ (0.85D) 牙底用细实线绘制　螺纹终止线用粗实线绘制　3/4细实线圆	内螺纹一般画成剖视图。因此，螺纹的牙顶和螺纹终止线用粗实线表示，牙底用细实线表示，剖面线画到粗实线处
	盲孔内螺纹	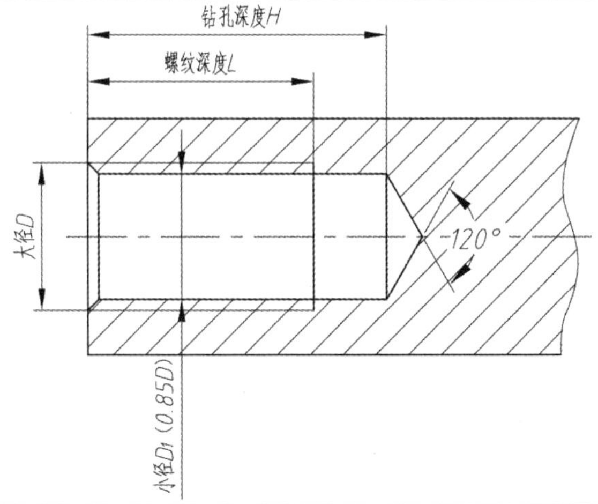 钻孔深度H 螺纹深度L 大径D 小径D₁ (0.85D)　120°	对于盲孔，应分别画出钻孔深度 H 和螺孔深度 L，钻孔深度通常比螺纹深度大（0.3~0.5）D，盲孔底部或阶梯孔的过渡处画成 120°
	螺纹联接	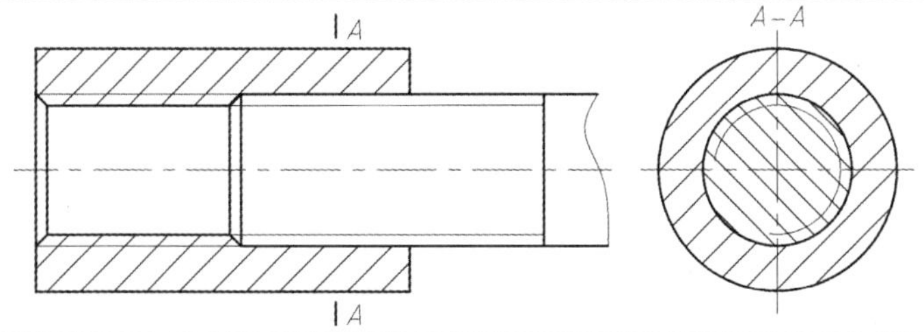 A　　A—A A	在剖视图中表示内、外螺纹的联接时，其旋合部分应按外螺纹的画法绘制，其余部分仍按各自的画法表示。要注意的是，表示内、外螺纹的大径和小径的粗实线和细实线应分别对齐

4. 螺纹的标注

绘制螺纹图样时，必须按照国家标准中规定的格式和相应代号进行标注。

（1）螺纹的种类

螺纹按用途不同，可分为以下两种。

① 联接螺纹。联接螺纹是指起联接作用的螺纹，常用的联接用标准螺纹有4种：粗牙普通螺纹、细牙普通螺纹、非密封管螺纹和密封管螺纹。

② 传动螺纹。传动螺纹是指用于传递动力和运动的螺纹，常用的有梯形螺纹、矩形螺纹和锯齿形螺纹。

（2）螺纹的标记和标注

① 螺纹的标记。

标准螺纹的完整标记如下：

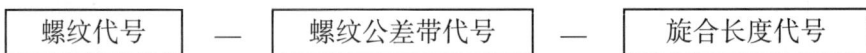

| 螺纹代号 | — | 螺纹公差带代号 | — | 旋合长度代号 |

其中螺纹代号的内容及格式如下：

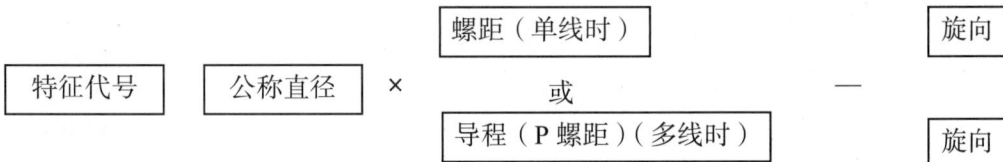

| 特征代号 | 公称直径 | × | 螺距（单线时） 或 导程（P 螺距）（多线时） | — | 旋向 旋向 |

【例 4-1】 某粗牙普通外螺纹，大径为 16mm，左旋，中径与大径公差带代号均为 6g，长旋合长度，其标记为：

$$M16—LH—6g—L$$

【例 4-2】 某细牙普通内螺纹，大径为 16mm，螺距为 1mm，右旋，中径与小径公差带代号均为 6H，中等旋合长度，其标记为：

$$M16×1—6H$$

【例 4-3】 某双线梯形内螺纹，公称直径为 36mm，导程为 12mm，右旋，中径公差带代号为 7H，中等旋合长度，其标记为：

$$Tr36×12(P6)—7H$$

管螺纹的标记构成如下：

| 螺纹特征代号 | 尺寸代号 | 公差等级代号 | — | 旋向 |

【例 4-4】 某右旋圆锥内螺纹，尺寸代号为 3/4，左旋螺纹，其标记为：

$$Rc3/4—LH$$

【例 4-5】 某 A 级右旋外螺纹，尺寸代号为 1/2，其标记为：

$$G1/2A$$

② 常用螺纹的标注。

常用螺纹的标注示例如表 4-2 所示。

表 4-2　　　　　　　　　　　常用螺纹的标注示例

螺纹类别		标注示例	标记说明	其余说明
联接螺纹	普通螺纹（M）	M30-5g6g-S	粗牙普通螺纹，公称直径为 30mm，右旋螺纹，中径、顶径公差带代号分别为 5g、6g，短旋合长度	1. 粗牙螺纹不标注螺距，细牙螺纹标注螺距（螺距查附表 1-1 得）； 2. 右旋螺纹省略不标，左旋螺纹需要注明"LH"；

续表

螺纹类别		标注示例	标记说明	其余说明
联接螺纹	普通螺纹（M）	M10X1-L4-6g	细牙普通螺纹，公称直径为10mm，螺距为1mm，左旋螺纹，中径、顶径公差带代号为6g，中等旋合长度	3. 中径、顶径公差带代号相同时，只需要标注一次，如公差带代号不同，则需要依次标出； 4. 旋合长度有长（L）、中（N）、短（S）3种，其中中等旋合长度（N）不标注； 5. 螺纹应直接标注在大径的尺寸线或延长线上
	55°非密封管螺纹（G）	G1/2A	非密封管螺纹，尺寸代号为1/2，公差等级代号为A，右旋螺纹	1. 管螺纹的尺寸代号是指管子的内径"英寸"的数值，不是螺纹大径； 2. 非密封管螺纹，其内、外螺纹都是圆柱管螺纹； 3. 外螺纹的公差等级代号有A、B两种。内螺纹的公差等级代号只有一种，不标记
		G1/2A-LH	非密封管螺纹，尺寸代号为1/2，公差等级代号为A，左旋螺纹	
传动螺纹	梯形螺纹	Tr36X12（P6）-7H	梯形螺纹，公称直径为36mm，双线螺纹，导程为12mm，螺距为6mm，右旋螺纹，中径公差带代号为7H，中等旋合长度	1. 单线螺纹标注螺距，多线螺纹标注螺距与导程； 2. 传动螺纹仅标出中径公差带代号； 3. 旋合长度只有中等旋合长度（N）和长旋合长度（L），中等旋合长度不标注
	锯齿形螺纹	B40X7LH-8C	锯齿形螺纹，公称直径为40mm，单线螺纹，螺距为7mm，左旋螺纹，中径公差带代号为8C，中等旋合长度	

标注普通螺纹、梯形螺纹和锯齿形螺纹等米制螺纹时，其标记应直接标注在大径的尺寸线上或其引出线上；管螺纹的标记一律注在引出线上，引出线应从大径处引出或从对称中心处引出。

（3）注写螺纹标记时的注意事项

① 普通螺纹的螺距有粗牙和细牙两种，粗牙不标注螺距。

② 左旋螺纹要标注 LH，右旋螺纹不标注。

螺纹紧固件及标记

③ 螺纹公差带代号包括中径和顶径公差带代号，若中径和顶径公差带代号相同，则只标注一个代号。

④ 普通螺纹的旋合长度规定为短（S）、中（N）、长（L）3 组，中等旋合长度不必标注，也可注出具体的旋合长度数值。

⑤ 55° 非密封管螺纹的内螺纹和 55° 密封管螺纹的内、外螺纹仅有一种公差等级，公差带代号省略不标注。55° 非密封管螺纹的外螺纹有 A、B 两种公差等级，螺纹公差等级代号标注在尺寸代号之后。

二、螺纹紧固件

1. 螺纹紧固件的标记规定（详见"附录二　常用的标准件"附表 2-1～附表 2-5）

螺纹紧固件的结构形式及尺寸都已标准化，属于标准件，一般由专门的工厂生产。各种标准件都有规定的标记，根据其标记即可从相应的国家标准中查出它们的结构形式、尺寸及技术要求等内容。螺纹紧固件一般采用比例画法绘制。常用螺纹紧固件的简化画法图例及标记示例如表 4-3 所示。

表 4-3　　　　常用螺纹紧固件的简化画法图例及标记示例

名称	简化画法图例	标记示例
六角头螺栓		螺栓 GB/T 5780—2016 M30 × 120
双头螺柱		螺柱 GB 899—1988 M30 × 90
螺钉		螺钉 GB/T 68—2016 M10 × 70
六角螺母		螺母 GB/T 6170—2015 M12

续表

名称	简化画法图例	标记示例
垫圈		垫圈 GB/T 97.1—2002　30

素养
小贴士

　　课堂学习中，张明同学的凳子松动了，眼尖的小朋发现是凳子下方的螺钉缺失导致的，随即举手提出更换凳子。此时教师提问，如果出现这种情况，除了更换凳子以外，还有没有别的办法？同学们积极回答，提出重新买一颗和原来一样的螺钉装上去的方法，既方便又实惠，由此引出了"标准件"的定义与实际意义。

　　以此案例引出"科技强国、惠利民生"的重要性，增强学生的爱国主义情怀。

2. 螺纹紧固件的联接画法

（1）螺栓联接

螺栓联接由螺栓、螺母、垫圈及被联接件组成，通常用来联接两薄壁通孔零件。螺栓联接中被联接件上通孔直径一般取 1.1d，螺栓伸出螺母的长度 a 一般取（0.3～0.5）d，再根据常用螺纹紧固件的比例画法即可作出螺栓联接图，如图 4-5 所示。

螺栓联接

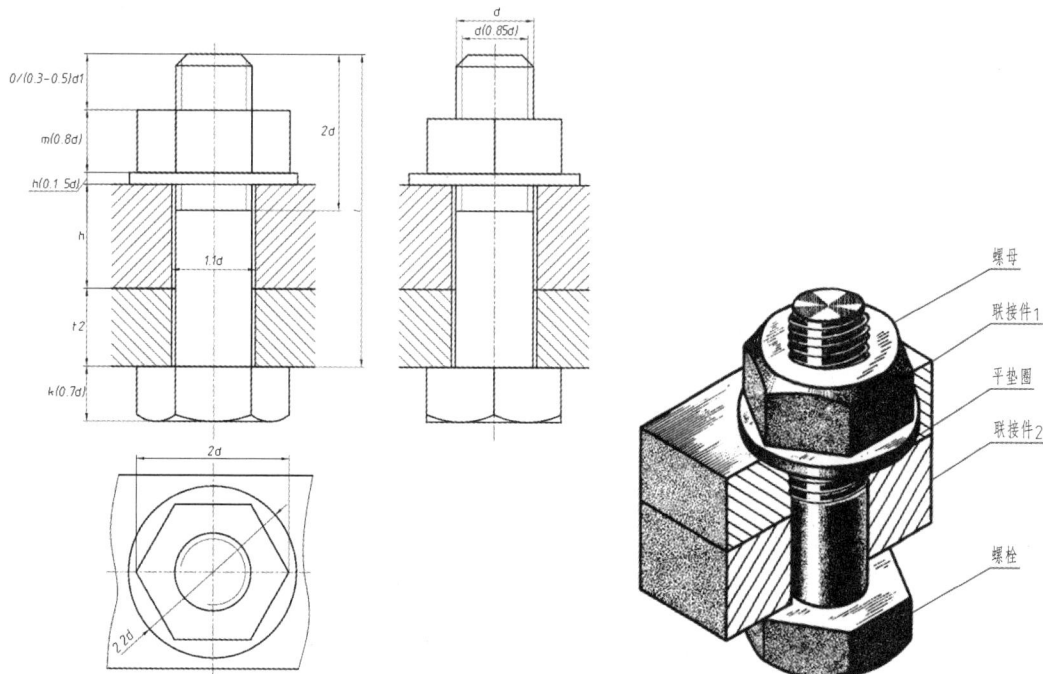

图 4-5　螺栓联接图的画法

螺栓的长度 l，可根据被联接件厚度 t_1 和 t_2、螺母厚度（m）、螺栓伸出长度（a）和垫圈厚度（h）等计算得出：

$$l = t_1 + t_2 + m + h + a$$

绘制螺栓联接图时，应遵守下述基本规定。

① 两零件接触表面画一条线，不接触表面画两条线。

② 两零件邻接时，不同零件的剖面线方向应相反，或者方向一致间隔不等。

③ 对于紧固件和实心零件（如螺钉、螺栓、螺母、垫圈、键、销、球及轴等），若剖切平面通过它们的轴线，则这些零件都按不剖绘制，仍画外形；需要时，可采用局部剖视图进行绘制。

④ 螺栓长度计算完成后，需查附表 2-1～附表 2-5 获取其标准尺寸，且螺栓的长度 l 不包含螺栓头部的厚度 k。

（2）双头螺柱联接

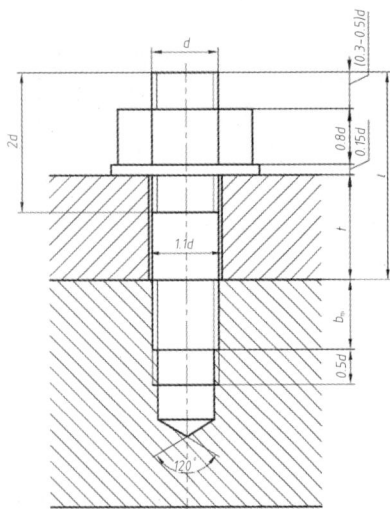

当两个被联接件中有一个较厚且不宜加工成通孔时，可采用双头螺柱进行联接。双头螺柱两端均加工有螺纹，一端和被联接件旋合，一端和螺母旋合。

双头螺柱联接图的下半部分与螺钉联接相似，而上半部分则与螺栓联接相似，其比例画法如图 4-6 和图 4-7 所示。

图 4-6 双头螺柱联接图的画法 （采用平垫圈）

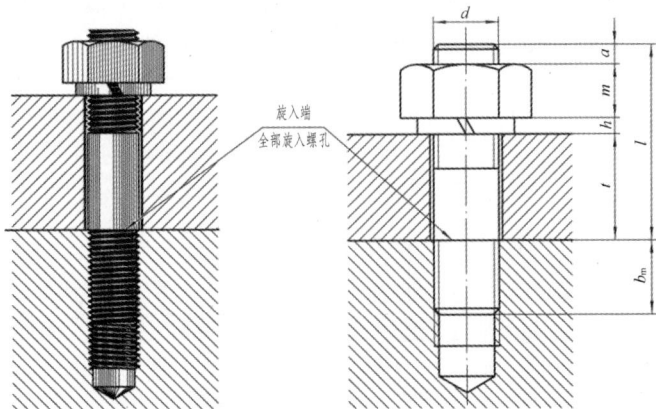

图 4-7 双头螺柱联接图的画法（采用弹簧垫圈）

画双头螺柱联接图时，应注意以下几点。

① 为了保证联接牢固，旋入端应全部旋入螺孔，在联接图上表达为旋入端的螺纹终止线与螺孔的上端面重合。

② 双头螺柱旋入端长度 b_m 要根据被旋入件的材料而定，以确保联接可靠。对应于不同材料，b_m 有下列 3 种取值。

钢或青铜：　　　　　　　$b_m = d$

铸铁：　　　　　　　　　$b_m = (1.25 \sim 1.5)d$

铝合金：　　　　　　　　$b_m = (1.5 \sim 2)d$

③ 螺柱的长度 $l = t + h + m + a$，计算出 l 后，查表（附表2-2）选取相近的标准长度值。需要注意的是，螺柱的长度 l 不包含旋入端的长度 b_m。

④ 如果采用弹簧垫圈进行防松，需要注意弹簧垫圈缺口的倾斜方向（图4-7 中弹簧垫圈缺口的倾斜方向针对右旋螺纹有效）。

（3）螺钉联接

螺钉联接常用于受力不大且不常拆卸的地方，若按比例画法绘制，其旋入端与双头螺柱联接相同，被联接件孔部画法与螺栓联接相同。螺钉联接的比例画法如图4-8所示。

螺钉联接

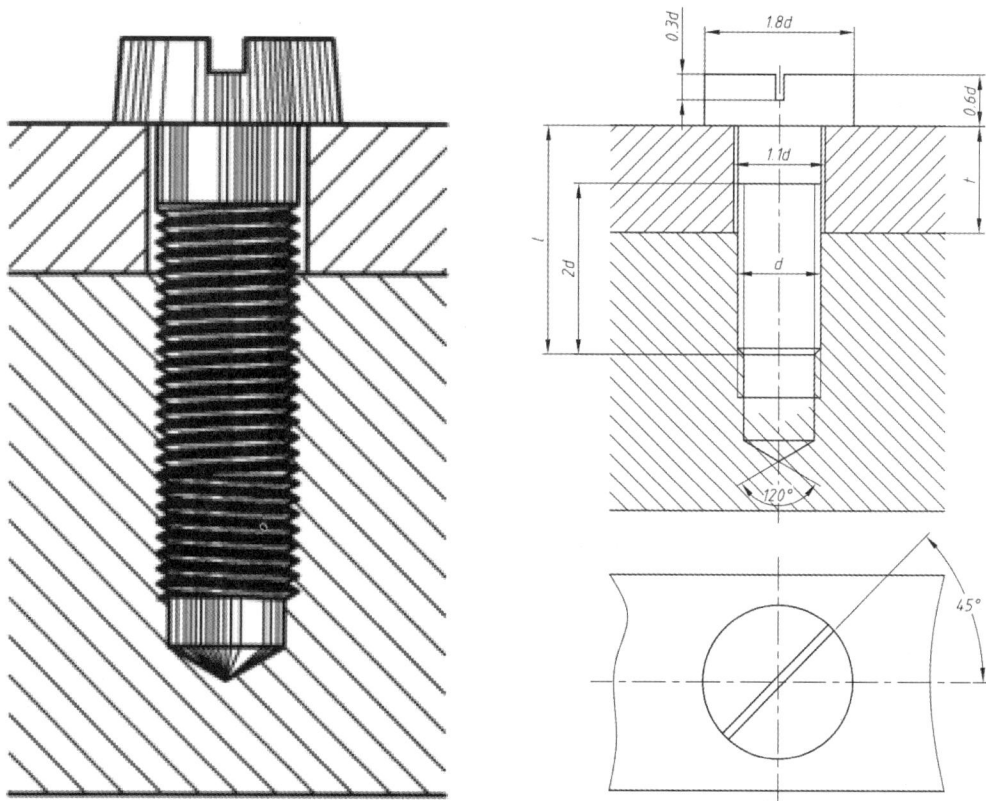

图 4-8　螺钉联接图的画法

工作案

工作案

工作步骤		图示
1. 确定螺栓规格	① 根据图 4-1 给定的 $\phi 33$ 孔径，查表确定螺栓的螺纹公称直径为 M30。 ② 根据被联接件的厚度计算螺栓长度，由公式 $l = t_1 + t_2 + m + h + a$ 计算得出 $l = 107.5\text{mm}$，查表确定螺栓的公称长度 $l = 110\text{mm}$	 螺栓　GB/T 5782—2016　M30×110

工作步骤		图示
2. 确定螺母及垫圈规格	根据选定的螺栓规格确定螺母规格为 M30，垫圈公称直径 d=33mm	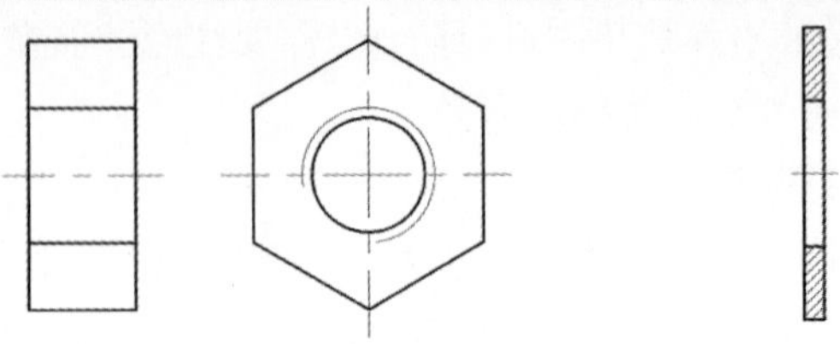 螺母　GB/T 6170—2015　M30　　垫圈　GB/T 97.1—2002　12
3. 绘制螺栓联接图	应用比例画法绘制螺栓联接图，并标注尺寸	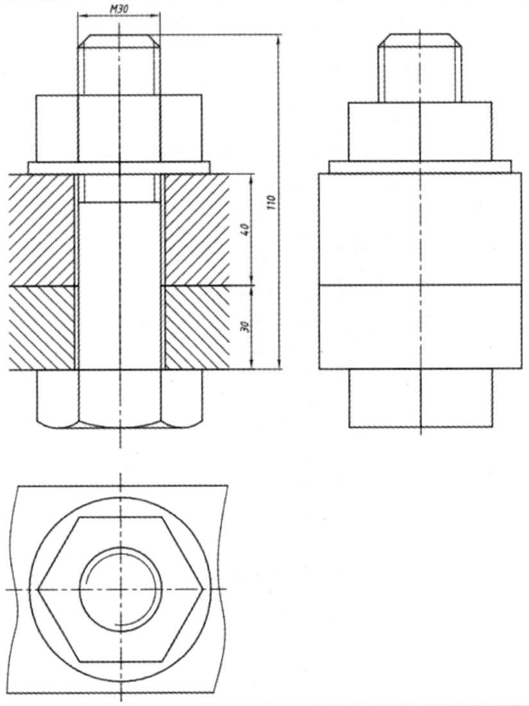

任务小结及评价

一、任务小结

任务名称	螺纹及螺纹联接件绘制
任务实施步骤	确定螺栓规格—确定螺母及垫圈规格—绘制螺栓联接图
任务涉及知识点	螺纹的要素，螺纹的规定画法，螺纹的标注，螺纹紧固件的标记规定，螺纹紧固件的联接画法

二、任务评价

评价项目	评价内容	分值	评价分数		改进建议
			自评（30%）	教师评价（70%）	
素质目标（30%）	考勤无迟到、早退、旷课	5分			
	团队合作、沟通能力	5分			
	认真、严谨、细致的作图习惯	10分			
	培养学生创新思维的养成	10分			

续表

评价项目	评价内容	分值	评价分数		改进建议
			自评（30%）	教师评价（70%）	
知识目标（30%）	熟练掌握螺纹的基本要素	10分			
	熟练掌握螺纹及螺纹联接件在国家标准中规定的画法	15分			
	熟悉国家标准对于标准件查询的作用与意义	5分			
技能目标（40%）	具备按照国家标准中规定的画法正确绘制螺纹及螺纹紧固件的能力	10分			
	具备正确标注螺纹及螺纹紧固件的能力	10分			
	具备按照"比例画法"正确绘制螺纹联接图的能力	20分			
小计		100分			
总评	自评（30%）+教师评价（70%）=			教师签名：	

任务拓展

1. 基础知识练习

（1）普通螺纹代号为（　　　）。

A. G　　　　　　　　B. M　　　　　　　　C. B　　　　　　　　D. Tr

（2）外螺纹大径用（　　　）表示。

A. D　　　　　　　　B. D_1　　　　　　　　C. d　　　　　　　　D. d_1

（3）螺纹特征代号"Tr"代表的螺纹类型为（　　　）。

A. 普通螺纹　　　　　　　　　　　　B. 梯形螺纹

C. 锯齿形螺纹　　　　　　　　　　　D. 管螺纹

（4）外螺纹大径用（　　　）绘制。

A. 粗实线　　　　　B. 细实线　　　　　C. 3/4 细实线　　　　　D. 虚线

2. 图形练习

（1）分析下面的螺纹画法的错误之处，并在空白处或指定位置更正过来。

①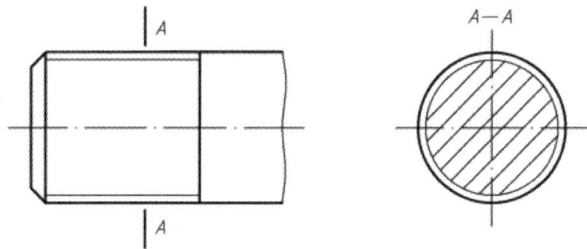

②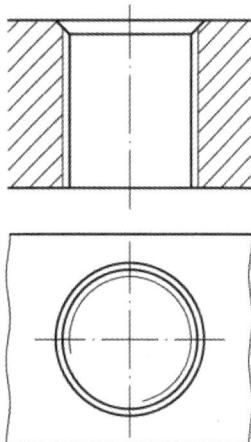

（2）分析下面的螺纹联接画法的错误之处，并在空白处或指定位置更正过来。

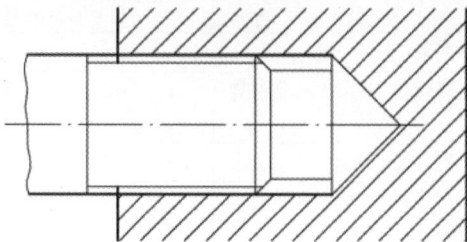

3. 螺纹标注练习

根据给定的螺纹要素，在图上进行标注。

① 普通螺纹，大径尺寸为 20mm，右旋，中径、顶径公差带代号分别为 5g、6g，长旋合长度。

② 梯形螺纹，公称直径为 20mm，导程为 14mm，双线螺纹，右旋，中径公差带代号为 6f，旋合长度为 40mm。

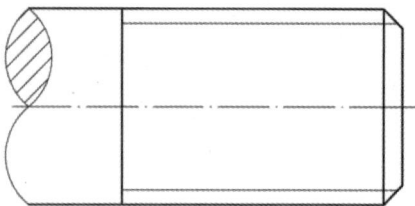

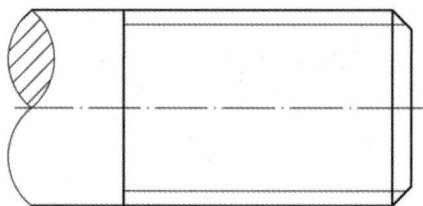

任务二　键联接绘制

任务导入

任务情境	××企业在加工完一批传动轴后，尝试与配套齿轮装配以测试工作性能，结果发现运行时会出现"打滑"现象，严重降低了工作效率。作为该零件的设计工程师，你准备如何解决这一问题？ 经过讨论，团队一致认为需要增加"键联接"来解决这一问题。请大家根据轴及齿轮尺寸查附表 2-6 确定键的尺寸，并为图 4-9 中的零件绘制键联接
任务图例	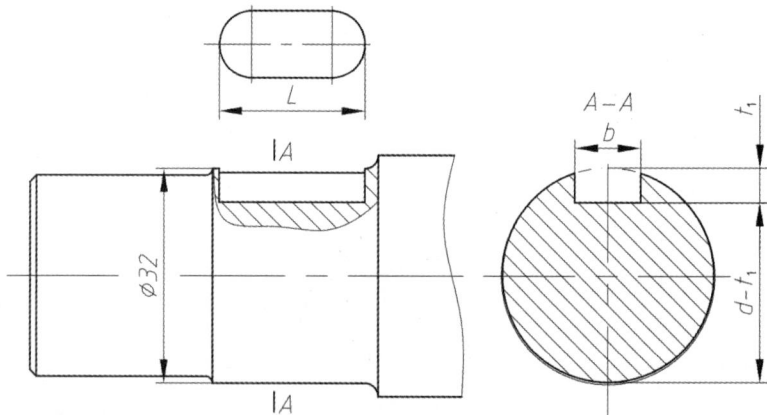 图 4-9　键联接

知识储备

一、普通平键的类型和标记（详见"附录二　常用的标准件"附表 2-6）

键用来联接轴和装在轴上的传动件，使它们之间不产生相对运动，从而起到传递扭矩的作用，如图 4-10 所示。键的种类有很多，常用的有普通平键、半圆键和钩头楔键等。由于键联接结构简单、工作可靠、装拆方便，因此被广泛应用于实际生产中。

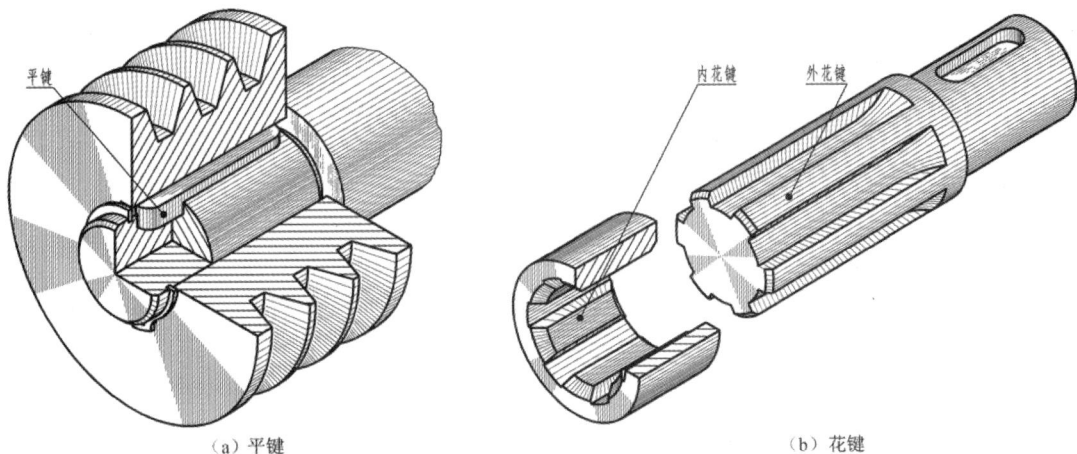

（a）平键　　　　　　　　　　　　　（b）花键

图 4-10　键联接

普通平键分为圆头普通平键（A 型）、平头普通平键（B 型）和单圆头普通平键（C 型）3种形式，如图 4-11 所示。

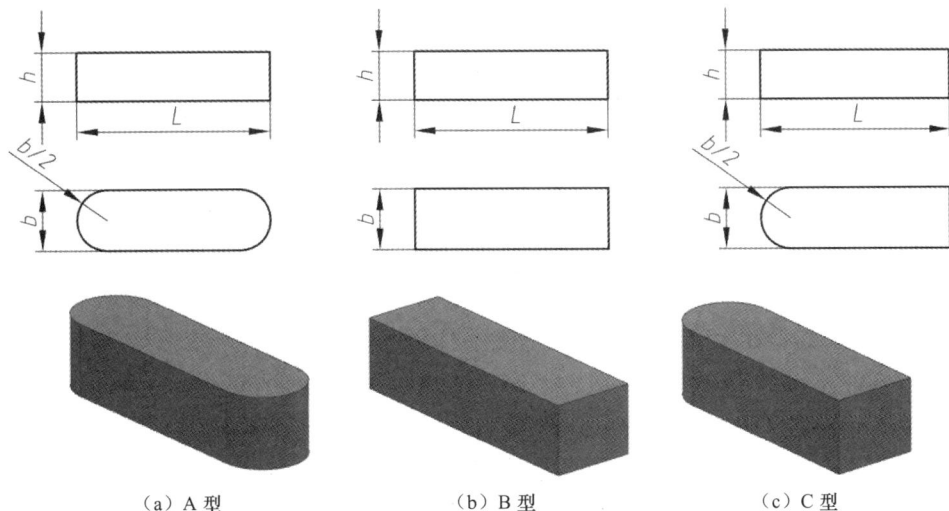

（a）A 型　　　　　　　　（b）B 型　　　　　　　　（c）C 型

图 4-11　普通平键的类型

普通平键的标记格式如下：

标准代号　名称　类型　键宽×键高×键长

【例 4-6】　普通 A 型平键，宽度 b=10mm，高度 h=8mm，长度 L=25mm，其标记为：

GB/T 1096—2003   键 10×8×25

【例 4-7】 普通 B 型平键，宽度 b=18mm，高度 h=11mm，长度 L=100mm，其标记为：

GB/T 1096—2003   键 B 18×11×100

注意 由于普通 A 型平键应用较多，一般可省略标注"A"。

二、键槽的画法和尺寸标注方法

在选择普通平键时，应根据轴径 d 查附表 2-6 以获得键的基本尺寸，轴、轮毂上键槽的表示方法和尺寸标注如图 4-12 所示。

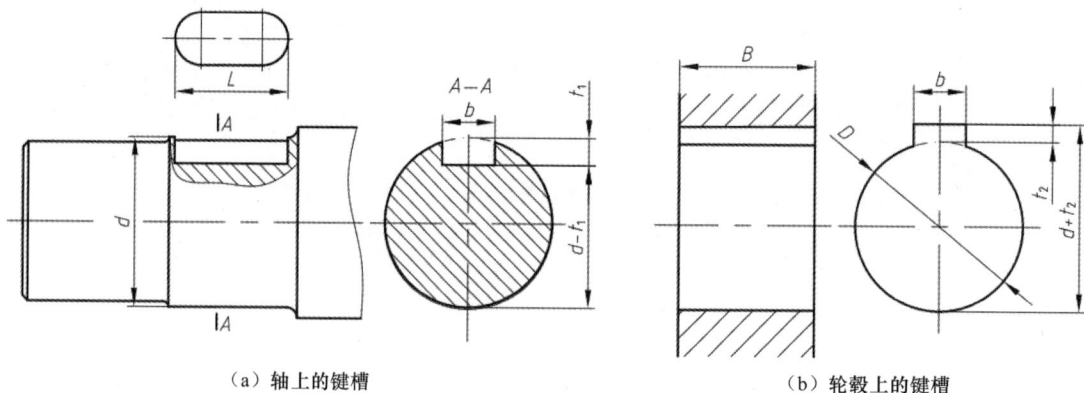

（a）轴上的键槽   （b）轮毂上的键槽

图 4-12　键槽的表示方法和尺寸标注

键槽宽度 b 可根据轴的直径 d 查附表 2-6 确定，轴上的键槽深度 t_1 和轮毂上的键槽深度 t_2 也可参照附表 2-6 选取，键的长度 L 应小于或等于轮毂长度。

三、键联接的画法

图 4-13 所示为普通平键联接的画法。在绘制键联接时应注意，因为键是实心零件，所以当平行于键剖切时，键按不剖绘制，但当垂直于键剖切时，键按剖视图绘制。键的上表面和轮毂上键槽的底面为非接触面，所以应画两条图线。轮、轴和键剖面线的方向要遵守装配图中剖面线的规定画法。

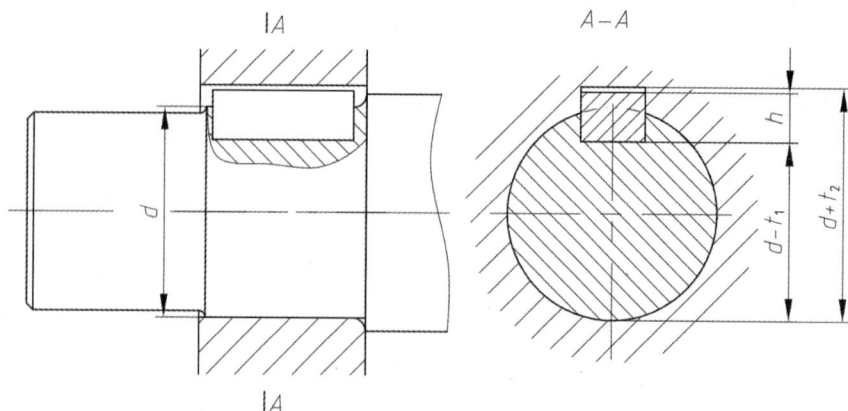

图 4-13　普通平键联接的画法

工作案

工作案

工作步骤		图示
1. 确定键规格及尺寸	根据轴上被联接面的轴径尺寸$\phi 32mm$，又已知轴长 30mm，查附表 2-6 可得，选择的普通平键尺寸为 $10 \times 8 \times 25$	$h=8$ $L=25$ $b=10$ GB/T 1096—2003　键 10×8×25
2. 确定轴、轮毂键槽尺寸	查附表 2-6，确定轴端键槽深度 $t_1=5mm$，轮毂端键槽深度 $t_2=3.3mm$	L $1A$ $\phi 32$ $1A$　$A-A$ b 5 $A-A$ 3.3
3. 绘制键联接图	根据尺寸要求绘制键联接图	$1A$ $\phi 32$ $1A$　$A-A$

任务小结及评价

一、任务小结

任务名称	键联接绘制
任务实施步骤	确定键规格及尺寸—确定轴、轮毂键槽尺寸—绘制键联接图
任务涉及知识点	普通平键的类型和标记，键槽的画法和尺寸标注方法，键联接的画法

二、任务评价

评价项目	评价内容	分值	评价分数		改进建议
			自评（30%）	教师评价（70%）	
素质目标 （30%）	考勤无迟到、早退、旷课	10 分			
	团队合作、沟通能力	10 分			
	认真、严谨、细致的作图习惯	10 分			

评价项目	评价内容	分值	评价分数		改进建议
			自评（30%）	教师评价（70%）	
知识目标（30%）	熟悉键的查表方法	15分			
	熟悉键联接的作图方法	15分			
技能目标（40%）	具备正确查询国家标准获取键尺寸参数的能力	15分			
	具备正确绘制键联接的能力	25分			
小计		100分			
总评	自评（30%）+教师评价（70%）=			教师签名：	

任务拓展

键联接图形练习

已知轴和齿轮轮毂联接孔径为30mm，用普通 A 型平键将轴和齿轮轮毂联接起来，键的长度为22mm，查附表 2-6 确定键和键槽尺寸，并按照尺寸应用 AutoCAD 抄画及绘制齿轮轮毂及轴的联接图，标注键槽尺寸。

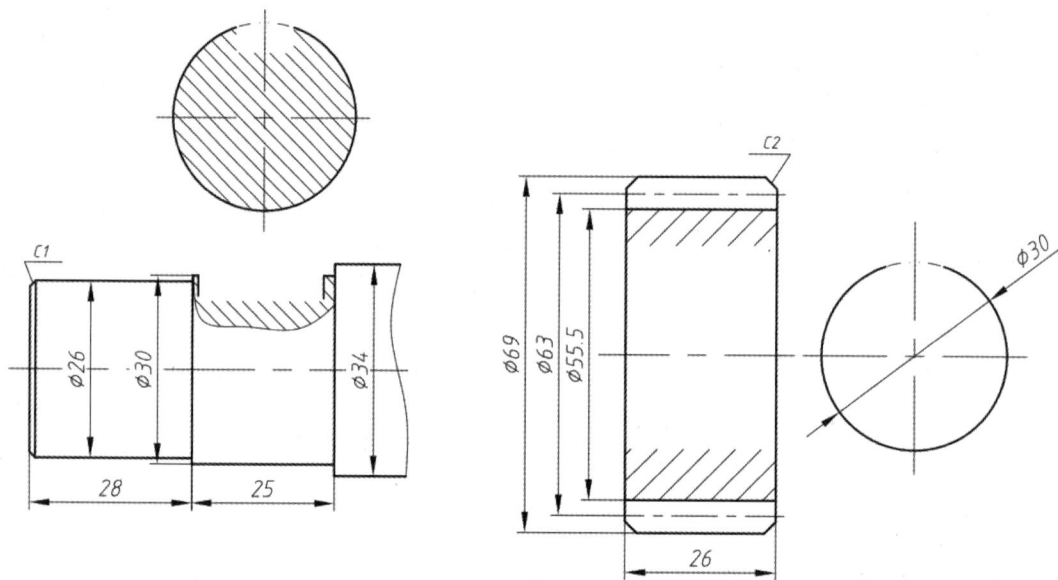

任务三　销联接绘制

任务导入

任务情境	××企业在加工完一批端盖后，尝试将其与配套箱体装配以测试工作性能，结果发现运行时会出现"位置偏移"现象，严重降低了工作效率。作为该零件的设计工程师，你将如何解决这一问题？经过讨论，团队一致认为需要增加"销联接"来解决这一问题。请大家根据端盖尺寸合理设计销孔尺寸，查附表 2-7、附表 2-8 确定销的尺寸，并绘制图 4-14 所示的销联接

续表

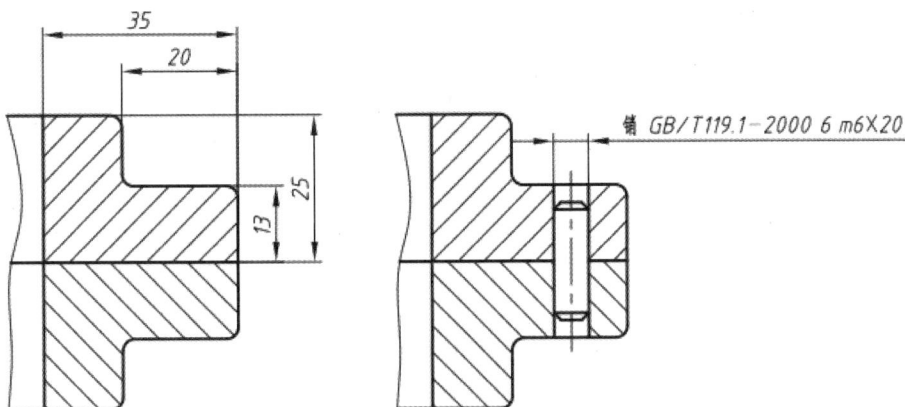

图 4-14　销联接

知识储备

一、销的种类和标记（详见"附录二　常用的标准件"附表 2-7、附表 2-8）

1. 销的种类和用途

销也是标准件，常用于零件间的联接或定位。常用的销如下。

圆柱销：用于联接。

圆锥销：用于定位。

开口销：用于防止零件松脱。

最常见的销为圆柱销及圆锥销。

销的种类和标记

2. 常见销的标记

销的标记格式如下：

名称　　标准代号　　形式　　公称直径×长度

【例 4-8】　公称直径 $d=6$mm，公差为 m6，公称长度为 $l=20$mm，材料为钢，不经淬火，表面不经处理的圆柱销标记为：

销　GB/T 119.1—2000　6 m6×20

【例 4-9】　公称直径 $d=6$mm，公称长度 $l=30$mm，材料为 35 钢，热处理硬度为 28～38HRC，表面氧化处理的 A 型圆锥销标记为：

销　GB/T 117—2000　6×30

注意　圆锥销的公称直径为小端直径。

二、销联接的画法

圆柱销联接的画法如图 4-15（a）所示，圆锥销联接的画法如图 4-15（b）所示。

销联接的画法

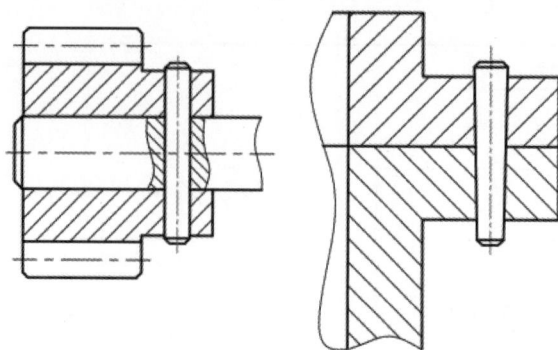

（a）圆柱销联接的画法　　　　　（b）圆锥销联接的画法

图 4-15　销联接的画法

工作案

工作步骤		图示
1. 确定销规格及尺寸	根据端盖尺寸，确定销为圆柱销，规格尺寸为 6×20	销　　GB/T 119.1—2000　　6 m6×20
2. 绘制销联接图	根据尺寸要求绘制销联接图	

任务小结及评价

一、任务小结

任务名称	销联接绘制
任务实施步骤	确定销规格及尺寸—绘制销联接图
任务涉及知识点	销的种类和标记，常用销联接的画法

二、任务评价

评价项目	评价内容	分值	评价分数		改进建议
			自评（30%）	教师评价（70%）	
素质目标（30%）	考勤无迟到、早退、旷课	10 分			
	团队合作、沟通能力	10 分			
	认真、严谨、细致的作图习惯	10 分			

评价项目	评价内容	分值	评价分数		改进建议
			自评（30%）	教师评价（70%）	
知识目标（30%）	熟悉销的查表方法	15 分			
	熟悉销联接的作图方法	15 分			
技能目标（40%）	具备正确查询国家标准以获取销尺寸参数的能力	15 分			
	具备正确绘制销联接的能力	25 分			
小计		100 分			
总评	自评（30%）+教师评价（70%）=			教师签名：	

任务拓展

销联接图形练习

已知轴和齿轮用直径为 12mm、长度为 55mm 的圆柱销联接，按照 1:1 的比例完成下图，并写出圆柱销的规定标记。

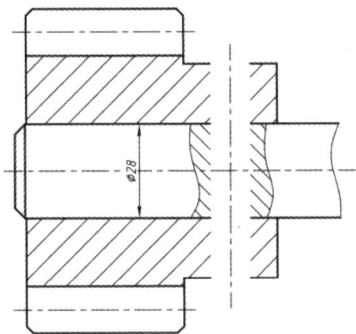

圆柱销的规定标记：_____

任务四 齿轮绘制

任务导入

任务情境	××企业接到一笔订单，需要设计并加工一批一级减速器齿轮，已知给定的齿轮齿数 z=55、模数 m=2、齿宽 b=26、辐板厚度为 10mm、轮孔直径为 φ32，其余结构尺寸如图 4-16 所示。请根据要求测绘齿轮图形
任务图例	 图 4-16 齿轮轴测图

知识储备

一、齿轮的基础知识

齿轮是机器中应用极为广泛的常用件，起着传递扭矩、改变转速和运动方向等作用。常见的有圆柱齿轮、锥齿轮、蜗轮和蜗杆等，如图 4-17 所示。

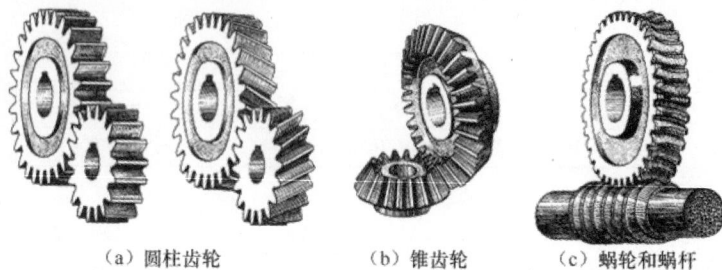

（a）圆柱齿轮　　　（b）锥齿轮　　　（c）蜗轮和蜗杆

图 4-17　常见的齿轮

齿轮为常用件，其模数和压力角已标准化。齿轮根据其传动情况可分为以下 3 类。

（1）圆柱齿轮：用于两平行轴间传动。

（2）锥齿轮：用于两相交轴间传动。

（3）蜗轮与蜗杆：用于两交叉轴间传动。

二、直齿圆柱齿轮各部分名称及尺寸关系

直齿圆柱齿轮各部分名称及尺寸关系如图 4-18 所示。

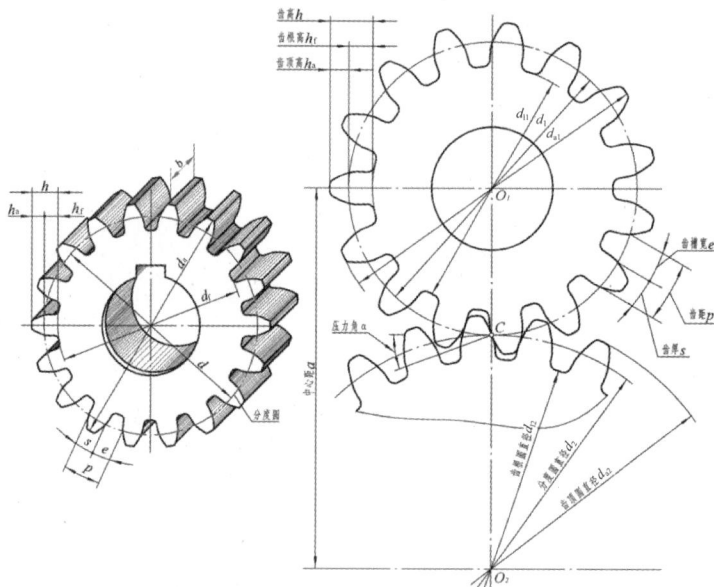

图 4-18　直齿圆柱齿轮各部分名称及尺寸关系

（1）齿顶圆。齿顶圆柱面与端平面的交线，称为齿顶圆，其直径用 d_a 表示。

（2）齿根圆。齿根圆柱面与端平面的交线，称为齿根圆，其直径用 d_f 表示。

（3）分度圆。圆柱齿轮的分度圆柱面与端平面的交线，称为分度圆，其直径用 d 表示。

分度圆是设计制造齿轮时计算齿轮各部分尺寸的依据之一。在分度圆上，齿厚 s（弧长）

等于齿槽宽 e（弧长）。

（4）齿高。在直径方向上，由齿根到齿顶的高度称为齿高，用 h 表示。它被分度圆分为齿顶高 h_a 和齿根高 h_f，从而有 $h=h_a+h_f$。

（5）齿厚。在直齿圆柱齿轮端平面上，一个齿的两侧面齿廓之间的分度圆弧长称为齿厚，用 s 表示。

（6）齿槽宽。在直齿圆柱齿轮端平面上，一个齿槽的两侧齿廓之间的分度圆弧长称为齿槽宽，用 e 表示。对于标准齿轮有 $s=e$。

（7）齿距。在直齿圆柱齿轮上，两个相邻的端面齿廓之间的分度圆弧长称为齿距，用 p 表示，$p=s+e$。对于标准齿轮有 $e=s=p/2$。

（8）齿宽。齿轮的轮齿部位沿分度圆柱面的母线方向度量的宽度，称为齿宽，用 b 表示。

（9）中心距。平行轴或交错轴齿轮副的两轴线之间的最短距离称为中心距，用 a 表示。

三、直齿圆柱齿轮各部分的尺寸计算

1. 模数

模数是为了简化设计时的计算而规定出来的一个重要参数。若用 z 表示齿数，则分度圆周长 $\pi d=z\times p$，即 $d=(p/\pi)\times z$。式中 π 是一个无理数，可见用 $d=(p/\pi)\times z$ 计算 d 很不方便，所以工程上给 p/π 制订了统一的标准系列值（见表 4-4），并称 p/π 为模数，用 m 表示，其单位为 mm，这时有 $d=mz$。由此可见，当 z 一定时，m 越大，d 越大，齿轮的承载能力也越大。

表 4-4　　　　　　　　　　　渐开线圆柱齿轮模数系列　　　　　　　　　（单位：mm）

第一系列	1、1.25、1.5、2、2.5、3、4、5、6、8、10、12、16、20、25、32、40、50
第二系列	1.125、1.375、1.75、2.25、2.75、3.5、4.5、5.5、（6.5）、7、9、11、14、18、22、28、35、45

注：优先选用第一系列，括号内的模数尽量不用。

2. 标准直齿圆柱齿轮的各部分尺寸关系

齿轮的模数与齿数确定以后，可根据与模数 m 的比例关系，计算直齿圆柱齿轮其余部分的尺寸。标准直齿圆柱齿轮的各部分尺寸关系如表 4-5 所示。

表 4-5　　　　　　　　　　标准直齿圆柱齿轮的各部分尺寸关系

名称及代号	计算公式	名称及代号	计算公式
模数 m	$m=d/z$	分度圆直径 d	$d=mz$
齿顶高 h_a	$h_a=m$	齿顶圆直径 d_a	$d_a=d+2h_a=m(z+2)$
齿根高 h_f	$h_f=1.25m$	齿根圆直径 d_f	$d_f=d-2h_f=m(z-2.5)$
齿高 h	$h=h_a+h_f=2.25m$	中心距 a	$a=(d_1+d_2)/2=m(z_1+z_2)/2$

四、直齿圆柱齿轮的规定画法

1. 单个齿轮的规定画法

国家标准《机械制图　齿轮表示法》（GB/T 4459.2—2003）对齿轮的画法做出了相应的规定。投影为圆的视图，齿顶圆用粗实线绘制，分度圆用细点画线绘制，齿根圆用细实线绘制，也可省略不画，如图 4-19（c）所示。投影为非圆的视图一般绘制为全剖视图（轮齿按不剖处理），齿顶线与齿根线用粗实线绘制，分度线用点画线绘制，如图 4-19（b）所示。若不画成剖视图，齿顶线用粗实线

直齿圆柱齿轮的
规定画法

绘制，分度线用细点画线绘制，齿根线用细实线绘制，也可省略不画，如图 4-19（a）所示。

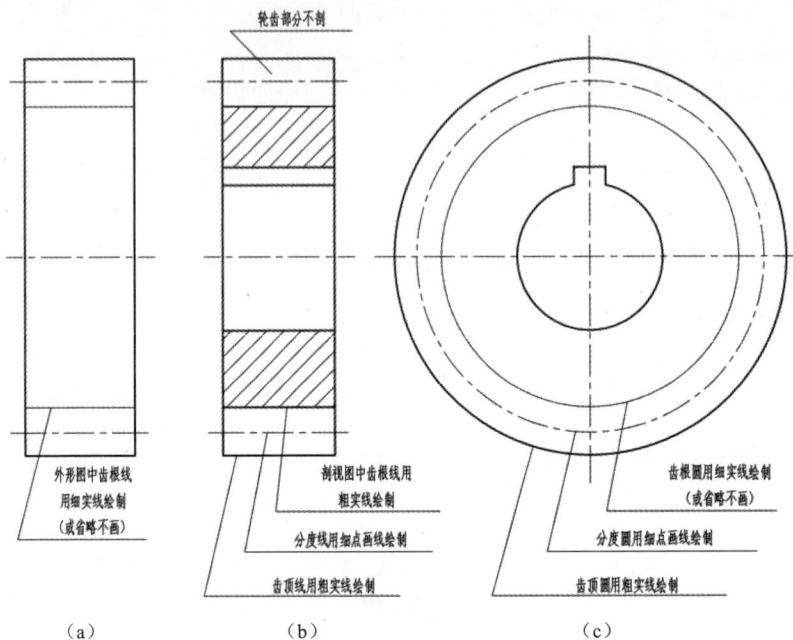

图 4-19　单个直齿圆柱齿轮的规定画法

2. 齿轮啮合的规定画法

齿轮啮合，在非啮合区仍按单个齿轮的规定画法绘制。啮合区内的画法规定如下。

（1）在投影为圆的视图中，两相切节圆用细点画线绘制，齿根圆省略不画，啮合区内的齿顶圆用粗实线绘制，如图 4-20（b）所示。若只画外形图，啮合区内的齿顶圆建议省略不画，如图 4-20（c）所示。

（2）平行于直齿轮轴线的投影面的视图中，啮合区的齿顶线不必画出，轮齿一律按未剖切处理；啮合区内通常将主动轮的轮齿视为可见，用粗实线绘制，从动轮的轮齿则视为被遮挡，被遮挡部分可用细虚线绘制（也可省略不画），如图 4-20（a）所示。若视图不剖，则啮合区内齿顶线不画，分度线（节线）用粗实线绘制，其他处的节线用细点画线绘制，如图 4-20（d）所示。

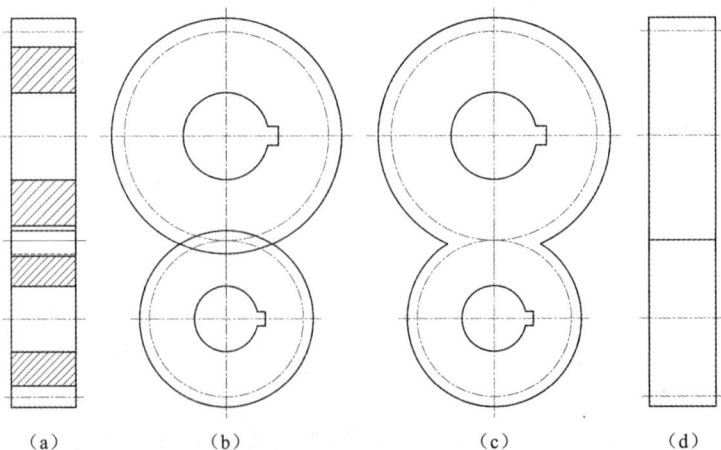

图 4-20　齿轮啮合的规定画法

工作案

工作步骤		图示
1. 计算轮齿各部分尺寸	根据齿数 $z=55$，模数 $m=2$mm，计算轮齿各部分尺寸： $d=110$mm $d_a=114$mm $d_f=105$mm	
2. 绘制齿轮图形	根据尺寸要求绘制齿轮图形	
3. 标注尺寸并完善图形	标注零件尺寸，完善优化图形	技术要求 1.铸造圆角半径R3。 2.调质处理硬度为170~210HBW。

模数	m	2
齿数	z	55
压力角	α	20°

齿轮		比例	数量	材料	图号
		1:1	1	45	
制图	(姓名) (学号)				
审核		XX职业技术学院　XX班			

任务小结及评价

一、任务小结

任务名称	齿轮绘制
任务实施步骤	计算齿轮各部分尺寸—绘制齿轮图形—标注尺寸并完善图形
任务涉及知识点	齿轮的基础知识，直齿圆柱齿轮各部分名称及尺寸关系，直齿圆柱齿轮各部分的尺寸计算，直齿圆柱齿轮的规定画法

二、任务评价

评价项目	评价内容	分值	评价分数		改进建议
			自评（30%）	教师评价（70%）	
素质目标（30%）	考勤无迟到、早退、旷课	10分			
	团队合作、沟通能力	10分			
	质量意识、安全意识及成本意识	10分			
知识目标（30%）	熟悉齿轮的基础知识、齿轮上各部分参数及其计算方法	15分			
	熟悉国家标准规定的直齿圆柱齿轮的画法	15分			
技能目标（40%）	具备正确计算直齿圆柱齿轮各部分参数的能力	15分			
	具备正确绘制直齿圆柱齿轮图形的能力	25分			
小计		100分			
总评	自评（30%）+教师评价（70%）=			教师签名：	

任务拓展

1. 齿轮图形绘制

已知直齿圆柱齿轮 $z=45$、$m=5$mm，计算该齿轮的齿顶圆、分度圆及齿根圆直径。应用计算机绘图软件按 1:1 的比例抄画齿轮两视图，并补全视图、标注尺寸。

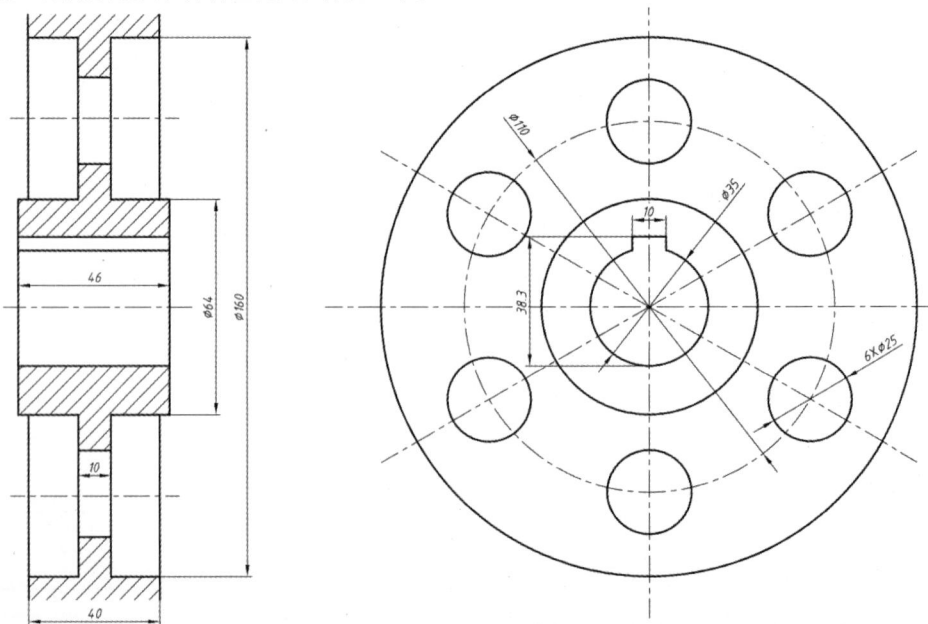

2. 齿轮啮合图形绘制

已知两直齿圆柱齿轮正确啮合，模数 m=4mm，大齿轮 z_2=37，中心距 a=112mm，试计算出大、小齿轮的尺寸。用计算机绘图软件按 1:1 的比例完成齿轮啮合图形的绘制。

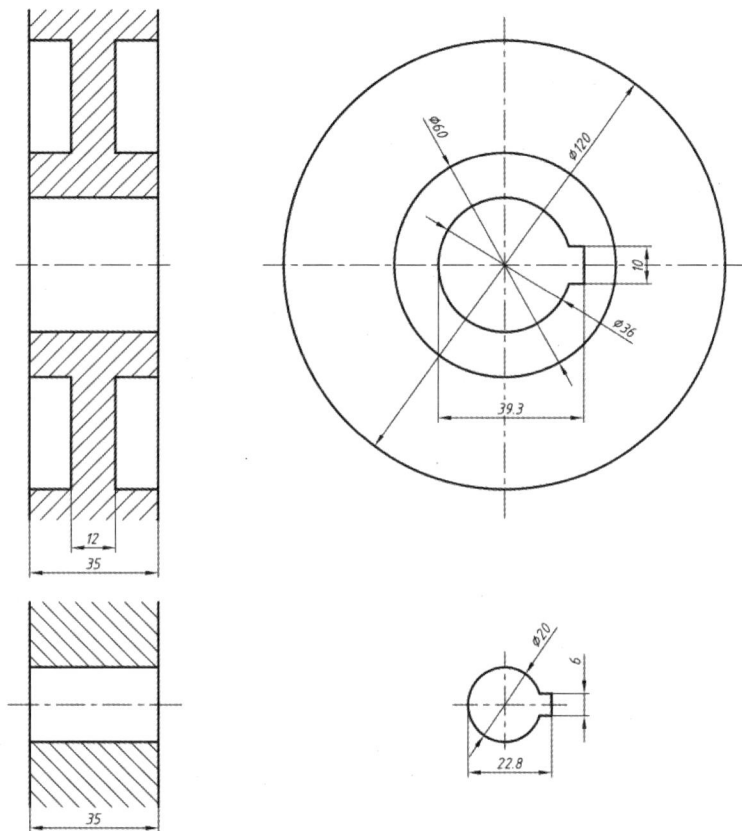

任务五　滚动轴承绘制

任务导入

任务情境	××企业在绘制一级齿轮减速器装配图时，发现缺少"6206"型轴承，你作为该团队的设计人员，请查询国家标准获取"6206"型轴承尺寸参数，并按照规定画法绘制图 4-21 所示的滚动轴承。
任务图例	 图 4-21　滚动轴承

知识储备

一、滚动轴承概述

1. 滚动轴承的结构

不同种类的滚动轴承的结构大致相似，一般由内圈、外圈、滚动体和保持架 4 部分组成，如图 4-22 所示。

2. 滚动轴承的用途

滚动轴承由于结构紧凑、摩擦阻力小，在机器中被广泛使用，主要用来支承旋转轴。

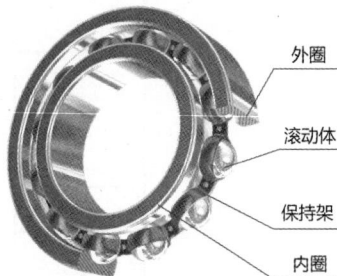

二、滚动轴承的基本代号（详见"附录二 常用的标准件"附表 2-9～附表 2-11）

基本代号是轴承代号的基础，主要用来表示滚动轴承的基本类型、结构及尺寸。基本代号由类型代号、尺寸系列代号和内径代号构成，其排列顺序如下：

类型代号　尺寸系列代号　内径代号

1. 类型代号

滚动轴承的类型代号一般用数字或大写字母表示，如表 4-6 所示。

图 4-22 滚动轴承的结构

外圈
滚动体
保持架
内圈

表 4-6　　　部分滚动轴承的类型代号（摘自 GB/T 272—2017）

代号	轴承类型	代号	轴承类型	代号	轴承类型
0	双列角接触球轴承	4	双列深沟球轴承	8	推力圆柱滚子轴承
1	调心球轴承	5	推力球轴承	N	圆柱滚子轴承
2	（推力）调心滚子轴承	6	深沟球轴承	U	外球面轴承
3	圆锥滚子轴承	7	角接触球轴承	QJ	四点接触球轴承

2. 尺寸系列代号

尺寸系列代号由轴承的宽（高）度系列代号和直径系列代号组合而成，一般用两位数字表示。常用的滚动轴承的类型代号及尺寸系列代号如表 4-7 所示。

表 4-7　　常用的滚动轴承的类型代号及尺寸系列代号（摘自 GB/T 272—2017）

轴承类型	类型代号	尺寸系列代号
圆锥滚子轴承	3	02、03、13、20、22、30、31、32
推力球轴承	5	11、12、13、14
深沟球轴承	6	17、18、19、37、（1）0、（0）2、（0）3、（0）4

注：括号内的数字在轴承代号中省略。

3. 内径代号

内径代号表示滚动轴承的公称直径，一般用两位阿拉伯数字表示。内径代号的表示方法如表 4-8 所示。

表 4-8	滚动轴承的内径代号（摘自 GB/T 272—2017）			
轴承公称内径/mm	内径代号		示例	
1～9（整数）	用公称内径毫米数值直接表示，对于深沟球轴承及角接触球轴承直径系列 7、8、9，内径与尺寸系列代号之间用"/"分开		深沟球轴承 625	d=5mm
			深沟球轴承 618/5	d=5mm
10～17	10	00	深沟球轴承 6200	d=10mm
	12	01	深沟球轴承 6201	d=12mm
	15	02	深沟球轴承 6202	d=15mm
	17	03	深沟球轴承 6203	d=17mm
20～480（22、28、32 除外）	公称内径除以 5 的商数，商数为个位数，需在商数左边加"0"，如 08		圆锥滚子轴承 30308	d=40mm
			深沟球轴承 6215	d=75mm

【例 4-10】 6207。

6 2 07

表示轴承内径 d=7×5=35mm

表示轴承尺寸系列代号"（0）2"，宽度系列代号 0 一般省略

表示轴承类型，"6"表示深沟球轴承

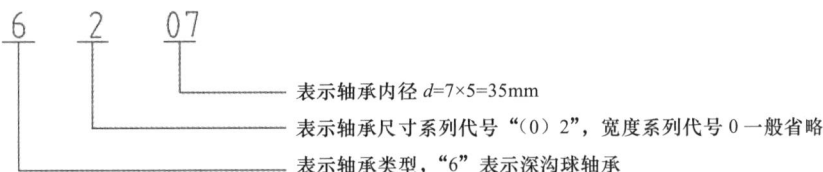

其规定标记为：轴承 6207 GB/T 276—2013。

【例 4-11】 81107。

8 11 07

表示轴承内径 d=7×5=35mm

表示轴承尺寸系列代号"11"，宽度系列代号为 1，直径系列代号为 1

表示轴承类型，"8"表示推力圆柱滚子轴承

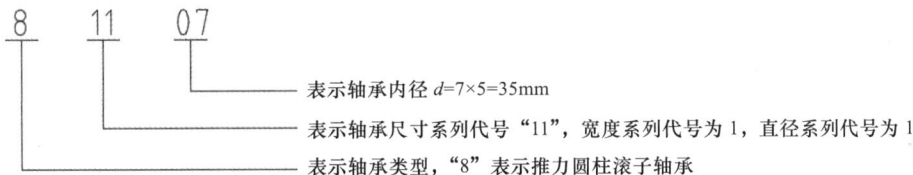

其规定标记为：轴承 81107 GB/T 4663—2017。

【例 4-12】 30309。

3 03 09

表示轴承内径 d=9×5=45mm

表示轴承尺寸系列代号"03"，宽度系列代号为 0，直径系列代号为 3

表示轴承类型，"3"表示圆锥滚子轴承

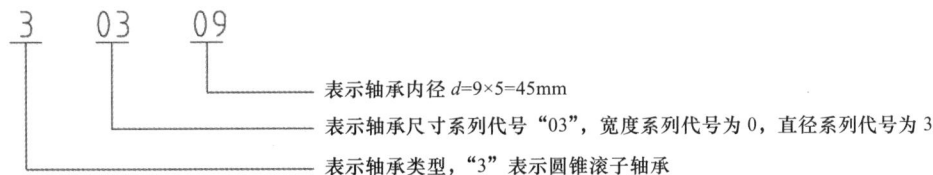

其规定标记为：轴承 30309 GB/T 297—2015。

【例 4-13】 51210。

5 12 10

表示轴承内径 d=10×5=50mm

表示轴承尺寸系列代号"12"，宽度系列代号为 1，直径系列代号为 2

表示轴承类型，"5"表示推力球轴承

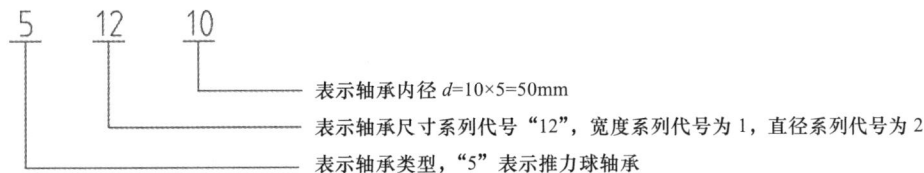

其规定标记为：轴承 51210 GB/T 301—2015。

三、滚动轴承的画法

国家标准《机械制图 滚动轴承表示法》（GB/T 4459.7—2017）对滚动轴

滚动轴承的画法

承的画法做了统一规定，有简化画法和规定画法之分。其中，简化画法又有通用画法和特征画法两种类型。

1. 简化画法

用简化画法绘制滚动轴承时应采用通用画法或特征画法，但在同一图样中只能采用其中一种画法。

（1）通用画法。在剖视图中，当不需要确切地表示滚动轴承的外形轮廓、载荷特性和结构特征时，可用矩形线框及位于线框中央正立的十字形符号表示。

（2）特征画法。在剖视图中，如需较形象地表示滚动轴承的结构特征，可采用在矩形线框内画出其结构要素符号的方法表示。

2. 规定画法

必要时，在滚动轴承的产品图样、产品样本、产品标准、用户手册和使用说明书中可采用规定画法。采用规定画法绘制滚动轴承的剖视图时，轴承的滚动体不画剖面线。其各套圈等应画成方向和间隔相同的剖面线；滚动轴承的保持架及倒角等可省略不画。

> **注意** 规定画法一般绘制在轴的一侧，另一侧按照通用画法绘制。

滚动轴承的各种画法及尺寸比例如表 4-9 所示，其各部分尺寸可依据滚动轴承代号从相应的国家标准中获取。

表 4-9　　　　　　　　　　　　滚动轴承的各种画法及尺寸比例

轴承类型	通用画法	特征画法	规定画法	查表主要数据	承载特性
圆锥滚子轴承（GB/T 297—2015）	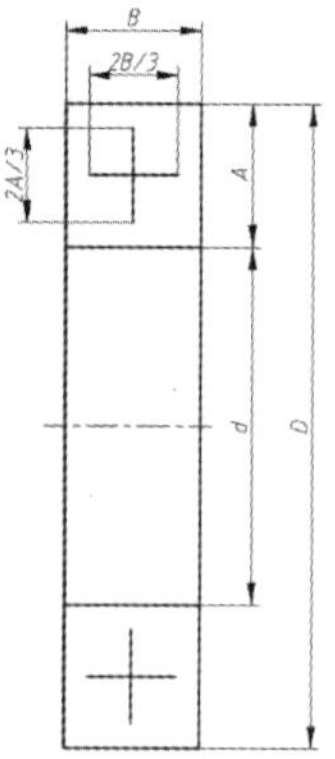	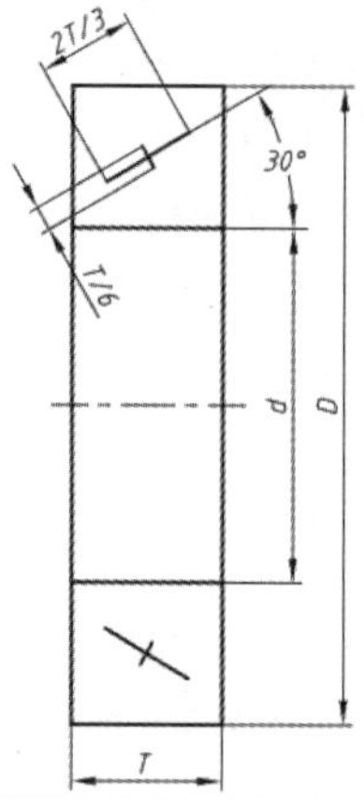	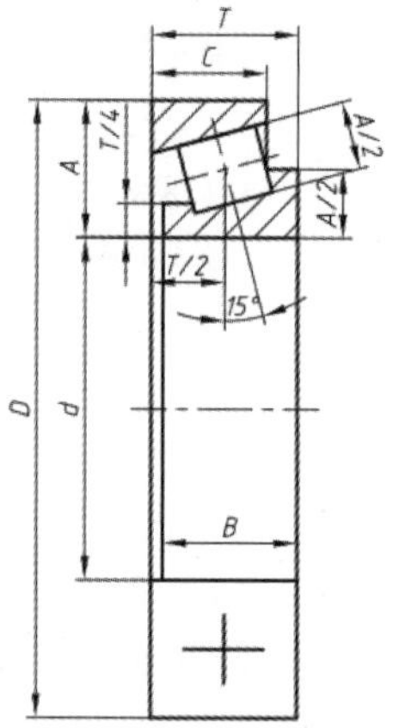	D、d、B、T、C	可同时承受径向和轴向载荷
推力球轴承（GB/T 301—2015）		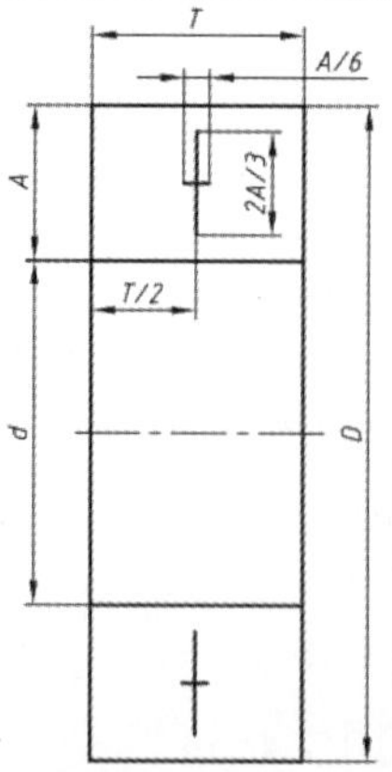	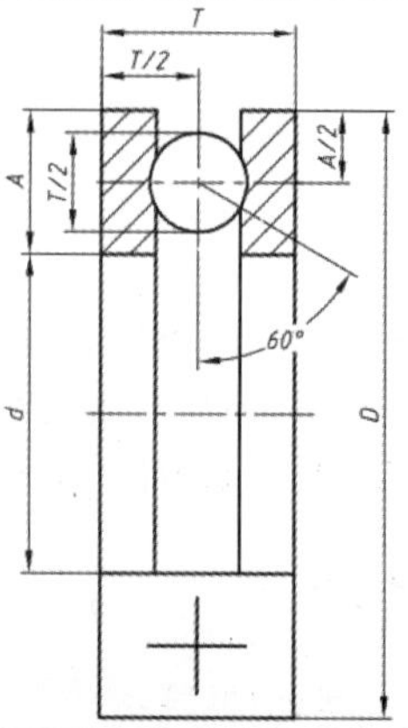	D、d、T	承受单方向的轴向载荷

轴承类型	通用画法	特征画法	规定画法	查表主要数据	承载特性
深沟球轴承（GB/T 276—2013）				D、d、B	承受径向载荷

工作案

工作案

工作步骤	图示
1. 确定轴承各部分尺寸	根据给定轴承代号"6206"，查询附表2-9确定以下内容。 （1）轴承类型：深沟球轴承 （2）轴承各部分尺寸： $D=62$mm $d=30$mm $B=16$mm
2. 绘制轴承零件图	根据尺寸要求绘制轴承零件图

工作步骤	图示
3. 标注尺寸并完善图形　标注零件尺寸，完善优化图形	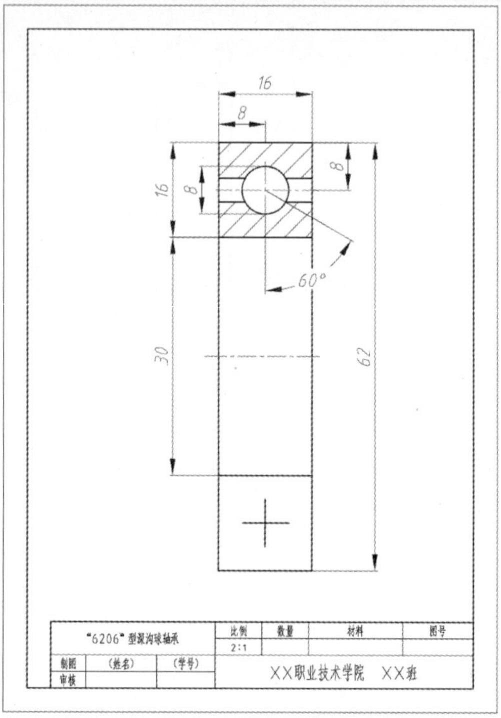

任务小结及评价

一、任务小结

任务名称	滚动轴承绘制
任务实施步骤	确定轴承各部分尺寸—绘制轴承零件图—标注尺寸并完善图形
任务涉及知识点	滚动轴承概述，滚动轴承的基本代号，滚动轴承的画法

二、任务评价

评价项目	评价内容	分值	评价分数		改进建议
			自评（30%）	教师评价（70%）	
素质目标（30%）	考勤无迟到、早退、旷课	10分			
	质量意识、环保意识、安全意识及成本意识	10分			
	集体意识和团队合作精神	10分			
知识目标（30%）	熟悉滚动轴承的代号及查表方法	10分			
	熟悉滚动轴承的各种画法及尺寸比例	20分			
技能目标（40%）	具备正确查询国家标准获取滚动轴承尺寸参数的能力	15分			
	具备按照规定画法绘制滚动轴承的能力	25分			
小计		100分			
总评	自评（30%）+教师评价（70%）=			教师签名：	

任务拓展

滚动轴承图形绘制

已知滚动轴承代号为"51308",请查附表 2-11 确定滚动轴承类型,写出滚动轴承标记,然后按照规定画法应用计算机绘图软件(手动绘图绘制在习题处)绘制该轴承,并标注尺寸。

滚动轴承标记:_____

項目五

零件图绘制

导学案

1. 学习目标

素质目标	• 培养学生的社会责任感和社会参与意识 • 培养学生的规范意识 • 培养学生的集体意识和团队合作精神
知识目标	• 熟练掌握 AutoCAD 的绘图及编辑操作 • 熟练掌握零件表达方案的选择方法，包括选择主视图、确定投射方向和剖视图等 • 熟练掌握零件图的识读方法，能正确识别其中的表面结构、尺寸公差及几何公差等技术要求的含义 • 熟练掌握运用计算机绘图软件绘制零件图的方法
能力目标	• 具备正确选择零件的表达方案并识读中等复杂程度零件图的能力 • 具备正确标注尺寸及表面结构、尺寸公差和几何公差等技术要求的能力 • 具备应用计算机绘图软件绘制中等复杂程度零件图的能力
学习重点	• 零件图的表达方案 • 零件图的尺寸标注 • 零件图上技术要求的标注 • 计算机绘图基本思路
学习难点 （预判）	• 零件图的表达方案 • 零件图上技术要求的标注 • 计算机绘图基本思路

2. 知识图谱

知识点1：零件图的作用与内容，明确零件图的作用及主要内容

知识点2：零件图的表达方法，明确零件图主视图的选择原则，确定其合理的表达方案

知识点3：零件图的尺寸标注，掌握尺寸基准，标注尺寸是通常应注意的问题，掌握零件上常见孔的尺寸注法

知识点4：零件上常见的工艺，明确铸造工艺对零件的结构要求、机械加工工艺对零件结构的要求

知识点5：零件图上的技术要求，明确零件表面结构的表示法、尺寸公差与配合、几何公差的意义及标注方法

知识点6：轴类零件的表达，明确轴类零件的结构特点及视图选择、轴类零件的尺寸标注及技术要求等

知识点7：图块的概念及创建，明确AutoCAD中图块的创建、存储及插入方法

知识点8：修改标注样式及标注公差，明确标注公差的方法与技巧

知识点9：设置引线样式，掌握快速引线的标注方法

知识点1：盘盖类零件的结构特点，明确盘盖类零件的结构特点

知识点2：盘盖类零件的视图分析，明确盘盖类零件的表达方法

知识点3：盘盖类零件的尺寸标注及技术要求，明确盘盖类零件的尺寸标注及技术要求

任务一 识读与绘制减速器齿轮轴零件图

任务三 识读与绘制支架零件图

知识点1：叉架类零件的结构特点，明确叉架类零件的结构特点

知识点2：叉架类零件的视图分析，明确叉架类零件的表达方法

知识点3：叉架类零件的尺寸标注及技术要求，明确叉架类零件的尺寸标注及技术要求

零件图绘制

任务四 识读与绘制减速器箱座零件图

知识点1：箱体类零件的结构特点，明确箱体类零件的结构特点

知识点2：箱体类零件的视图分析，明确箱体类零件的表达方法

知识点3：箱体类零件的尺寸基准及技术要求，明确箱体类零件的尺寸基准及标注

知识点4：箱体类零件的绘图方法，明确箱体类零件的绘制方法

任务二 识读与绘制减速器大透盖零件图

任务一　识读与绘制减速器齿轮轴零件图

任务导入

任务情境	在一个现代化的机械加工厂内，工程师张浩正面对一项挑战——识读和评估一台减速器中的齿轮轴。这台减速器是工厂生产线上的核心设备，负责传递动力和调节转速，确保生产过程的平稳运行。 作为该项目的主要负责人，你需要和张浩一起正确分析零件的基本特征、尺寸及技术要求等，并有准确的认识；还需要在 AutoCAD 中绘制减速器齿轮轴零件图，仔细标注尺寸和公差要求，并向生产部门提交详细的图纸。 作为一名工程师，你不仅需要具备扎实的专业知识和丰富的实践经验，还需要具备敏锐的观察力和判断力，以便及时发现和解决机械设备中的问题。同时，也要注重与团队成员之间的配合，因为只有团结一心，才能共同应对各种挑战和困难
任务图例	识读图 5-1 所示的减速器齿轮轴，看懂其结构形状、大小及技术要求 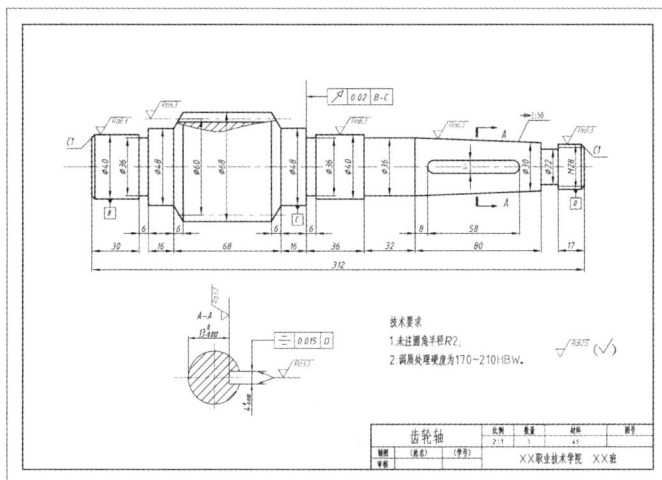 图 5-1　减速器齿轮轴

知识储备

零件图是加工零件的依据，它通过一组视图表达零件的结构形状，通过尺寸反映零件的大小，通过技术要求传递加工信息。读零件图就是要根据零件在机器或部件中所起的作用及其与相邻零件的关系，读懂零件的结构形状和大小，弄清技术要求等。

零件图的作用与内容

一、零件图的作用与内容

1. 零件图的作用

任何机器或部件都是由许多零件组成的。表达单个零件的结构形状、尺寸及技术要求等内容的图样称为零件图。零件图是制造和检验零件的主要依据，是设计部门提交给生产部门的重要技术文件，也是进行技术交流的重要资料。

2. 零件图的内容

图 5-2 所示为轴承座的轴测图，其零件图如图 5-3 所示。从图 5-3 中可以发现，一张完整的零件图应包括以下 4 项内容。

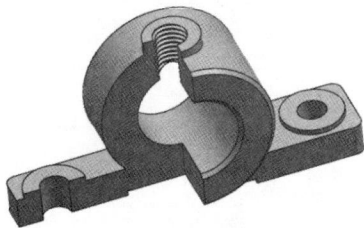

图 5-2　轴承座的轴测图

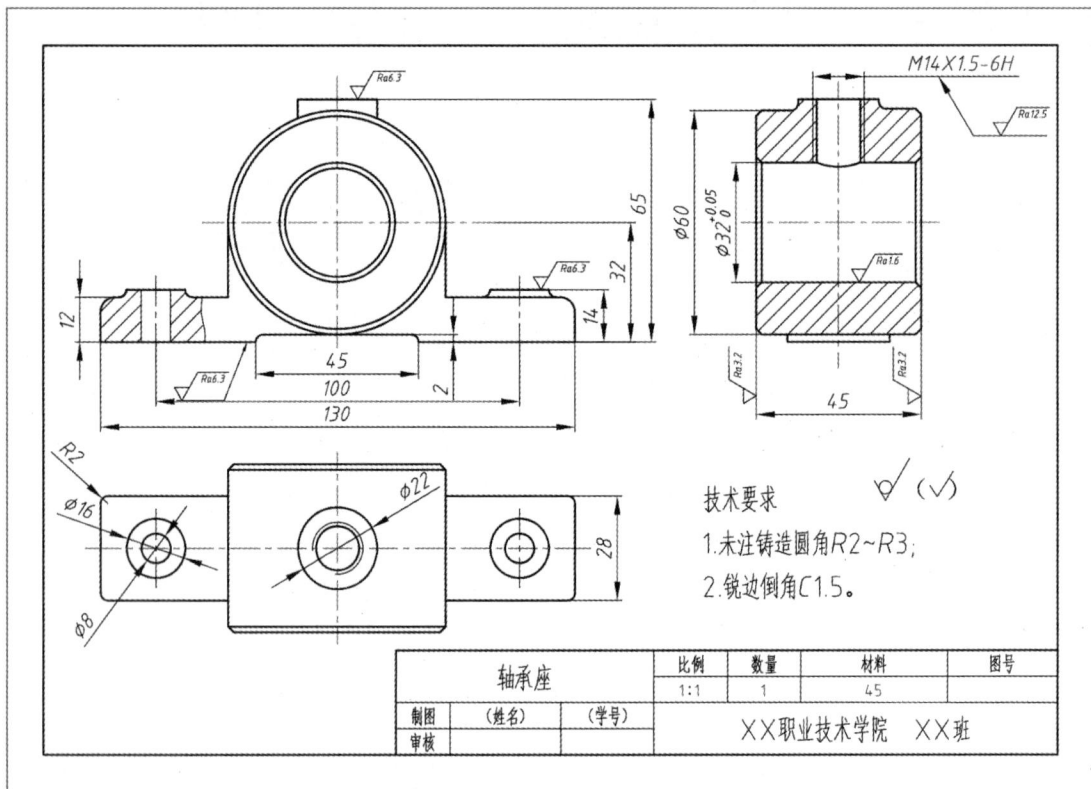

图 5-3　轴承座的零件图

（1）一组视图。视图用于完整、清晰地表达零件结构形状。

（2）所有（完整的）尺寸。尺寸用于确定零件各组成部分的大小和相对位置。

（3）技术要求。技术要求用来规定加工制造零件时应达到的技术指标。例如零件的表面粗糙度、尺寸公差、形状及位置公差、材料和材料热处理方法，以及其他加工制造要求等。

（4）标题栏。标题栏用来填写零件的名称、数量、材料、比例、图号等内容，以及填写设计绘图人员的名字和日期等。

二、零件图的表达方法

主视图是零件重要的视图，它选择得是否恰当，直接关系到看图及绘图是否方便，以及能否简便地把其内外结构表达清楚。我们在选择主视图时应遵循"方便看图为主，画图简便为辅"的原则。因此，选择主视图时，应从以下 3 个方面来考虑。

零件图的表达方法

1. 加工位置原则——主视图应尽量符合零件在主要加工工序中的位置

零件图的主要作用是指导加工零件。因此，主视图的摆放位置应尽量和该零件在机床上加工时装夹的位置一致，以便生产工人按图加工。根据轴在车床上加工时的装夹位置，这里应选择图 5-4（a）作为该零件的主视图。

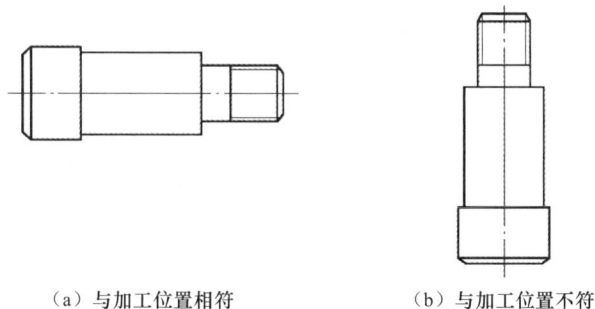

（a）与加工位置相符　　　　　　（b）与加工位置不符

图 5-4　轴的主视图应符合加工位置

2. 工作位置原则——主视图应尽量符合零件在机器或部件中的工作位置

在图 5-5 中，尾架的主视图是按工作位置来选择的。选择工作位置作为主视图有利于把零件图和装配图联系起来，以思考、分析和想象零件在机器或部件中的工作情况。

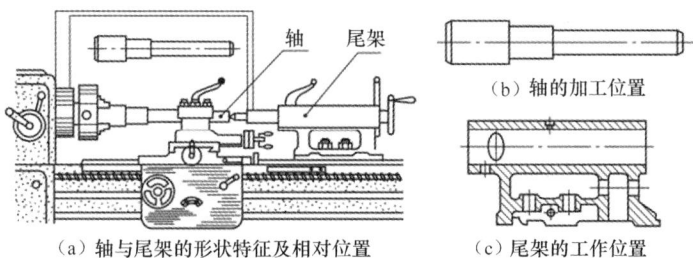

轴　尾架

（b）轴的加工位置

（a）轴与尾架的形状特征及相对位置　　　（c）尾架的工作位置

图 5-5　尾架的主视图选择

3. 形体特征原则——主视图应选择最能反映零件形状特征的方向

图 5-6（a）所示为轴承座轴测图，主视图的 3 个可选择方向分别如图 5-6（b）、图 5-6（c）、图 5-6（d）所示。经过观察对比发现，图 5-6（b）中的轴承座顶部圆柱特征对肋板和底座有遮挡，图 5-6（c）不能反映中间的连接板与底板之间的相对位置关系，图 5-6（d）最能反映零件形状特征，

能显示最多的结构形状和各形体间的相对位置关系。所以其主视图选择方案如图 5-7 所示。

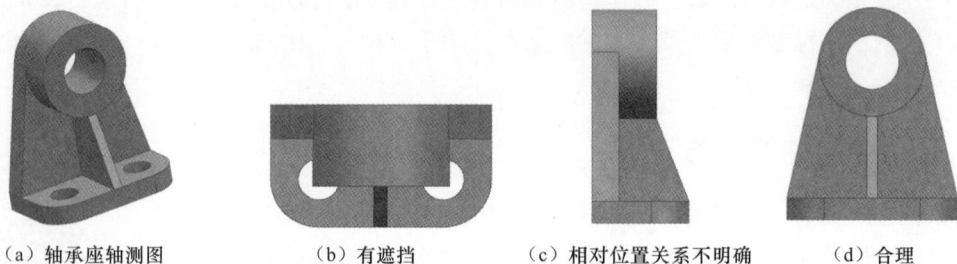

（a）轴承座轴测图　　　　（b）有遮挡　　　　（c）相对位置关系不明确　　　　（d）合理

图 5-6　轴承座特征

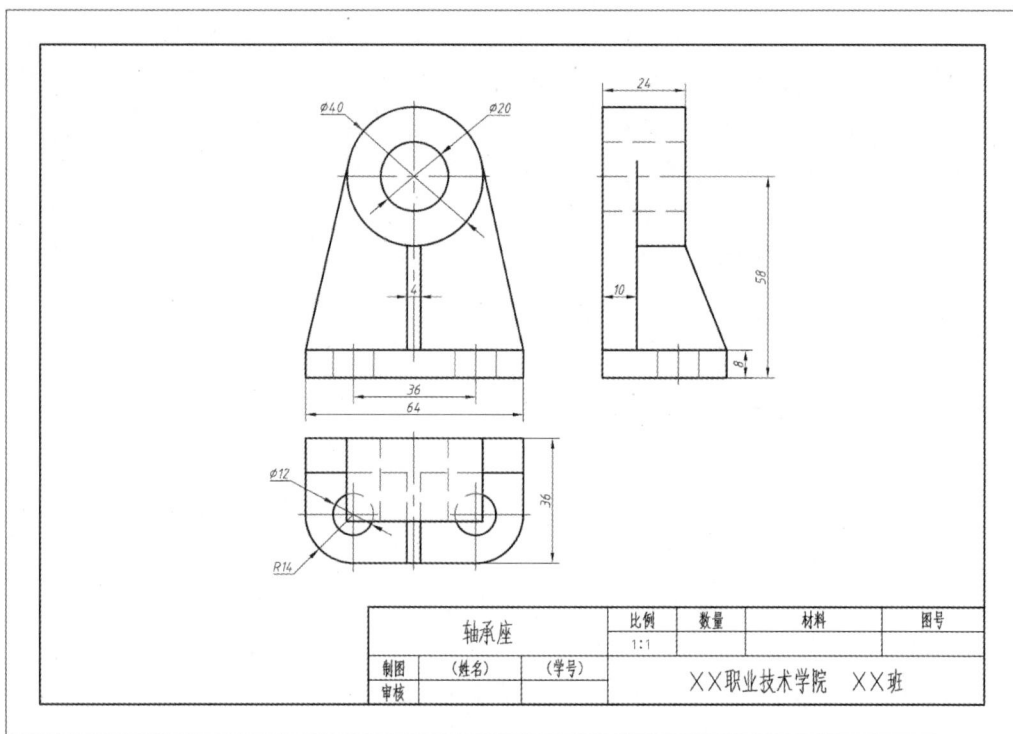

图 5-7　用形体特征原则选择主视图

三、零件图的尺寸标注

尺寸是零件图中必不可少的内容，是加工和检验零件的重要依据。零件图的尺寸标注，除了要做到正确、完整和清晰，还要考虑合理性。尺寸标注既要满足设计使用要求，又要符合工艺要求，便于零件的加工测量。

1．尺寸基准

尺寸基准是标注尺寸的起点，要做到合理标注尺寸，必须先学会合理选择尺寸基准。选择尺寸基准时，要根据零件在机器或部件中的作用、装配关系、重要的结构要素、零件的加工及测量方法等情况来确定，即既要考虑设计要求，又要符合加工工艺（制造、检验、装配、调试等生产过程）的要求。

（1）设计基准——从设计角度考虑，为满足零件在机器或部件中对其结构、性能的特定要

求而选定一些点、线、面作为尺寸基准。

图 5-8 所示的支座，从设计角度来考虑，轴一般是由两个支座支承的，为满足轴线处于水平位置，两个支座的支承孔距底面必须等高。因此，在高度方向的尺寸应以支座的底面 B 为基准。为了保证底板两个螺栓孔之间的距离及轴孔的对称关系，应以支座的对称面 C 为长度方向的尺寸基准。因此，底面 B 和对称面 C 就是该支座的设计基准。

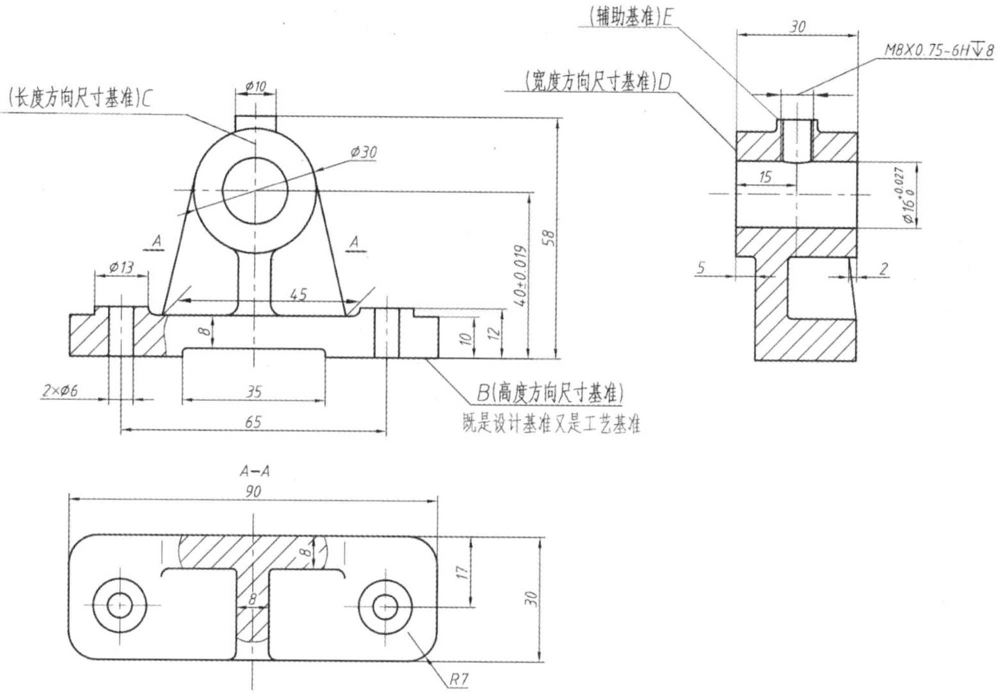

图 5-8　支座的尺寸基准及尺寸注法

（2）工艺基准——从制造工艺角度考虑，为便于零件的加工、制造、检验和装配等而选定一些点、线、面作为尺寸基准。在加工时，底座的高度是以底面为基准进行加工的，所以图 5-8 所示的支座底面 B 既是设计基准又是工艺基准。

（3）辅助基准——为了便于加工和测量，通常还附加一些尺寸基准，这些除主要基准外另选的基准为辅助基准。若图 5-8 中支座顶部的螺孔的深度也以底面 B 为基准进行标注，显然这样既不能直接反映螺孔的深度的设计要求，又要求加工者和测量者进行换算，不太合理。因此，添加 E 面作为基准来标注螺孔的深度，这样在高度方向上就有了两个基准，显然 E 面是作为高度方向上的辅助基准。同一方向的不同基准之间，必要时应有直接的尺寸联系。

在选择尺寸基准时，应尽量使设计基准与工艺基准重合，以减小尺寸误差，便于加工制造，提高产品质量。

2. 标注尺寸时应注意的问题

（1）零件的重要尺寸应从基准直接注出

为了减小误差，保证设计要求，零件上的重要尺寸（如配合尺寸、直接影响产品性能的尺寸等）应从基准直接注出。从表面上看，图 5-9（a）和图 5-9（b）两种注法似乎一样，但实际加工结果是不一样的。

标注尺寸时应注意
的问题

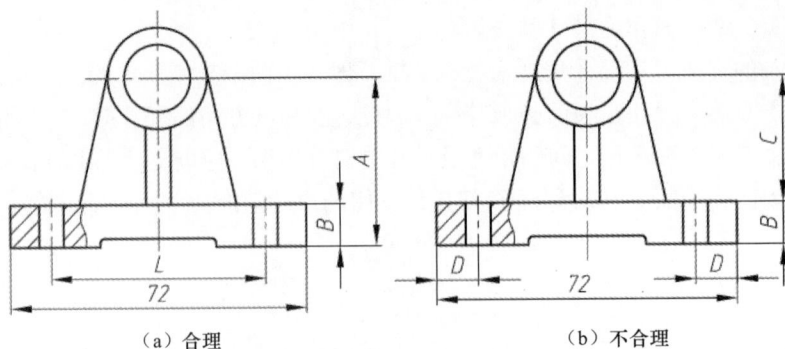

（a）合理　　　　　　　　　　　（b）不合理

图 5-9　重要尺寸的标注

　　如果按图 5-9（b）注出的尺寸制造，轴承孔中心的高度会因尺寸 B 的误差与尺寸 C 的误差积累而造成超差；同理，底板上的两个安装孔的定位尺寸若按图 5-9（b）的注法加工，将不能与机座上的孔（螺孔）准确配合，螺栓（钉）也就不能顺利安装，并且很可能使零件成为废品，带来不必要的损失。相对而言，图 5-9（a）就比较合理。

　　（2）不应注成封闭尺寸链

　　零件上同一方向的连续尺寸会形成一条首尾相接的尺寸链，组成尺寸链的每一个尺寸称为尺寸链的环。在标注这样的尺寸时，不应把它们注成封闭的形式，如图 5-10（a）所示。必须留出一个不重要的尺寸不标注，使所有的尺寸误差都积累在此处，如图 5-10（b）所示。不标注的这个尺寸叫作开口环。

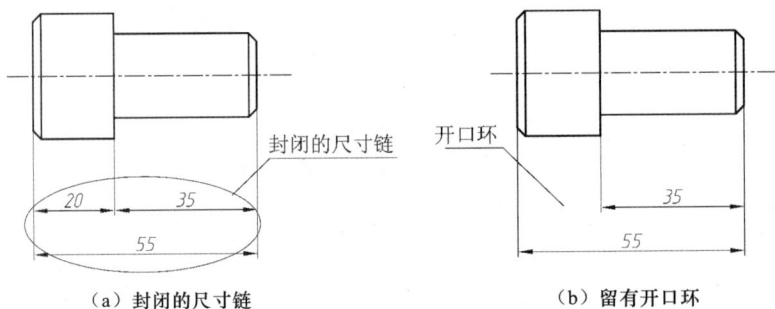

（a）封闭的尺寸链　　　　　　　　　（b）留有开口环

图 5-10　不应注成封闭的尺寸链

　　（3）应考虑加工时测量方便

　　零件上非主要尺寸一般对产品的性能影响不大，所以这些尺寸可根据实际情况，为加工测量方便而从辅助基准注出，如图 5-11、图 5-12 所示。

　　（4）应按加工顺序标注尺寸

　　零件图上除主要尺寸应从设计基准直接注出外，其他尺寸都应考虑按加工顺序从工艺基准注出，以便工人看图加工和测量。图 5-13 中阶梯轴的加工顺序一般是：先车削 $\phi16$、长 53 的轴段；其次车削 $\phi12$、长 38 的轴段；再次车削离右端面

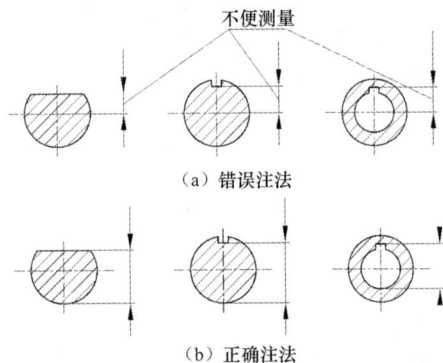

（a）错误注法

（b）正确注法

图 5-11　标注尺寸时应考虑测量方便

18、宽 2、$\phi8$ 的退刀槽；最后车削螺纹和倒角。

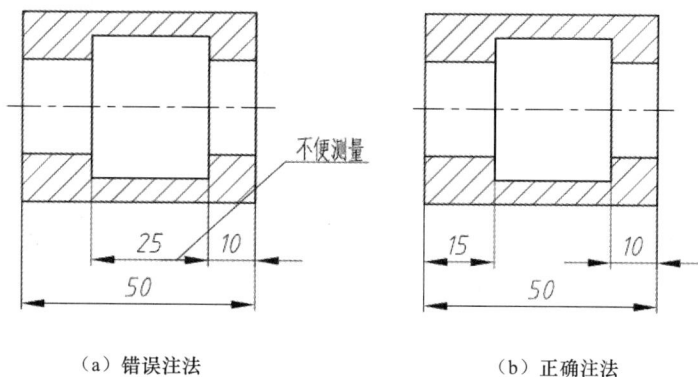

（a）错误注法　　　　　　　　（b）正确注法

图 5-12　阶梯孔的标注

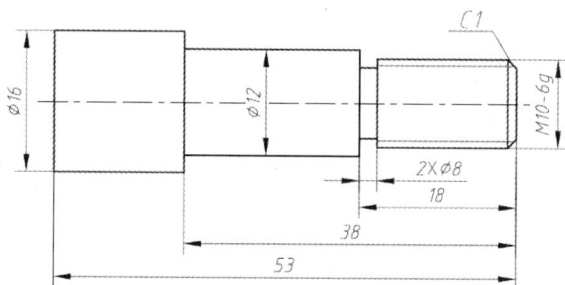

图 5-13　尺寸标注应符合加工顺序

3. 零件上常见孔的尺寸注法

零件上的光孔、螺孔、沉孔等结构的尺寸标注分为普通注法和旁注法，这里推荐采用旁注法，如表 5-1 所示。

表 5-1　　　　　　　　　　　　　　孔的标注

类型		普通注法	旁注法	说明
光孔	一般孔			▽为孔深符号，4×$\phi5$ 表示直径为 5mm 的 4 个孔，孔深可与孔径连注，也可分别注出
	锥销孔			$\phi5$ 为与锥销孔相配的圆锥销小端直径，锥销孔通常是将两个零件安装在一起进行加工

续表

类型		普通注法	旁注法		说明
沉孔	锥形沉孔		4×ϕ7 $\vee$13×90°	4×ϕ7 $\vee$13×90°	$\vee$ 为埋头孔符号，4× ϕ7 表示直径为 7mm 的 4 个孔，锥形沉孔可以旁注，也可直接注出
	柱形沉孔	ϕ13 ϕ7	4×ϕ7 $\sqcup$$\phi$13 $\overline{\vee}$3	4×ϕ7 $\sqcup$$\phi$13 $\overline{\vee}$3	$\sqcup$为沉孔或锪平符号，柱形沉孔的直径为 13mm，深度为 3mm，均需标注
	锪平沉孔	ϕ13 锪平 ϕ7	4×ϕ7 $\sqcup$$\phi$13	4×ϕ7 $\sqcup$$\phi$13	锪平沉孔的直径为 13mm，深度不必标出，一般锪平到不出现毛面为止
螺孔	通孔	2×M8-6H	2×M8-6H	2×M8-6H	2×M8 表示公称直径为 8mm 的两个螺孔，可以旁注，也可以直接注出
	盲孔	2×M8-6H	2×M8-6H$\overline{\vee}$10 孔$\overline{\vee}$12	2×M8-6H$\overline{\vee}$10 孔$\overline{\vee}$12	一般应分别注出螺孔和钻孔的深度

注：盲孔末端角度为 120°。

四、零件上常见的工艺

零件的结构除了满足设计要求，还应考虑到铸造工艺和机械加工工艺的要求。

1. 铸造工艺对零件结构的要求

（1）铸造圆角

为防止转角处的型砂脱落，避免产生裂纹和缩孔（见图 5-14），零件表面转角处应采用圆角过渡，这种过渡圆角称为铸造圆角，如图 5-15 所示。一般铸造圆角半径在 3～5mm，通常不直接标注，而是在技术要求中说明，如"未注铸造圆角 R3"等。在画零件图时，非加工表面交线应画成过渡线或圆弧，被加工表面则按加工后的实际轮廓画出，如图 5-15 所示。

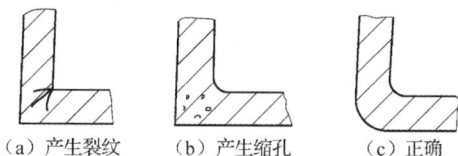

图 5-14　零件转角结构对零件的影响

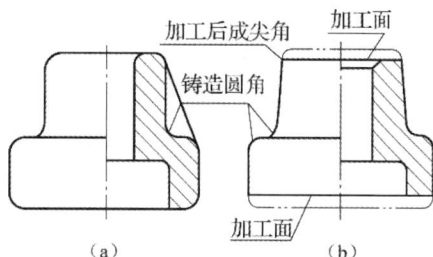

图 5-15　零件的铸造圆角

（2）拔模斜度

为了使零件定型后脱模方便，应将零件的内、外壁沿拔模方向做成一定斜度（通常为 1°～3°）。拔模斜度的标注如图 5-16（a）、图 5-16（b）所示。当零件上拔模斜度无特殊要求时，一般不画出，也不加任何标注，如图 5-16（c）所示。

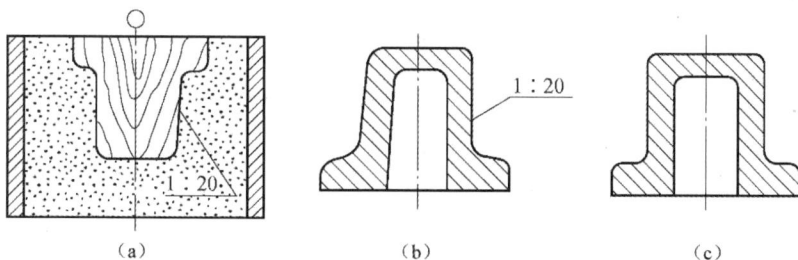

图 5-16　拔模斜度

（3）铸件壁厚应均匀

一般情况下，应尽量使铸件壁厚均匀，当对铸件壁厚要求不同时，应采取过渡办法，使壁厚由厚逐渐变薄，如图 5-17（a）、图 5-17（b）所示。当其壁厚发生突变或局部肥大时，会因冷却速度不同而产生裂纹或缩孔，如图 5-17（c）所示。

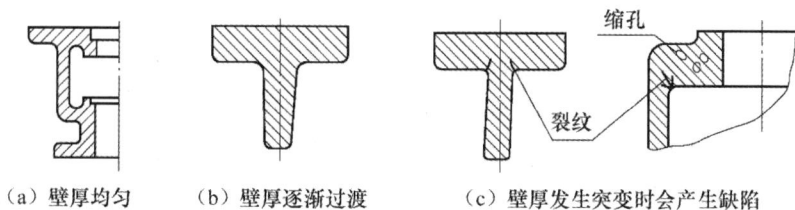

（a）壁厚均匀　　　（b）壁厚逐渐过渡　　　（c）壁厚发生突变时会产生缺陷

图 5-17　铸件对壁厚的要求

2. 机械加工工艺对零件结构的要求

（1）倒角与倒圆

为了便于装配零件，消除毛刺或锐边，一般在孔和轴的端部加工出倒角。一般倒角底圆的直径差应略大于螺纹大径与小径之差。倒角高度 C 的大小视轴或孔的大小而定，也可从有关标准中查取。为了防止应力集中产生裂纹，常在阶梯轴或孔的台肩处做出倒圆。其半径 R 的大小视轴或孔的大小而定，也可

机械加工工艺对
零件结构的要求

从有关标准中查取。图 5-18 所示为倒角与倒圆标注示例，图中 C 表示 45° 倒角，2 为倒角深度。

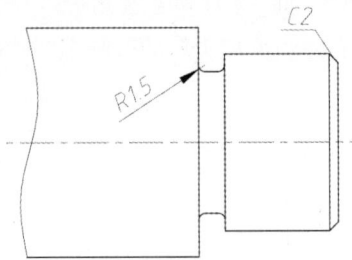

图 5-18 45° 倒角与倒圆

（2）退刀槽与越程槽

切削加工时，为了使刀具顺利地退出或进入被加工表面，且不损坏刀具，保证加工精度，通常在被加工表面的末端预先留出退刀槽、越程槽、空刀孔等工艺结构，如图 5-19 所示。

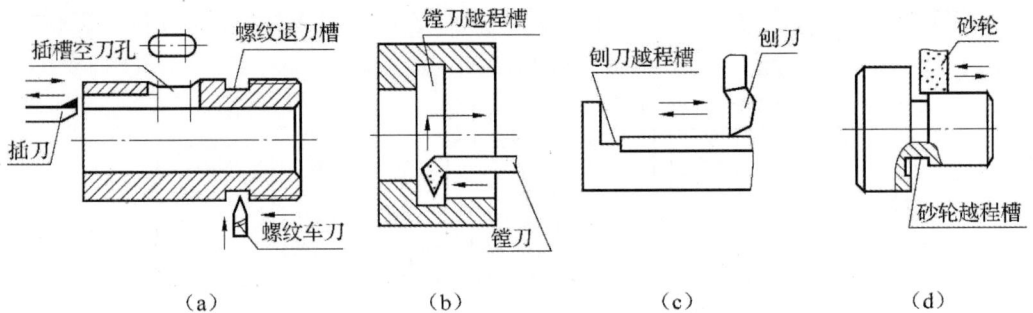

图 5-19 退刀槽、越程槽与空刀孔

（3）凸台和凹坑、凹槽和凹腔

为了使两个零件接触良好并减小加工量（面积）、降低成本，通常在零件表面加工出凸台和凹坑、凹槽和凹腔。

图 5-20（a）、图 5-20（b）表示螺栓连接的支撑面做成凸台和凹坑结构。

图 5-20（c）、图 5-20（d）表示为减小加工面积而做成凹槽和凹腔结构。

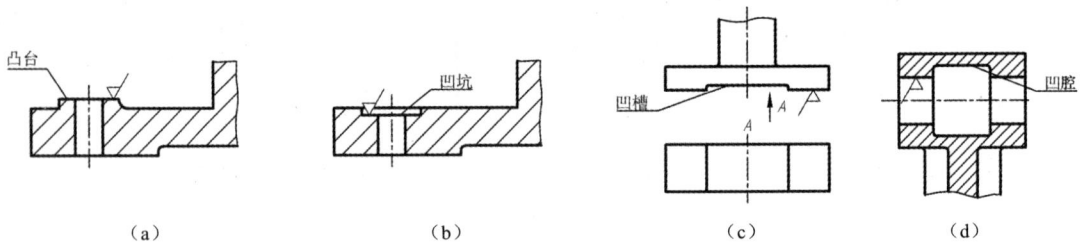

图 5-20 凸台和凹坑、凹槽和凹腔

（4）钻孔对零件结构的要求

钻孔时应尽量使钻头与零件表面垂直。在斜面上钻孔时，通常要在斜面上预制出凸台或凹坑，如图 5-21（a）～图 5-21（d）所示。此外，还应考虑钻孔加工时，钻床设备是否与零件相互干扰，即应正确设计孔的位置，如图 5-21（e）所示。

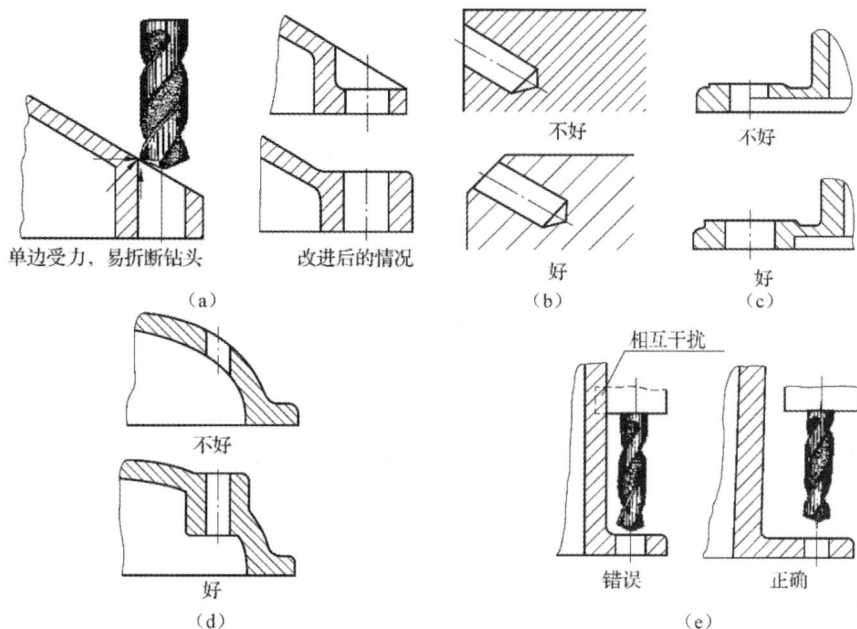

图 5-21　钻孔对零件结构的要求

五、零件图上的技术要求

技术要求是零件制造过程中的重要依据，也是检验零件的基准。企业根据图纸上的技术要求，确定零件的加工工艺、材料、热处理方法等，确保零件能够按照设计要求进行精确制造。零件制造完成后，需要进行一系列的检验和测试，以确保其质量符合要求。技术要求提供了检验的标准和方法，检验人员可以根据这些要求，对零件的尺寸、形状、材料等进行测量和评估，判断零件是否合格。

1. 表面结构的表示法

（1）表面粗糙度的基本概念

经过加工的零件，无论看起来多么光滑，表面都会产生高低起伏的现象。产生这种现象的原因主要有：加工过程中的刀痕、切屑分离时的塑性变形、刀具和被加工表面的摩擦、工艺系统中的高频振动等。

如果放大来看，加工后的零件表面是由许多高低不平的峰、谷组成的，如图 5-22 所示。在微观下观察，零件表面上具有的这种微观几何形状特征称为表面粗糙度。

表面粗糙度是评定零件表面质量的一项技术指标，表面粗糙度要求越高（即表面粗糙度参数值越小），则其加工成本也越高。表面粗糙度的单位是微米（μm）。通常有以下 3 种评定参数。

① 轮廓算术平均偏差 Ra：指在一定的取样长度内，轮廓上各点到轮廓中线的距离绝对值的平均值，如图 5-23 所示。Ra 能充分反映表面微观几何形状高度方面的特性。

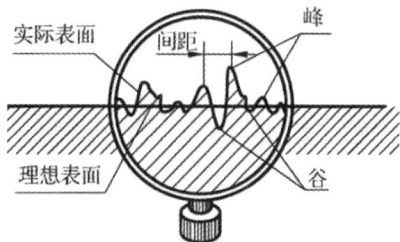

图 5-22　零件的真实表面

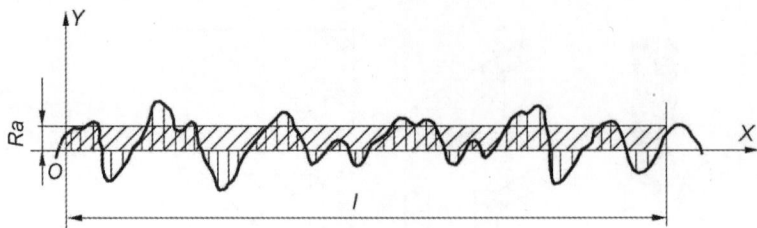

图 5-23　轮廓算术平均偏差 Ra

② 微观不平度十点平均高度 Rz：指在取样长度内的 5 个最大的轮廓峰高平均值与 5 个最大的轮廓谷深平均值之和。Rz 只能反映轮廓的峰高和谷深的平均情况，不能反映峰顶的尖锐或平钝的几何特性。若取点不同，则所得的 Rz 值不同，因此 Rz 值受测量者的主观影响较大。

③ 轮廓最大高度 Ry：指在取样长度内，轮廓的峰顶线和谷底线之间的距离。Ry 是微观不平度十点中最高点和最低点至中线的垂直距离之和，因此它不如 Rz 值反映的几何特性准确，但对某些表面不允许出现较深加工痕迹的小零件的表面质量有实用意义。

（2）表面粗糙度的图形符号

标注表面粗糙度时，其图形符号的名称及含义如表 5-2 所示。

表 5-2　　　　　　　　　　　　　表面粗糙度图形符号的名称及含义

符号名称	符号示例	含义
基本图形符号	符号线条宽度为 $h/10$，h=字体高度	基本图形符号仅用于简化代号标注，没有补充说明时不能单独使用
扩展图形符号		基本图形符号加一短横线表示指定表面用去除材料的方法获得，如通过机械加工获得表面
		基本图形符号加一圆圈表示指定表面用不去除材料的方法获得
完整图形符号		在上述 3 种图形符号的长边上加一短横线，以便标注表面结构特征的补充说明信息

表面粗糙度的识读如表 5-3 所示。

表 5-3　　　　　　　　　　　　　　表面粗糙度的识读

代号	意义	代号	意义
3.2	用任何方法获得的表面，Ra 的上限值为 3.2μm	3.2	用去除材料的方法获得的表面，Ra 的上限值为 3.2μm
3.2	用不去除材料的方法获得的表面，Ra 的上限值为 3.2μm	3.2 1.6	用去除材料的方法获得的表面，Ra 的下限值为 1.6μm，上限值为 3.2μm

（3）表面粗糙度在图样中的注法

在图样中，零件的表面粗糙度是用代号标注的。表面粗糙度的图形符号中注写了具体参数代号及数值等内容后，即称为表面粗糙度代号。

① 表面粗糙度对每一表面一般只标注一次，并尽可能注在相应的尺寸及其公差的同一视图中，除非另有说明，所标注的表面粗糙度是对完工零件表面的要求。

② 表面粗糙度的注写和读取方向与尺寸的注写和读取方向一致。表面粗糙度可标注在轮廓线上，其符号应从材料外指向并接触表面，如图 5-24 所示。

③ 必要时，表面粗糙度也可以用带箭头或黑点的指引线引出标注，如图 5-25 所示。

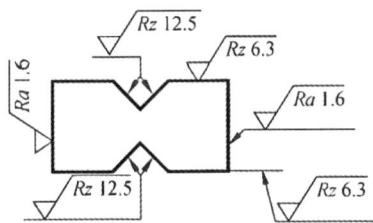

图 5-24　表面粗糙度在轮廓线上的标注　　　　图 5-25　用指引线标出表面粗糙度

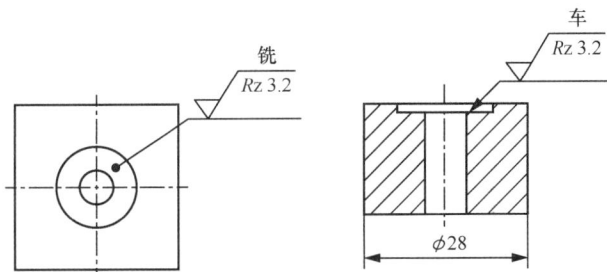

④ 圆柱表面的表面粗糙度只标注一次，必要时可以直接标注在延长线上，或用带箭头的指引线引出标注，如图 5-26 所示。

⑤ 在不致引起误解时，表面粗糙度可以标注在给定的尺寸线上，如图 5-27 所示。

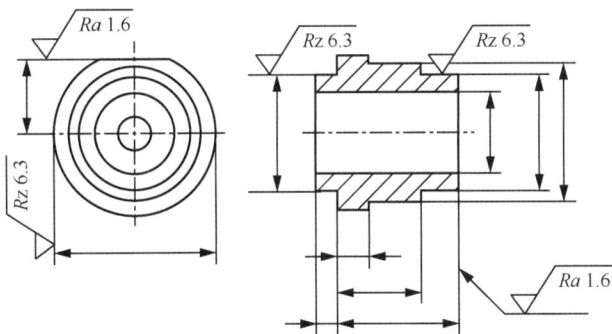

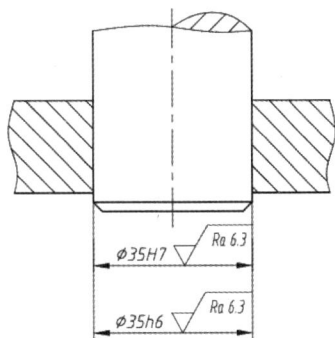

图 5-26　表面粗糙度标注在圆柱特征的延长线上　　　　图 5-27　表面粗糙度标注在尺寸线上

（4）表面粗糙度的简化注法

① 如果零件的多数表面有相同的表面粗糙度，则表面粗糙度代号可统一标注在紧邻标题栏的右上方，并在表面粗糙度代号后面的圆括号内给出无任何其他标注的基本符号，如图 5-28（a）所示；或将已在图形上注出的不同的表面粗糙度代号一一抄注在圆括号内，如图 5-28（b）所示。

② 图纸空间有限时表面粗糙度符号的简化注法。图 5-29 中用表面粗糙度符号，以等式的形式给出多个表面共同的粗糙度。

2. 尺寸公差与配合

（1）零件的互换性

互换性是指机械产品中同一规格的一批零件或部件，任取其中一件，不需作任何挑选、调整或辅助加工（如钳工修配），就能进行装配，并能保证满足使用性能要求的特性。如日常用的自行车，它的零件都是按照互换性生产的。如果自行车的某个零件坏了，可以在五金商店买到相同规格的零件进行更换，恢复自行车的功能。

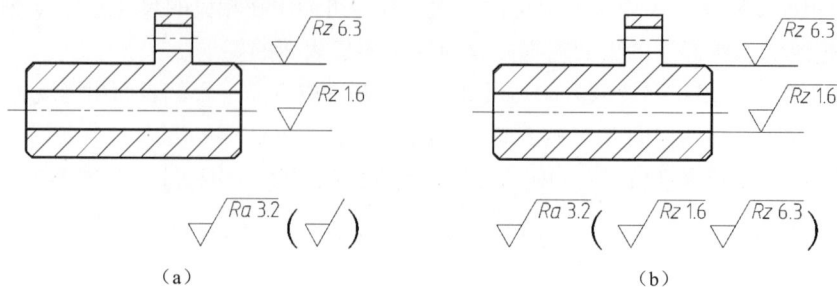

图 5-28　表面粗糙度的简化注法

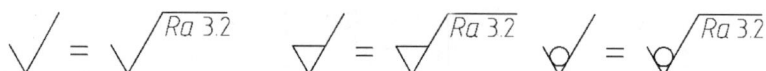

图 5-29　图纸空间有限时的简化注法

（2）极限与配合

对于相互结合的零件，并不是要求都制成完全准确的尺寸，而是只需要限定在一个合理的范围内即可。这个范围不仅要保证在制造上是经济、合理的，而且要保证相互结合的尺寸之间形成一定的关系，以满足不同的使用要求。前者以"极限"来解决，后者以"配合"的标准化来解决，这就是"极限与配合"。

（3）尺寸公差

在零件的加工过程中，不可能把零件的尺寸做得绝对准确。为了保证互换性，必须将零件尺寸的加工误差限制在一定的范围内，规定出尺寸允许的变动量，这称为尺寸公差。

公称尺寸是尺寸精度设计中用来确定极限尺寸和偏差的一个基准（是设计时给定的尺寸）。图 5-30 所示的轴的直径尺寸 $\phi 50^{+0.046}_{+0.012}$ 中，$\phi 50$ 是由图样规范定义的理想形状要素的尺寸，即公称尺寸。

$\phi 50$ 后面的 $^{+0.046}_{+0.012}$ 的含义分别如下。

上极限尺寸：尺寸要素（轴的直径）允许的最大尺寸，即 50mm+0.046mm=50.046mm。

下极限尺寸：尺寸要素（轴的直径）允许的最小尺寸，即 50mm+0.012mm=50.012mm。

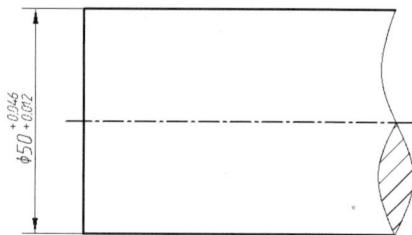

图 5-30　轴的直径尺寸

上极限偏差：上极限尺寸减去其公称尺寸所得的代数差，即 50.046mm-50mm=0.046mm。

下极限偏差：下极限尺寸减去其公称尺寸所得的代数差，即 50.012mm-50mm=0.012mm。

公差：上极限尺寸与下极限尺寸之差，也可以是上极限偏差与下极限偏差之差。公差=上极限尺寸-下极限尺寸，即 50.046mm-50.012mm=0.034mm；或公差=上极限偏差-下极限偏差，即 0.046mm-0.012mm=0.034mm。

零件的加工尺寸在 $\phi 50.012$mm 至 $\phi 50.046$mm 区间范围内都是合格的，超过此区间范围的零件为不合格品。

在图 5-31 中，偏差是指某一尺寸减去基本尺寸（设计给定的尺寸，一般是标准的尺寸系列）所得的代数差。偏差包括实际偏差和极限偏差，极限偏差又分为上极限偏差和下极限偏差。国家标准规定：孔的上极限偏差代号为 ES，孔的下极限偏差代号为 EI，轴的上极限偏差代号为 es，轴的下极限偏差代号为 ei，即大写字母表示孔，小写字母表示轴。对于孔有 $ES=D_{max}-D$，$EI=D_{min}-D$；对于轴有 $es=d_{max}-d$，$ei=d_{min}-d$。

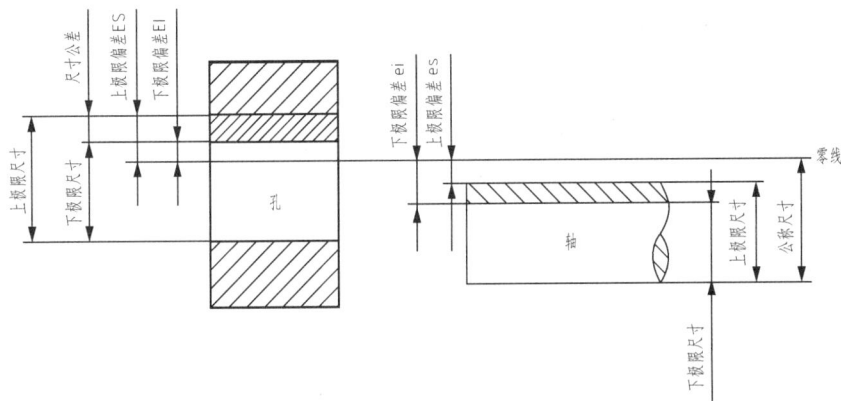

图 5-31　基本偏差示意

在公差分析中，常把公称尺寸、极限偏差及尺寸公差之间的关系简化成公差带，如图 5-32 所示。表示公称尺寸的一条直线称为零线，也是公称尺寸，以其为基准确定极限偏差和尺寸公差。在公差带图中，上、下极限偏差的距离应成比例，公差带方框的左右长度根据需要任意确定。一般用 45° 斜线表示孔的公差带，用细点表示轴的公差带。

公差带由公差带大小和公差带位置两个要素来确定。

（4）标准公差与基本偏差

标准公差：线性尺寸公差 ISO 代号体系中的任意一个公差，称为标准公差。字母"IT"代表"国际公差"（International Tolerance）。标准公差等级用字母 IT 和等级数字表示，如 IT7。

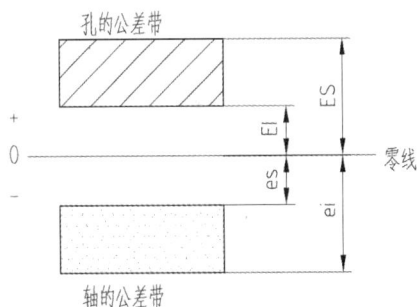

图 5-32　公差带图

标准公差分为 20 个等级，即 IT01、IT0、IT1、IT2、…、IT18。IT01 公差值最小、精度最高。IT18 公差值最大、精度最低。标准公差数值可在表 5-4 中查得，公差带大小由标准公差来确定。

表 5-4　标准公差数值

公称尺寸/mm		标准公差等级																		
		IT01	IT0	IT1	IT2	IT3	IT4	IT5	IT6	IT7	IT8	IT9	IT10	IT11	IT12	IT13	IT14	IT15	IT16	IT17	IT18
大于	至	标准公差数值																		
		μm												mm						
30	50	0.6	1	1.5	2.5	4	7	11	16	25	39	62	100	160	0.25	0.39	0.62	1	1.6	2.5	3.9
50	80	0.8	1.2	2	3	5	8	13	19	30	46	74	120	190	0.3	0.46	0.74	1.2	1.9	3	4.6
80	120	1	1.5	2.5	4	6	10	15	22	35	54	87	140	220	0.35	0.54	0.87	1.4	2.2	3.5	5.4
120	180	1.2	2	3.5	5	8	12	18	25	40	63	100	160	250	0.4	0.63	1	1.6	2.5	4	6.3

续表

公称尺寸/mm		标准公差等级																		
		IT01	IT0	IT1	IT2	IT3	IT4	IT5	IT6	IT7	IT8	IT9	IT10	IT11	IT12	IT13	IT14	IT15	IT16	IT17	IT18
180	250	2	3	4.5	7	10	14	20	29	46	72	115	185	290	0.46	0.72	1.15	1.85	2.9	4.6	7.2
250	315	2.5	4	6	8	12	16	23	32	52	81	130	210	320	0.52	0.81	1.3	2.1	3.2	5.2	8.1
315	400	3	5	7	9	13	18	25	36	57	89	140	230	360	0.57	0.89	1.4	2.3	3.6	5.7	8.9
400	500	4	6	8	10	15	20	27	40	63	97	155	250	400	0.63	0.97	1.55	2.5	4	6.3	9.7

基本偏差：确定公差带相对公称尺寸位置的极限偏差，称为基本偏差。一般是指靠近零线的偏差，它可以是上极限偏差或下极限偏差。当公差带在零线上方时，基本偏差为下极限偏差（EI、ei）；当公差带在零线下方时，基本偏差为上极限偏差（ES、es），如图 5-33 所示。公差带相对零线的位置由基本偏差来确定。

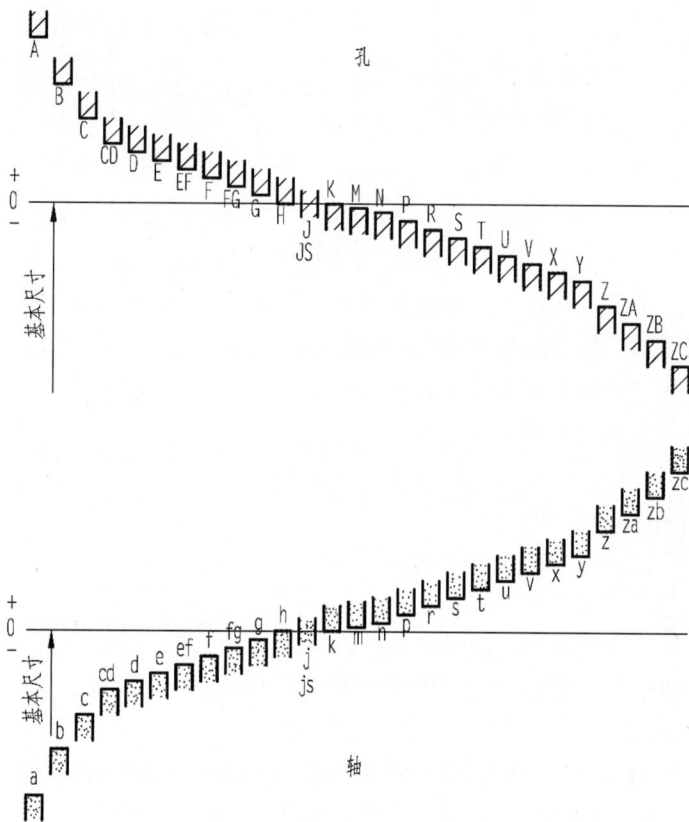

图 5-33　孔、轴基本偏差系列

孔、轴的公差带代号：由基本偏差代号与公差等级代号组成，并且要用同一号字体书写，如图 5-34 所示。

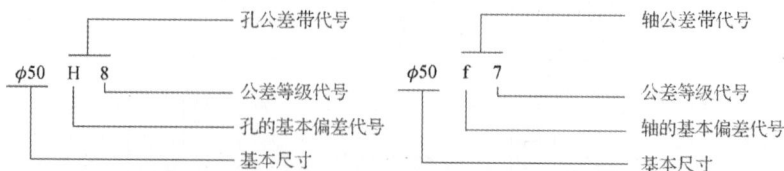

图 5-34　孔、轴公差带代号

（5）配合

配合是指类型相同且待装配的外尺寸要素（轴）和内尺寸要素（孔）之间的关系，如图 5-35 所示。

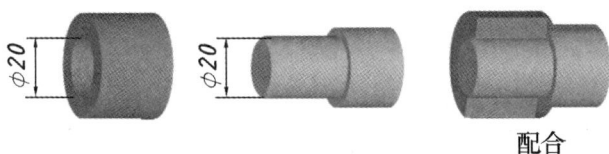

图 5-35　孔、轴配合示意

在同一公称尺寸的前提下，孔与轴配合存在 3 种情况。

① 间隙配合：当轴的直径小于孔的直径时，相配孔和轴的尺寸之差称为间隙。孔和轴装配时总是存在间隙的配合称为间隙配合。间隙配合中，孔的下极限尺寸大于或在极端情况下等于轴的上极限尺寸，如图 5-36（a）所示。

② 过盈配合：当轴的直径大于孔的直径时，相配孔和轴的尺寸之差称为过盈。孔和轴装配时总是存在过盈的配合称为过盈配合。过盈配合中，孔的上极限尺寸小于或在极端情况下等于轴的下极限尺寸，如图 5-36（b）所示。

③ 过渡配合：可能具有间隙或过盈的配合。孔的公差带与轴的公差带相互交叠，如图 5-36（c）所示。

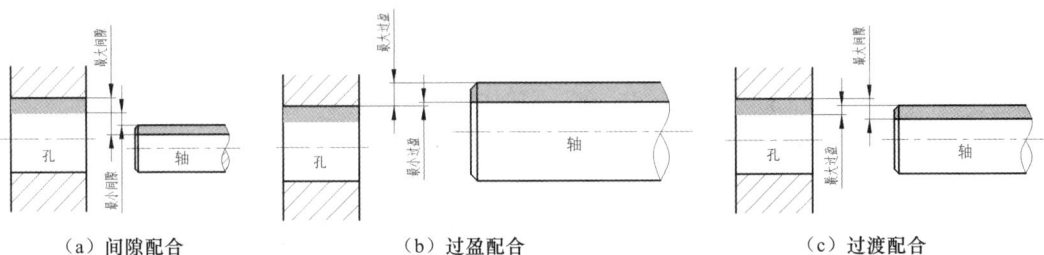

（a）间隙配合　　　　　　　　（b）过盈配合　　　　　　　　（c）过渡配合

图 5-36　配合种类

间隙配合中有最大间隙和最小间隙，过盈配合中有最大过盈和最小过盈，过渡配合中有最大过盈和最大间隙。

在加工制造相互配合的零件时，将其中一个零件作为基准件，使其基本偏差不变，通过改变另一零件的基本偏差以达到不同的配合要求，即配合制。相关国家标准中规定了以下两种配合制。

基孔制：基本偏差一定的孔的公差带与不同基本偏差的轴的公差带形成各种配合的一种制度。基孔制中的孔为基准孔，下极限偏差为零，如图 5-37 所示。

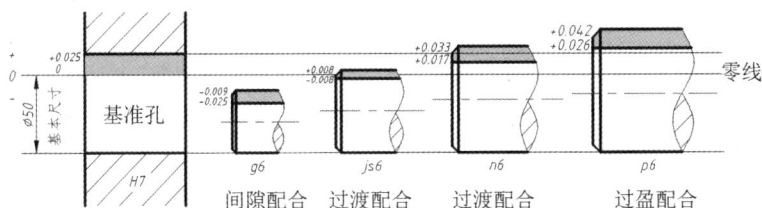

图 5-37　基孔制配合

基轴制：基本偏差一定的轴的公差带与不同基本偏差的孔的公差带形成各种配合的一种制度。基轴制中的轴为基准轴，上极限偏差为零，如图 5-38 所示。

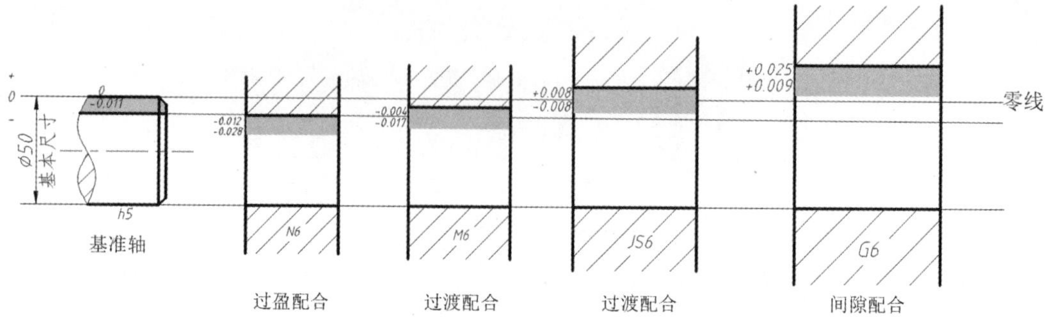

图 5-38　基轴制配合

图 5-39 为基孔制和基轴制不同配合的公差带图。

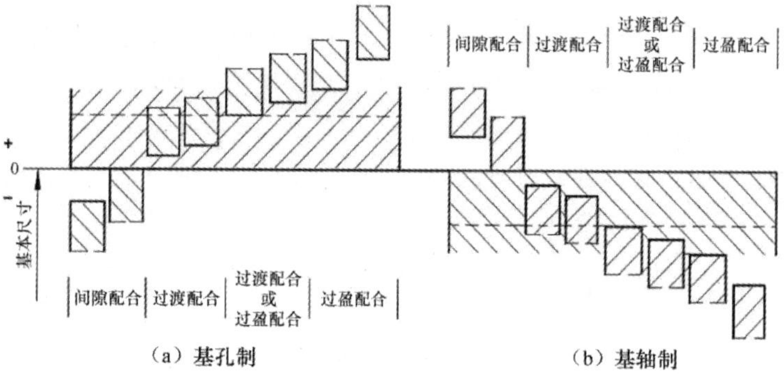

图 5-39　基孔制和基轴制不同配合的公差带图

标注公差有以下 3 种形式。

① 标注公差带代号，如图 5-40 所示。这种注法和采用专用量具检验零件的方法统一起来，适应大批量生产的需要，不需要标注偏差数值。

② 标注偏差数值，如图 5-41 所示。这种注法主要用于小量或单件生产，以便加工和检验时缩短辅助时间。

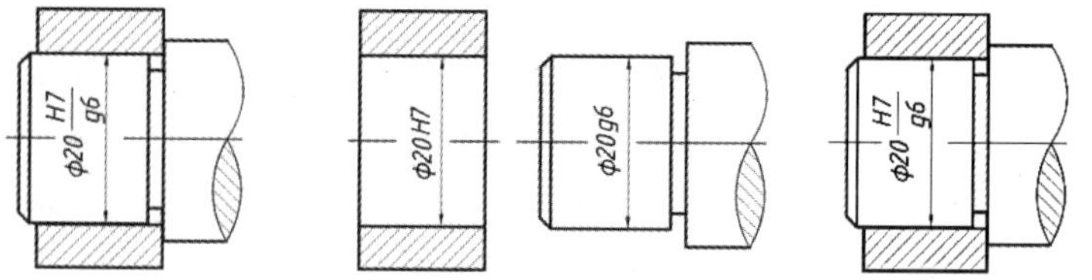

图 5-40　标注公差带代号

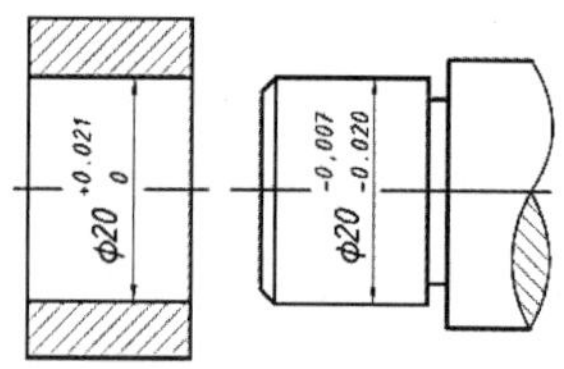

图 5-41　标注偏差数值

③ 标注公差带代号和偏差数值，如图 5-42 所示。在生产批量不明时，可将偏差数值和公差带代号同时标注。

3．几何公差

零件在加工过程中，不仅有尺寸误差，而且会产生形状和位置误差（简称"几何误

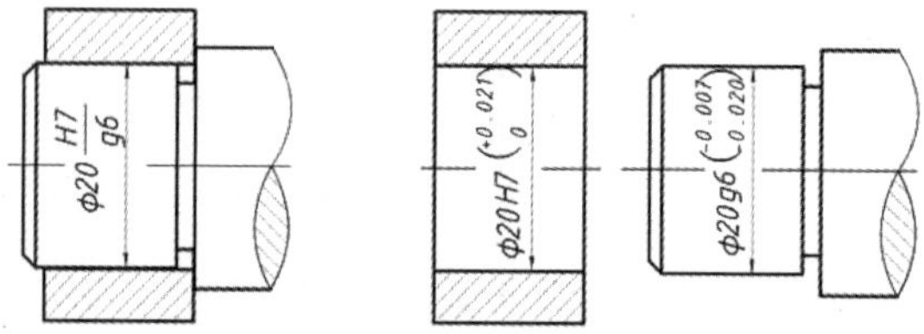

图 5-42　标注公差带代号和偏差数值

差"）。为了满足使用要求，保证零件的互换性和经济性，对零件的形状和位置给出一个经济、合理的误差许可变动范围，这就是几何公差，如图 5-43 所示。图 5-43（a）是满足使用要求的，虽然图 5-43（b）所示零件在尺寸上能够满足要求，但是在几何形状上是不满足要求的。

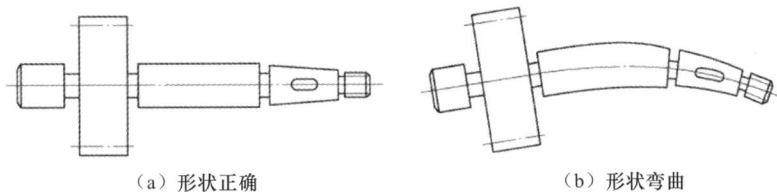

（a）形状正确　　　　　　　（b）形状弯曲

图 5-43　齿轮轴加工后的形状

（1）几何公差的几何特征和符号

国家标准 GB/T 1182—2018《产品几何技术规范（GPS）　几何公差　形状、方向、位置和跳动公差标注》规定了 19 项几何公差项目，其中形状公差 6 项、方向公差 5 项、位置公差 6 项、跳动公差 2 项，如表 5-5 所示。

表 5-5　　　　　　　　　　几何公差的几何特征和符号

公差类型	特征项目	符号	有无基准	公差类型	特征项目	符号	有无基准
形状公差	直线度	——	无	位置公差	位置度	⊕	有或无
	平面度	▱	无		同轴度（对轴线）	◎	有
	圆度	○	无		同心度（对中心点）	◎	有
	圆柱度	⌭	无		对称度	═	有
	线轮廓度	⌒	无		线轮廓度	⌒	有
	面轮廓度	⌒	无		面轮廓度	⌒	有
方向公差	平行度	//	有	跳动公差	圆跳动	↗	有
	垂直度	⊥	有		全跳动	↗↗	有
	倾斜度	∠	有		—	—	—
	线轮廓度	⌒	有		—	—	—
	面轮廓度	⌒	有		—	—	—

（2）几何公差的标注

按几何公差国家标准的规定，在图样上标注几何公差时，一般采用代号标注。几何公差的特征项目符号、框格、指引线、公差数值、基准字母，以及其他有关符号构成了几何公差的代号，如图 5-44 所示。

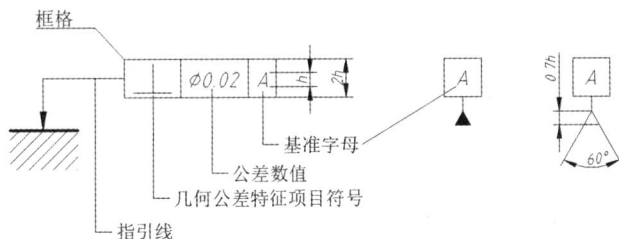

图 5-44　几何公差的代号组成

公差框格中填写的公差数值必须以 mm 为单位，当公差带为圆形、圆柱形和球形时，应分别在公差数值前面加注"ϕ"和"$S\phi$"。图 5-45 所示为几何公差代号的标注示例。

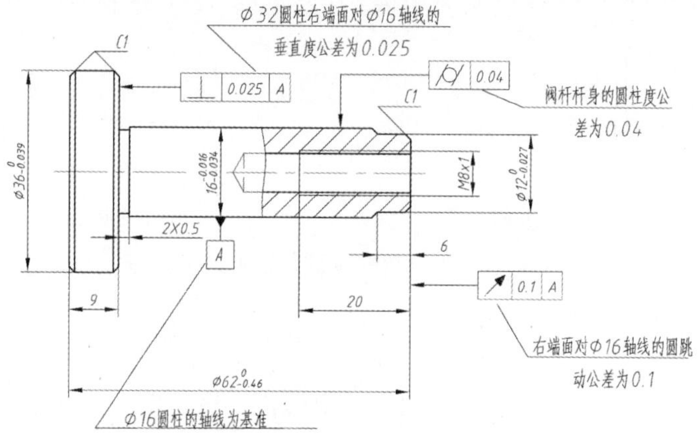

图 5-45 几何公差代号的标注示例

当被测要素为组成要素（轮廓要素）时，公差框格的指引线箭头应指在轮廓线或其延长线上，并应与尺寸线明显地错开；当被测要素为导出要素（中心要素）时，指引线箭头应与该要素的尺寸线对齐或直接标注在轴线上，如图 5-46 所示。

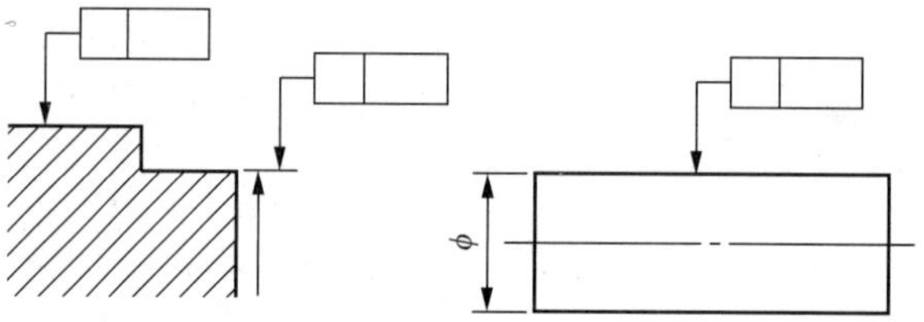

（a）被测要素为轮廓要素

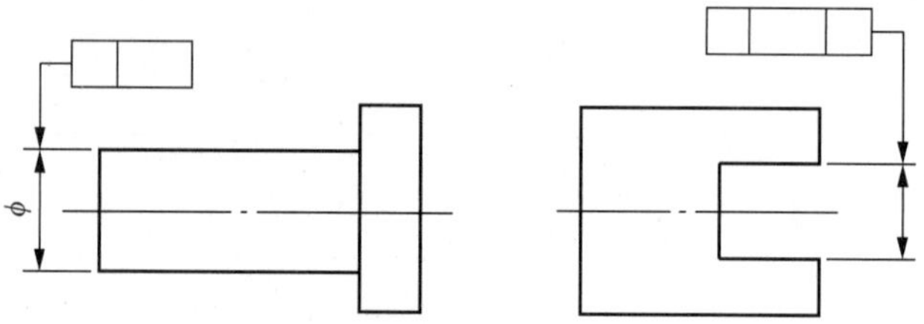

（b）被测要素为中心要素

图 5-46 被测要素标注示例

基准代号的字母采用大写字母，基准的顺序在公差框格中是固定的，第三格填写第一基准代号，之后依次填写第二、第三基准代号。当两个要素组成公共基准时，用一字线隔开两个大写字母，并将其标在第三格内。

与被测要素的公差框格指引线位置同理，当基准要素为轮廓要素时，基准符号应在轮廓线或其延长线上，并应与尺寸线明显地错开，如图 5-47 所示；当基准要素为中心要素时，基准符号一定要与该要素的尺寸线对齐，如图 5-48 所示。

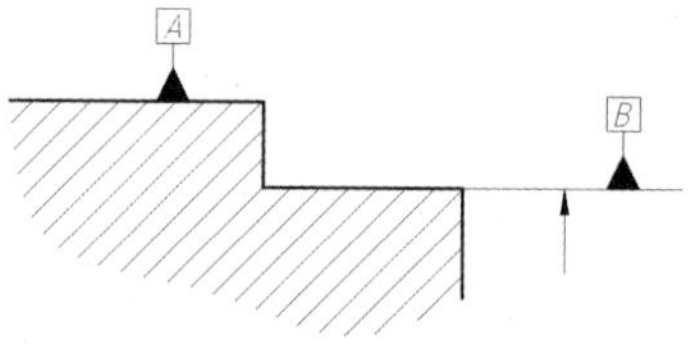

图 5-47 基准要素为轮廓要素

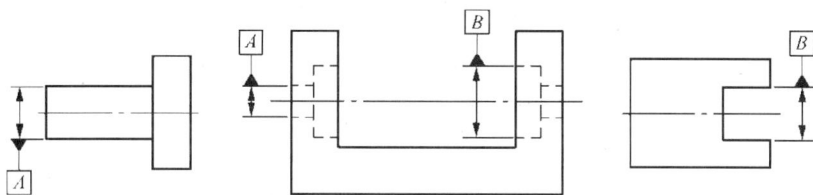

图 5-48　基准要素为中心要素

六、轴类零件的表达

轴类零件是机械设计中常用的零件，一般用来支承齿轮、皮带轮等传动件，以实现回转运动和传递动力。轴类零件相对来说较为简单，主要由一系列同轴回转体构成，其上常分布孔、槽等结构，包括各种轴、丝杆、套筒、衬套等。轴类零件的结构如图 5-49 所示。

轴类零件的表达

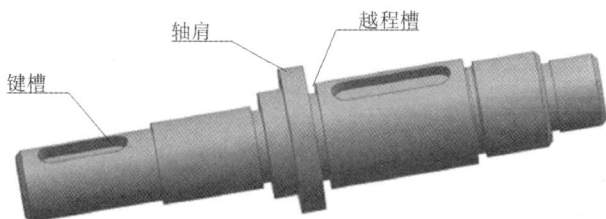

图 5-49　轴类零件的结构

1. 轴类零件的结构特点及视图选择

轴类零件常在车床和磨床上加工，一般将轴线放在侧垂线位置，且小端在右，键槽在前。这样得到的视图既能表达其形状结构特征，又符合加工位置。由于轴类零件大都是由回转体构成的，因此，一般只用主视图一个基本视图。如果零件上的安装和加工工艺结构［如键槽、销孔、凹坑、螺（纹）孔、退刀槽（越程槽）、中心孔、油槽、倒角等］尚未表达清楚，可相应采用剖视图、局部放大图等来补充，如图 5-50 所示。

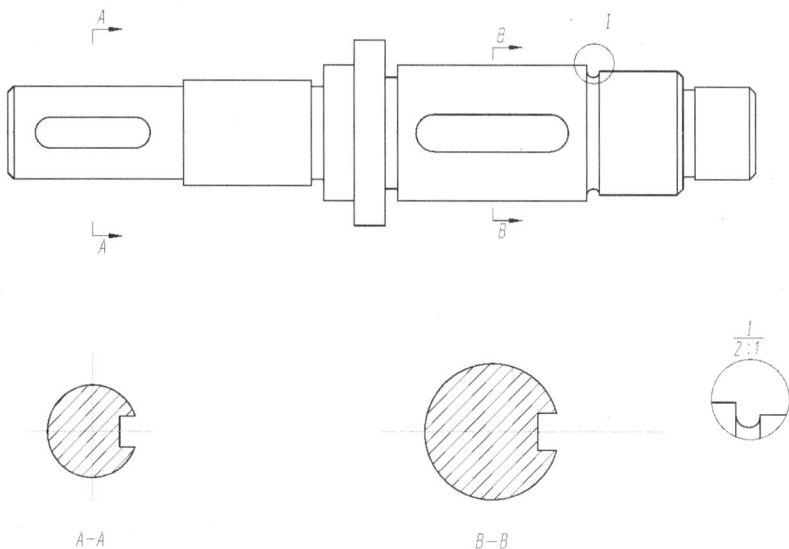

图 5-50　轴类零件视图的选择

2. 轴类零件的尺寸标注及技术要求等

轴类零件的径向尺寸以轴线为主要尺寸基准，轴向尺寸以定位用的轴肩或端面为主要尺寸基准。在图 5-51 所示的轴类零件图中，传动轴在中间轴段 $\phi22$ 处装有齿轮，为保证齿轮正确啮合，以轴肩（$\phi30$ 右端面）来定位，因此该轴肩就是其轴向主要尺寸基准（设计基准）。为了加工方便，又以端面为辅助尺寸基准（工艺基准）。由轴向主要尺寸基准注出的尺寸有 33、16、7、20、5、10、25 等。由轴向辅助基准注出的尺寸有 12、92、161 等。而所有径向尺寸都是以轴线为基准注出的。其他尺寸一般尽可能在剖视图、局部放大图中集中标注。

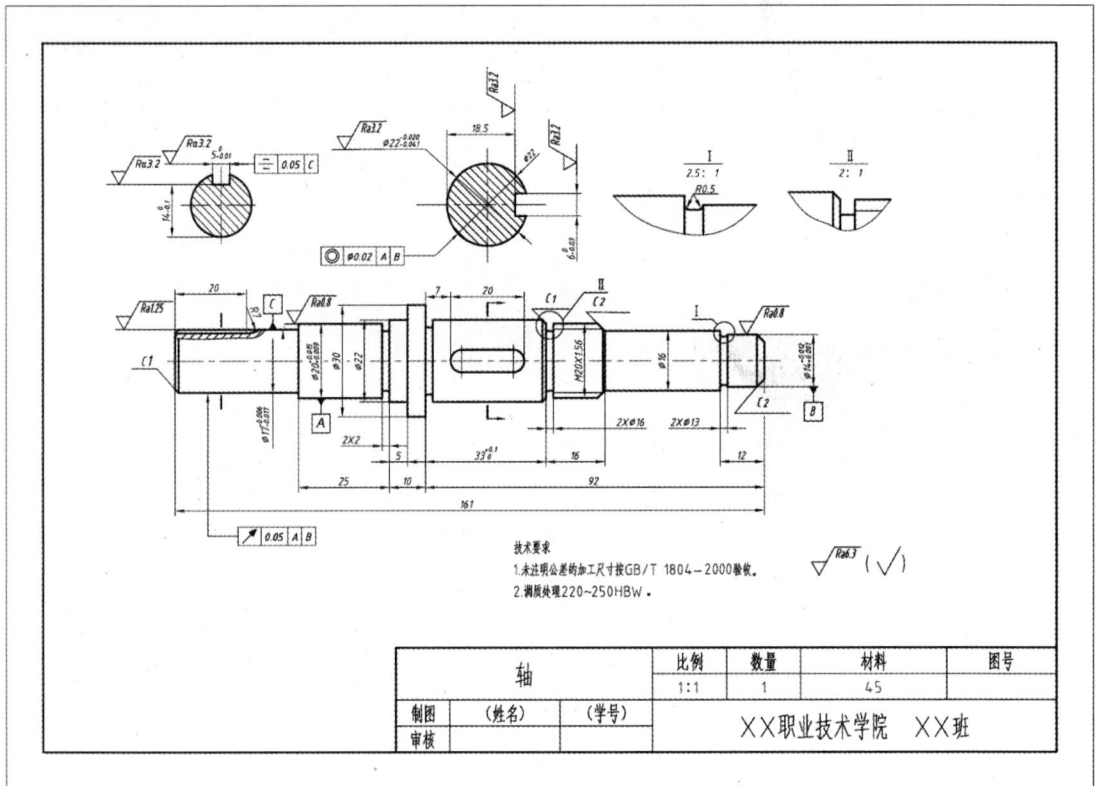

图 5-51　轴类零件图

对于配合表面和重要表面，其表面粗糙度要求应相应提高。图 5-51 中的 $\phi20^{+0.015}_{+0.009}$、$\phi14^{+0.012}_{+0.001}$ 两处用于安装滚动轴承，所以要求较高（$Ra\,0.8\mu m$）。其次 $\phi22^{-0.020}_{-0.041}$ 处用于安装齿轮，$\phi17^{-0.006}_{-0.017}$ 处用于安装皮带轮，也应有较高的表面粗糙度要求（$Ra\,1.25\mu m$）。同理，键槽工作面等也应有适当要求（$Ra\,3.2\mu m$）。其余为一般要求（$Ra\,6.3\mu m$）。

对于配合尺寸及重要尺寸，应有一定的尺寸精度要求，使其得到可靠的配合连接。例如，图 5-51 中的配合尺寸 $\phi17^{-0.006}_{-0.017}$、$\phi20^{+0.015}_{+0.009}$、$\phi22^{-0.020}_{-0.041}$、$\phi14^{+0.012}_{+0.001}$、$5^{\,0}_{-0.01}$、$6^{\,0}_{-0.03}$ 等。为了保证齿轮轴向定位可靠，对该段轴向尺寸 $33^{+0.1}_{0}$ 也有相应的要求。

为了保证传动平稳，还应有几何公差要求。例如，图 5-51 中的同轴度、对称度和圆跳动等要求。

除了以上要求外，还有一些必要的加工、检验、安装以及材料热处理等技术说明，这些说明通常以文字的形式出现，如图 5-51 中的"技术要求"。

七、图块的概念及创建

图块是 AutoCAD 中的点、线、圆、文字、多边形等封装成的一个共享对象，这个对象可以被重复使用。

图块的概念及创建

1. 创建图块

单击"块"面板中的"创建"按钮，如图 5-52 所示。打开"块定义"对话框，如图 5-53 所示。在该对话框中可进行指定图块名称、指定图块的插入基点、指定新图块中要包含的对象等操作。用该方法定义的图块只能在当前图形文件中调用，而不能在其他图形文件中调用，因此又称为内部块。

图 5-52 创建图块

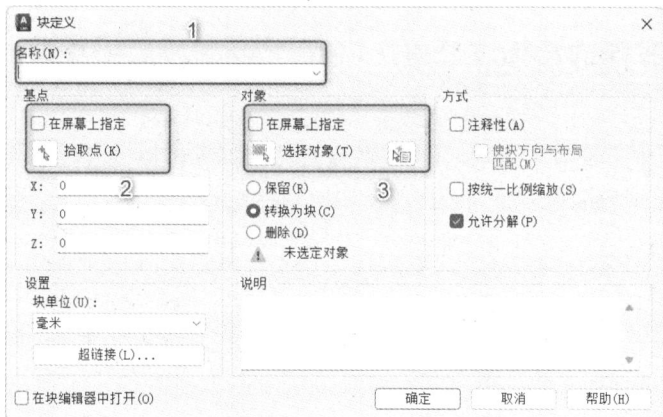

图 5-53 "块定义"对话框

2. 存储图块

存储图块是将图块保存到独立的图形文件中。在 AutoCAD 中，使用"写块"命令可以将文件中的图块作为单独的对象保存为一个新文件，如图 5-54 所示。被保存的新文件可以被其他图形文件调用，又称为外部块。

用这种方法设置图块的插入基点、新图块中要包含的对象和创建图块一致，而且可以同时指定文件的存储路径和文件名。

3. 插入图块

当图形被定义为图块后，可使用插入块的相关命令直接将图块插入图形中。执行工具栏中的"插入"命令，可以直接选择最近使用的块（见图 5-55

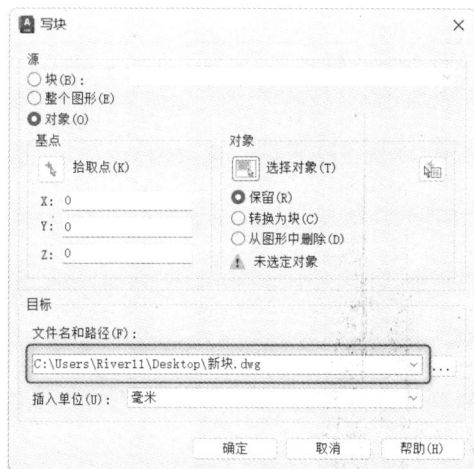

图 5-54 存储图块

标识1），或者单击"文件名和路径"选项（见图5-55标识2），选择需要插入的块。

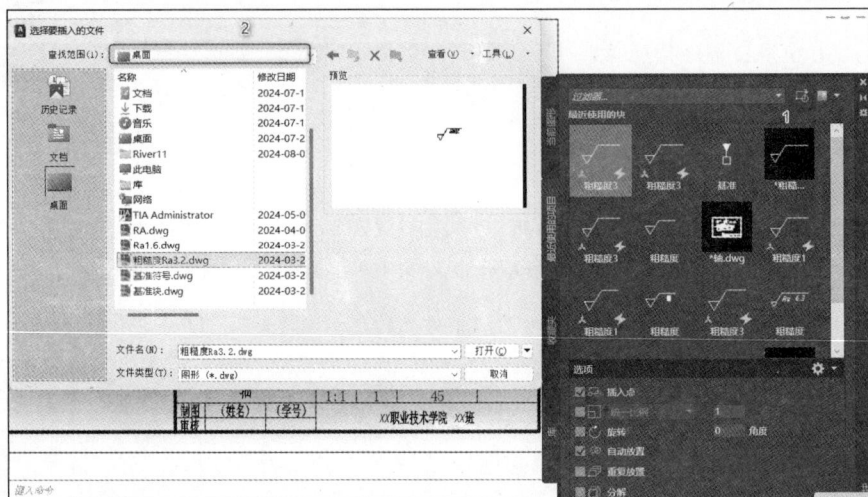

图5-55　插入块

八、修改标注样式及标注公差

修改标注样式及标注公差有两种方法。

第一种方法：为方便在非圆视图上标注直径符号"ϕ"，可以修改线性直径标注样式。执行"尺寸资源管理器"命令（D），在弹出的"标注样式管理器"中选择一个样式作为基础样式进行新建，命名为"线性直径"。如图5-56所示，在"主单位"选项卡的"前缀"文本框中输入"%%C"。如需标注公差，在"公差"选项卡中输入对应的上偏差、下偏差即可。注意，使用此种方法一个标注样式只能标注一种公差。

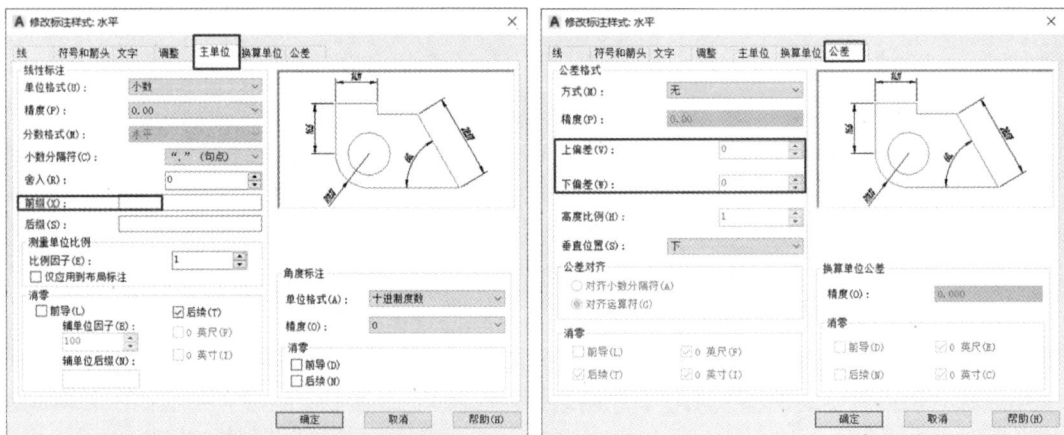

图5-56　修改标注样式

第二种方法：可以双击尺寸或者执行"编辑"命令（ED），直接在尺寸上进行编辑，添加直径符号"ϕ"时，移动鼠标指针到对应的位置，输入"%%C"。如需标注公差，则移动鼠标指针到对应的位置，输入偏差值，上、下偏差之间用"^"符号隔开（见图5-57标识1），然后选中上、下偏差值，单击"文字编辑器"选项卡中的"堆叠"按钮（见图5-57标识2）即可，如图5-57所示。

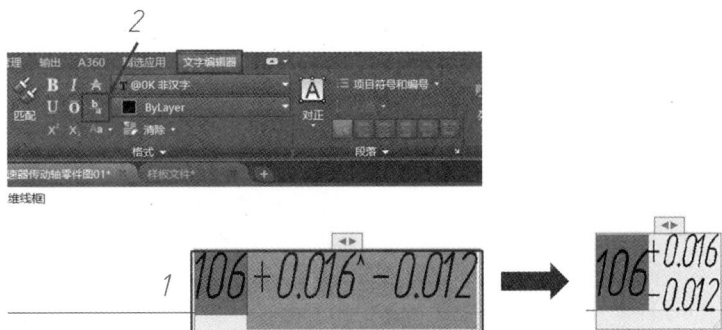

图 5-57　标注公差

九、设置引线样式

在绘制剖切符号、标注倒角、标注几何公差时，单一的引线样式往往不能满足设计要求，用户需要根据标注要求设置新的引线样式。

启用"快速引线"（LE）命令，选择"设置"选项，如图 5-58 所示。弹出"引线设置"对话框，在"注释"选项卡中可以根据自己的需求选择相应的注释类型，如图 5-59 所示。在"引线和箭头"选项卡中还可以自行设置引线和箭头的类型、形状、角度等，如图 5-60 所示。

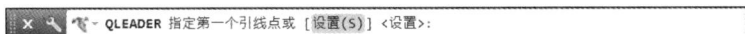

图 5-58　选择"设置"选项

图 5-59　"注释"选项卡

图 5-60　"引线和箭头"选项卡

工作案

工作案

工作步骤	图示说明
1. 视图分析	由图 5-1 的标题栏可知该零件的名称为齿轮轴、材料为 45 钢。该零件图采用一个主视图，一个移出断面图来表示。 从图 5-1 可看出齿轮轴的左端有一个齿轮结构，右端有一个键槽；轴上有两处尺寸为 $\phi20^{+0.021}_{+0.008}$，是用于安装滚动轴承的轴段；最右端是一段螺纹，由此可想象减速器齿轮轴的结构如下：
2. 尺寸基准与技术要求分析	（1）尺寸基准分析：以主轴轴线为径向尺寸基准，注出各轴段的直径尺寸。轴向尺寸以定位用的轴肩或端面为主要尺寸基准。图 5-1 中齿轮轴在 $\phi34$ 处装有齿轮，为保证齿轮正确啮合，以两侧的轴肩端面来定位，同时两侧的轴肩端面还起着安装滚动轴承时定位的作用，因此轴肩即轴向主要尺寸基准（设计基准）。为了加工方便，又以端面为辅助尺寸基准（工艺基准），轴向尺寸基于以上基准标注。轴上与标准件连接的结构（如键槽等）均按标准查附表 2-6 确定 （2）技术要求分析。 ① 表面粗糙度。对于配合表面和重要表面，其表面粗糙度要求应相应提高。如 $\phi20^{+0.021}_{+0.008}$ 轴段需安装滚动轴承，所以要求较高。右端键槽和外螺纹的轴段的表面粗糙度要求也应相应提高。 ② 尺寸公差。对于配合尺寸及重要尺寸，应有一定的尺寸精度要求，使其得到可靠的配合连接。如零件图中的 $\phi20^{+0.021}_{+0.008}$ 轴段、轴上的键槽均有相应的要求。 ③ 几何公差。为了保证传动平稳，还应有几何公差要求。如零件图中的圆跳动、对称度等要求。 ④ 其他技术要求。除了以上要求外，还有一些必要的加工、检验、安装以及材料热处理等技术说明，这些说明通常以文字的形式出现，如零件图中的"技术要求"
3. 绘制主视图	（1）新建文件，选择之前保存好的样板文件 （2）根据对图纸的分析，绘制中心线及基准线

续表

工作步骤	图示说明
3. 绘制主视图	（3）执行"直线""修剪""倒角"等命令绘制轴的上半部分外轮廓 （4）执行"镜像"命令快速生成轴的下半部分外轮廓
4. 绘制键槽特征及其他视图	（1）执行"偏移""圆""修剪"命令绘制轴上的键槽 （2）在合适的地方绘制键槽移出断面图，并绘制剖切符号及填充剖面线，完善细节特征 A－A
5. 标注尺寸	标注线性尺寸及线性直径尺寸 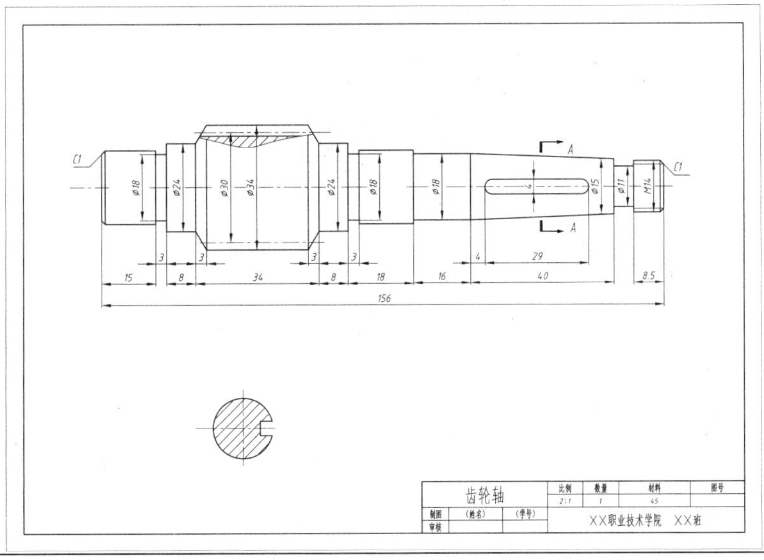

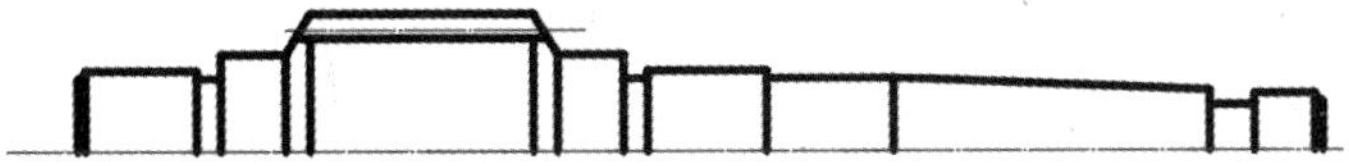

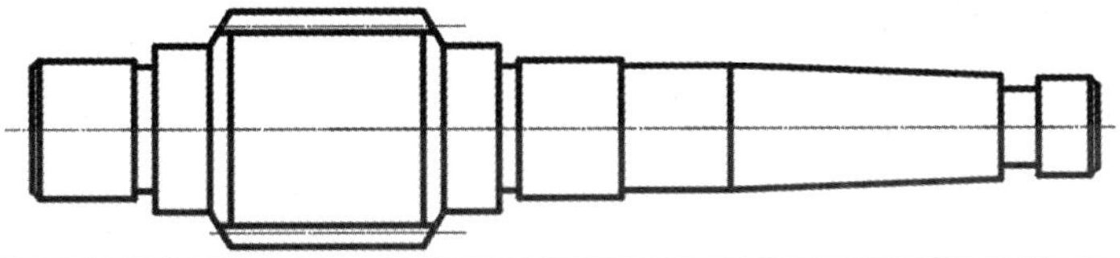

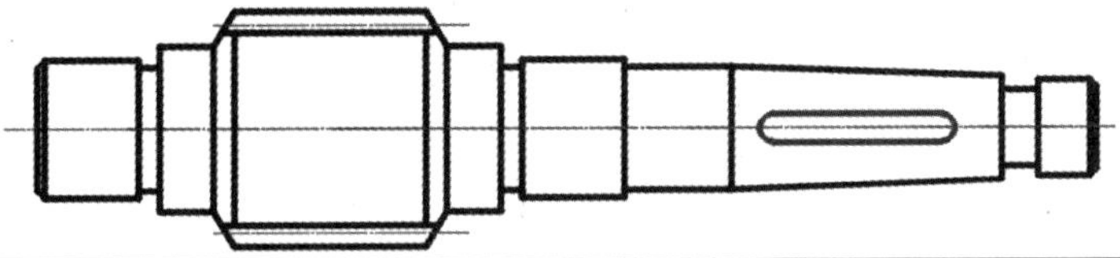

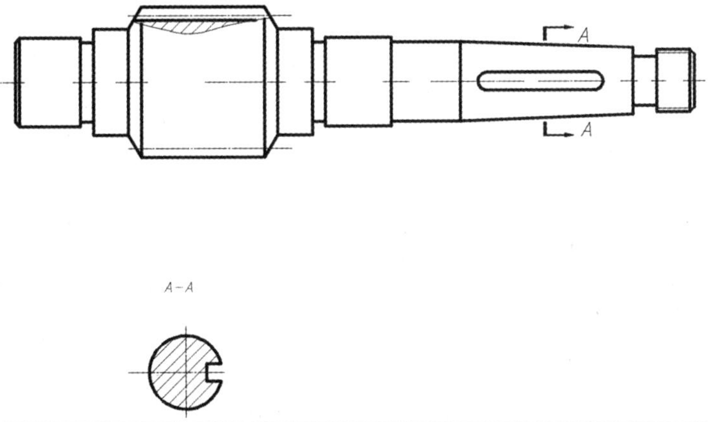

续表

工作步骤	图示说明
	（1）标注尺寸公差。
	（2）标注表面粗糙度。单击"块"面板中的"插入"按钮或直接输入命令"I"，选择最近使用的粗糙度块或者浏览查找之前存储的粗糙度块，在所需的位置单击即可插入块。如需更改粗糙度数值，先将目标对象选中，然后输入命令"X"将其分解，最后更改为所需的数值。
	（3）标注几何公差。启用"快速引线"命令（LE），选择"设置"选项，在弹出的"引线设置"对话框中选择"公差"，在"引线和箭头"选项中可以设置箭头的格式。如需插入基准符号块可参考表面粗糙度的插入方法
6. 标注技术要求及完善图形	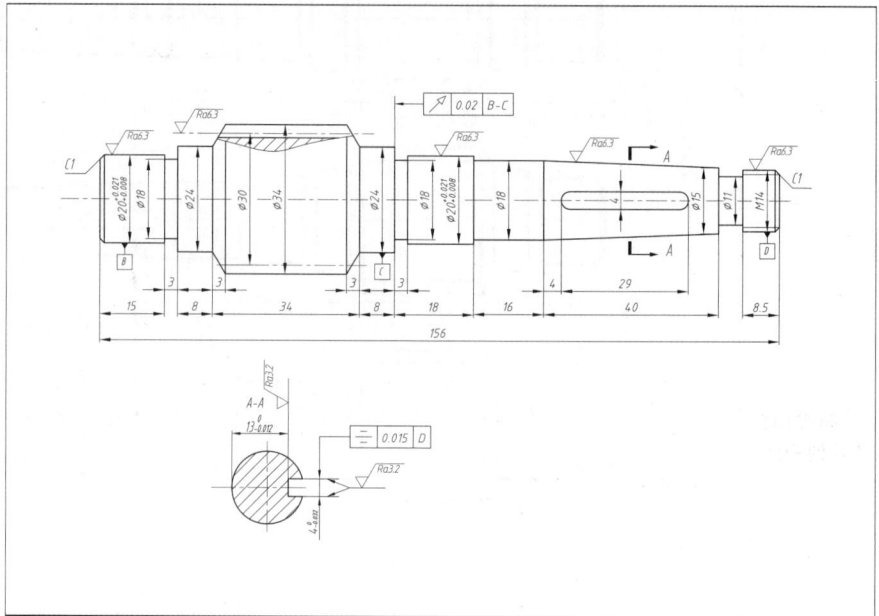
	（4）填写技术要求、插入图框及填写标题栏，最后整理、完善图形
	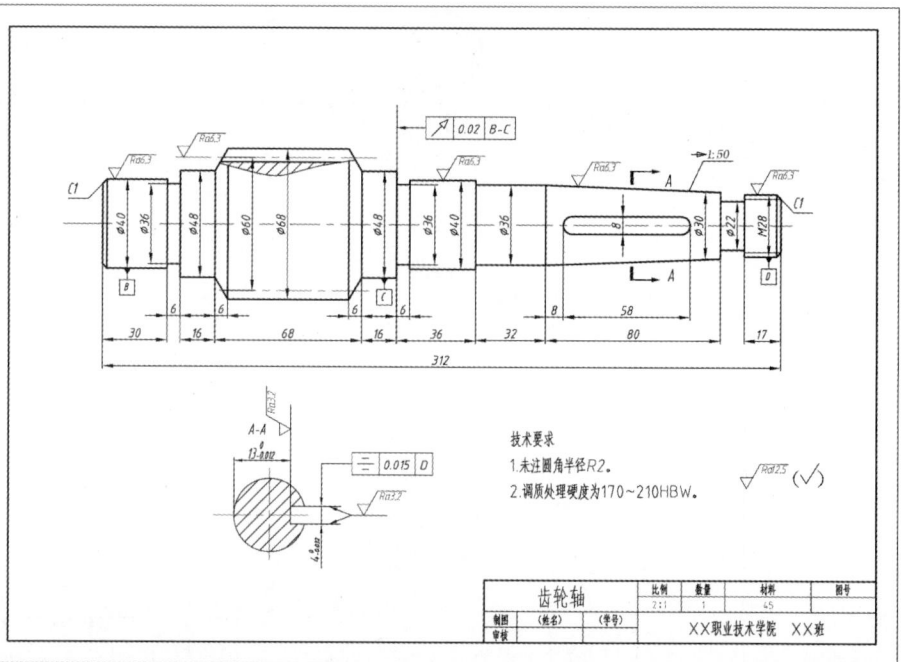

任务小结及评价

一、任务小结

任务名称	识读与绘制减速器齿轮轴零件图
任务实施步骤	视图分析—尺寸基准与技术要求分析—绘制主视图—绘制键槽特征及其他视图—标注尺寸—标注技术要求及完善图形
任务涉及知识点	零件图的作用与内容，零件图的表达方法，零件图的尺寸标注，零件图上常见的工艺，零件图上的技术要求（表面结构的表示法、极限与配合、几何公差），轴类零件的表达，图块的概念及创建，修改标注样式及标注公差，设置引线样式

二、任务评价

评价项目	评价内容	分值	评价分数		改进建议
			自评（30%）	教师评价（70%）	
素质目标（30%）	考勤无迟到、早退、旷课	10分			
	团队合作、沟通能力	10分			
	认真、严谨、细致的作图习惯及标准意识	10分			
知识目标（30%）	熟悉国家标准技术制图的基本规定	10分			
	了解轴类零件的视图表达方案	10分			
	了解如何正确地标注尺寸，并理解表面粗糙度、尺寸公差和几何公差的意义和标注方法	10分			
技能目标（40%）	能够根据轴类零件的结构和功能，制订合理的表达方案，包括视图的选择、剖视图的设置、局部放大图的绘制等	10分			
	掌握使用计算机绘图软件绘制轴类零件图的基本方法，绘制出清晰、准确、完整的轴类零件图	20分			
	能够正确运用标注命令，按照国家标准完成零件图的尺寸标注和技术要求的标注，包括表面粗糙度、尺寸公差、几何公差的标注	10分			
小计		100分			
总评	自评（30%）+教师评价（70%）=			教师签名：	

任务拓展

1. 基础知识练习

（1）互换性生产的技术基础是（ ）。

A. 大量生产 B. 公差 C. 检测 D. 标准化

（2）孔、轴配合的最大间隙为+23μm，孔的下极限偏差为−18μm，轴的下极限偏差为−16μm，轴的公差为16μm，则配合公差为（ ）μm。

A. 32 B. 37 C. 39 D. 41

（3）相配合的孔、轴中，某一实际孔与某一实际轴装配后得到间隙，则此配合为（ ）。

A. 间隙配合 B. 过渡配合

C. 过盈配合 D. 间隙配合或者过渡配合

（4）试解释$\phi50f7$的含义，查轴的基本偏差表（附表3-2）并计算其极限偏差数值。

2. 技术要求注法练习

（1）根据下面的配合代号查表（附表 3-2、附表 3-3），直接在图中分别标出孔和轴的极限偏差值，并填空。

① 尺寸 ϕ40H7/n6：基_____制；基本偏差代号和公差等级代号：孔_____、轴_____、_____配合。

② 尺寸 ϕ25H8/j8：基_____制；基本偏差代号和公差等级代号：孔_____、轴_____、_____配合。

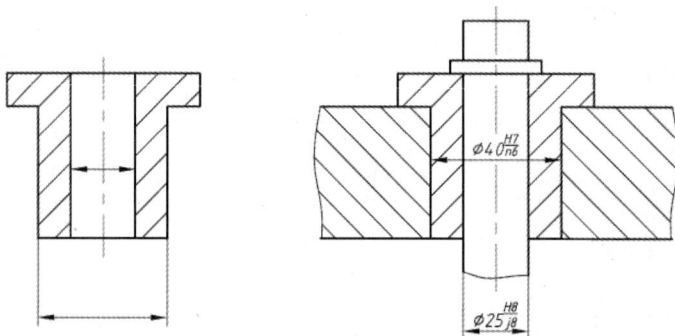

（2）根据孔和轴的极限偏差，查附表 3-1～附表 3-3 确定其公差的代号，并直接在图中分别标注出配合代号。

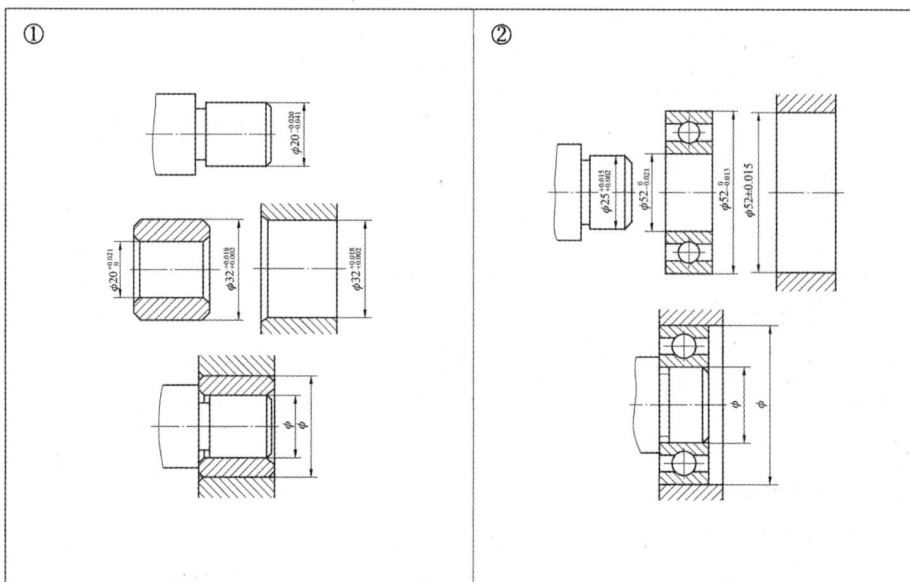

（3）用文字解释下图中的几何公差。

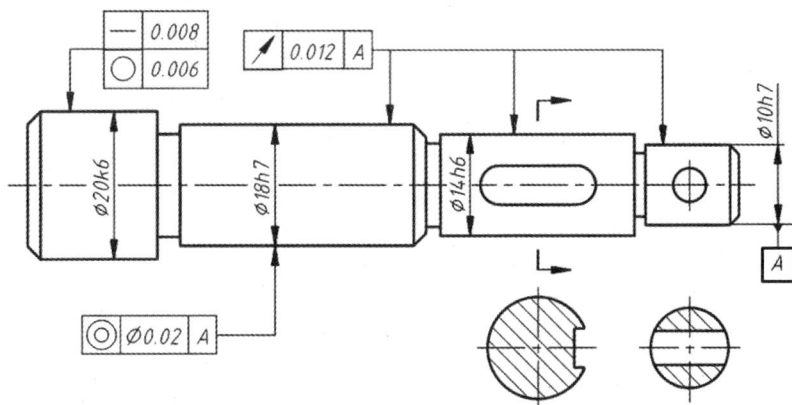

（4）把用文字说明的几何公差，用代号和框格形式标注在下图中。

① 平面 A 的平面度公差为 0.03mm。

② 12f7 中心线对平面 A 的垂直度公差值为 0.01mm。

③ 90° V 形槽对 12f7 对称中心面的对称度公差值为 0.02mm。

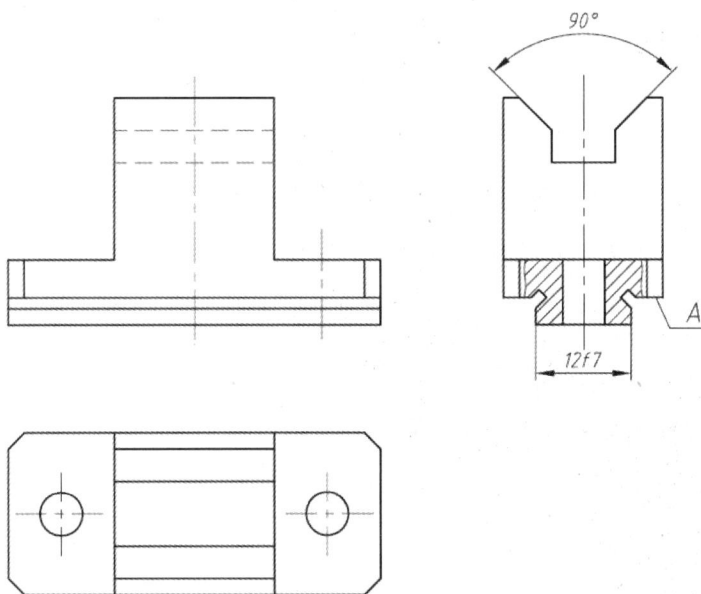

3. 零件图识读与绘制练习

根据下图回答下列问题。

（1）该零件属于_____类零件，材料为_____。

（2）该零件图采用_____个基本视图表达零件的结构形状，采用_____个图表达键槽结构。

（3）指出图中的径向尺寸基准和轴向尺寸基准。

（4）说明图中尺寸公差的含义。

（5）说明图中几何公差代号的含义。

（6）应用计算机绘图软件绘制下图所示的减速器从动轴零件图。

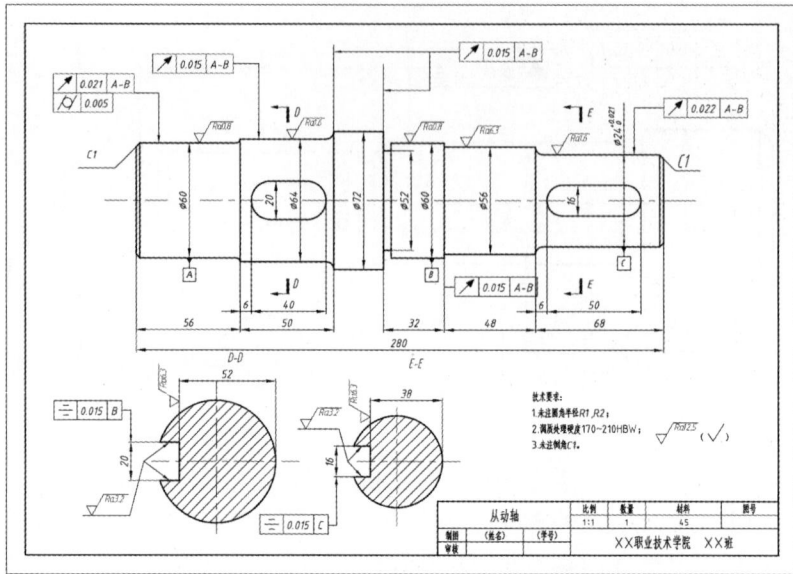

任务二　识读与绘制减速器大透盖零件图

任务导入

任务情境	一天，车间里一台重要的减速器突然出现了故障，整个生产线被迫停机。工程师张浩迅速赶到现场，经过仔细检查，他发现是减速器的大透盖出现了问题。大透盖的密封性能下降，导致润滑油泄漏，影响了减速器的正常工作。 为了尽快加工制造出减速器大透盖，首先需要对减速器大透盖的结构、尺寸及技术要求等有准确的认识，了解其设计意图和加工要求，然后在 AutoCAD 中绘制减速器大透盖零件图，并仔细标注尺寸和公差要求。作为设计团队的负责人，你需要和张浩一起在规定时间内完成减速器大透盖零件图的设计和绘制任务，并向生产部门提交详细的图纸
任务图例	减速器大透盖零件图如图 5-61 所示。 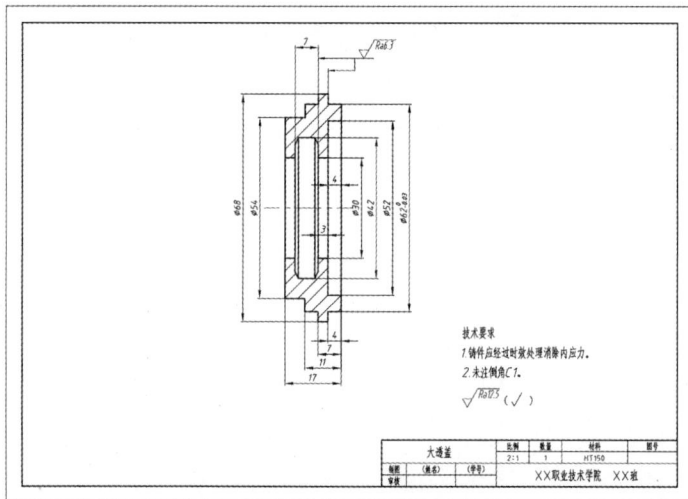 图 5-61　减速器大透盖零件图

知识储备

一、盘盖类零件的结构特点

盘盖类零件通常指轮、盘、盖类零件。这类零件包括法兰盘、端盖、齿轮、手轮、皮带轮等。轮类零件一般用来传递动力和改变速度或转换方向；盘类零件主要起支承、轴向定位和密封等作用；盖类零件具有支承、导向、密封、防尘等基本功能，还能保护设备内部元件和降低风险。

盘盖类零件的主体一般为回转体，其轴向尺寸（厚度）较其径向尺寸（或其他两个方向的尺寸）小。这类零件上还常具有一些小孔、螺孔、轮齿、凸台与凹坑、轮辐、肋板、倒角、退刀槽等结构。

二、盘盖类零件的视图分析

盘盖类零件一般按主要加工位置选择主视图，轴线水平放置，多以垂直轴线的方向为主视图的投射方向。一般选择两个基本视图，采用全剖的主视图表达其内部结构及各组成部分的相对位置，再用左（或右）视图表达零件的外形及均布孔、轮辐等结构的数量及分布情况，如图 5-62 所示。除此之外，还可用局部剖视图、局部放大图等方法来表达其细小结构。

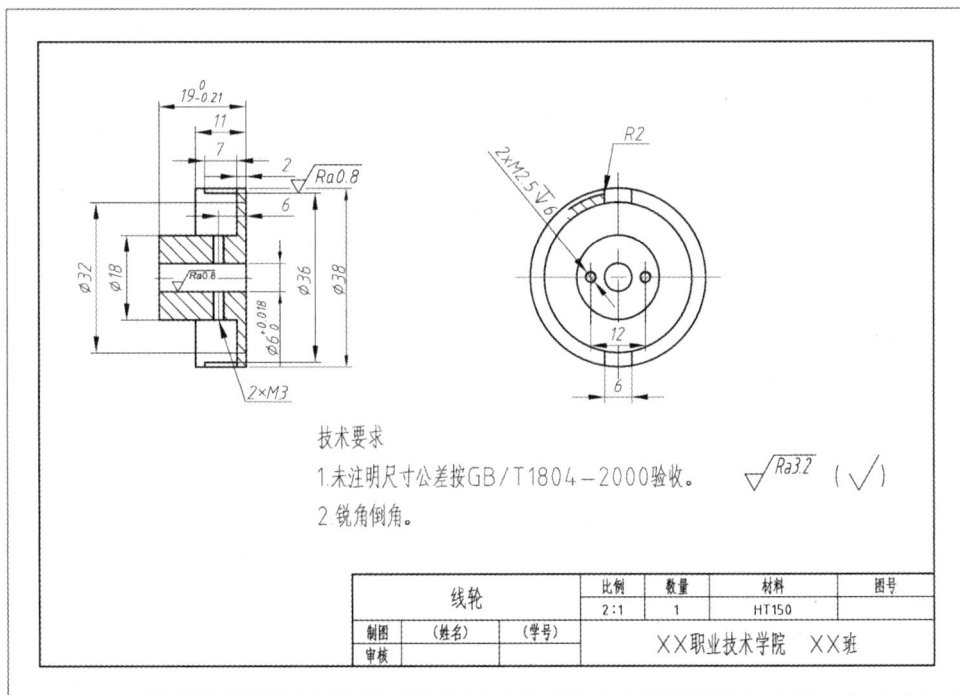

图 5-62　频谱仪中线轮的零件图

三、盘盖类零件的尺寸标注及技术要求

盘盖类零件通常以轴孔的轴线为径向尺寸基准，以重要端面（如装配面）为轴向尺寸基准，圆周上均匀分布小孔的定位圆直径是这类零件典型的定位尺寸。

标注此类零件尺寸的一般规律是：以轴线为基准注出各圆柱面的径向尺寸，这些尺寸大都注在投影为非圆的视图中，而厚度方向尺寸则以某端面为基准。例如，图 5-62 所示的线轮，其右端面是设计基准，与尺寸基准重合，以此基准注出的尺寸有 6、2、7、11、$19_{-0.21}^{0}$；以轴线为基准注出的尺寸

有 $\phi6^{+0.018}_{0}$、$\phi36$、$\phi38$、$\phi32$、$\phi18$。此外，以线轮的前后对称面为辅助基准注出的尺寸有 12 和 6。

盘盖类零件的尺寸公差、几何公差、表面粗糙度要求等同样是根据其功用和工作要求来确定的。一般来说，尺寸精度要求高，相应的表面粗糙度应小。但对手轮类零件来说，尺寸公差很大，表面粗糙度要求却很小。对于图 5-62 中线轮的 $\phi36$ 绕线槽，其尺寸公差没有具体要求，而表面粗糙度的要求却较高（$Ra\,0.8\mu m$）。这是因为如果绕线槽表面太粗糙，拉线就容易磨损、拉断。

在有配合的地方，其技术要求也较高。如图 5-63 所示的法兰盘，其左端的圆柱凹坑与右端的圆柱凸台都要与其他零件相配合，故有相应的尺寸公差要求和较其他表面小的粗糙度，同时为了保证设计要求，还应对 $\phi40^{-0.006}_{-0.034}$ 和 $\phi15^{+0.011}_{0}$ 有同轴度要求以及其他的技术要求。

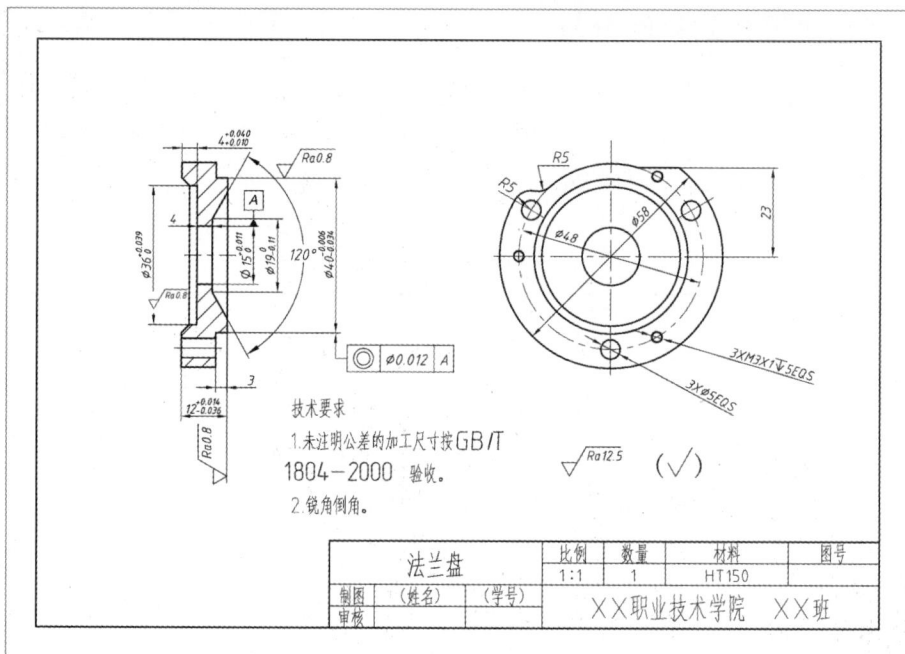

图 5-63　法兰盘

工作案

工作步骤	图示说明
	由图 5-61 中的标题栏可知该零件的名称为大透盖，材料为 HT150。该零件图全部采用一个主视图来表示
1. 视图分析	结合图 5-61 和知识储备可知，大透盖在固定机械轴的同时，还可以快速地拆卸，是更换轴承、油封等的关键部件。其结构比较简单，仅采用全剖的主视图来表示其结构，由此可想象出减速器大透盖的结构如下图所示 

续表

工作步骤	图示说明
2. 尺寸基准与技术要求分析	（1）尺寸基准分析 以轴线为基准注出各圆柱面的径向尺寸，这些尺寸大都注在投影为非圆的视图中，而厚度方向尺寸则以右端面为基准
	（2）技术要求分析 ① 表面粗糙度。对于配合表面和重要表面，如 $\phi68$ 左、右端面的表面粗糙度要求较高，其上限值为 $Ra\,6.3\mu m$，其余表面的上限值为 $Ra\,12.5\mu m$。 ② 尺寸公差。$\phi62^{\;0}_{-0.03}$ 处与减速器壳体和轴承座等部件紧密配合，故有一定的尺寸精度要求，使其得到可靠的配合连接，实现良好的密封效果。 ③ 其他技术要求。除了以上要求外，还有一些必要的加工、检验、安装以及材料热处理等技术说明，如零件图中的"技术要求"
3. 绘制主视图	（1）执行"直线""偏移""修剪"等命令绘制主视图上半部分轮廓 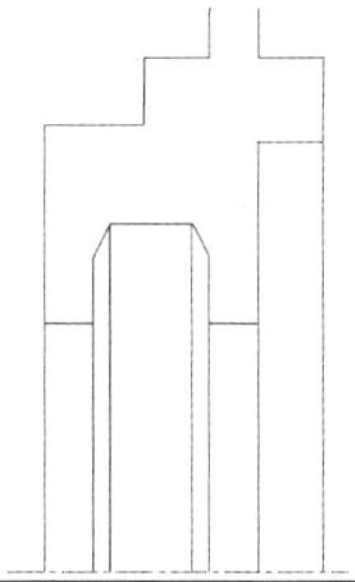
	（2）执行"镜像"命令绘制主视图下半部分轮廓 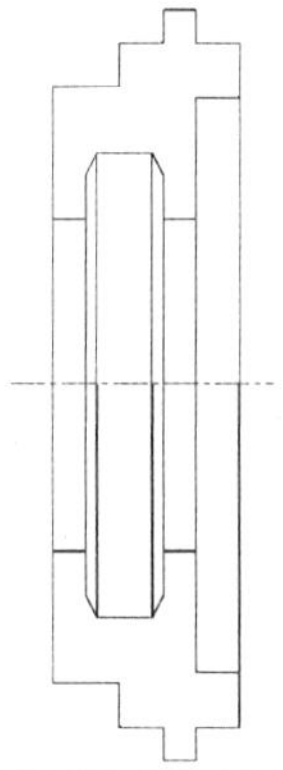
	（3）执行"图案填充"命令绘制剖面线 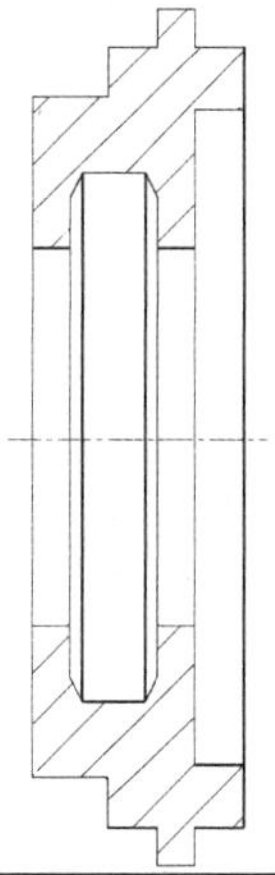

续表

<table>
<tr><th>工作步骤</th><th>图示说明</th></tr>
<tr><td rowspan="2">4. 标注尺寸及技术要求</td><td>（1）标注零件图的尺寸
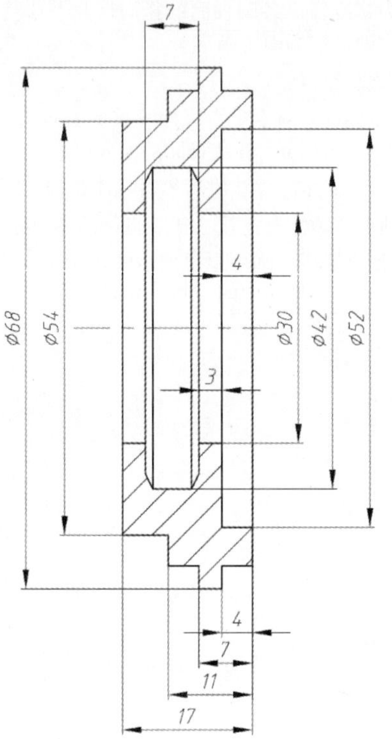
</td></tr>
<tr><td>（2）标注表面粗糙度、尺寸公差等技术要求
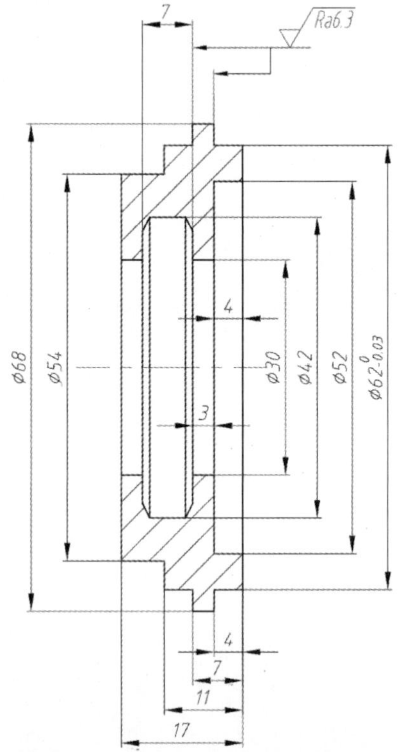
</td></tr>
</table>

续表

工作步骤	图示说明
5. 整理、完善图形及插入图框	插入图框及填写标题栏 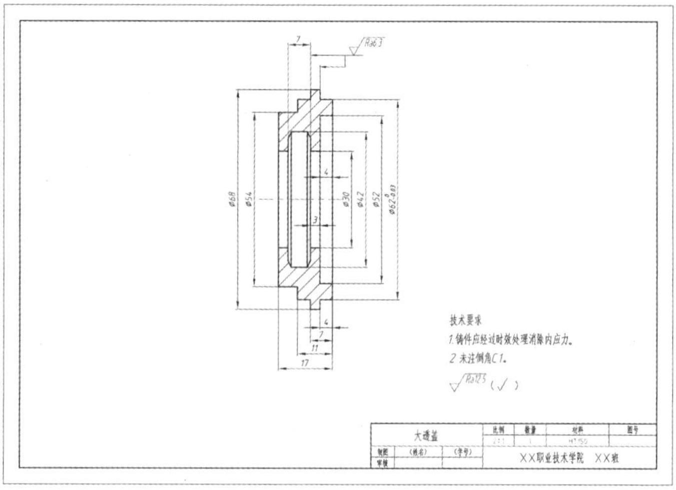

任务小结及评价

一、任务小结

任务名称	识读与绘制减速器大透盖零件图
任务实施步骤	视图分析—尺寸基准与技术要求分析—绘制主视图—标注尺寸及技术要求—整理、完善图形及插入图框
任务涉及知识点	盘盖类零件的结构特点，盘盖类零件的视图选择，盘盖类零件的尺寸标注及技术要求

二、任务评价

评价项目	评价内容	分值	评价分数		改进建议
			自评（30%）	教师评价（70%）	
素质目标（30%）	考勤无迟到、早退、旷课	10分			
	团队合作、沟通能力	10分			
	认真、严谨、细致的作图习惯及标准意识	10分			
知识目标（30%）	熟悉国家标准技术制图的基本规定	10分			
	了解盘盖类零件的视图表达方案	10分			
	了解如何正确地标注尺寸，并理解表面粗糙度、尺寸公差和几何公差的意义及标注方法	10分			
技能目标（40%）	能够根据盘盖类零件的结构和功能，制订合理的表达方案，包括视图的选择、剖视图的绘制等	10分			
	掌握使用计算机绘图软件绘制盘盖类零件图的基本方法，绘制出清晰、准确、完整的减速器大透盖零件图	20分			
	能够正确运用标注命令，按照国家标准完成零件图的尺寸标注和技术要求的标注，包括表面粗糙度、尺寸公差、几何公差的标注	10分			
小计		100分			
总评	自评（30%）+教师评价（70%）=			教师签名：	

任务拓展

1. 根据下图所示，请回答以下问题

（1）简述该零件的视图表达方法。

（2）在图中指出该零件的轴向尺寸基准。

（3）在图中指出该零件的径向尺寸基准。

（4）按顺序简述图中尺寸公差的含义。

（5）按顺序简述图中几何公差代号的含义。

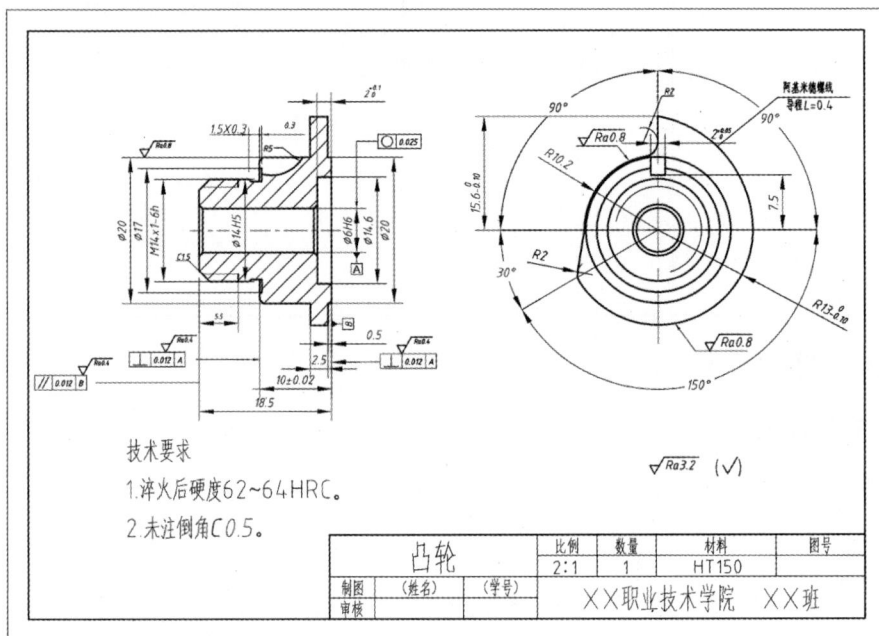

2. 按照 1:1 的比例，识读并应用计算机绘图软件绘制下图所示的充液阀端盖零件图

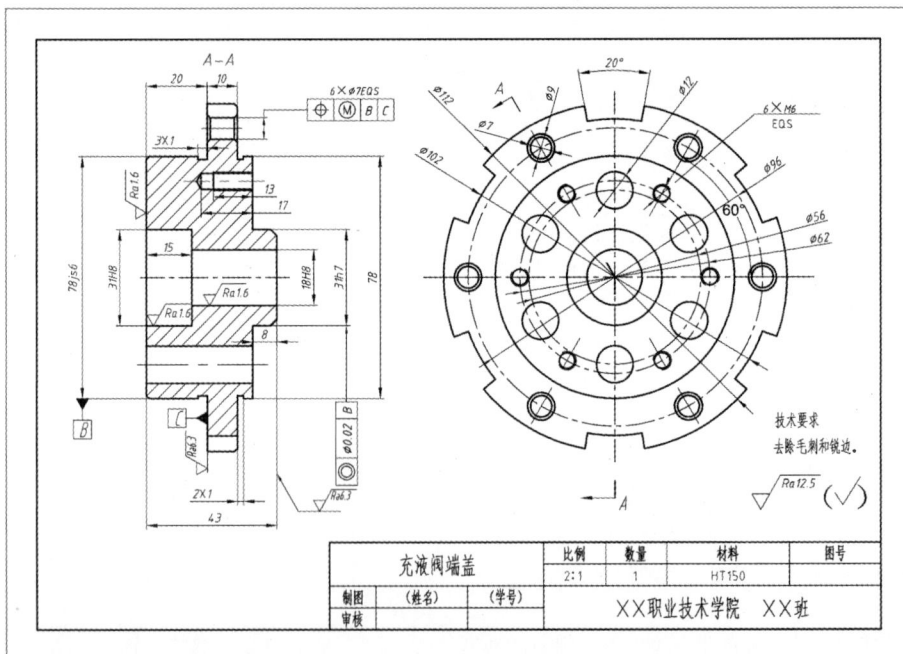

任务三　识读与绘制支架零件图

任务导入

任务情境	在一个精密机械加工厂里，工程师张浩正忙碌地分析着一张复杂的支架零件图。这个支架是即将投入生产的一台高精度机床的关键部件，其设计和制造的精度将直接影响到机床的整体性能和稳定性。 在对支架零件的结构、尺寸及技术要求等有了准确的认识后，现在需要在 AutoCAD 中绘制支架零件图，并仔细标注尺寸和公差要求。作为设计团队的负责人，你需要在规定时间内完成支架零件图的设计和绘制任务，并向生产部门提交详细的图纸
任务图例	图 5-64 所示为支架零件图。 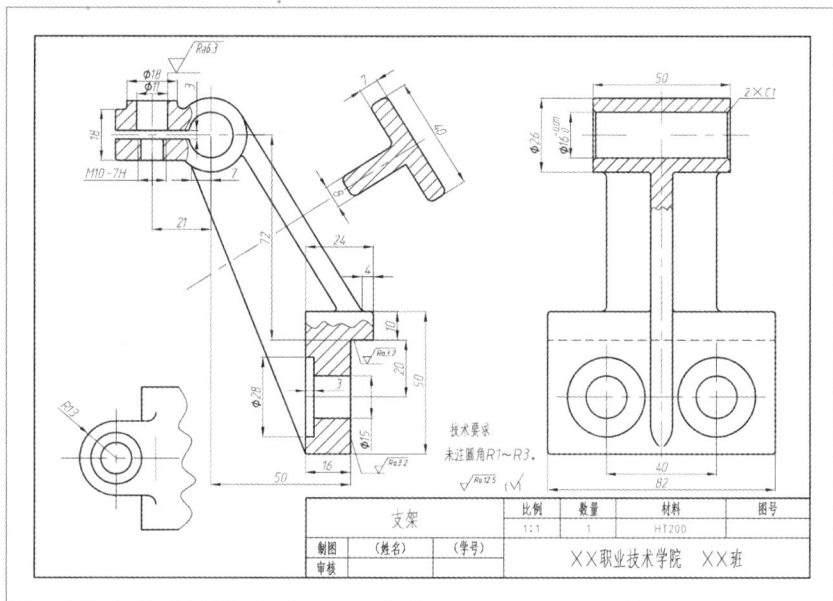 图 5-64　支架零件图

知识储备

一、叉架类零件的结构特点

叉架类零件包括拨叉、连杆、摇杆（臂）、支架、支座等。拨叉主要用在机床、变速器、仪表的操纵机构中，用来操纵机床和仪器、变换速度和方向等。支架主要起支撑和连接作用。这类零件的结构各式各样，但从零件上各部位的作用来分析，这类零件大体上由支撑部分、工作部分和连接部分组成。支撑部分是叉架类零件的基础，提供稳定的支撑功能，可能包括各种形状的支架或底座，用于将零件固定在机械设备上。工作部分指该零件与其他零件配合及连接的部分，如套筒、叉口等。连接部分指将零件本身各工作部分联系起来的杆体、支承（连接）板、肋板等。

二、叉架类零件的视图分析

叉架类零件的毛坯通常为铸件或锻件，结构较复杂，需经多种机械加工，而且每道工序的加工位置往往不同。所以通常按其工作位置或安装位置来选择最能显示形状结构特征的视图作为主视图。表达这类零件一般需要两个以上的基本视图。工作部分的内部结构通常采用全剖视图、半剖视图和局部剖视图来表达，连接部分通常采用剖视图来表达。对于零件上的其他结构，还要辅以局部视图、向视图以及斜（剖）视图等来表达。

三、叉架类零件的尺寸标注及技术要求

叉架类零件常以主要支承孔的轴线、对称平面、安装平面以及支承孔的端面为长、宽、高3 个方向的主要尺寸基准。叉架类零件各组成部分的定形尺寸与定位尺寸较明显，要善于采用形体分析法标注尺寸，将尺寸标注得完整、清晰、合理。

叉架类零件的支撑部分是与其他零件配合的关键部位，尺寸的微小偏差都可能导致配合不紧密，进而影响整个机械系统的正常运行，因此对其表面粗糙度有较高要求。另外，需要根据具体使用情况来确定各工作部分的表面粗糙度、尺寸公差及几何公差的要求。通常对连接部分不做具体要求，一般在设计时充分考虑，合理地决定其截面形状，使其满足支撑连接要求即可。

工作案

工作步骤	图示说明
	由图 5-64 标题栏可知该零件的名称为支架，材料为 HT200。该零件图共采用 4 个视图。其中主视图、左视图为 2 个基本视图，采用局部剖视图的方式表达支架工作部分和支撑部分的轴孔等结构。此外，用一个移出断面图表达连接板和肋板的结构形状，用一个局部视图表达工作部分的形状
1. 视图分析	结合图 5-64 及知识储备可知，支架通常是起支承作用的结构，能够承受较大的力，使被支撑物体保持稳定状态，防止倒塌。该零件由支撑部分、工作部分和连接部分组成。支撑部分和工作部分通常有孔、槽等结构，连接部分多为肋板结构，且形状弯曲、倾斜较多，由此可想象出其结构如下图所示 
2. 尺寸基准分析	以支架支撑部分右端面为长度方向尺寸基准，直接注出 16、50 等尺寸。以支架左右对称面为宽度方向尺寸基准，直接注出 50、40、82 等尺寸。以支架支撑部分上端面为高度方向尺寸基准，直接注出 10、20、50 等尺寸
3. 技术要求分析	支架工作部分 $\phi16$ 的装配孔尺寸注有尺寸公差，其内表面的表面粗糙度的上限值为 Ra 3.2μm，工作部分 $\phi11$ 的装配孔的内表面的表面粗糙度的上限值为 Ra 6.3μm。为了保证安装准确，对支架支撑部分端面也有表面粗糙度的要求
4. 绘制主视图	（1）调用之前设置好的图形样板，设置好绘图环境，并绘制主视图中心线

续表

工作步骤	图示说明
4. 绘制主视图	（2）执行"直线""圆""偏移""圆角""修剪"等命令绘制工作部分的轮廓 （3）绘制连接部分及支撑部分主视图
5. 绘制左视图	执行"直线""圆""偏移""倒角""圆角""修剪"命令绘制左视图的轮廓 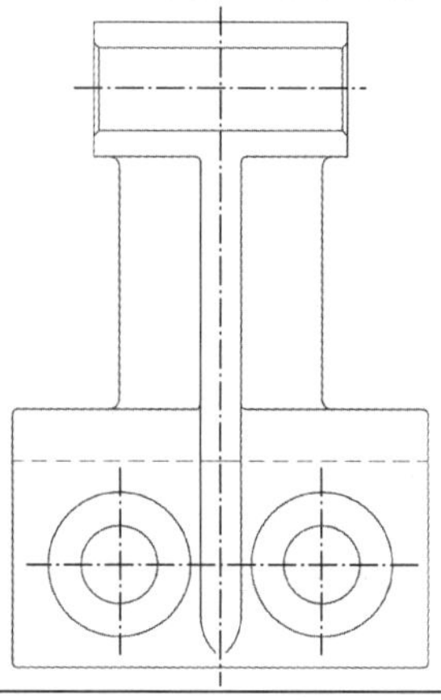
6. 绘制局部视图及移出断面图等	执行"直线""偏移""圆角""样条曲线""修剪""图案填充"等命令绘制局部视图、局部剖视图、移出断面图，并填充剖面线 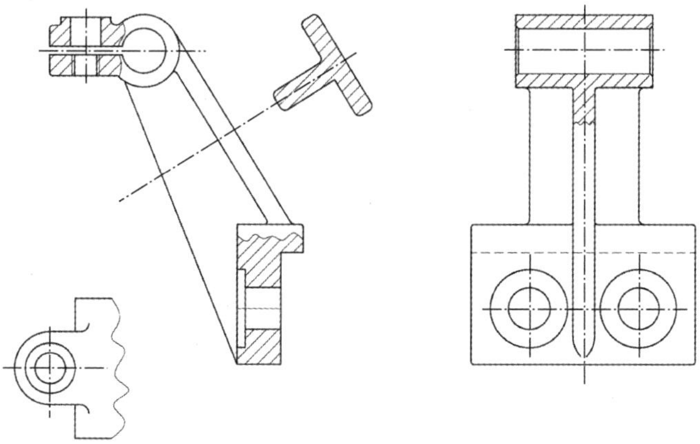

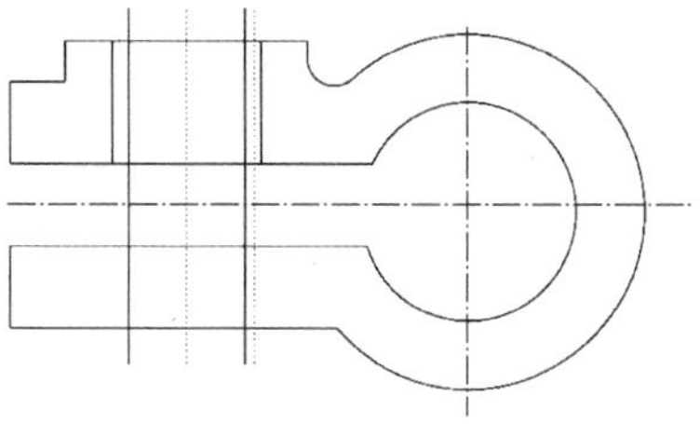

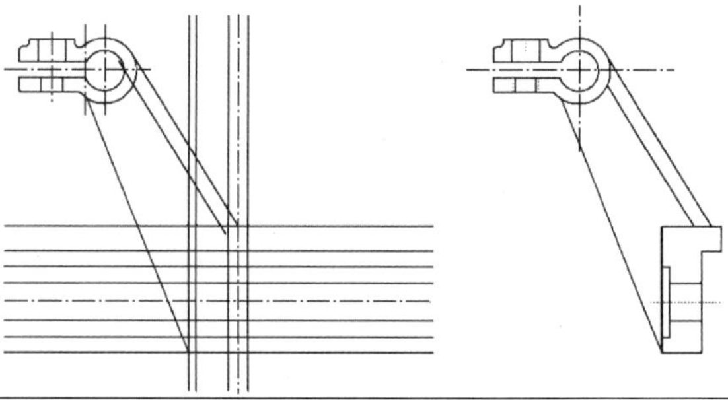

工作步骤	图示说明
7. 标注尺寸、公差及技术要求，整理、完善图形	标注尺寸、表面粗糙度，填写技术要求及标题栏，并整理、完善图形

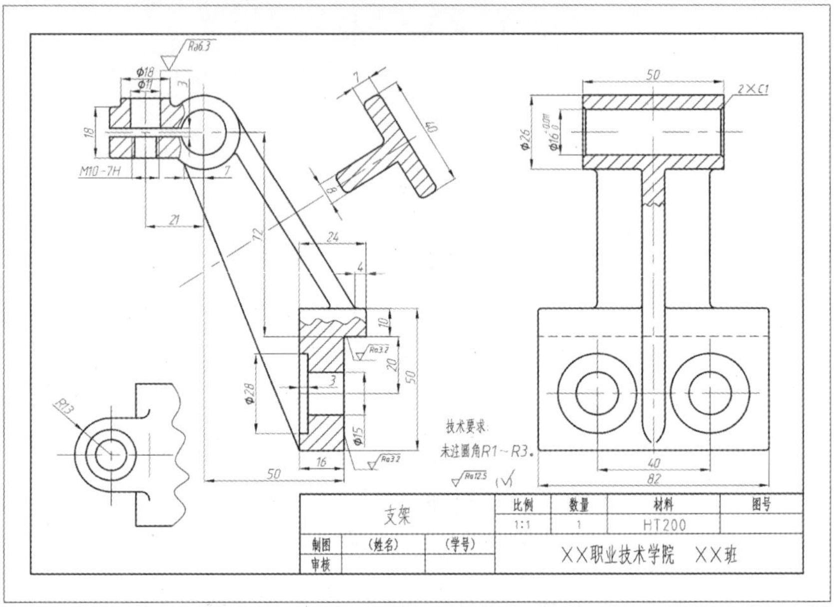

任务小结及评价

一、任务小结

任务名称	识读与绘制支架零件图
任务实施步骤	视图分析—尺寸基准分析—技术要求分析—绘制主视图—绘制左视图—绘制局部视图及移出断面图等—标注尺寸、公差及技术要求，整理、完善图形
任务涉及知识点	叉架类零件的结构特点，叉架类零件的视图分析，叉架类零件的尺寸标注及技术要求

二、任务评价

评价项目	评价内容	分值	评价分数		改进建议
			自评（30%）	教师评价（70%）	
素质目标（30%）	考勤无迟到、早退、旷课	10 分			
	团队合作、沟通能力	10 分			
	认真、严谨、细致的作图习惯及标准意识	10 分			
知识目标（30%）	熟悉国家标准技术制图的基本规定	10 分			
	了解叉架类零件的视图表达方案	10 分			
	了解如何正确地标注尺寸，并理解表面粗糙度、尺寸公差和几何公差的意义和标注方法	10 分			
技能目标（40%）	能够根据支架零件的结构和功能，制订合理的表达方案，包括视图的选择、剖视图的设置、局部放大图的绘制等	10 分			
	掌握使用计算机绘图软件绘制支架零件图的基本方法，绘制出清晰、准确、完整的支架零件图	20 分			
	能够正确运用标注命令，按照国家标准完成支架零件图的尺寸标注和技术要求的标注，包括表面粗糙度、尺寸公差、几何公差的标注	10 分			
	小计	100 分			
总评	自评（30%）+教师评价（70%）=			教师签名：	

任务拓展

1. 根据下图所示，请回答以下问题

（1）简述该零件的视图表达方法。

（2）在图中指出该零件的主要尺寸基准。

（3）按顺序简述图中尺寸公差的含义。

（4）按顺序简述图中几何公差代号的含义。

2. 按照 1:1 的比例，识读并应用计算机绘图软件绘制下图所示的托脚零件图

任务四　识读与绘制减速器箱座零件图

任务导入

任务情境	工程部门的张浩接到了一个紧急任务：减速器箱座零件出现了故障，需要立即更换。但是，这个箱座零件的设计非常复杂，涉及多个视图、尺寸和技术要求，给制造和校验工作带来了很大的挑战。为了尽快解决这个问题，工程部门决定派你作为设计团队的负责人来完成这个箱座零件图的识读与绘制工作。对箱座零件的结构、尺寸及技术要求等有了准确的认识之后，现在需要在 AutoCAD 中绘制减速器箱座零件图，并仔细标注尺寸和公差要求。作为设计团队的负责人，你需要和张浩一起在规定时间内完成减速器箱座零件图的设计和绘制任务，并向生产部门提交详细的图纸
任务图例	图 5-65 所示为减速器箱座零件图。 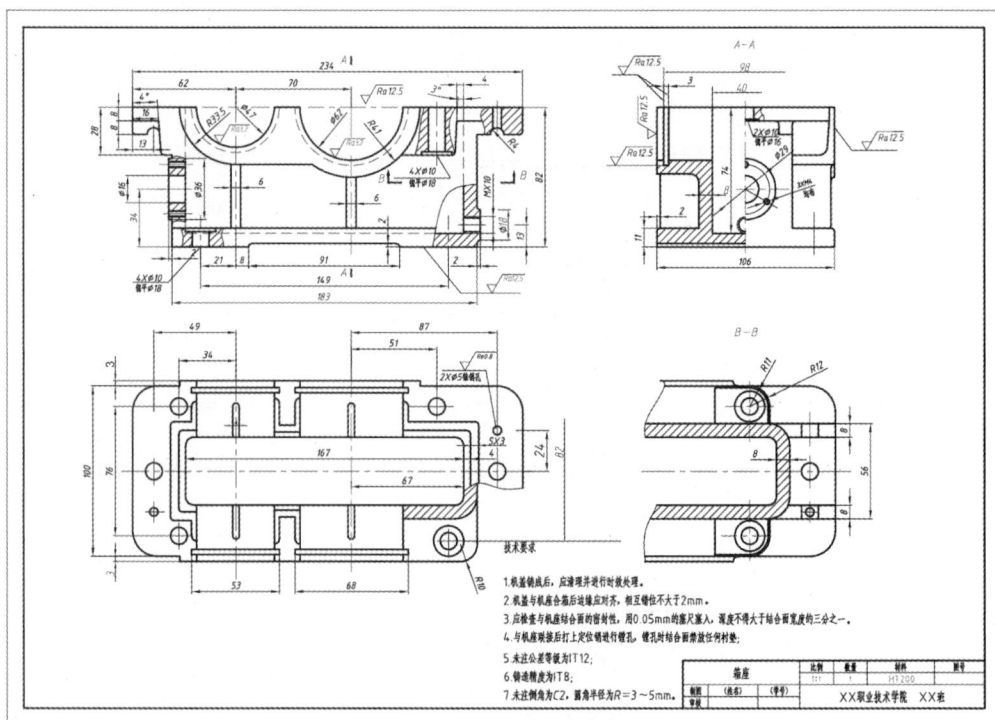 图 5-65　减速器箱座零件图

知识储备

一、箱体类零件的结构特点

箱体类零件指泵体、机床床身、阀体、变速器的箱体等，是机器或部件的主体零件，大多在铸造后，再经各种机械加工而成。因此，箱体类零件较其他类型的零件更为复杂，一般由以下几个部分组成：由厚薄均匀的壁围成的容纳运动零件和储存润滑液的内腔，轴承座孔、安装端盖的凸台（或凹坑），其上有沟槽、沉头孔等，螺孔、安装底板及地脚螺栓孔、肋板等，如图 5-66 所示。

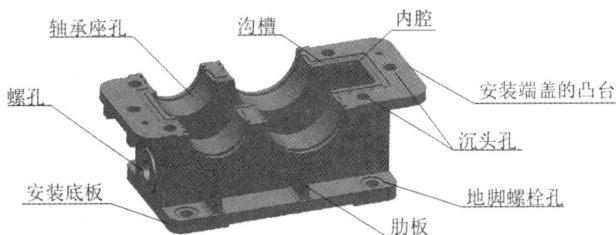

图 5-66　箱座轴测图

二、箱体类零件的视图分析

箱体类零件内部要安装其他各类零件，因此箱体类零件的结构更为复杂，应选择最能反映形状特征及相对位置的一面作为主视图的投射方向，除基本的主视图、左视图、俯视图外，还常使用剖视图等。尽量做到在完整、清晰表达出零件内外结构形状和便于看图的前提下，所用的视图数量最少。

作图时，我们应考虑采取适当的操作步骤，使整个绘制工作有序地进行，从而提高作图效率。

三、箱体类零件的尺寸基准及技术要求

箱体类零件尺寸较多，每个方向至少有一个主要尺寸基准。根据实际情况，通常选取主要轴孔的中心线和轴线，零件的对称面、端面或安装面为主要尺寸基准，并采用形体分析法来标注尺寸。其中，孔与孔之间、孔与加工面之间的尺寸应直接注出。箱体类零件应根据具体设计使用要求来确定各加工表面的表面粗糙度、尺寸公差、几何公差和其他要求。例如重要的孔、两孔的轴线之间等，除了有较高的尺寸精度要求和较低的表面粗糙度要求外，还有相应的几何公差要求等。

四、箱体类零件图的绘制方法

箱体类零件图一般采用多个视图表达，视图之间及每个结构在不同视图上的投影要保证对应关系，所以在绘制过程中，应根据"长对正、高平齐、宽相等"的投影规律，综合运用软件的绘图、编辑命令及对象捕捉、极轴追踪、正交、图层管理、显示控制等各类作图命令快速、准确地绘图。这要求我们准确掌握对象捕捉、极轴追踪等命令，并熟练进行各种操作。

箱体类零件图的绘制步骤如下。

1. 绘制主视图

先绘制出主视图中重要的轴线、端面线等，这些线条构成了主视图的主要布局线，如图 5-67 所示。然后将主视图划分为左部分、右部分、上部分和下部分，以布局线为作图基准线，用"直线""偏移""修剪"等命令逐一绘制出每个部分的细节。

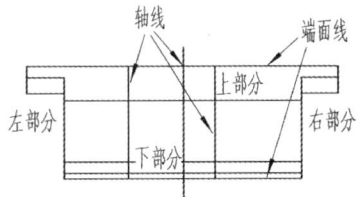

图 5-67　主视图中重要的轴线、端面线

2. 从主视图向左视图投射几何特征

绘制水平投射线把主视图的主要几何特征向左视图投射，再绘制左视图的对称轴线及左、右端面线，这些线条构成了左视图的主要布局线，如图 5-68 所示。

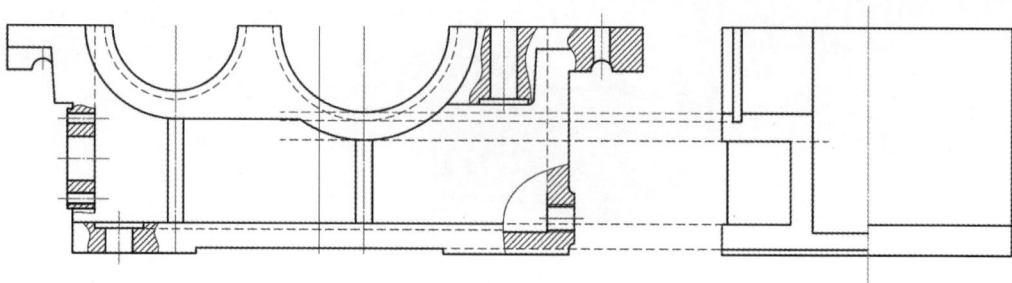

图 5-68　从主视图向左视图投射几何特征

3. 绘制左视图细节

把左视图分为两个部分（左部分、右部分），然后以布局线为作图基准线，用"直线""偏移""修剪"等命令分别绘制出每个部分的细节，如图 5-69 所示。

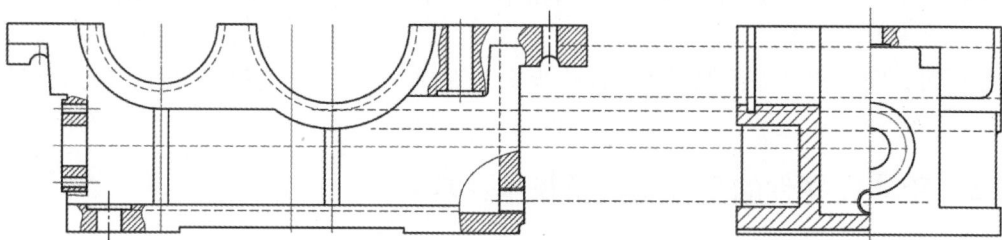

图 5-69　绘制左视图的细节

4. 从主视图、左视图向俯视图投射几何特征

绘制完主视图及左视图后，就可通过主视图及左视图投射得到俯视图的布局线。为方便从左视图向俯视图投射，可将左视图复制到新位置并旋转 90°，如图 5-70 所示。

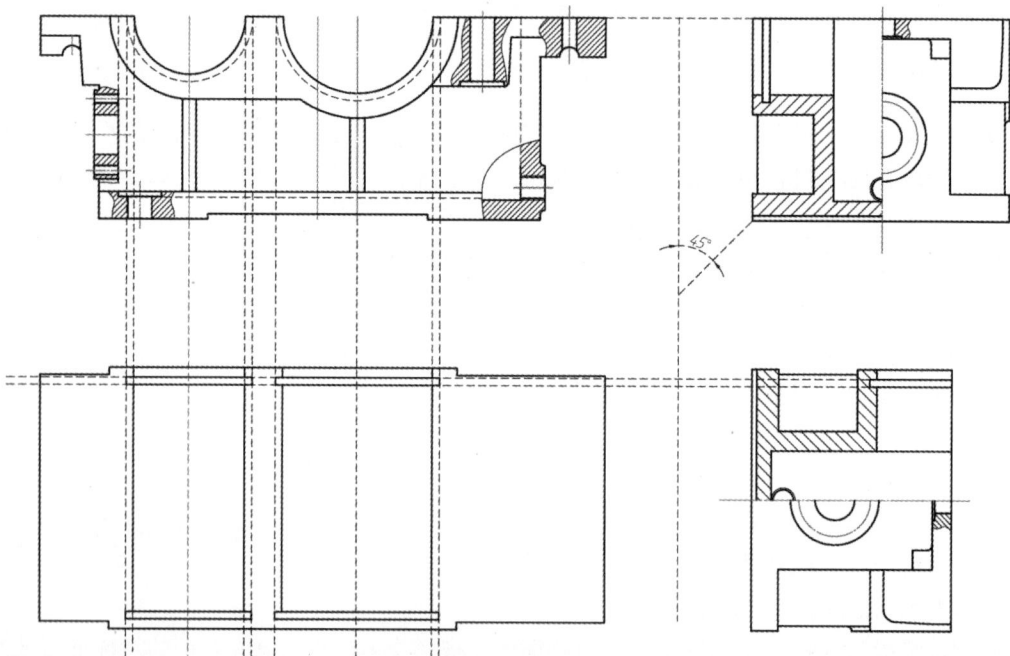

图 5-70　向俯视图投射几何特征

5. 绘制俯视图细节

以布局线为作图基准线，用"直线""偏移""修剪"等命令分别绘制出每个部分的细节，或者从主视图及左视图投射获得图形细节，最后再完成 *B—B* 视图的绘制。

工作案

| 工作案 1 | 工作案 2 | 工作案 3 | 工作案 4 |

工作步骤	图示说明
1. 视图分析	由图 5-65 标题栏可知该零件名称为箱座，材料为 HT200。该零件共采用了 4 个视图。 选择能够清晰展示箱座主要结构特征和尺寸的方向作为主视图的投射方向。主视图清晰地表达箱体的外形轮廓、主要轴承孔的位置和尺寸、螺孔等关键结构。另外，采用局部剖视的方式来表达箱座的内部结构，如沉头孔等。 左视图表达箱体的侧面结构和与主视图相垂直方向的尺寸。左视图清晰地展示了箱座侧面的轮廓、侧壁上的肋板等结构。采用半剖视的方式来表达箱座的壁厚等内部结构。 俯视图采用局部剖视图的方式，表达了箱座的顶部结构和箱盖的安装接口，清晰地展示了箱座顶部的轮廓、箱盖密封面的位置和尺寸以及沟槽等结构，由此可想象出其结构如下图所示 
2. 尺寸基准分析	长度基准选择的是箱座左端面，以左端面为基准确定箱座上各结构中心线的位置，直接注出长度方向的 234、62、70 等尺寸；宽度基准选择的是箱座两侧面的中心线，直接注出 106、40、98 等尺寸；高度基准则选择箱座底面，直接注出 13、34、82 等尺寸。同时，高度方向以箱座顶面为辅助基准，直接注出的尺寸有 28、8。 根据尺寸基准注出轴承孔、定位孔等的尺寸。轴承孔的尺寸尤为重要，因为它们直接影响到齿轮轴的安装和定位。这些尺寸通常包括孔径、孔深、孔距等。安装孔和定位孔的尺寸也需要精确标注，以确保与其他零件正确配合。箱座的壁厚和凸缘厚度也是需要特别关注的尺寸。壁厚决定了箱体的强度和刚度，而凸缘厚度则会影响箱盖与箱座的密封性
3. 技术要求分析	在标注尺寸时，还需要考虑公差和配合的要求。公差的选择应考虑到加工精度和装配精度的要求，确保箱体与其他零件准确配合。 配合的选择则应根据零件的使用要求和工作环境来确定，如间隙配合、过渡配合或过盈配合等。 除了标注尺寸外，还需要在零件图中明确标注出技术要求，如材料的牌号、热处理要求、表面粗糙度要求等。这些技术要求是确保零件质量和性能的关键
4. 绘制主视图	（1）设置绘图环境，绘制主视图长度、高度方向的基准线

续表

工作步骤	图示说明
4. 绘制主视图	（2）用"直线""偏移"等命令绘制中心线 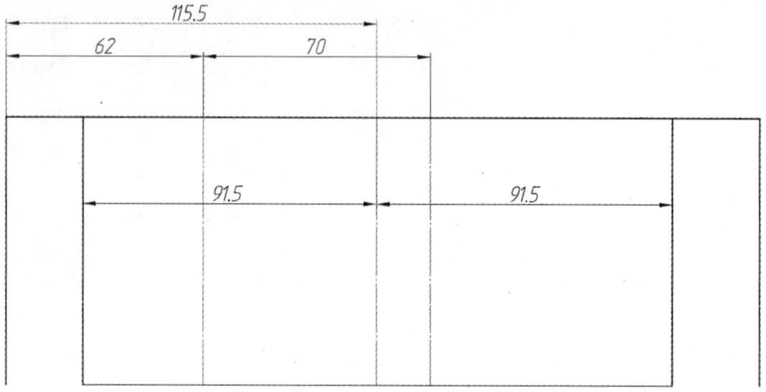 （3）根据基准线和中心线绘制主视图外轮廓 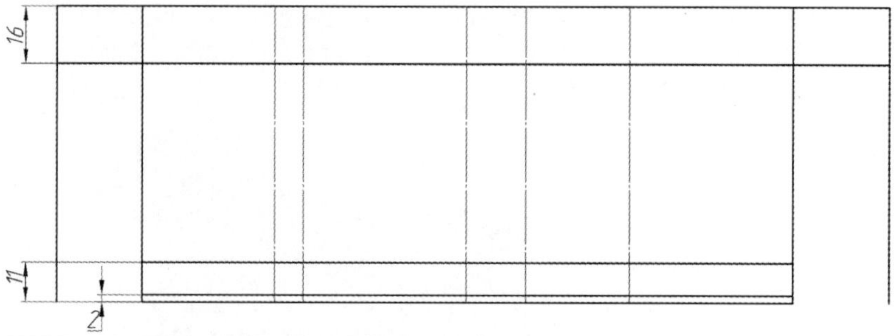 （4）运用"圆""直线""修剪"等命令绘制主视图轴承孔及加强肋 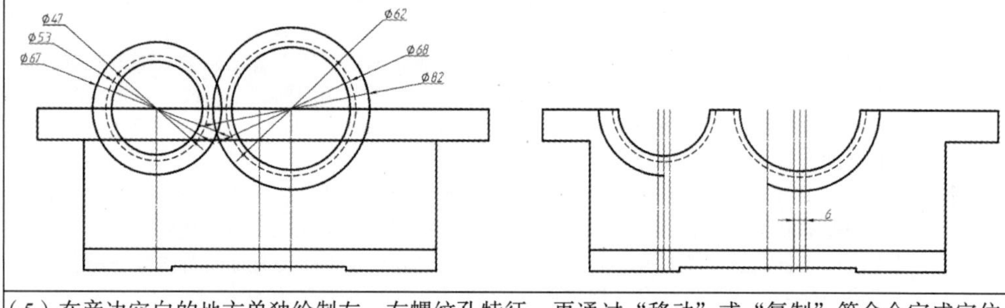 （5）在旁边空白的地方单独绘制左、右螺纹孔特征，再通过"移动"或"复制"等命令完成定位 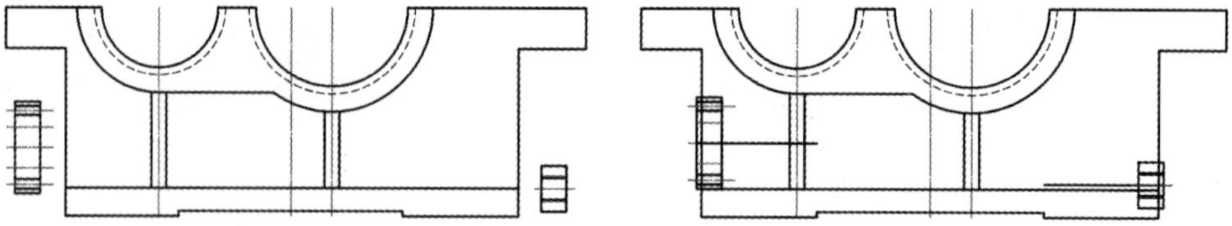 （6）绘制左端面细节 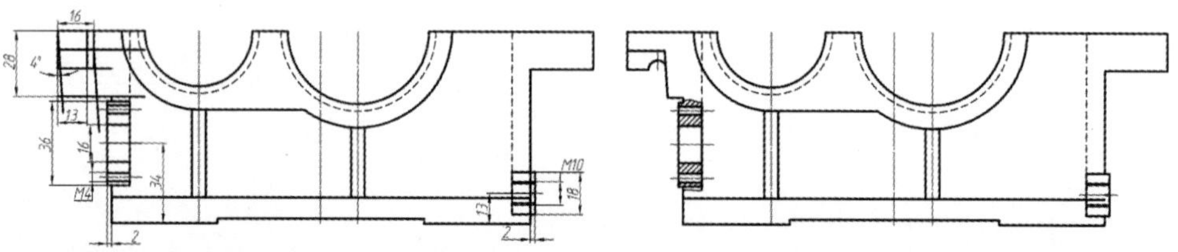

工作步骤	图示说明
4. 绘制主视图	（7）绘制右端面细节及其沉头孔 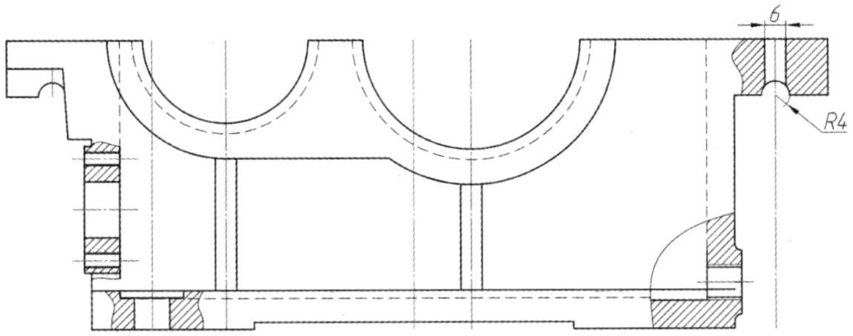
5. 绘制左视图	（1）绘制 A—A 半剖视图左半部分轮廓 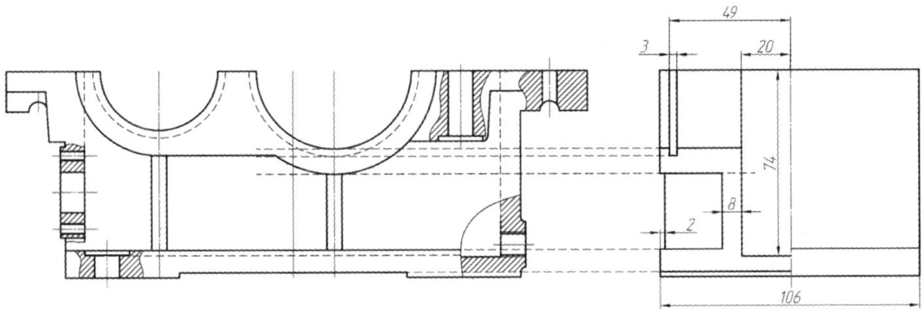 （2）绘制 A—A 半剖视图右半部分轮廓 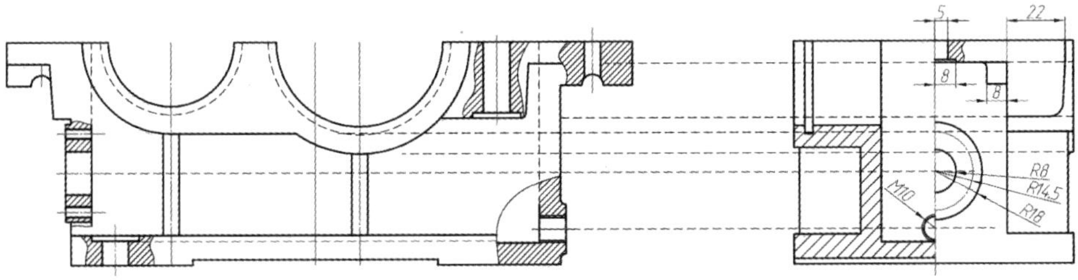
6. 绘制俯视图	（1）将 A—A 视图旋转 90°，绘制俯视图定位线 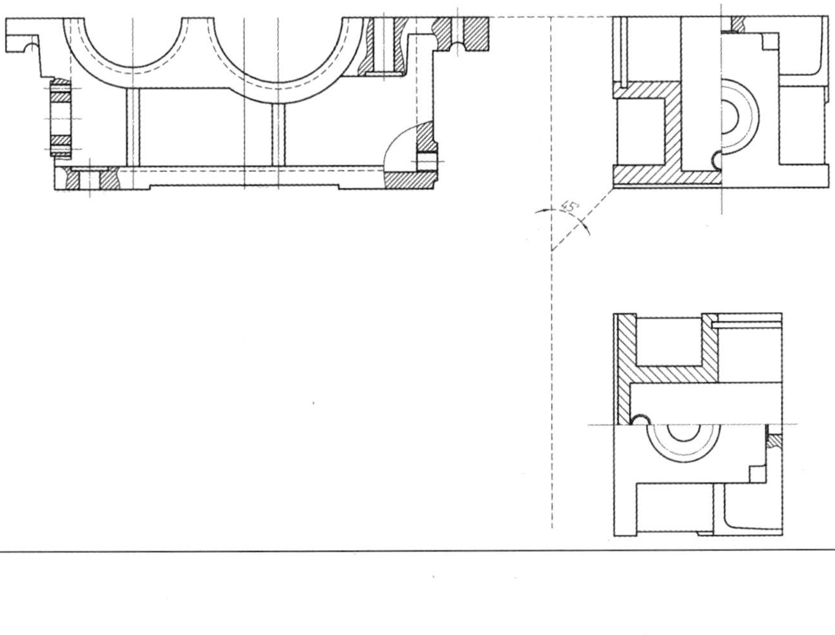

续表

工作步骤	图示说明
	（2）根据三视图投影规律，绘制俯视图及轴承孔轮廓 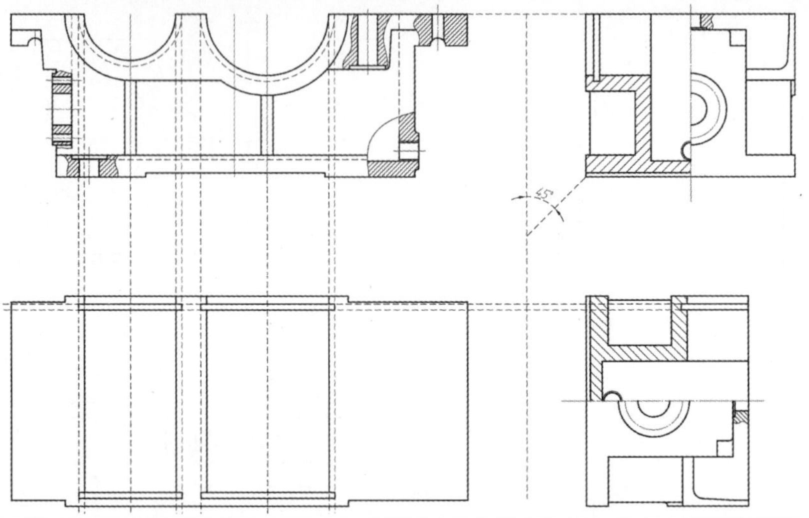
6. 绘制俯视图	（3）绘制俯视图中的孔及沟槽特征 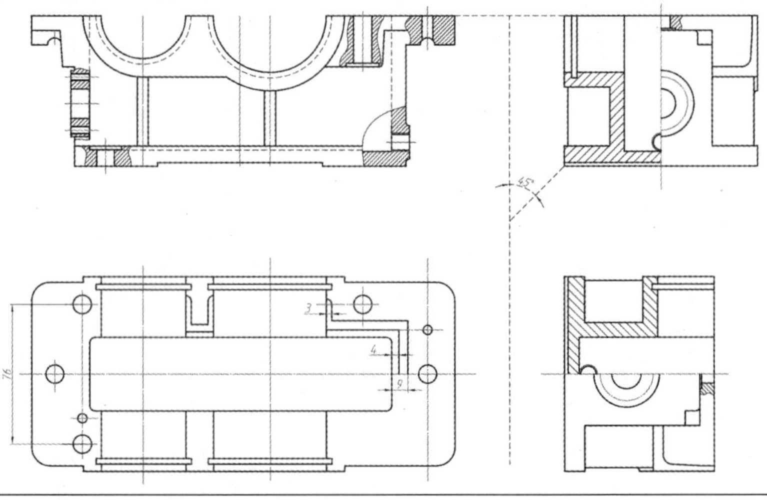
	（4）绘制俯视图右下角局部剖视图并完善细节 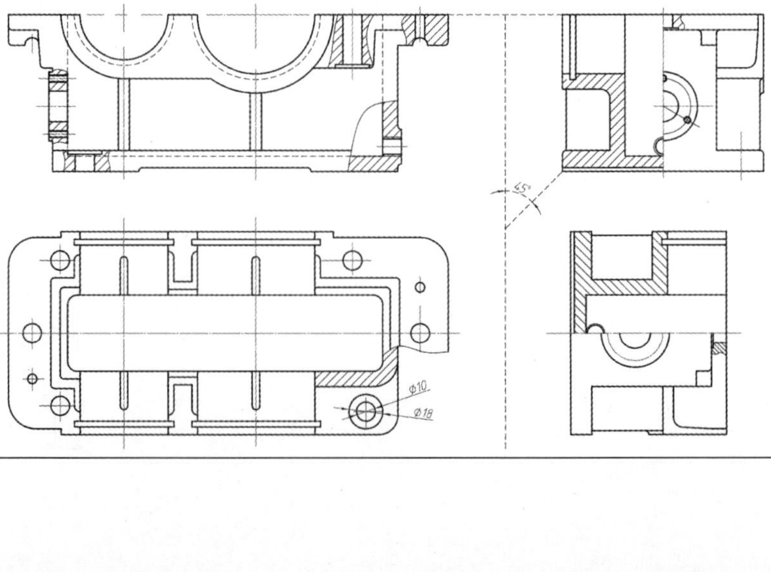

续表

工作步骤	图示说明
7. 绘制 B—B 剖视图	绘制 B—B 剖视图特征
8. 标注尺寸及表面粗糙度	标注尺寸及表面粗糙度
9. 填写技术要求及插入图框，并整理、完善图形	填写技术要求并完善细节

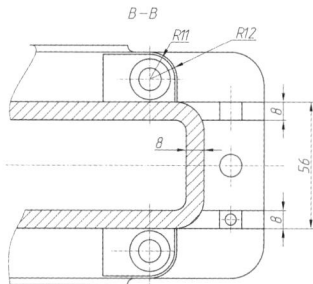

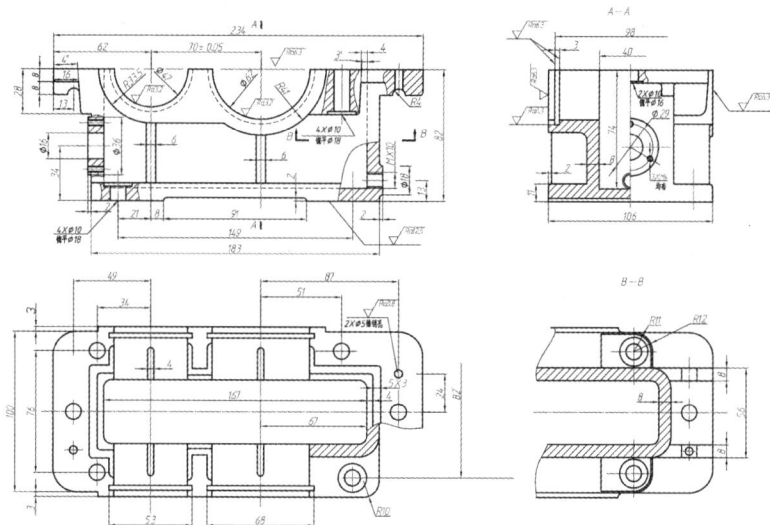

任务小结及评价

一、任务小结

任务名称	识读与绘制减速器箱座零件图
任务实施步骤	视图分析—尺寸基准分析—技术要求分析—绘制主视图—绘制左视图—绘制俯视图—绘制 B—B 剖视图—标注尺寸及表面粗糙度—填写技术要求及插入图框，并整理、完善图形
任务涉及知识点	箱体类零件的结构特点，箱体类零件的视图分析，箱体类零件的尺寸基准及技术要求，箱体类零件图的绘制方法

二、任务评价

评价项目	评价内容	分值	评价分数		改进建议
			自评（30%）	教师评价（70%）	
素质目标（30%）	考勤无迟到、早退、旷课	10分			
	团队合作、沟通能力	10分			
	认真、严谨、细致的作图习惯及标准意识	10分			
知识目标（30%）	熟悉国家标准技术制图的基本规定	10分			
	了解箱体类零件的视图表达方案	10分			
	了解如何正确地标注尺寸，并理解表面粗糙度、尺寸公差和几何公差的意义和标注方法	10分			
技能目标（40%）	能够根据箱体类零件的结构和功能，制订合理的表达方案，包括视图的选择、剖视图的设置、局部放大图的绘制等	10分			
	掌握使用计算机绘图软件绘制箱座零件图的基本方法，绘制出清晰、准确、完整的箱座零件图	20分			
	能够正确运用标注命令，按照国家标准完成箱座零件图的尺寸标注和技术要求的标注，包括表面粗糙度、尺寸公差、几何公差的标注	10分			
小计		100分			
总评	自评（30%）+教师评价（70%）=			教师签名：	

任务拓展

1. 根据下图所示，请回答以下问题

（1）简述该零件的视图表达方法。

（2）在图中指出该零件的主要尺寸基准。

（3）按顺序简述图中尺寸公差的含义。

（4）按顺序简述图中几何公差代号的含义。

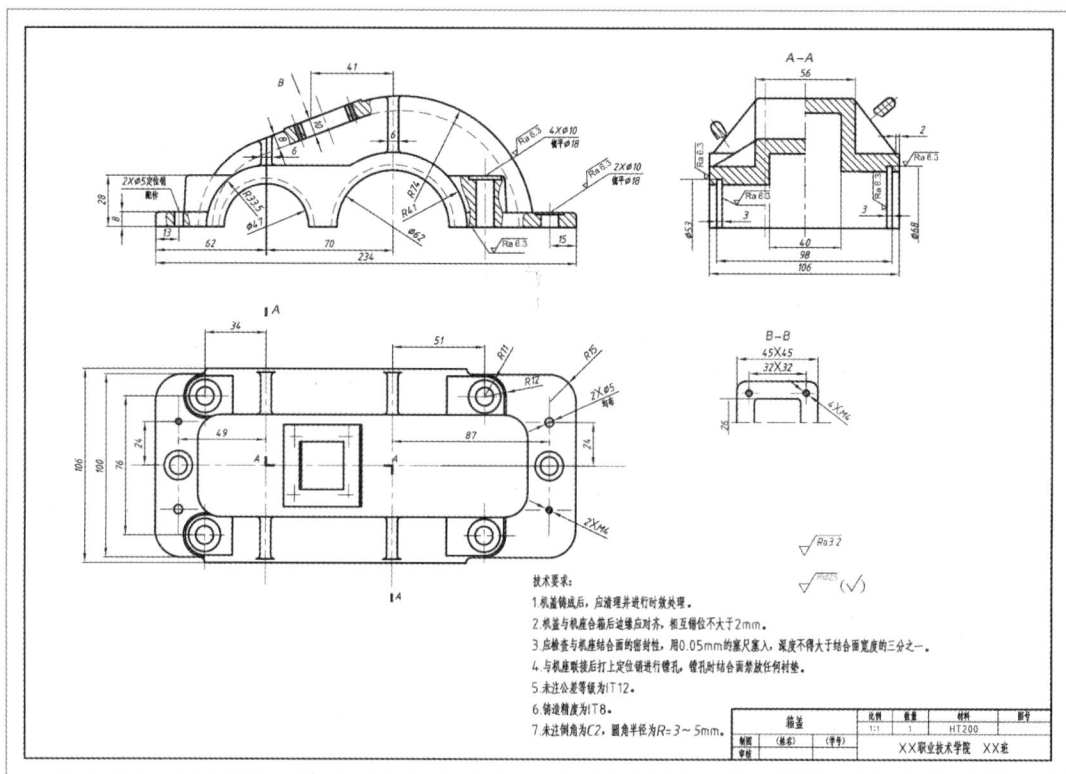

技术要求：
1. 机盖铸成后，应清理并进行时效处理。
2. 机盖与机座合箱后边缘应对齐，相互错位不大于2mm。
3. 应检查与机座结合面的密封性，用0.05mm的塞尺置入，深度不得大于结合面宽度的三分之一。
4. 与机座联接后打上定位销进行铰孔，铰孔时结合面禁放任何衬垫。
5. 未注公差等级为IT12。
6. 铸造精度为IT8。
7. 未注倒角为C2，圆角半径为R=3～5mm。

2. 按照 1:1 的比例，识读并应用计算机绘图软件绘制下图所示的齿轮泵泵体零件图

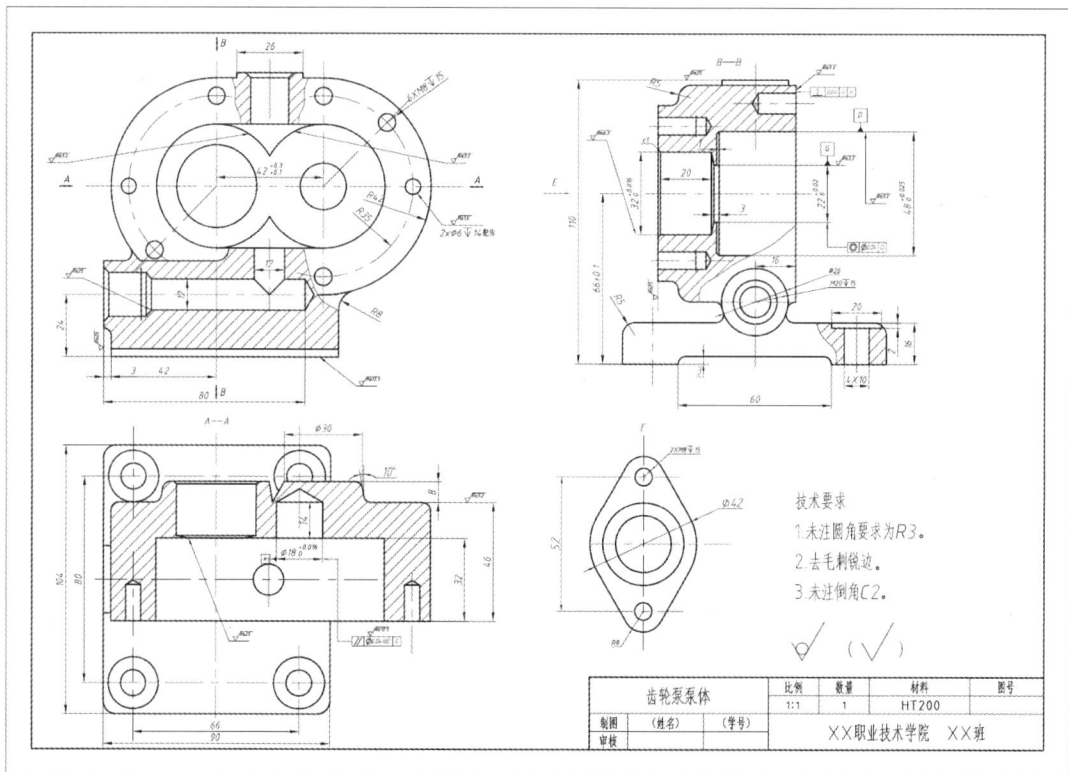

技术要求
1. 未注圆角要求为R3。
2. 去毛刺锐边。
3. 未注倒角C2。

导学案

1. 学习目标

素质目标	• 培养学生忠诚爱国的品格 • 培养学生的规范意识 • 培养学生严谨、细致的学习态度 • 培养学生团结协作的精神
知识目标	• 了解装配图的作用和内容 • 熟悉装配图的表达方法 • 熟悉装配图的尺寸标注和技术要求 • 熟悉装配图的零件序号和明细栏 • 熟悉常见装配工艺结构 • 熟练掌握装配图的识读方法 • 熟练掌握装配图的绘制方法
技能目标	• 具备正确识读装配图的能力 • 具备从装配图中拆画零件图的能力 • 具备应用计算机绘图软件正确绘制装配图的能力
学习重点	• 装配图的表达方法 • 装配图的尺寸标注、技术要求、零件序号、明细栏及常见装配工艺结构 • 识读装配图的方法 • 绘制装配图的方法
学习难点 （预判）	• 识读装配图 • 绘制装配图

2. 知识图谱

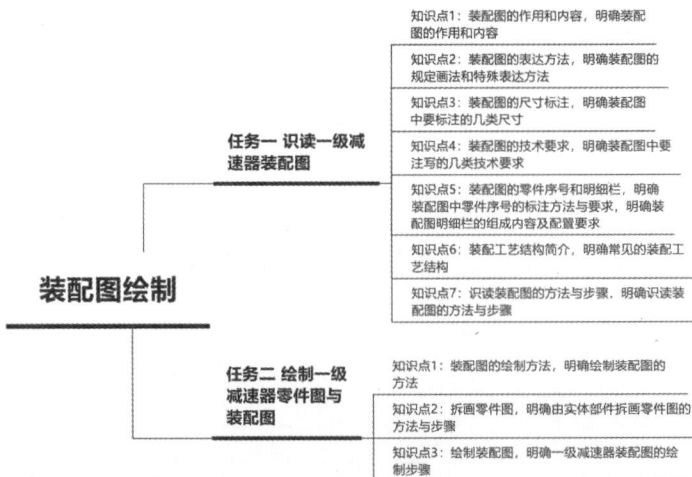

任务一　识读一级减速器装配图

任务导入

任务情境	××制造企业接到一批减速器的装配任务，需要装配车间的工作人员快速识读该减速器的装配图并完成减速器的装配。作为装配车间的工作人员，你需要在规定时间内完成装配图（见图 6-1）的识读任务，以便进行减速器的装配
任务图例	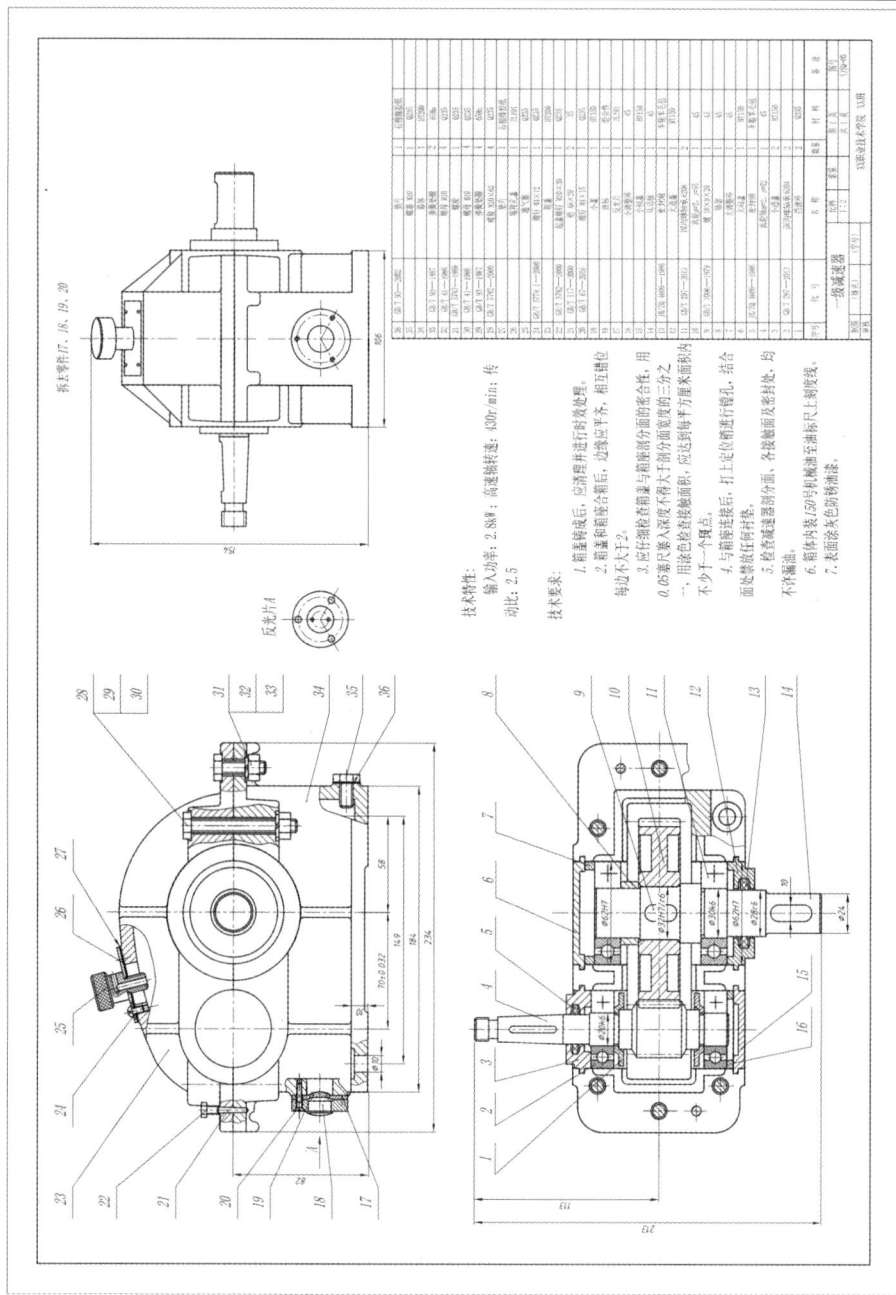图 6-1　减速器装配图

知识储备

一、装配图的作用和内容

1. 装配图的作用

任何机器、部件都是由若干零件按照一定关系装配而成的。装配图是用来表达机器或部件各零件间的联接关系、装配关系及技术要求的图样。它反映了机器或部件的工作原理，零件间的装配关系、传动路线及主要零件的结构形状，是装配机器或部件时的主要依据，也是安装、调试、维修机器或部件的主要技术文件。

2. 装配图的内容

如图 6-1 所示，一张完整的装配图一般包括以下几部分内容。

（1）一组必要的视图。用一组必要的视图来表达机器或部件的构造、工作原理，零件间的装配关系、联接关系及传动路线，同时表达主要零件的结构特征。

（2）一系列必要的尺寸。机器或部件的规格（或性能）尺寸、总体尺寸、安装尺寸、装配尺寸及其他重要尺寸都要体现在装配图中。

（3）技术要求。用文字或符号说明机器或部件性能、装配、检验、安装、调试以及使用、维修等方面的要求。

（4）零件序号及明细栏。装配图中，采用零件序号和明细栏相结合的方式来标明零件的名称、材料、数量及标准件的规格、数量与标准号等。

（5）标题栏。标题栏用来填写机器或部件的名称、绘图比例、质量、图号、设计单位及设计者姓名等信息。

二、装配图的表达方法

装配图的表达方法与零件图基本相同，但装配图表达的重点在于反映机器或部件的工作原理，零件间的装配关系、联接关系和主要零件的结构特征，所以装配图除了规定画法之外，还有一些特殊的表达方法。

1. 规定画法

项目四中所介绍的螺纹紧固件的联接画法实质上就是一种简单装配图的画法。下面对装配图的规定画法（见图 6-2）进行总结。

（1）两相邻零件的接触表面和配合表面只画一条线；两相邻零件的非接触表面和非配合表面，不论其间隙多小，都必须画两条线（为保证图线清晰，通常采用夸大画法）。

（2）两相邻零件的剖面线方向应相反，当相邻零件的剖面线方向相同时，其间隔必须不同，但同一零件在各视图中的剖面线方向和间隔应保持一致。若零件厚度在 2mm 以下，允许涂黑以代替剖面符号。

图 6-2　装配图的规定画法

（3）当剖切平面纵向剖切螺栓、螺钉、螺母、销、键及实心轴、手柄、球等零件时，均按不剖绘制。当这些零件上有联接关系（如键联接、销联

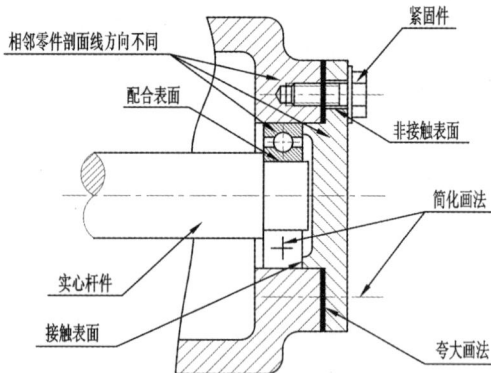

接等）需要表达时，可采用局部剖视图进行表达。

2. 特殊表达方法

（1）沿结合面剖切

绘制装配图时，可根据需要沿某些零件的结合面选取剖切平面，这时在结合面上不画剖面线，但被剖切平面横向剖切的螺栓、螺钉、销、键、实心轴及手柄等零件必须画出剖面线。图 6-3 所示为减速器的俯视图，为了表达减速器内部零件的装配情况，其俯视图是沿箱体与箱盖的结合面进行剖开后画出的。

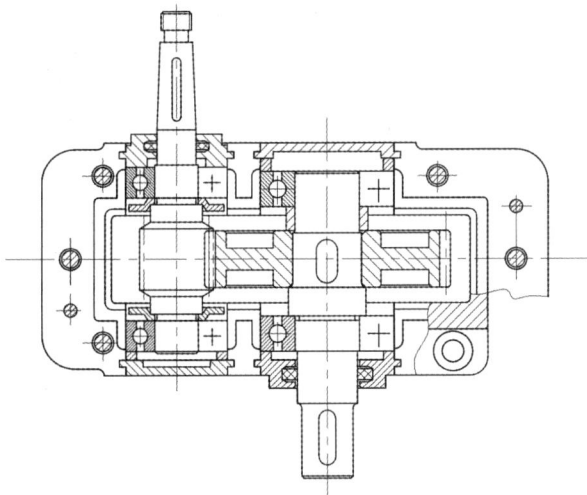

图 6-3　装配图的特殊画法（沿结合面剖切）

（2）拆卸画法

在装配图的某个视图中，当某些可拆卸零件遮挡了所需表达的结构时，可假想将这些零件拆去后再画视图，必要时在视图正上方注明"拆去零件××"，如图 6-4 所示。

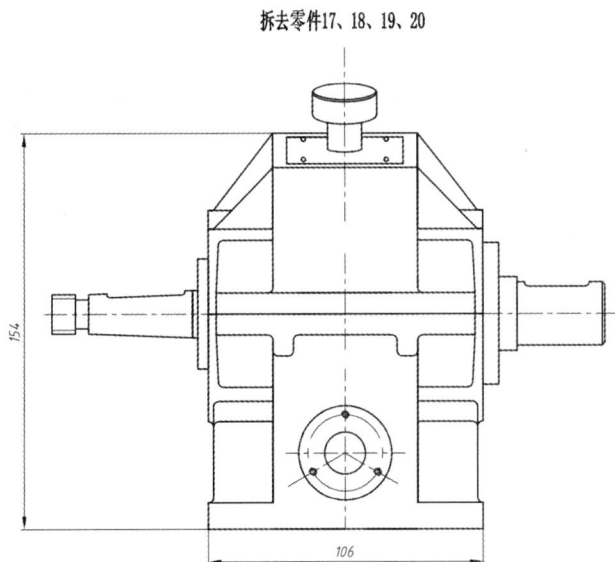

拆去零件17、18、19、20

图 6-4　装配图的特殊画法（拆卸画法）

（3）假想画法

当需要表达装配图中某零件的运动极限位置时，要用细双点画线画出该零件的极限位置轮廓；当需要表达与本装配体有关但又不属于本装配体的相邻零件时，要用细双点画线画出其部分相关轮廓，如图 6-5 所示。

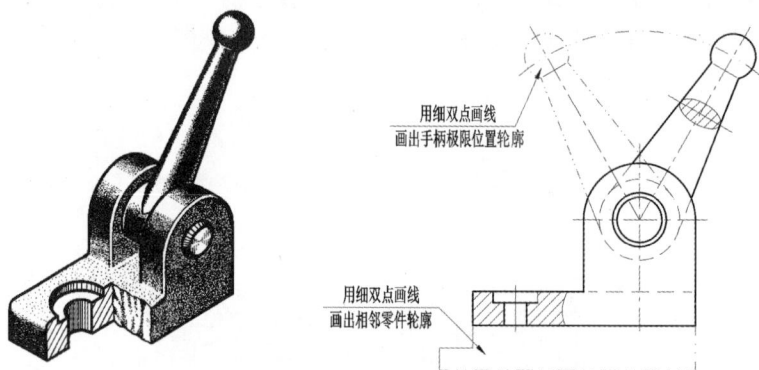

用细双点画线画出手柄极限位置轮廓

用细双点画线画出相邻零件轮廓

图 6-5　装配图的特殊画法（假想画法）

（4）夸大画法

某些薄片零件、微小间隙、细丝弹簧等按其实际尺寸在装配图中难以清晰表达，此时可采用夸大画法来表达。图 6-2 中的垫片及紧固件联接的非接触表面就采用了夸大画法来表达。

（5）简化画法

① 多个相同规格的零件组（如螺栓、螺母、垫片组件）只需画出其中一组的装配关系，其余可用细点画线表示其安装位置，如图 6-2 中的紧固件。

② 零件的一些工艺结构（如小圆角、倒角、退刀槽等）允许不画。螺钉的头部和螺母允许按简化画法画出，如图 6-2 紧固件中的螺钉。

（6）单独表达某零件

在装配图中，可以单独画出某一零件的视图，但必须在所画视图的上方注出该零件的名称与字母（例如反光片 A），在相应视图的附近用箭头指明投射方向，并在箭头上注出同样的字母（例如 A），如图 6-6 所示。

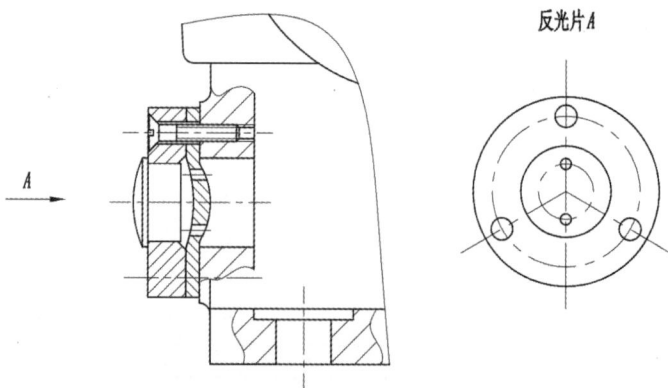

反光片 A

A

图 6-6　装配图的特殊画法（单独表达某零件）

三、装配图的尺寸标注

零件图是制造零件的直接依据，而装配图是表达部件的图样，所以装配图中不需要将所有零件的尺寸注出，只需注出该部件的性能（或规格）尺寸、装配尺寸、安装尺寸、总体尺寸等相关尺寸。

1. 性能（或规格）尺寸

性能（或规格）尺寸表明该部件的性能（或规格），是设计的一个重要数据，在画图之前就已明确。图 6-1 俯视图中的从动轴伸出端的直径 $\phi24$ 及键槽宽度 10 反映了该从动轴上所安装的联轴器的直径及键的宽度。

2. 装配尺寸

装配尺寸包含两部分。一是零件之间的配合尺寸，如图 6-1 俯视图中的 $\phi32H7/r6$；二是与装配有关的零件之间的相对位置尺寸，如图 6-1 主视图中的 82、70±0.032。

3. 安装尺寸

安装尺寸是指把部件安装到其他设备上或地基上所需要的尺寸，如图 6-1 中主视图箱体上安装孔的直径 $\phi10$、深度 10 及孔间距 149。

4. 总体尺寸

总体尺寸是指部件的长度、宽度、高度 3 个方向的尺寸，明确了部件所占空间的大小，是部件安装、包装、运输、车间平面布置的依据，如图 6-1 中的 234、213 和 154。

5. 其他重要尺寸

除了以上 4 类尺寸外，考虑到部件的装配以及零件设计的需要，有时还需注出运动件的运动范围尺寸、主要零件的主要尺寸（如图 6-1 中的 184、106）、轴向零件的定位尺寸链等一些其他尺寸。

在标注时，并不是所有部件都具备这 5 类尺寸，需根据部件的构造情况进行标注。有时，同一个尺寸可能具有不同的意义，如图 6-1 主视图中的 234，它既是总体尺寸，又是主要零件的主要尺寸。

四、装配图的技术要求

由于机器的功能、要求各不相同，因此其技术要求也会不同。必要时，可参照同类产品确定。

装配图中一般要注写以下几类技术要求。

1. 装配要求

装配要求指部件在装配过程中需注意的事项及装配后应满足的要求，如准确度、装配间隙、润滑要求等，如图 6-1 所示。

2. 检测要求

检测要求指对部件基本性能的检验、试验的条件和要求。

3. 其他要求

其他要求指对部件的性能（或规格）、包装、运输及维护、保养、使用的注意事项及要求。

装配图中的技术要求一般用文字注写在图纸下方的空白处。

装配图的尺寸标注

装配图的技术要求

五、装配图的零件序号和明细栏

为了方便进行读图、图样管理和生产准备等工作，装配图中的零件应进行编号，这种编号便是零件的序号。装配图中零件序号及编排方法应遵循国家标准 GB/T 4458.2—2003，且零件的序号和名称、数量、材料等信息应自下而上填写在标题栏上方的明细栏中。

1. 零件编号

（1）装配图中所有的零件都要编号，且编号应与明细栏中的序号对应。

（2）装配图中的一个零件只可编写一个序号，相同的零件在明细栏中注出对应的数量即可；零件的序号一般只标注一次，若多处出现，必要时也可重复标注。

（3）装配图中序号的标注方法。零件的序号标注包括指引线、基准线和数字 3 个部分。指引线的起始端位于所要编号的零件的可见轮廓内，为一个圆点，然后从圆点处开始画指引线，在指引线的另一端画一条水平基准线，序号数字注写在水平基准线上。一般序号的字号比该装配图中所标注尺寸的字号大一号。序号标注示例如图 6-7（a）所示。

很薄的零件或涂黑的剖面内不便画圆点时，可用指向该部分轮廓的箭头代替圆点，如图 6-7（b）所示。

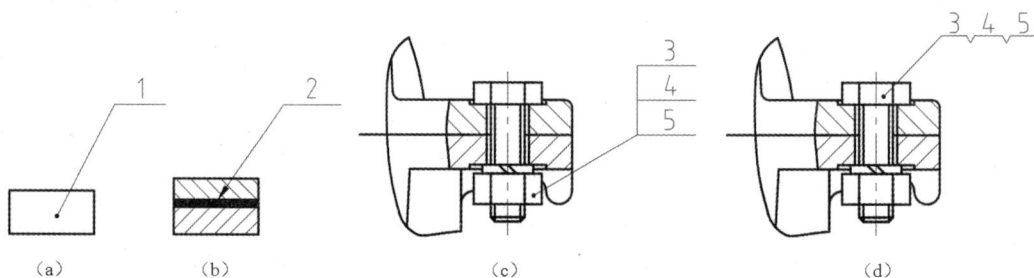

图 6-7　装配图中序号的标注方法

（4）一组紧固件或是装配关系清楚的零件组可采用公共指引线，如图 6-7（c）、图 6-7（d）所示；装配图中的标准化组件（如油杯、油标、滚动轴承等）可作为一个整体，只编写一个序号。

（5）装配图中序号应按顺时针或逆时针方向顺次排列整齐，若在整个图上无法顺次排列，应尽量在每个水平或垂直方向顺次排列。相邻零件的指引线不能交叉，指引线也不能与相邻的图线平行。

2. 明细栏

明细栏一般由序号、代号、名称、数量、材料、备注等组成，也可根据实际需要进行增减，在校学生可参考图 6-8 所示的明细栏格式进行绘制。

明细栏包含全部零件的详细目录，一般配置在标题栏上方，零件序号按由下而上的顺序填写，顶线用细实线绘制，方便增加零件时继续往上画格。当位置不够时，可紧靠在标题栏的左侧自下而上延续。当装配图中的位置不足以配置明细栏时，可将明细栏作为装配图的续页用 A4 幅面单独给出，其顺序由上而下，并可连续加页，且需在明细栏下方配置与装配图完全一致的标题栏。

8	40	62	10	30	30	7

序号	代 号	名 称	数量	材 料	备 注	14

部件名称	比例	重量	第 页 共 页	图号

制图	（姓名）	（学号）	××职业技术学院××班
审核			

图 6-8　装配图中的明细栏与标题栏

六、装配工艺结构简介

在设计部件时，应考虑装配结构是否合理，以保证机器性能可靠且便于安装，以及维修时拆卸方便。下面简要介绍常见的装配工艺结构。

1. 接触面与配合面结构

（1）螺纹紧固件联接的接触面需经过机械加工以保证接触良好，为合理减少加工量，通常将被联接件的接触面制成凹孔（沉孔）或凸台，如图 6-9 所示。

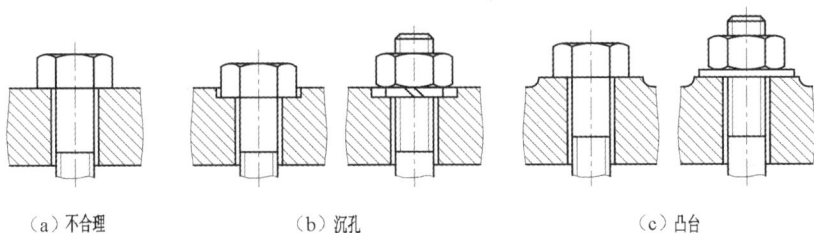

（a）不合理　　　　（b）沉孔　　　　（c）凸台

图 6-9　螺纹紧固件与被联接件的接触面结构

（2）为降低零件加工和装配的困难，两个零件在同一方向上的接触面只能有一个，如图 6-10 所示。

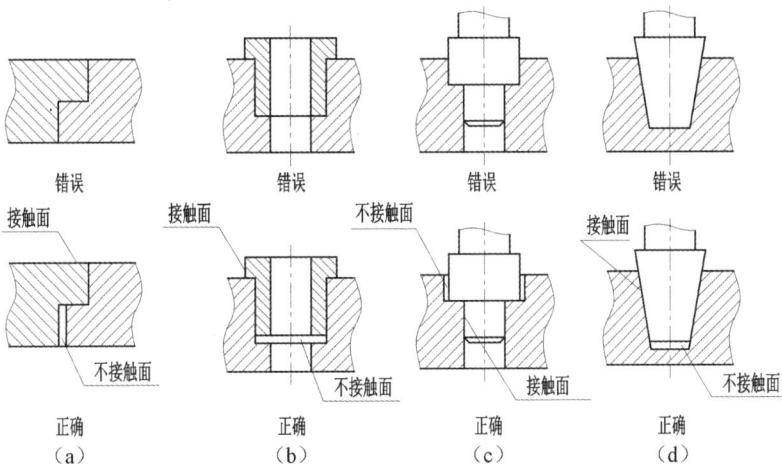

图 6-10　同一方向只有一个接触面的示例

（3）孔轴配合时，若端面需互相接触，孔应进行倒角或在轴的根部加工槽，以保证端面接触良好；且配合的轴段长度应小于孔的长度，以保证轴端紧固联接，如图 6-11 所示。

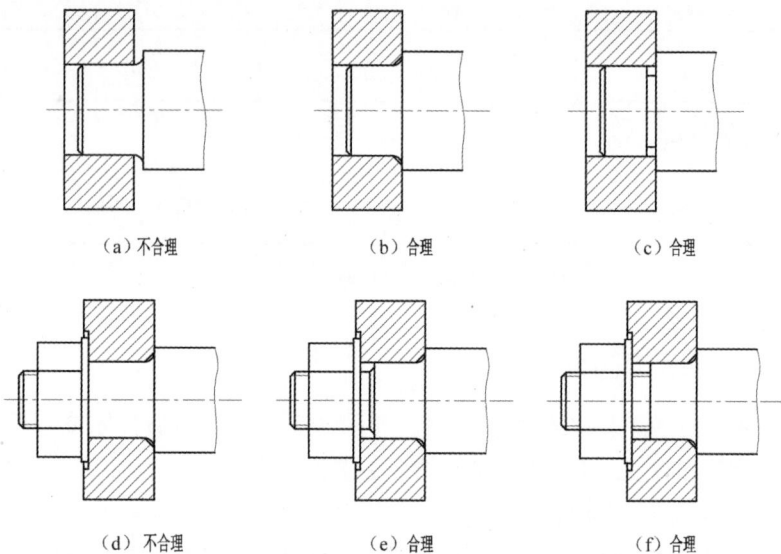

（a）不合理　　　　　　（b）合理　　　　　　（c）合理

（d）不合理　　　　　　（e）合理　　　　　　（f）合理

图 6-11　孔轴配合时的结构

2. 安装与拆卸结构

（1）进行螺栓联接时，孔与箱壁之间应留有足够的空间，以保证安装方便，如图 6-12 所示。

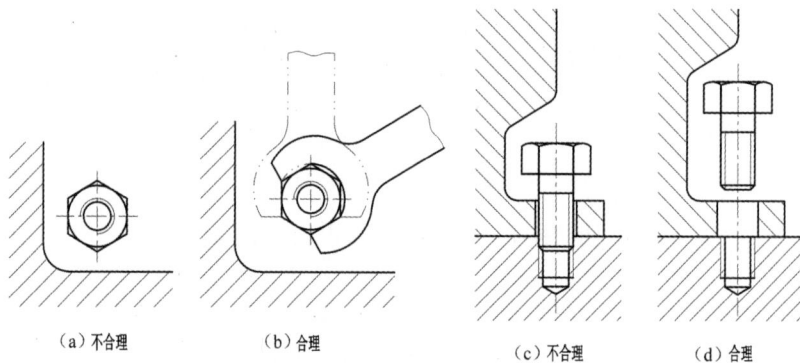

（a）不合理　　　　（b）合理　　　　（c）不合理　　　　（d）合理

图 6-12　螺栓联接时的结构

（2）销定位时，应将销孔做成通孔，以便进行加工及销轴的拆卸，如图 6-13 所示。

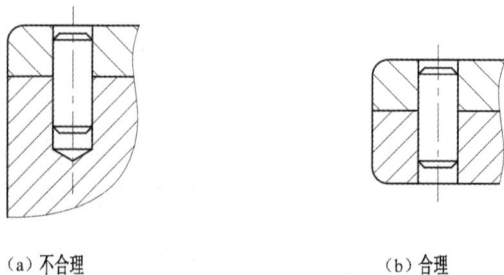

（a）不合理　　　　　　　　　　　　　（b）合理

图 6-13　销定位结构

（3）为了防止滚动轴承在运动时发生轴向窜动，应将其内、外圈沿轴向顶紧。为了便于进行轴承的拆卸，与轴承外圈结合的孔径及与内圈结合的轴肩直径应取合适的尺寸，如图 6-14 所示。

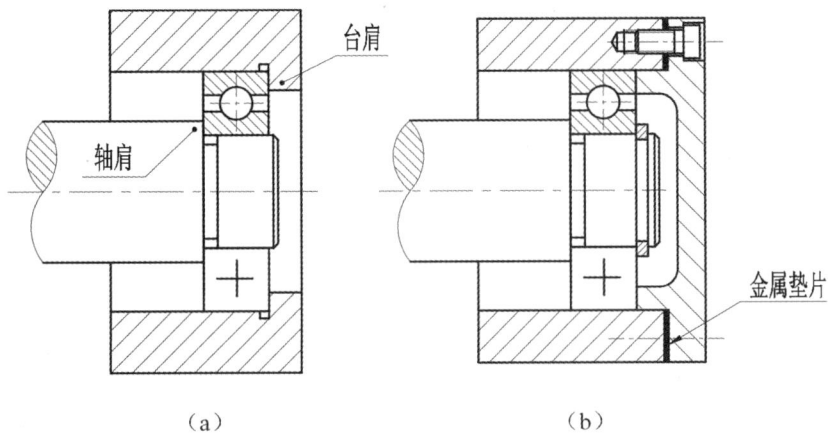

（a）　　　　　　　　　　　（b）

图 6-14　滚动轴承的轴向固定

3. 密封结构

密封的目的是防止部件内部的气体或液体往外渗漏，同时防止外界灰尘、水蒸气或其他杂物进入内部。密封的方式有很多，常见的有以下几种。

（1）采用垫片密封。图 6-15（a）中，为防止流体沿零件结合面向外渗漏，在两个零件之间增加垫片，实现密封的同时还改善了零件间的接触性能。

（2）采用密封圈密封。图 6-15（a）中，在槽内放置密封圈（胶圈或毡圈），密封圈受压后会紧贴零件表面，从而发挥密封作用。若采用毡圈密封，端盖上的孔径要大于轴径，以留出适当间隙。

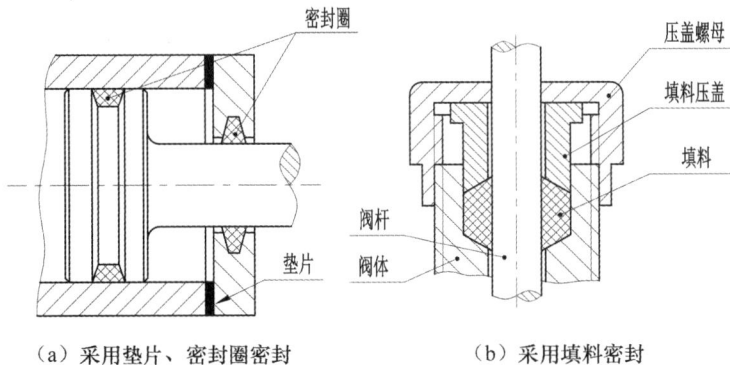

（a）采用垫片、密封圈密封　　　　　（b）采用填料密封

图 6-15　密封装置

（3）采用填料密封。采用填料密封是阀门上常用的密封方式。图 6-15（b）中，为防止液体沿阀杆与阀体的间隙渗漏，在阀体上制作一个空腔，将填料装于空腔内，压紧填料压盖时，填料便充满空腔，从而起到防漏、密封的作用。绘图时，填料压盖与阀体端面之间应留有间隙，以保证将填料压紧。轴与填料压盖之间也应留有间隙，以免阀杆转动时发生摩擦。

七、识读装配图的方法与步骤

在生产、维修和使用等过程中，经常要识读装配图，旨在了解该机器或部件的性能、工作原理、装配关系、具体结构和装拆顺序。例如在设计时，需要参阅相关装配图，并根据装配图拆画零件图；装配机器时，也需要按照装配图的要求来安装各零部件。因此，机械相关行业的从业人员必须掌握识读装配图的方法，并能根据装配图拆画零件图。

1. 识读装配图的方法

识读装配图的目的是了解部件的名称、用途、性能及工作原理，弄清各零件之间的相对位置关系、装配关系及装拆顺序，弄懂各零件的主要结构形状及作用。机器或部件一定具有某种特定的功能或用途，而这些功能或用途又通过若干个零件的共同作用来实现。所以，在识读装配图时，可以采用功能分析方法，通过机器或部件的名称大致了解其功用，再沿着其传动路线，逐步弄清各零部件的结构、装配关系及对功能的实现方法。

2. 识读装配图的步骤

下面以齿轮油泵为例来说明识读装配图的一般步骤。齿轮油泵的装配图如图 6-16 所示。

（1）概括了解

从标题栏可以了解部件的名称、设计单位及质量等内容，由部件的名称及视图的样貌可大致了解该部件的用途及工作原理；从明细栏可了解零件的数量，估计部件的复杂程度。

图 6-16 中，从标题栏可知该部件是一个齿轮油泵，主要通过一对相互啮合的齿轮在泵体内旋转时形成的工作容积变化来实现油液的吸入和排出。从明细栏中可以看出，齿轮油泵由 18 种零件组成，其中标准件有 8 种，其余零件为非标准件。从绘图比例和图中标注的尺寸来看，这是一个小型的齿轮油泵。

（2）分析视图

对各视图进行分析，明确各视图的名称和表达方法，找出各视图、剖视图、断面图之间的对应关系及表达意图，为深入看图做准备。

该装配图共有两个视图。主视图采用了两种剖切方法，首先用两个相交的剖切面进行全剖，再在泵体底部进行局部剖，清晰地表达了齿轮油泵内部零件的装配关系及传动路线，局部剖视图则表达了齿轮油泵泵体安装孔的结构形状。左视图采用沿结合面剖切的半剖视图，表达了齿轮油泵的外形轮廓、进出油孔的结构形状及安装尺寸。下方双点画线表达了与齿轮油泵泵体相联接的零件的形状。

该齿轮油泵的装配图仅用了两个视图，不仅将齿轮油泵内部各零件的装配情况表达得很完整，同时还将主要零件的结构形状表达得很清楚。

（3）分析工作原理和传动路线

对于简单的装配体，可由装配图直接分析其传动路线及工作原理；若装配体比较复杂，可以借助产品说明书来理解。

分析时，应从装配体的传动入手。该部件以泵体为支承零件，轴与轴上的零件为主体零件，电动机的旋转运动通过传动带传递给带轮 18，带轮 18 与轴 12 通过键联接进行传动，轴 12 通过键联接带动主动齿轮 6 转动，主动齿轮 6 推动被动齿轮 5 转动，从而实现齿轮油泵中齿轮的传动，以此达到吸入与排出油液的目的。

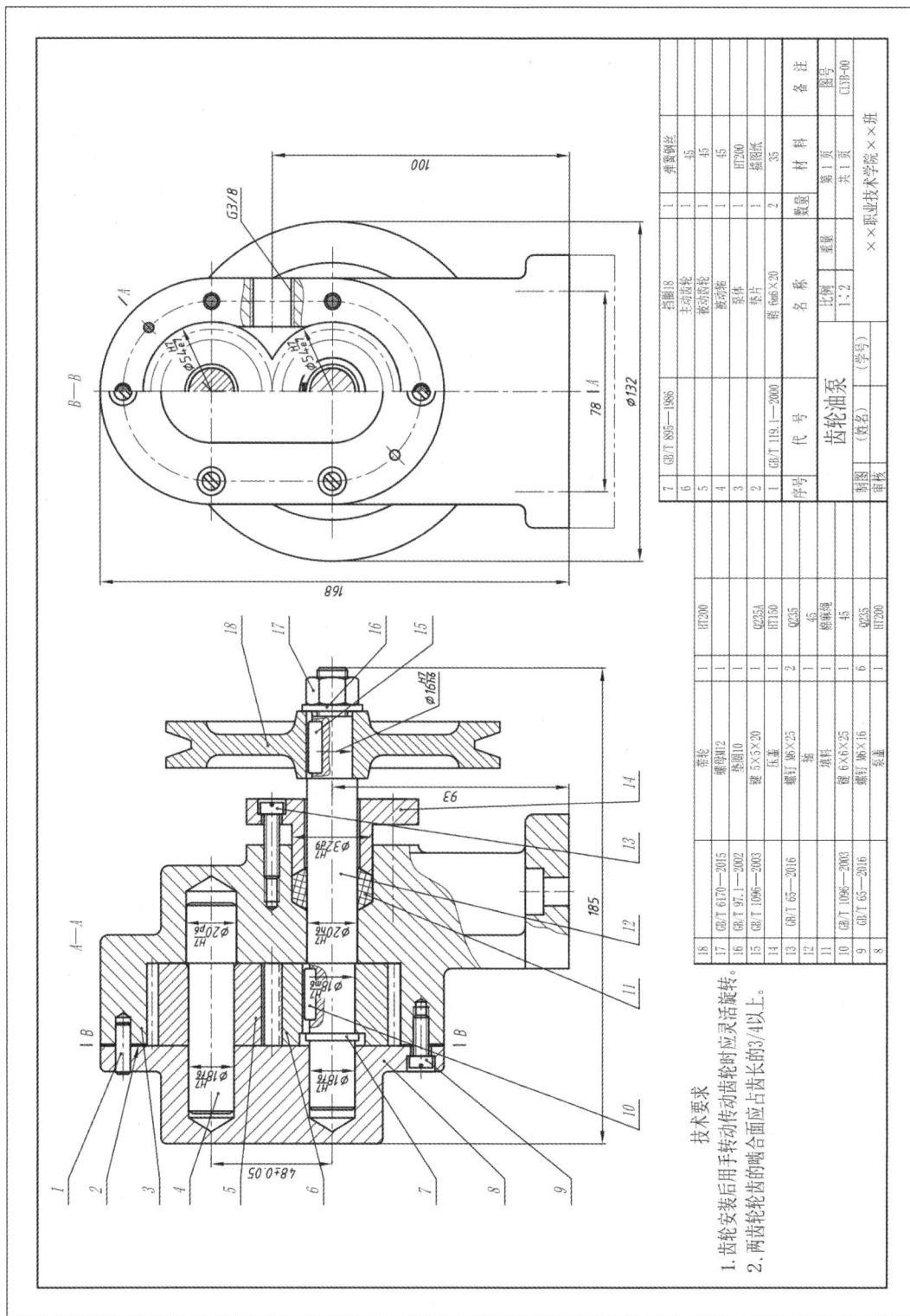

图 6-16 齿轮油泵装配图

技术要求
1. 齿轮安装后用手转动传动齿轮时应灵活旋转。
2. 两齿轮轮齿的啮合面应占齿长的3/4以上。

18		齿轮		HT200		
17	GB/T 6170—2015	螺母M12				
16	GB/T 97.1—2002	垫圈10				
15	GB/T 1096—2003	键 5×5×20		Q235A		
14		压盖		HT150		
13	GB/T 65—2016	螺钉 M5×25	2	Q235		
12		填料		45		
11		螺堵压紧圈		铜焊塑料		
10	GB/T 1096—2003	键 6×6×25		Q235		
9	GB/T 65—2016	螺钉 M5×16	6			
8		泵盖	1	HT200		

7	GB/T 895—1986	挡圈18	1	弹簧钢丝		
6		主动齿轮	1	45		
5		被动齿轮	1	45		
4		被动轴	1	HT200		
3		泵体	1	铝焊锡		
2		垫片	2	35		
1	GB/T 119.1—2000	销 6m6×20				
序号	代 号	名 称	数量	材 料		备 注

	齿轮油泵	比例 1:2		图号 CJJB-00
		重量		第1页 共1页
制图		（学号）		
审核		（姓名）	××职业技术学院××班

（4）分析装配关系

分析装配体的装配关系时，可以从装配关系、传动路线较明显的视图入手，抓住主要的传动路线及各零件的装配关系，逐一分析各零件的装配关系与联接关系，为分析零件的结构形状做准备。

零件间的装配关系：被动轴 4 与泵盖 8 之间的配合尺寸为 $\phi18H7/f6$，属于基孔制间隙配合；被动轴 4 与泵体 3 之间的配合尺寸为 $\phi20H7/p6$，属于基孔制过盈配合；轴 12 与主动齿轮 6 之间的配合尺寸为 $\phi18H7/m6$，属于基孔制过渡配合；压盖 14 和泵体 3 之间的配合尺寸为 $\phi32H7/d9$，属于基孔制间隙配合。

零件间的联接关系：轴 12 和被动轴 4 分别安装在泵体 3 上，主动齿轮 6 通过挡圈 7 与键 10 固定在轴 12 左端，被动齿轮 5 安装在被动轴 4 上，压盖 14 通过螺钉 13 固定并压紧填料 11 进行密封，带轮 18 通过键 15、垫圈 16、螺母 17 固定在轴 12 右端，泵盖 8 与泵体 3 之间通过圆柱销 1 进行定位，采用垫片 2 进行密封，由 6 颗螺钉进行锁紧。

（5）分析零件的结构形状

理清装配关系和联接关系后，从主要零件入手，逐一想象出各零件的主要结构形状。根据同一零件在各视图中的剖面线的方向及间隔一致这个原则，找出各视图中与零件序号指引线所在零件剖面线方向、间隔一致的剖面区域，再根据投影关系及相邻零件的装配情况，逐渐想象出该零件的主要结构形状。齿轮油泵的立体图如图 6-17 所示。

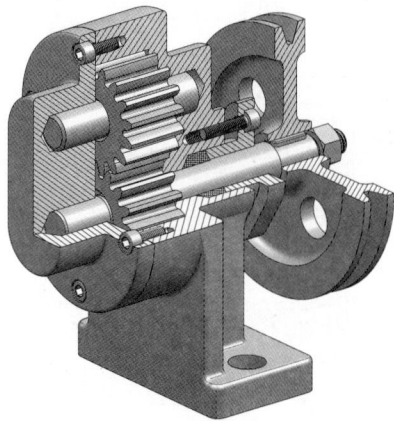

图 6-17　齿轮油泵的立体图

工作案

1. 概括了解	从图 6-1 的标题栏可知该部件是一级减速器，再由俯视图的内部细节可知该一级减速器利用齿轮传动原理来实现转速的降低，且只有一对齿轮传动；从绘图比例和图中标注的尺寸来看，这是一个小型的减速器；根据明细栏可知，它共有 36 种零件，是一个复杂的装配体
2. 视图分析	主视图主要表达了整个一级减速器的结构与外形，并在上面进行了局部剖视，表达了箱盖 23 与箱体 34 之间的圆锥销定位、螺栓联接的情况及上方窥视孔盖 26 与通气塞 25 的装配情况。按照装配图的规定画法，螺栓、弹簧垫圈及螺母等紧固件与实心杆件均按不剖绘制。另外，采用了单独表达的画法，清楚表达了反光片 17 的结构形状。

续表

2. 视图分析	俯视图采用了沿结合面剖切的画法，沿着箱盖 23 与箱体 34 的结合面进行剖切，结合面上不画剖面线，但被剖切面横向剖切的螺栓、圆锥销等零件均画出剖面，表达其位置。齿轮轴 4 和从动轴 14 为实心杆件，剖切面纵向剖切，所以按不剖绘制；而轴上零件则被全剖，以此来表达轴上各零件的装配关系；轴承采用规定画法进行绘制，表明其类型。这种剖切方法不仅将一级减速器内部各零件的装配情况表达得很完整，同时也将主要零件的结构形状表达得很清楚
3. 分析工作原理和传动路线	一级减速器的俯视图反映了其传动路线及工作原理，齿轮轴 4 为主动轴，外部输入的旋转运动通过齿轮轴 4 传递给齿轮 10，齿轮 10 通过键 9 联接带动从动轴 14 转动，由从动轴 14 将旋转运动输出。由于齿轮 10 的齿数大于齿轮轴 4 的齿数，因此输出转速按一定比例低于输入转速，从而起到减速的作用
4. 分析装配关系	该一级减速器以齿轮轴 4 和从动轴 14 为主体零件，将挡油环 1、深沟球轴承 2、小透盖 3、密封圈 5 从两端分别安装在齿轮轴 4 上；将齿轮 10 通过键 9 安装在从动轴 14 上，再从两端分别安装轴套 8、深沟球轴承 11、大透盖 12、密封圈 13；以箱体 34 为支承件，将安装好轴上零件的齿轮轴 4 和从动轴 14 放在箱体内，在齿轮轴 4 封闭端安装小调整环 16 和小闷盖 15。在从动轴 14 封闭端安装大调整环 7 和大闷盖 6。安装好箱体内部零件后，盖上箱盖 23，将圆锥销 21 放到圆锥孔内进行定位，再将螺栓、垫圈、螺母等紧固件进行联接，使装配牢固，完成主体部分的装配。最后，完成箱体及箱盖上细节部分的安装，安装排油孔的垫片 36 和螺塞 35、安装窥视孔的垫片 27、窥视孔盖 26 和螺钉 24，以及左侧油位显示处的反光片 17、油标 18、小盖 19、螺钉 20
5. 分析零件的结构形状	根据明细栏中的零件序号和视图中剖面线的方向，从主视图中逐一将各个零件的轮廓分离出来。一级减速器的主要零件有箱盖 23、箱体 34、齿轮轴 4、从动轴 14、齿轮 10、大透盖 12、小透盖 3、大闷盖 6、小闷盖 15、通气塞 25。其他零件及紧固件比较简单，容易分析
6. 归纳总结	归纳总结，想象出一级减速器的内外部结构形状，如下图所示 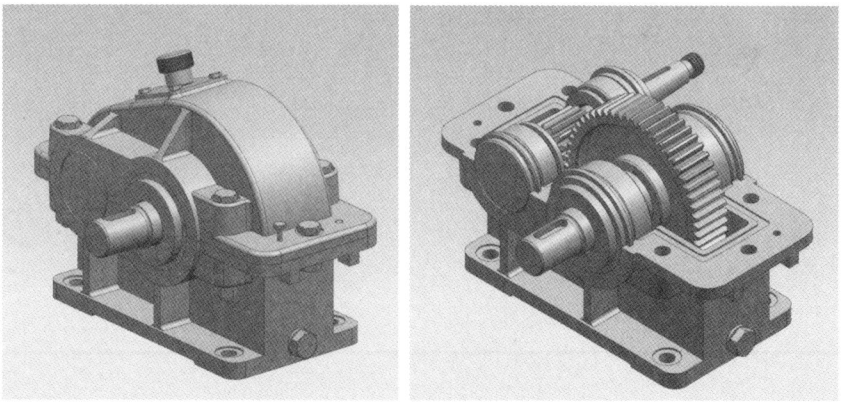

任务小结及评价

一、任务小结

任务名称	识读一级减速器装配图
任务实施步骤	概括了解—视图分析—分析工作原理和传动路线—分析装配关系—分析零件的结构形状—归纳总结
任务涉及知识点	装配图的作用与内容，装配图的表达方法，装配图的尺寸标注，装配图的技术要求，装配图的零件序号和明细栏，装配工艺结构简介，识读装配图的方法与步骤

二、任务评价

评价项目	评价内容	分值	评价分数		改进建议
			自评（30%）	教师评价（70%）	
素质目标（30%）	考勤无迟到、早退、旷课	5分			
	团队合作、沟通能力	5分			
	认真、严谨、细致的作图习惯	10分			
	严格遵循国家标准技术要求的规范意识	10分			
知识目标（30%）	熟悉装配图的作用、内容、表达方法	10分			
	熟悉装配图的尺寸标注和技术要求、零件序号和明细栏	10分			
	熟悉常见装配工艺结构	10分			
技能目标（40%）	具备正确识读装配图的能力	40分			
小计		100分			
总评	自评（30%）+教师评价（70%）=			教师签名：	

任务拓展

读球阀装配图，回答下列问题。

（1）观察球阀装配图，该球阀由_____种零件组成。其中，属于轴类零件的有_____，属于箱体类零件的有_____，属于盘盖类零件的有_____，属于标准件的有_____。

（2）分析球阀装配图，该装配图共由_____个图形组成。其中，基本视图有_____个。主视图采用了_____剖形式，零件 11A 为_____画法。左视图采用了_____剖形式，零件 1B 为_____画法。俯视图采用了_____剖形式和_____、_____画法。

（3）零件 5、零件 8 在主视图中进行了区域涂黑，是因为_____。

（4）图中尺寸标注 ϕ16H11/d11 是零件_____与零件_____的_____尺寸，是基_____制_____配合。

（5）图中尺寸标注 ϕ54H11/d11 是零件_____与零件_____的_____尺寸，是基_____制_____配合。

（6）图中尺寸标注 M27×1.5-6H/6f 是零件_____与零件_____的_____尺寸，6H/6f 是_____的公差。

（7）零件 4 由零件_____带动做_____运动，可实现球阀的开启与闭合，主视图所示为球阀的_____状态，俯视图双点画线所示为球阀的_____状态。

性能		说　明
公称压力 P_N	4MPa	
密封压力 P	4MPa	
试验压力 P_s	6MPa	
适用介质		无腐蚀性石油产品
适用温度 t		≤200°C

技术要求

1. 全部零件在装配前应清除污垢、毛刺、尖棱和不平坦处。
2. 装配好后，阀杆、球的旋转应灵活，不得有卡阻现象，并当介质流动方向改变时，具有良好的密封性。
3. 关闭阀门时，手柄应按顺时针方向旋转。
4. 对本阀门材料的强度和紧密性按压力 P 进行水压强度试验。
5. 装配好后，要用煤油按压力 P 进行密封性试验。

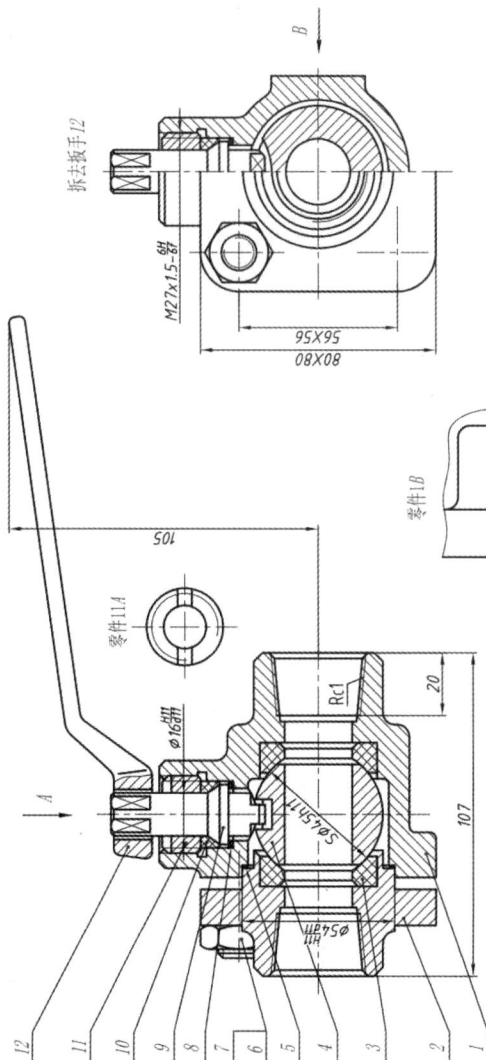

拆去扳手12

B

M27×1.5-6g

95X95

08X08

零件1B

Q13SA-40
25
≤200°C

零件11A

105

Rc1

20

Ø16H11

107

Sφ45h11

A

Sφ41.5h11

Ø54H11

150

序号	名　称	代号	数量	材　料	备　注
12	扳手		1	Q235A	
11	螺纹压环		1	25	
10	密封环		1	聚四氟乙烯	
9	阀杆		1	40	
8	螺母 M12		1	聚四氟乙烯	
7	螺栓 M12×30	GB/T 6170—2015	4	Q235A	
6	垫片	GB/T 897—1988	4	Q235A	
5	球 Ø25		1	12	
4	密封圈 Ø25		2	40	
3	阀座接头		1	聚四氟乙烯	
2	阀体		1	ZG230-450	
1				ZG230-450	

制图	(姓名)	球阀	图号 QF-00
审核	(学号)	比例 1:2	
		数量	第1页 共1页
××职业技术学院××班			

任务二　绘制一级减速器零件图与装配图

任务导入

任务情境	××企业在装配减速器时，原版图纸不慎遗失，为保证装配工作正常开展，需要利用已有的减速器（见图6-18）画出装配图及零件图。作为装配车间的工作人员，你需要在规定时间内完成减速器装配图及零件图的绘制任务
任务图例	 图 6-18　车间现有减速器

知识储备

一、装配图的绘制方法

应用 AutoCAD 绘制装配图时，通常有两种方法：第一种是直接绘制法，常用于简单装配图的绘制；第二种是拼装绘制法，先绘制出各零件的零件图，再将各零件按照装配顺序拼装到一起，形成装配图。第二种方法可利用复制命令实现或利用插入图块的方式实现，简单又快捷，常用于复杂装配图的绘制。由于减速器结构复杂、零件数量及种类较多，装配图较为复杂，本次任务将采用第二种方法。

二、拆画零件图

在现有减速器部件的情况下，要想绘制出正确的减速器装配图，必须先拆画出减速器全部非标准零件草图，再由得到的零件草图拼画出装配图。接下来以前面的球阀为例，说明由实体部件拆画零件图的方法与步骤。

1. 分析并了解拆画对象

先通过查阅产品说明书及同类型产品相关资料等多种渠道对拆画对象进行分析、了解，然后通过拆卸和观察实体部件，了解它的用途、性能、工作原理、结构特点及零件间的装配关系和相对位置等。在拆画之前，一定要充分了解拆画对象，以保证拆画的质量。

球阀是一种调节与控制流体的部件，其工作原理如图 6-19 所示。球阀依靠阀体内带孔钢球的转动实现流量的控制。当钢球的孔与阀体孔中心线对齐时，阀门开启，左、右管路接通；钢球在阀杆的带动下旋转 90°，使钢球的孔与阀体孔中心线垂直，阀门关闭，左、右管路不通。流量的大小与钢球转动的角度相关。

带孔的钢球安装在阀体内部，阀杆一端与钢球相连，阀杆在扳手的带动下，拨动钢球转动，实现流量的控制。阀体与阀盖通过螺柱、螺母进行联接。钢球与阀体、阀盖之间通过密封圈进行密封，阀体、阀杆之间通过填料进行密封，由螺纹压环压紧。

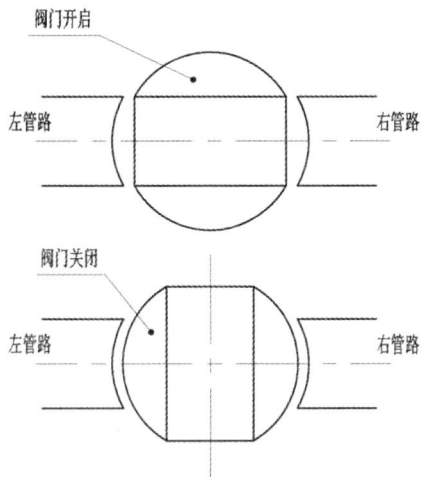

图 6-19　球阀工作原理

2. 画装配示意图，拆卸零件

在了解拆画对象的基础上，绘制部件的装配示意图，以保证正确地记录零件间的相对位置、工作原理和装配关系，为后续绘制装配图做好准备。绘制装配示意图时，可运用机构运动简图规定符号绘制，并对各零件进行编号或标注名称。绘制好装配示意图后，才能准备拆卸零件和绘制零件草图。球阀装配示意图如图 6-20 所示。

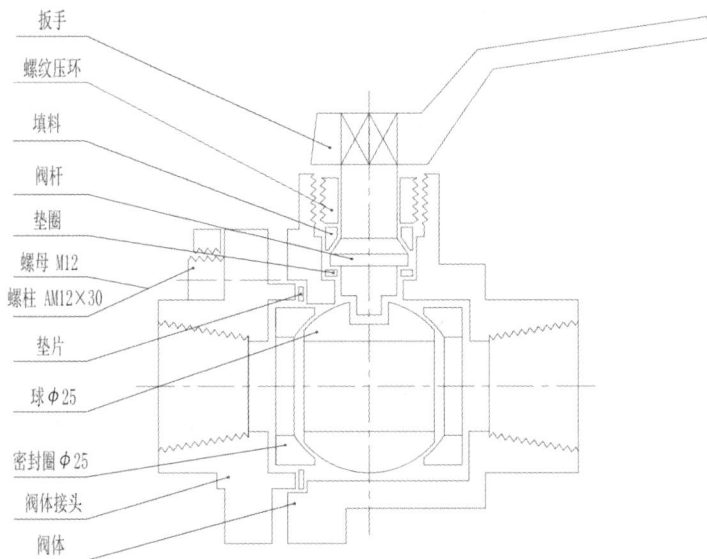

图 6-20　球阀装配示意图

拆卸零件时要注意下列问题。

（1）注意拆卸顺序，严禁破坏性拆卸，避免零件损坏或影响精度。在不影响了解和测量零件结构形状时，过盈配合的零件可以不用拆卸。

（2）零件多的部件，拆卸后要对各零件进行编号并标注零件名称，妥善保管；要防止小零件（如键、销、垫圈、螺母、螺钉等）丢失；要防止磕碰、损伤重要零件的重要表面，以免影响精度，还要注意零件防锈。

3．画零件草图

可将部件中的零件分为两类：一类是标准件，如螺纹紧固件、键、销、轴承及密封圈等，只要测量出其规格尺寸，然后查阅相关标准手册，按规定标记填写在明细栏中即可，不需要画出草图；另一类是非标准件，需要画出其零件草图。

零件草图作为后续绘制零件图的依据，不可随意绘制，要做到表达完整、线型分明、尺寸齐全、字体工整、图面整洁，并且注明零件的名称、序号、件数、材料及必要的技术要求等内容。零件上的配合尺寸应根据配合情况，在两个零件草图上同时标注。相互关联的零件要注意其联系尺寸。图 6-21 所示为球阀的一套零件草图。

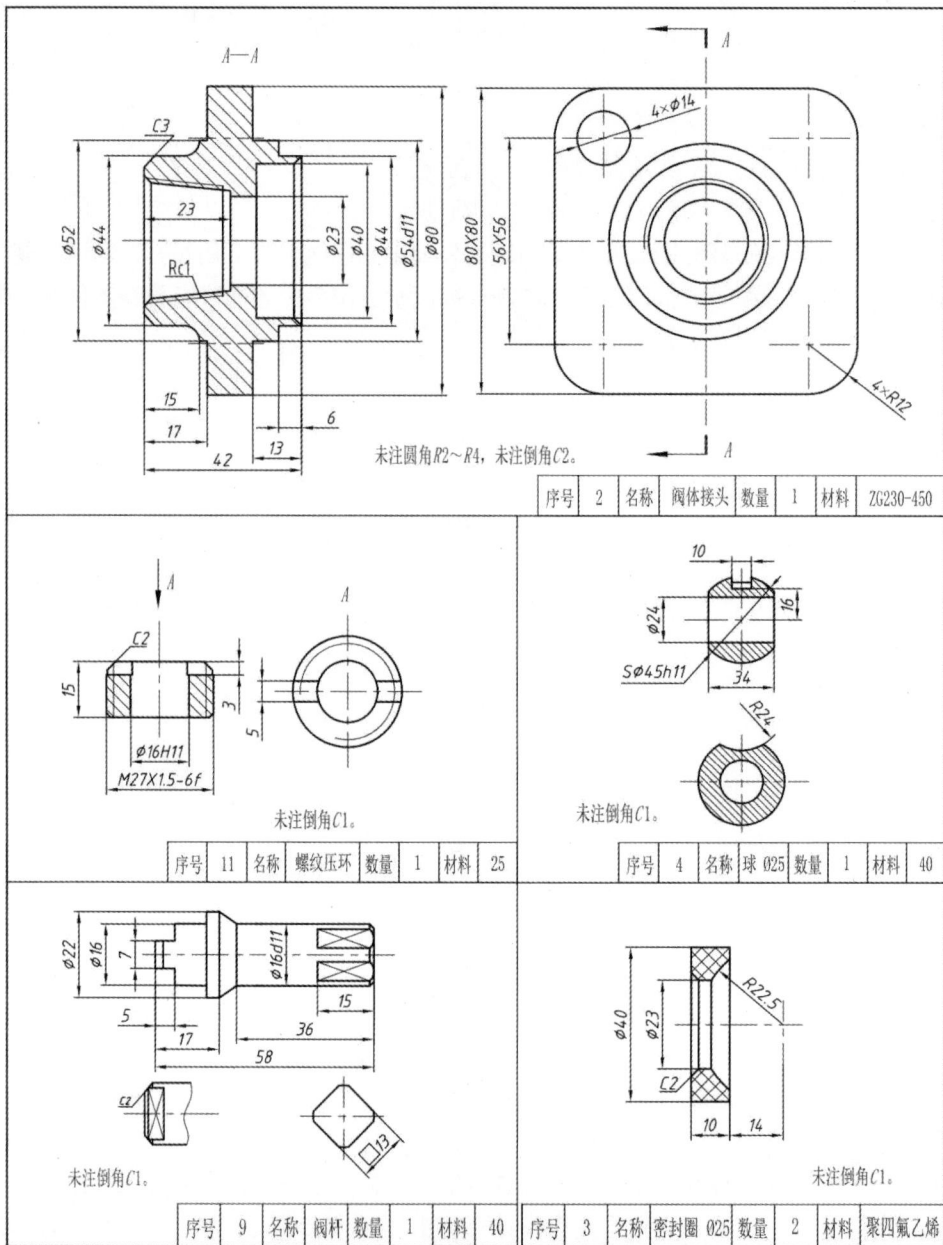

图 6-21　球阀零件草图

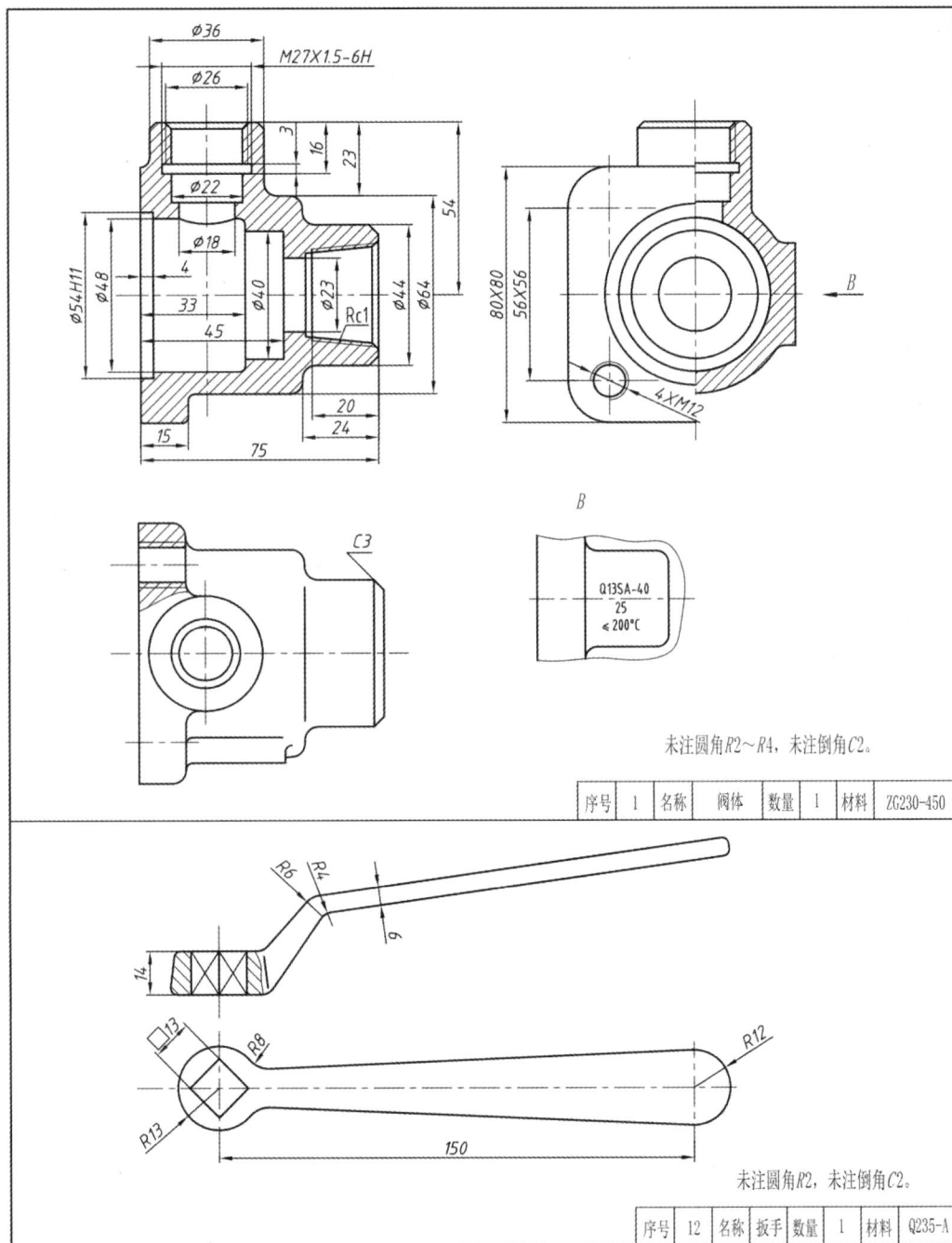

图 6-21 球阀零件草图（续）

4. 绘制零件图

根据拆画的零件草图绘制标准零件图。零件图一定要按照准确的尺寸进行绘制，如果在绘制的过程中发现零件草图存在错误，要及时予以纠正，以保证最后得到准确的零件图。

减速器中部分零件图为前面项目的学习内容，故不再详细讲解。现根据拆画零件图的方法，获得图 6-18 所示的一级减速器的零件草图，如图 6-22 所示。

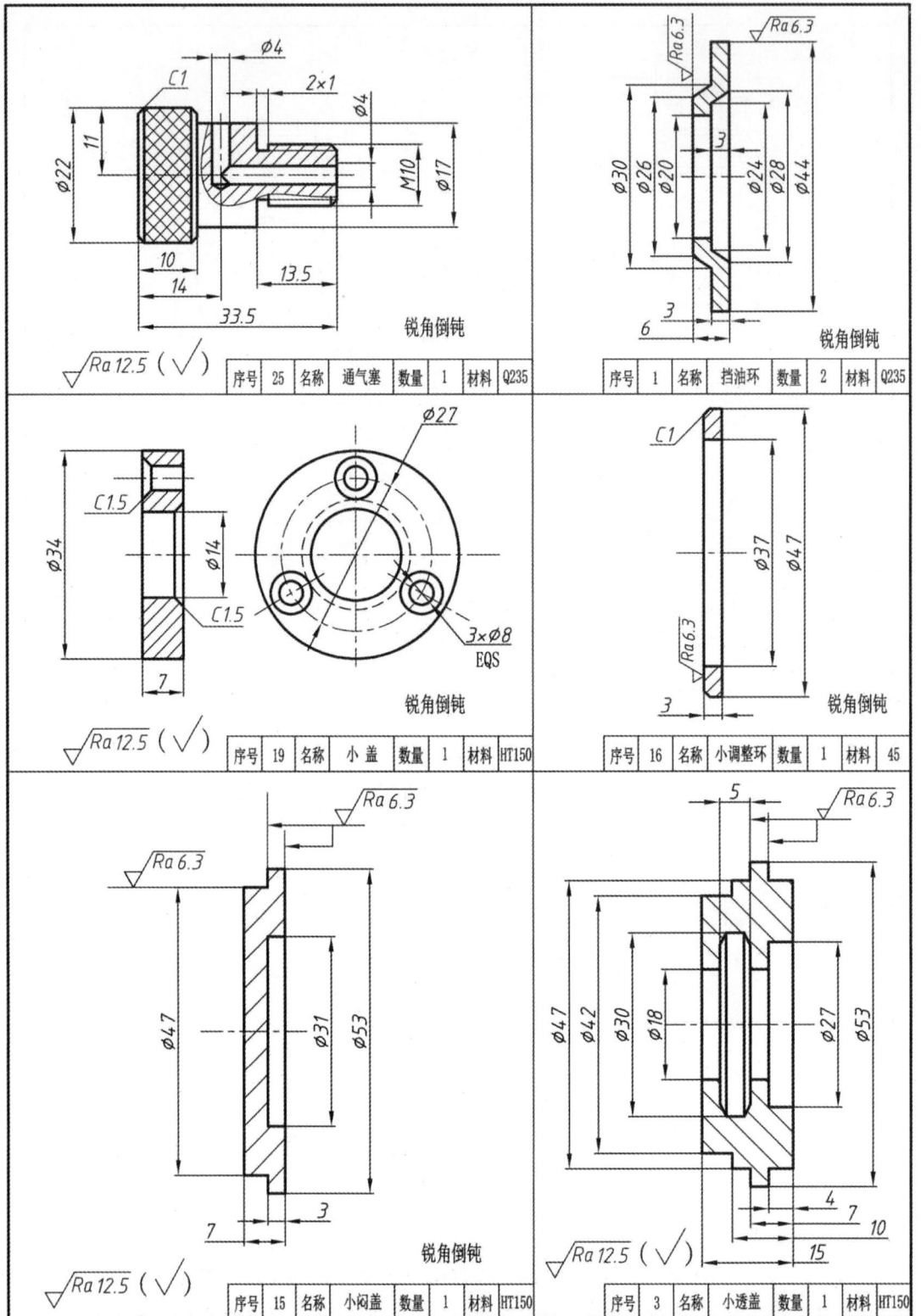

序号	25	名称	通气塞	数量	1	材料	Q235

锐角倒钝

序号	1	名称	挡油环	数量	2	材料	Q235

锐角倒钝

序号	19	名称	小盖	数量	1	材料	HT150

锐角倒钝

序号	16	名称	小调整环	数量	1	材料	45

锐角倒钝

序号	15	名称	小闷盖	数量	1	材料	HT150

锐角倒钝

序号	3	名称	小透盖	数量	1	材料	HT150

图 6-22 一级减速器零件草图

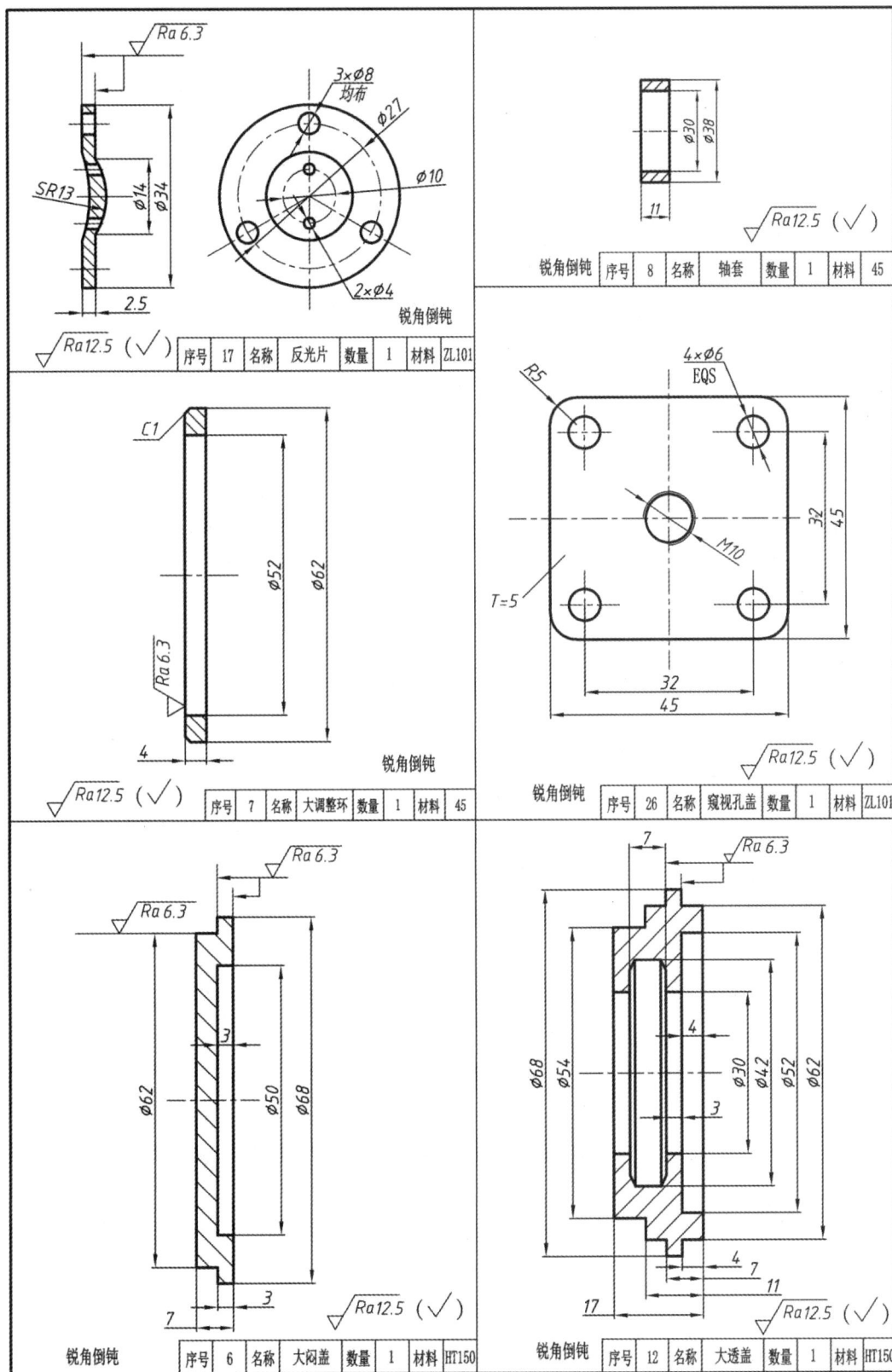

图 6-22 一级减速器零件草图（续）

图 6-22　一级减速器零件草图（续）

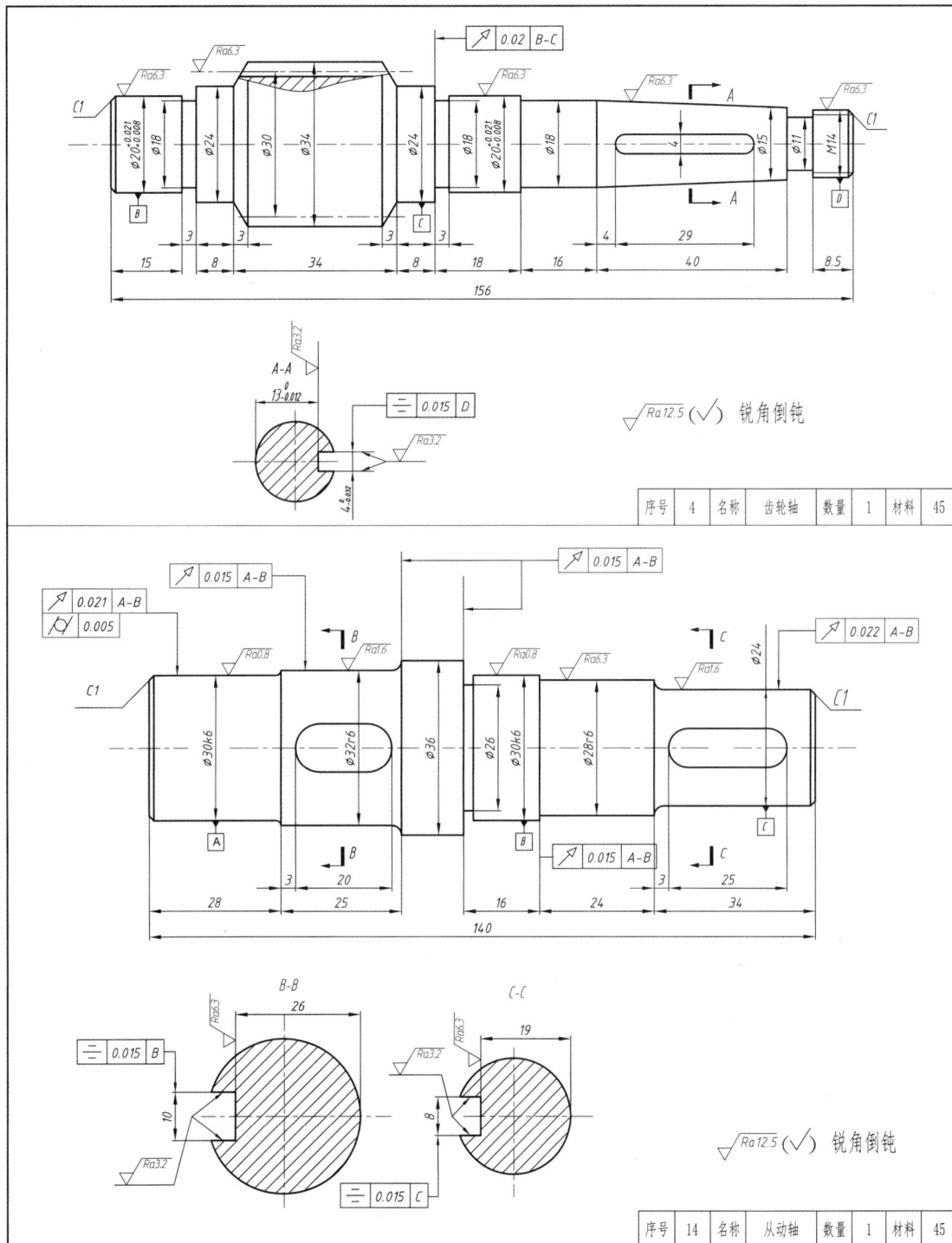

图 6-22　一级减速器零件草图（续）

图 6-22　一级减速器零件草图（续）

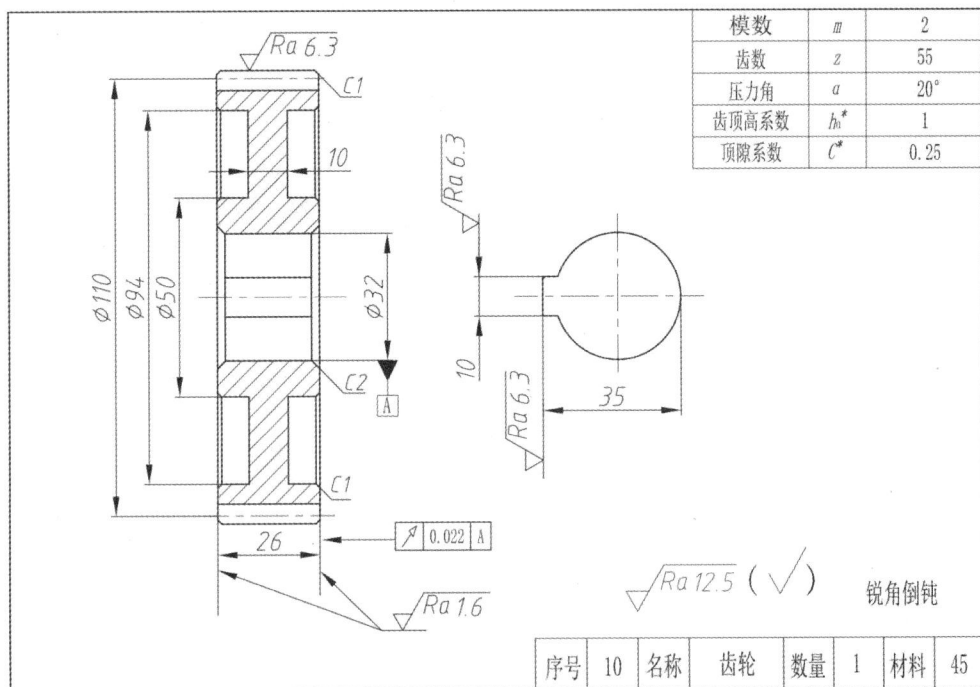

图 6-22　一级减速器零件草图（续）

三、绘制装配图

在绘制装配图之前，首先应了解装配体的工作原理和零件的种类，弄清每个零件在装配体中的作用及零件之间的装配关系，其次应掌握装配图的表达方法及作图步骤。本任务将以一级减速器的绘制为例，讲解装配图的绘制步骤。

1. 了解装配体，分析零件图

一级减速器是一种常用的机械传动装置，通常用于需要降低转速的两轴间传动。通过前期拆卸，可将一级减速器分解为图 6-23 所示的样子，该一级减速器由 36 种零件组成，其中有 18 种标准件，17 种非标准件，1 种组合件。外部动力由电动机通过皮带轮传送到齿轮轴 4，然后通过齿轮轴 4 的小齿轮与大齿轮 10 啮合，将动力传送到从动轴 14，从而实现输出转速的降低。

结合图 6-23，分析图 6-22 所示的一级减速器零件草图，可知零件间的装配关系。齿轮轴 4 和从动轴 14 均通过轴承进行支承，齿轮 10 与从动轴 14 采用键联接，轮毂孔与轴 $\phi32$ 之间是过盈配合。

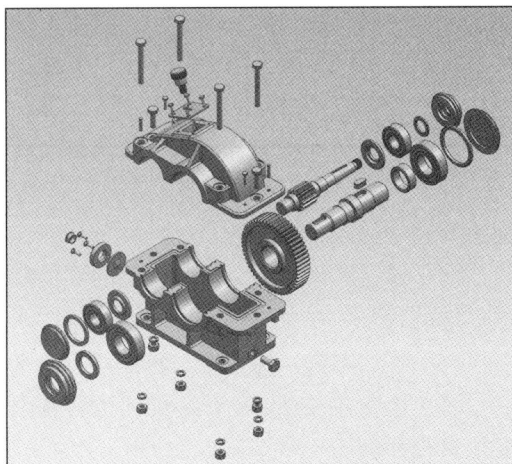

图 6-23　一级减速器分解轴测图

2. 查阅标准件资料及参数

一级减速器装配体的标准件包括螺栓、螺母、垫片、弹簧垫圈、螺钉、销、键、轴承、密封圈等，装配体中的标准件一般不单独绘制零件图，而是根据其标准代号查阅相关标准获得其规格尺寸参数，再按照规定画法或简化画法绘制。

3. 确定表达方案

装配图应体现装配体的工作原理、传动路线及各零件间的装配关系，所以，确定装配图表达方案时要以装配体的工作原理为主线，从装配体的传动路线入手，用主视图及其他基本视图来表达对部件功能起主要作用的主要装配线路，兼顾次要装配线路，基本视图中未表达清楚的部分再辅以其他视图表达，直到将装配体的工作原理、传动路线及各零件间的装配关系清晰、完整地表达出来为止。

（1）确定主视图

通常将装配体按照工作位置摆放，使装配体的主要安装面或主要轴线水平或垂直，将最能反映其工作原理、传动路线、装配体结构特征及零件间装配关系的方向作为主视图的投射方向，也可以根据需要，用主视图表达装配体结构特征，用其他基本视图来表达工作原理、传动路线及零件间的装配关系。该一级减速器可以用主视图表达其主要外形结构特征以及箱盖 23 和箱体34 之间的装配关系。

（2）确定其他视图

分析确定的主视图，再根据主视图上未表达清楚的装配关系及局部结构或外形确定其他视图。该一级减速器内部的零件装配关系及传动路线可以采用沿结合面剖开的俯视图进行表达，次要外形结构特征可以用左视图进行表达，排油孔处螺塞 35、垫片 36 和油标处反光片 17、油标 18、小盖 19、螺钉 20 与箱体 34 之间的装配关系可以通过局部剖视的主视图进行表达。用这3 个基本视图能把一级减速器的工作原理、传动路线及各零件间的装配关系表达清楚，再结合一个 A 向的反光片视图，表达清楚反光片的详细结构。

4. 绘制装配图

通过拼装绘制法绘制装配图的步骤如下。

（1）设置绘图环境。绘图前，要在 AutoCAD 中设置好图层、文字样式、尺寸标注样式等。

（2）准备零件图。将所需的零件图复制到同一个文件中，或是将各零件用"写块"命令（WBLOCK）定义为外部块，在绘图时调用。为保证在绘制装配图时各零件之间的相对位置和装配关系正确，在写块时需要选择合适的插入基点。若通过直接复制的方式插入零件，则需要注意复制基点的位置。螺栓、螺母、垫片、弹簧垫圈、螺钉、销、键、轴承、密封圈等标准件，可按标准查表直接绘制或建立标准图形库。

（3）绘制装配图中各视图。依次拼装各零件图并修改图形，绘制出装配图中需要的视图。

（4）标注装配尺寸。标注装配图所需的性能尺寸、装配尺寸、安装尺寸、总体尺寸及其他重要尺寸。

（5）标注零件序号。按照拆画的零件草图顺序，依次标注零件的序号。

（6）添加图框、标题栏、明细栏、技术要求等内容。

（7）检查并保存。确认装配图中所有内容无误后，按照要求进行存盘。

绘制一级减速器装
配图 1

绘制一级减速器装
配图 2

工作案

本任务采用直接复制的方式拼装绘制一级减速器装配图，设置好绘图环境后，将所需的零件图复制到同一个文件中。该一级减速器中的螺栓、螺母、垫片、弹簧垫圈、螺钉、销、键、轴承、密封圈等标准件,按标准查表后直接绘制。

(1)复制箱体零件的主要视图。将箱体作为装配一级减速器的基体,将其他零件按照装配关系拼装在箱体内,进行适当的调整,便能得到一级减速器的装配图,如图 6-24 所示。

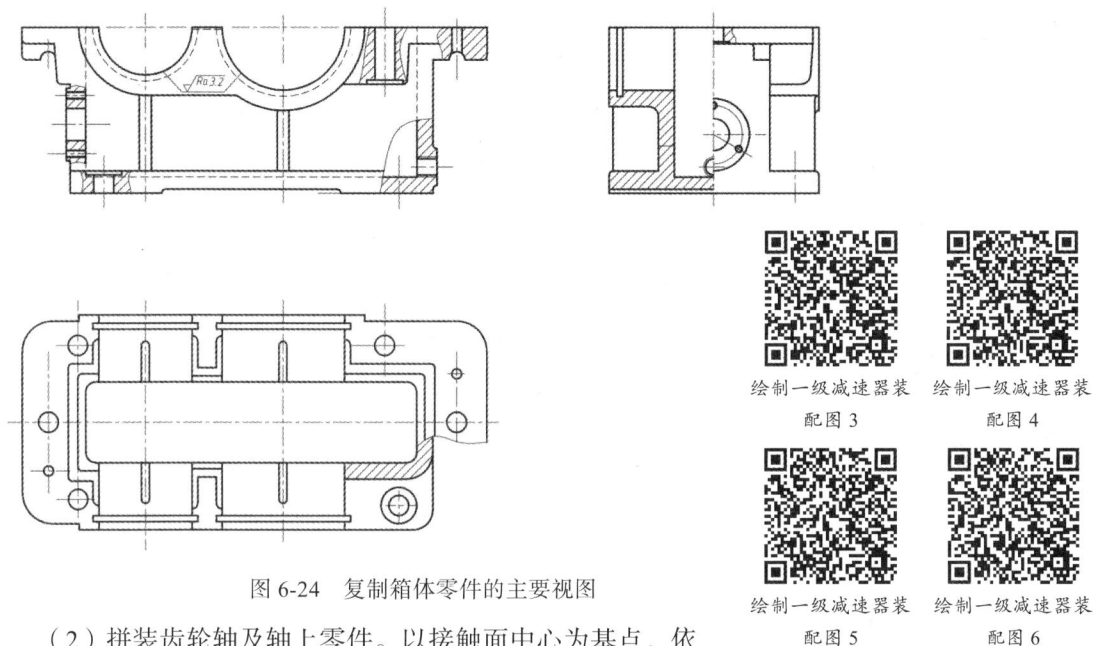

图 6-24　复制箱体零件的主要视图

绘制一级减速器装配图 3　　绘制一级减速器装配图 4

绘制一级减速器装配图 5　　绘制一级减速器装配图 6

(2)拼装齿轮轴及轴上零件。以接触面中心为基点,依次将挡油环、轴承、小透盖、密封圈复制到齿轮轴上进行安装。按照装配图的表达方法,减速器装配图中的俯视图沿结合面剖切,实心轴不剖,其他零件全剖,将轴上被遮挡的线删除。拼装结果如图 6-25 所示。

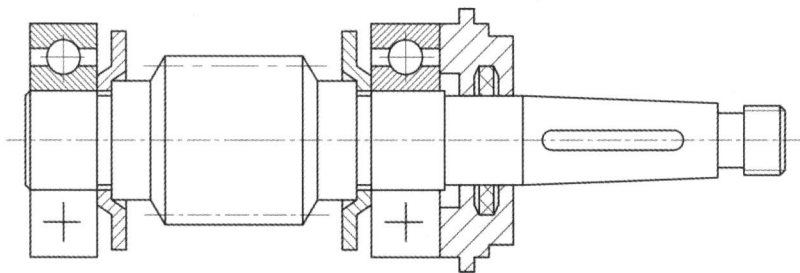

图 6-25　拼装齿轮轴及轴上零件

(3)拼装从动轴及轴上零件。以同样的方法将齿轮、轴套、轴承、大透盖、密封圈复制到从动轴上进行安装。拼装结果如图 6-26 所示。

(4)将齿轮轴及轴上零件拼装到箱体俯视图中。根据拼装方向,将齿轮轴及其轴上零件旋转到安装方向,以小透盖与箱体接触面的交点为基点,将齿轮轴及轴上零件拼装到箱体上,并将箱体上被遮挡的线条删除。拼装结果如图 6-27 所示。

(5)将从动轴及轴上零件拼装到箱体俯视图中。以同样的方法将从动轴及其轴上零件拼装到箱体上,删除箱体上被遮挡的线条。拼装结果如图 6-28 所示。

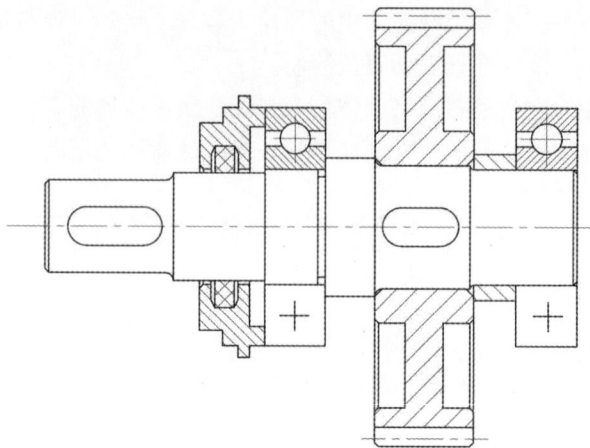

图 6-26　拼装从动轴及轴上零件

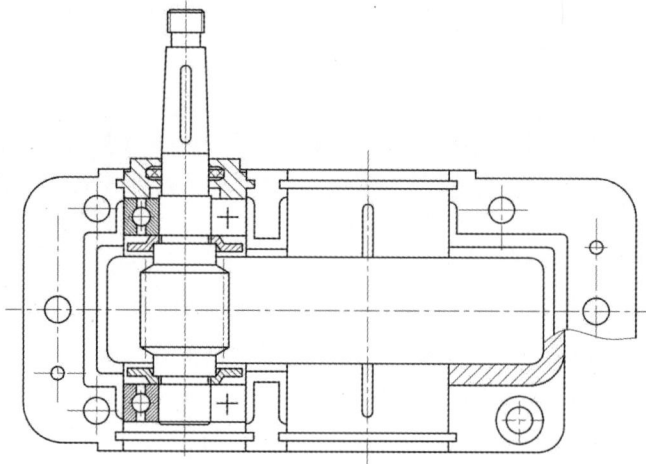

图 6-27　齿轮轴及轴上零件在箱体俯视图上的拼装

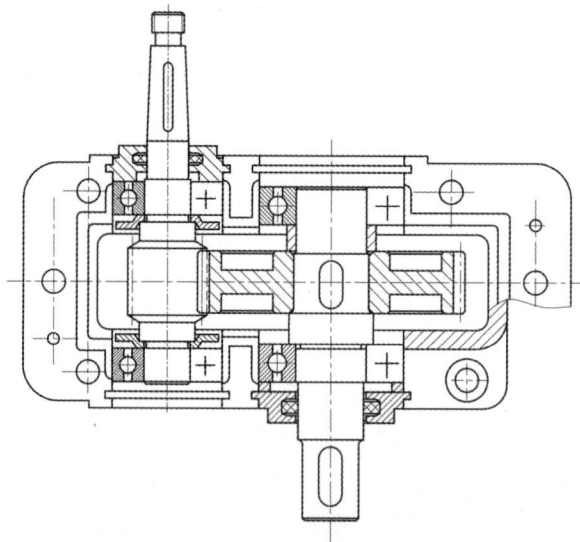

图 6-28　从动轴及轴上零件在箱体俯视图上的拼装

（6）拼装大、小调整环及大、小闷盖。将小调整环、小闷盖分别复制到齿轮轴下方的箱体孔上进行拼装，并删除箱体上被遮挡的线条；将大调整环、大闷盖分别复制到从动轴上方的箱体孔上进行拼装，删除箱体上被遮挡的线条，完成大、小调整环及大、小闷盖的拼装。拼装结果如图 6-29 所示。

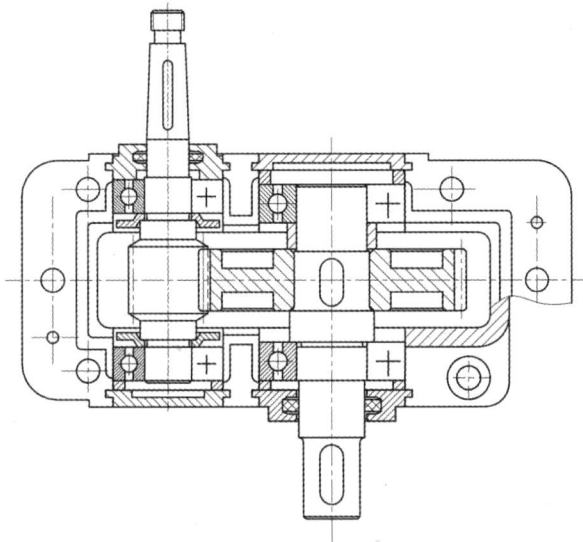

图 6-29　大、小调整环及大、小闷盖在箱体俯视图上的拼装

（7）完成减速器装配图中俯视图的绘制。根据装配图的表达方法，该减速器装配图的俯视图沿结合面剖切，剖切面横向剖切联接箱盖与箱体的螺栓、销，应当在俯视图中画出螺栓、销的横向断面，如图 6-30 所示。

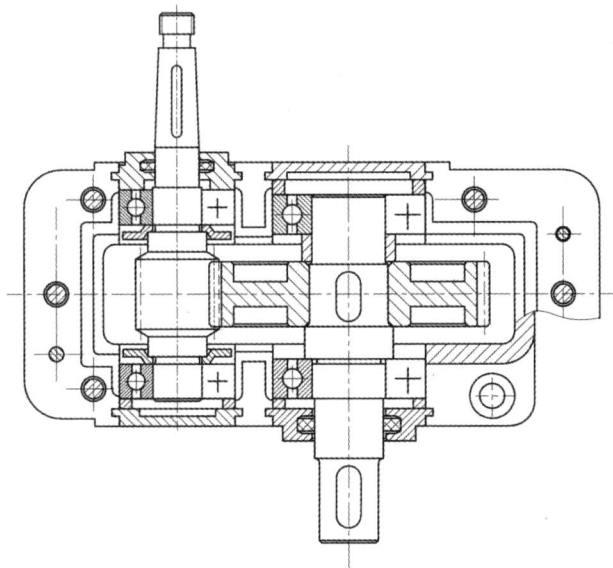

图 6-30　减速器装配图的俯视图

（8）拼装减速器主视图中的箱盖。以箱体的主视图为基础，根据任意一个轴端孔圆心将箱盖的主视图复制拼装到箱体上，删除箱体与箱盖上的虚线，画出从动轴伸出端所能看到的圆，完成箱盖与箱体的拼装，结果如图 6-31 所示。

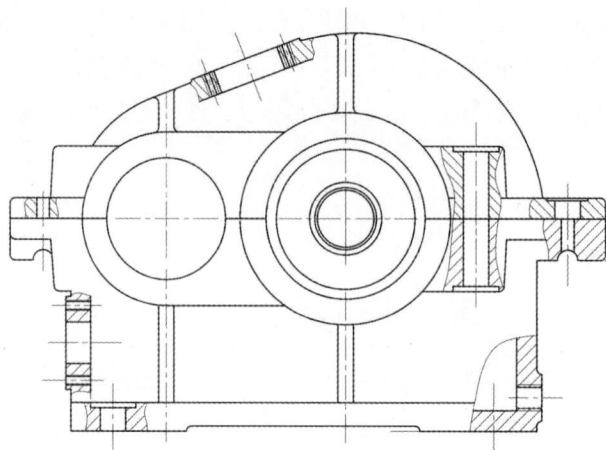

图 6-31　箱盖与箱体的拼装

（9）拼装油标区域零件和排油孔螺塞、垫片。箱体左侧下方有一个油标孔，将反光片、小盖、油标、螺钉等零件复制拼装到油标孔上，删除被遮挡的线条，适当修改图形，完成油标区域零件的拼装，如图 6-32（a）所示。将螺塞、垫片拼装到箱体右侧下方的排油孔上，完成排油孔螺塞、垫片的拼装，如图 6-32（b）所示。

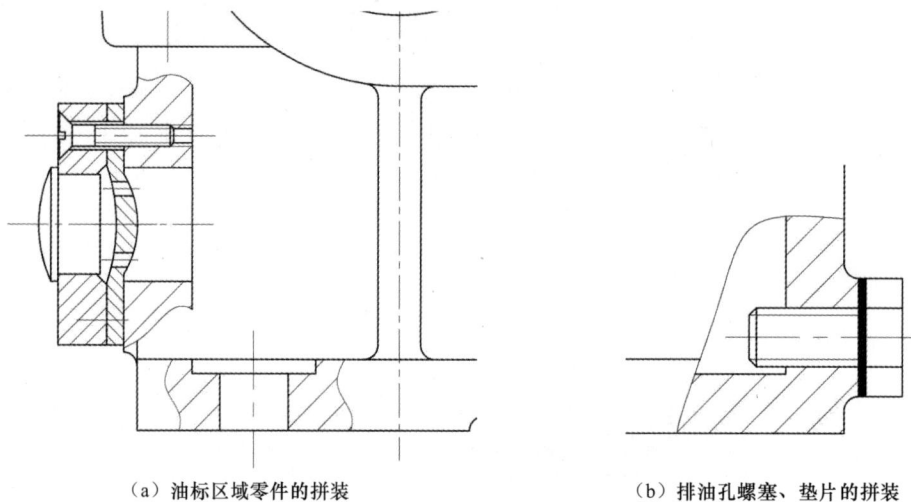

（a）油标区域零件的拼装　　　　　　　　（b）排油孔螺塞、垫片的拼装

图 6-32　油标区域、排油孔上零件的拼装

（10）拼装窥视孔区域零件。将垫片、窥视孔盖、通气塞、螺钉复制拼装到窥视孔上，将箱盖上被遮挡的线条删除，适当修改图形，完成窥视孔区域零件的拼装，如图 6-33 所示。

（11）完成减速器装配图中主视图的绘制。油标区域、排油孔、窥视孔区域拼装完成后，将箱体与箱盖之间所采用的螺栓联接、销联接进行拼装，相同的螺栓联接只画一组即可，适当修改图形，完成减速器装配图中主视图的绘制，如图 6-34 所示。

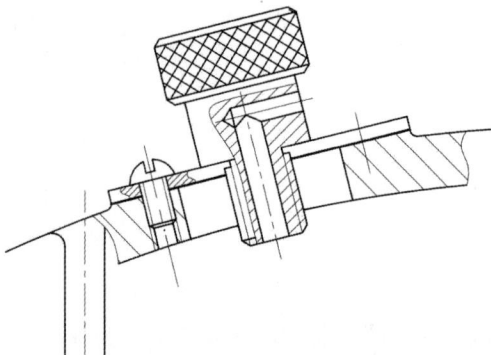

图 6-33　窥视孔区域零件的拼装

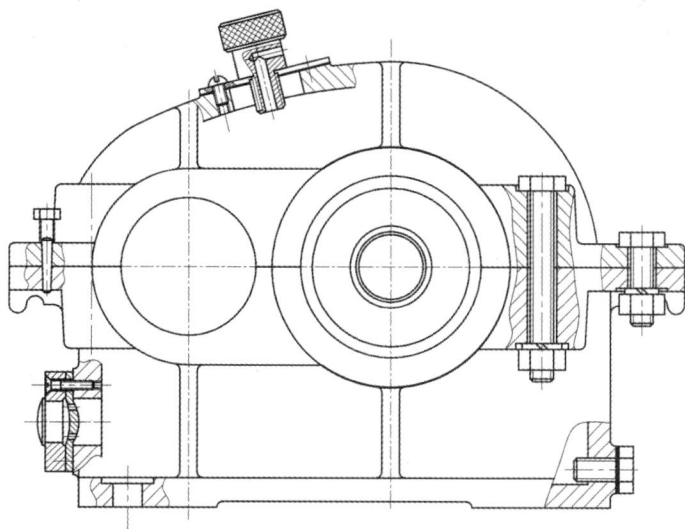

图 6-34　减速器装配图的主视图

（12）修改箱体的左视图。通过主视图及俯视图，已经将减速器中各零件的装配关系表达清楚，但还缺乏整体外形的直观图形。因此，将减速器的左视图作为整体外形的表达，将箱体的半剖左视图改成不剖的外形，上方的锪平沉孔可保留，也可只保留中心线表示其位置，如图 6-35 所示。

（13）以修改后的箱体左视图为基础，根据投影规律绘制减速器的左视图。因为箱盖左视图无法直接使用，所以箱盖在减速器左视图中的外形及齿轮轴、从动轴的伸出端需根据投影规律进行绘制，窥视孔盖及通气塞可根据投影规律简单绘制出外形作为表达。绘制后，减速器装配图中的左视图如图 6-36 所示。

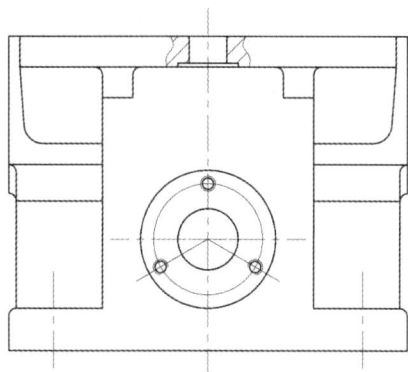

图 6-35　箱体的左视图的外形

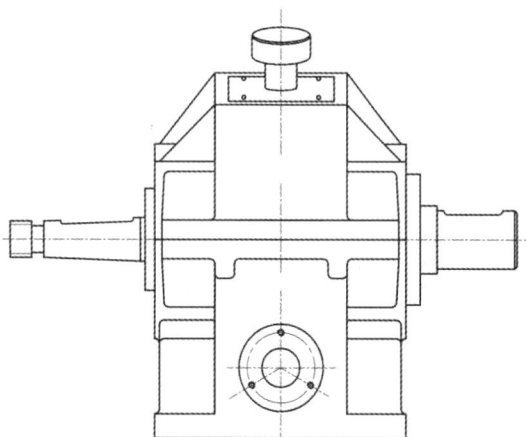

图 6-36　减速器装配图中的左视图

（14）添加反光片零件的单独表达视图。在主视图上添加反光片的投射方向箭头，将反光片的零件左视图复制出来，进行反光片零件外形的单独表达。

（15）标注装配图尺寸。标注减速器装配图中的配合尺寸、装配尺寸、性能（规格）尺寸、外形尺寸等相关尺寸。

（16）标注零件序号。零件序号可以通过"多重引线"命令进行标注，也可以直接通过"引线"命令进行标注，区别在于"多重引线"拥有样式管理器，其标注的引线与文字为一体，可以进行批量管理，而"引线"所标注的引线与文字是分开的，可分开编辑。"引线"标注的零件序号可灵活调整，相关设置如图 6-37 所示。

图 6-37　引线设置

（17）添加图框、标题栏、明细栏。根据标注后的装配图创建图幅，该减速器可用 A1 图幅（841mm×594mm），通过"直线""偏移""修剪"等命令绘制标题栏和明细栏，通过"多行文字"命令添加标题栏、明细栏及技术要求文字，完成一级减速器装配图的绘制。

（18）完善装配图并保存。详细检查各视图、尺寸标注、零件序号、明细栏、标题栏、技术要求等内容是否有误，确认无误后按指定路径和文件名保存图形文件。

任务小结及评价

一、任务小结

任务名称	绘制一级减速器零件图与装配图
任务实施步骤	设置绘图环境—准备零件图—绘制装配图中各视图—标注装配图尺寸—标注零件序号—添加图框、标题栏、明细栏、技术要求—检查并保存
任务涉及知识点	装配图的绘制方法，拆画零件图，绘制装配图

二、任务评价

评价项目	评价内容	分值	评价分数		改进建议
			自评（30%）	教师评价（70%）	
素质目标（30%）	考勤无迟到、早退、旷课	5分			
	团队合作、沟通能力	5分			
	认真、严谨、细致的作图习惯	10分			
	严格遵循国家标准技术要求的规范意识	10分			
知识目标（30%）	熟悉装配图的绘制方法	10分			
	熟悉由装配体拆画零件图的方法	10分			
	熟练拼装绘制装配图的方法	10分			
技能目标（40%）	具备正确拆画零件图的能力	15分			
	具备正确绘制装配图的能力	25分			
小计		100分			
总评	自评（30%）+教师评价（70%）=			教师签名：	

任务拓展

　　根据定滑轮的装配示意图和零件草图，按照 1:1 的比例，应用计算机绘图软件绘制定滑轮的装配图。

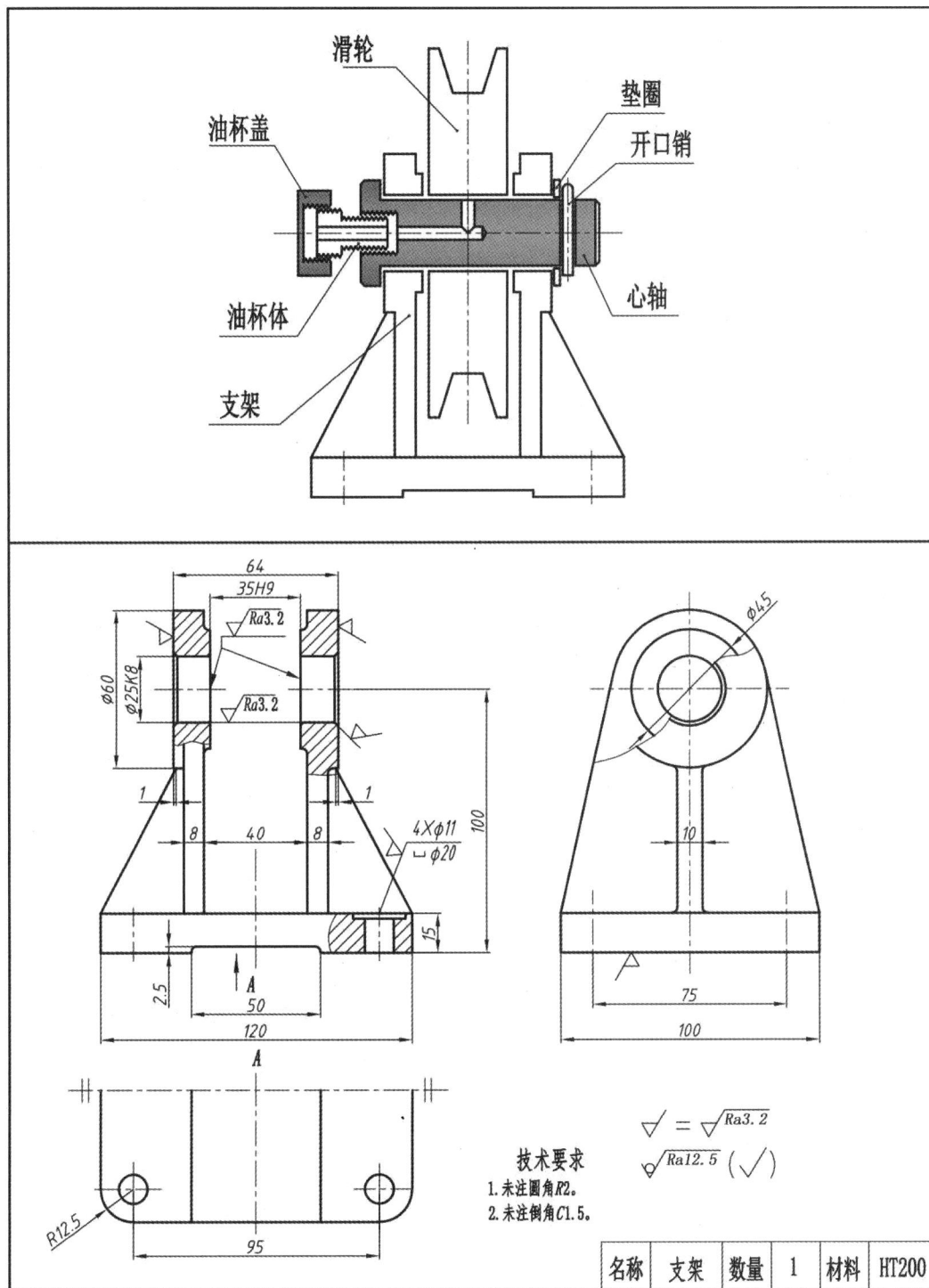

滑轮
垫圈
油杯盖
开口销
油杯体
心轴
支架

64
35H9
Ra3.2
Φ60
Φ25K8
Ra3.2
1
1
8
40
8
100
4XΦ11
⌴Φ20
15
2.5
A
50
120
A
R12.5
95

Φ45
10
75
100

技术要求
1. 未注圆角R2。
2. 未注倒角C1.5。

$\forall = \sqrt{Ra3.2}$
$\sqrt[\diamond]{Ra12.5}$ $(\sqrt{\ })$

名称	支架	数量	1	材料	HT200

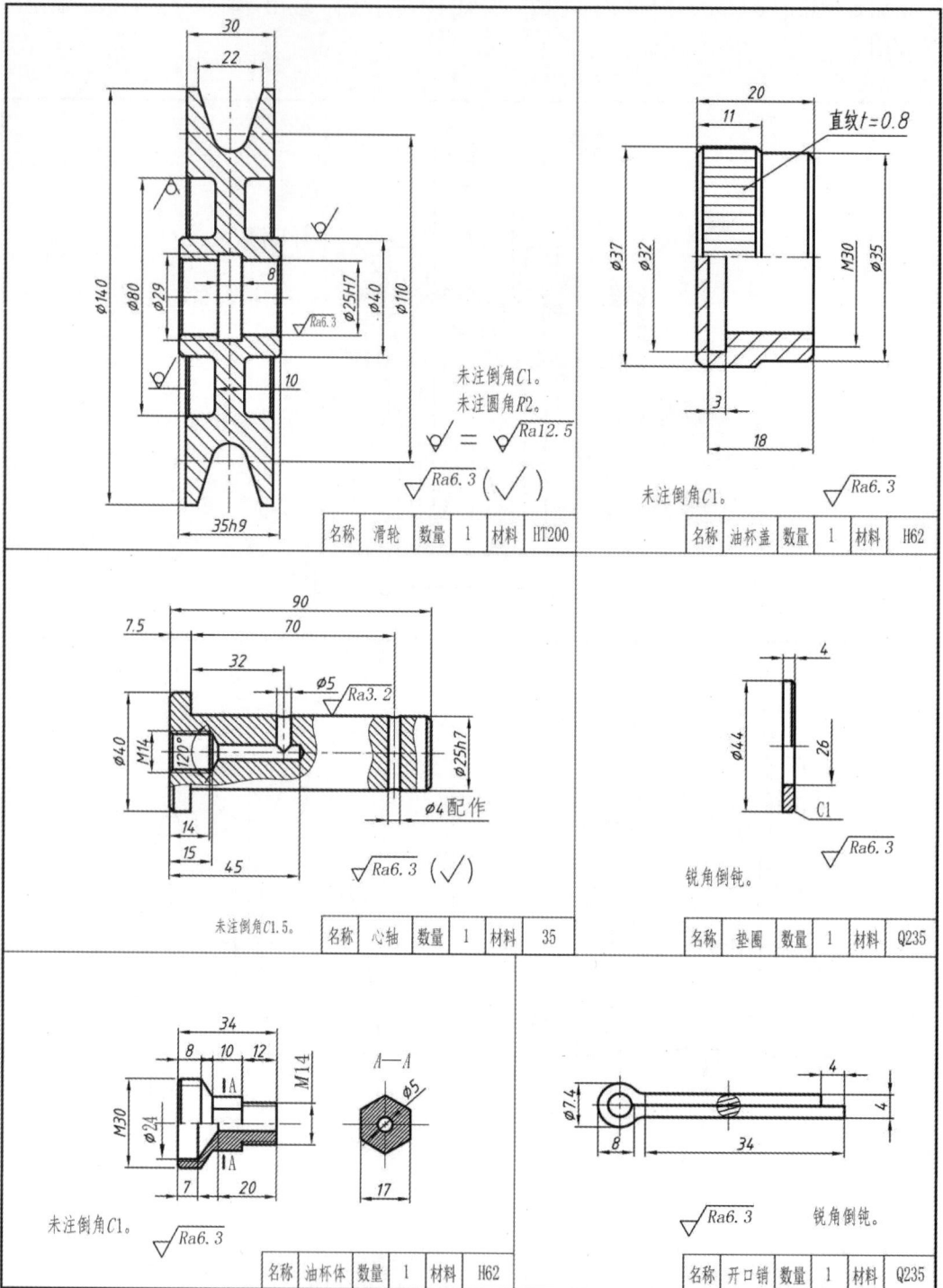

未注倒角C1。
未注圆角R2。

| 名称 | 滑轮 | 数量 | 1 | 材料 | HT200 |

直纹t=0.8

未注倒角C1。

| 名称 | 油杯盖 | 数量 | 1 | 材料 | H62 |

未注倒角C1.5。

| 名称 | 心轴 | 数量 | 1 | 材料 | 35 |

锐角倒钝。

| 名称 | 垫圈 | 数量 | 1 | 材料 | Q235 |

A—A

未注倒角C1。

| 名称 | 油杯体 | 数量 | 1 | 材料 | H62 |

锐角倒钝。

| 名称 | 开口销 | 数量 | 1 | 材料 | Q235 |

附表 1-1　普通螺纹直径、螺距与公差带（请参阅 GB/T 193—2003、GB/T 197—2018）（单位：mm）

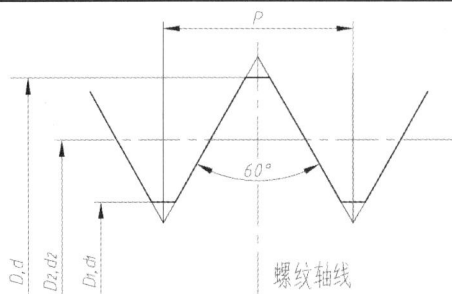

D——内螺纹的基本大径（公称直径）

d——外螺纹的基本大径（公称直径）

D_2——内螺纹的基本中径

d_2——外螺纹的基本中径

D_1——内螺纹的基本小径

d_1——外螺纹的基本小径（在基本牙型上）

P——螺距

标记示例：

M8-6f（粗牙普通外螺纹、公称直径为 8mm、中径及大径公差带代号均为 6f、中等旋合长度、右旋螺纹）。

M24×1.5-6g-LH（细牙普通内螺纹、公称直径为 24mm、螺距为 1.5mm、中径及小径公差带代号均为 6g、中等旋合长度、左旋螺纹）。

公称直径（D、d）			螺距（P）	
第 1 系列	第 2 系列	第 3 系列	粗牙	细牙
4	—	—	0.7	0.5
5	—	—	0.8	0.5
6	—	—	1	0.75
—	7	—	1	0.75
8	—	—	1.25	1、0.75
10	—	—	1.5	1.25、1、0.75
12	—	—	1.75	1.25、1
—	14	—	2	1.5、1.25、1
—	—	15	—	1.5、1
16	—	—	2	1.5、1
—	18	—	2.5	2、1.5、1
20	—	—	2.5	2、1.5、1
—	22	—	2.5	2、1.5、1
24	—	—	3	2、1.5、1
—	—	25	—	2、1.5、1
—	27	—	3	2、1.5、1
30	—	—	3.5	2、1.5、1
—	33	—	3.5	2、1.5
—	—	35	—	1.5

续表

公称直径（D、d）			螺距（P）		
第1系列	第2系列	第3系列	粗牙	细牙	
36	—	—	4	3、2、1.5	
—	39	—			

螺纹种类	精度	外螺纹的推荐公差带			内螺纹的推荐公差带		
		S	N	L	S	N	L
普通螺纹	精密	（3h4h）	（4g） *4h	（5g4g） （5h4h）	4H	5H	6H
	中等	（5g6g） （5h6h）	*6e *6f 6g *6h	（7e6e） （7g6g） （7h6h）	（5G） *5H	*6G 6H	（7G） *7H
	粗糙	—	（8e） 8g	（9e8e） （9g8g）	—	7H （7G）	8H （8G）

注：1. 公称直径选用顺序：第1系列、第2系列、第3系列。

2. 公差带选用顺序：带*的公差带、一般字体公差带、括号内公差带。大量生产的紧固件螺纹推荐采用方框内的公差带。

3. 精度选用原则：精密——用于精密螺纹，中等——用于一般用途螺纹，粗糙——对精度要求不高时采用。

附表1-2　　　　　　　　　　　　　**管螺纹**

55°密封管螺纹（请参阅 GB/T 7306.1—2000、GB/T 7306.2—2000）

55°非密封管螺纹（请参阅 GB/T 7307—2001）

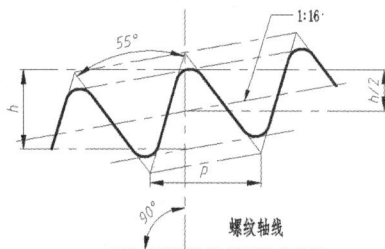

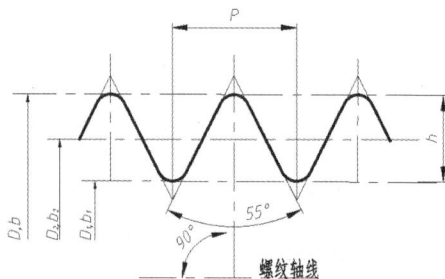

标记示例：

$R_1$1/2（尺寸代号为1/2，与圆柱内螺纹相配合的右旋圆锥外螺纹）。

Rc1/2LH（尺寸代号为1/2，左旋圆锥内螺纹）。

标记示例：

G1/2LH（尺寸代号为1/2，左旋内螺纹）。

G1/2A（尺寸代号为1/2，A级右旋外螺纹）。

尺寸代号	大径 d、D/mm	中径 d_2、D_2/mm	小径 d_1、D_1/mm	螺距 P/mm	牙高 h/mm	每25.4mm内的牙数 n
1/4	13.157	12.301	11.445	1.337	0.856	19
3/8	16.662	15.806	14.950			
1/2	20.955	19.793	18.631	1.814	1.162	14
3/4	26.441	25.279	24.117			
1	33.249	31.770	30.291	2.309	1.479	11
1 1/4	41.910	40.431	38.952			
1 1/2	47.803	46.324	44.845			
2	59.614	58.135	56.656			
2 1/2	75.184	73.705	72.226			
3	87.884	86.405	84.926			

附表 2-1　　　　　　　　　　　　六角头螺栓　　　　　　　　　　　（单位：mm）

六角头螺栓　C 级（请参阅 GB/T 5780—2016）　　六角头螺栓　全螺纹　C 级（请参阅 GB/T 5781—2016）

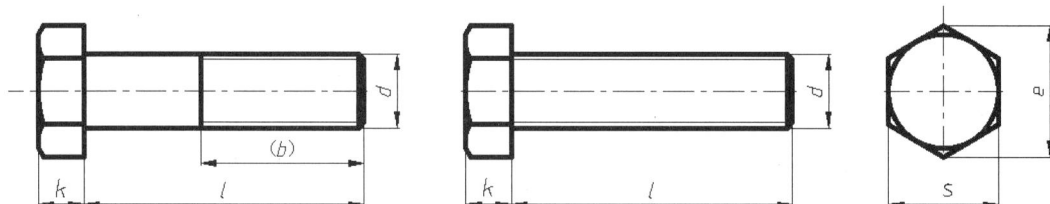

标记示例：

螺栓　GB/T 5780—2016　M12×80（螺纹规格为 M12、公称长度 l=80mm、性能等级为 4.8 级、表面不经处理、产品等级为 C 级的六角头螺栓）。

螺纹规格 d		M5	M6	M8	M10	M12	M16	M20	M24	M30	M36
$b_{参考}$	$l_{公称} \leq 125$	16	18	22	26	30	38	46	54	66	—
	$125 < l_{公称} \leq 200$	22	24	28	32	36	44	52	60	72	84
	$l_{公称} > 200$	35	37	41	45	49	57	65	73	85	97
$k_{公称}$		3.5	4	5.3	6.4	7.5	10	12.5	15	18.7	22.5
s_{max}		8	10	13	16	18	24	30	36	46	55
e_{min}		8.63	10.89	14.2	17.59	19.85	26.17	32.95	39.55	50.85	60.79
$l_{范围}$	GB/T 5780—2016	25～50	30～60	40～80	45～100	55～120	65～160	80～200	100～240	120～300	140～360
	GB/T 5781—2016	10～50	12～60	16～80	20～100	25～120	30～160	40～200	50～240	60～300	70～360
$l_{公称}$		10、12、16、20、25、30、35、40、45、50、55、60、65、70、75、80、85、90、95、100、105、110、115、120、125、130、135、140、145、150、155、160、180、200、220、240、260、280、300、320、340、360、380、400、420									

附表 2-2　　　　　　　　　　　　双头螺柱　　　　　　　　　　　　（单位：mm）

A 型　　　　　　　　　　　　　　　　　　　　　　B 型

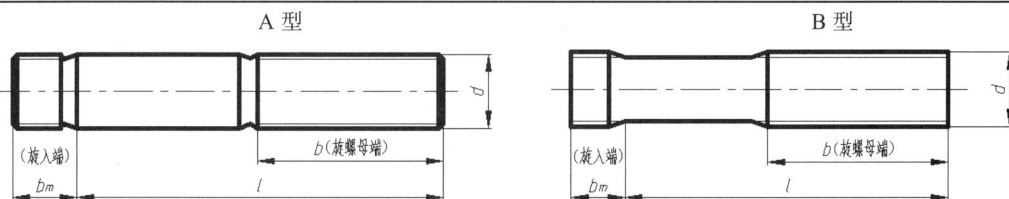

标记示例：

螺柱 GB 897—1988 M10×60（两端均为粗牙普通螺纹，d=10mm、l=60mm、性能等级为 4.8 级、表面不经处理、B 型、b_m=1d 的双头螺柱）。

螺柱 GB 898—1988 AM10×M10×1×50（旋入机体一端为粗牙普通螺纹，旋螺母一端为螺距 P=1mm 的细牙普通螺纹，d=10mm、l=50mm、性能等级为 4.8 级、不经表面处理、A 型、b_m=1.25d 的双头螺柱）。

螺纹规格（d）	b_m（旋入机体端长度）				l(螺柱长度) b(旋螺母端长度)
	GB 897—1988	GB 898—1988	GB 899—1988	GB 900—1988	
	b_m=1d	b_m=1.25d	b_m=1.5d	b_m=2d	
M4	—	—	6	8	$\dfrac{16\sim22}{8}$ $\dfrac{25\sim40}{14}$
M5	5	6	8	10	$\dfrac{16\sim22}{10}$ $\dfrac{25\sim50}{16}$
M6	6	8	10	12	$\dfrac{20\sim22}{10}$ $\dfrac{25\sim30}{14}$ $\dfrac{32\sim75}{18}$
M8	8	10	12	16	$\dfrac{20\sim22}{12}$ $\dfrac{25\sim30}{16}$ $\dfrac{32\sim90}{22}$
M10	10	12	15	20	$\dfrac{25\sim28}{14}$ $\dfrac{30\sim38}{16}$ $\dfrac{40\sim120}{26}$ $\dfrac{130}{32}$
M12	12	15	18	24	$\dfrac{25\sim30}{16}$ $\dfrac{32\sim40}{20}$ $\dfrac{45\sim120}{30}$ $\dfrac{130\sim180}{36}$
M16	16	20	24	32	$\dfrac{30\sim38}{20}$ $\dfrac{40\sim55}{30}$ $\dfrac{60\sim120}{38}$ $\dfrac{130\sim200}{44}$
M20	20	25	30	40	$\dfrac{35\sim40}{25}$ $\dfrac{45\sim65}{35}$ $\dfrac{70\sim120}{46}$ $\dfrac{130\sim200}{52}$
M24	24	30	36	48	$\dfrac{45\sim50}{30}$ $\dfrac{55\sim75}{45}$ $\dfrac{80\sim120}{54}$ $\dfrac{130\sim200}{60}$
M30	30	38	45	60	$\dfrac{60\sim65}{40}$ $\dfrac{70\sim90}{50}$ $\dfrac{95\sim120}{66}$ $\dfrac{130\sim200}{72}$ $\dfrac{210\sim250}{85}$
M36	36	45	54	72	$\dfrac{65\sim75}{45}$ $\dfrac{80\sim110}{60}$ $\dfrac{120}{78}$ $\dfrac{130\sim200}{84}$ $\dfrac{210\sim300}{97}$
M42	42	52	63	84	$\dfrac{70\sim80}{50}$ $\dfrac{85\sim110}{70}$ $\dfrac{120}{90}$ $\dfrac{130\sim200}{96}$ $\dfrac{210\sim300}{109}$
M48	48	60	72	96	$\dfrac{80\sim90}{60}$ $\dfrac{95\sim110}{80}$ $\dfrac{120}{102}$ $\dfrac{130\sim200}{108}$ $\dfrac{210\sim300}{121}$
$l_{公称}$	16、20、25、30、35、40、45、50、60、70、80、90、100、110、120、130、140、150、160、170、180、190、200、210、220、230、240、250、260、280、300				

注：1. 材料为钢的螺柱性能等级有 4.8、5.8、6.8、8.8、10.9、12.9 级，4.8 级为常用。

2. GB 897—1988 一般用于钢对钢；GB 898—1988、GB 899—1988 一般用于钢对铸铁；GB 900—1988 一般用于钢对铝合金。

附表 2-3　　　　　　　　　　　　　　螺钉　　　　　　　　　　（单位：mm）

开槽圆柱头螺钉（GB/T 65—2016）

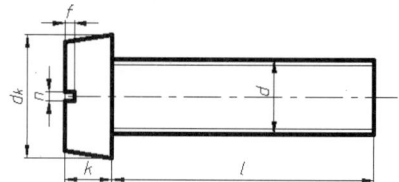

开槽盘头螺钉（GB/T 67—2016）

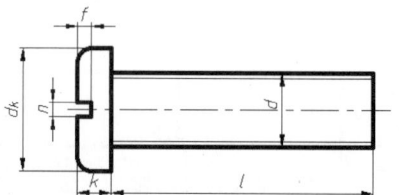

续表

开槽沉头螺钉（GB/T 68—2016）

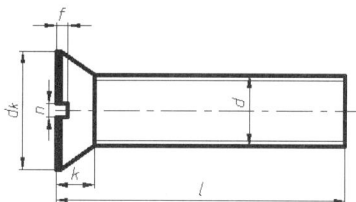

标记实例：

螺钉 GB/T 65—2016　M5×25（螺纹规格为 M5、公称长度 l=25mm、性能等级为 4.8 级、表面不经处理的 A 级开槽圆柱头螺钉）。

螺钉 GB/T 67—2016　M5×60（螺纹规格为 M5、公称长度 l=60mm、性能等级为 4.8 级、表面不经处理的 A 级开槽盘头螺钉）。

螺纹规格		M1.6	M2	M2.5	M3	M4	M5	M6	M8	M10
$n_{公称}$		0.4	0.5	0.6	0.8	1.2	1.2	1.6	2	2.5
GB/T 65—2016	d_{kmax}	3	3.8	4.5	5.5	7	8.5	10	13	16
	k_{max}	1.1	1.4	1.8	2	2.6	3.3	3.9	5	6
	t_{min}	0.45	0.6	0.7	0.85	1.1	1.3	1.6	2	2.4
	$l_{范围}$	2～16	3～20	3～25	4～30	5～40	6～50	8～60	10～80	12～80
GB/T 67—2016	d_{kmax}	3.2	4	5	5.6	8	9.5	12	16	20
	k_{max}	1	1.3	1.5	1.8	2.4	3	3.6	4.8	6
	t_{min}	0.35	0.5	0.6	0.7	1	1.2	1.4	1.9	2.4
	$l_{范围}$	2～16	2.5～20	3～25	4～30	5～40	6～50	8～60	10～80	12～80
GB/T 68—2016	d_{kmax}	3	3.8	4.7	5.5	8.4	9.3	11.3	15.8	18.3
	k_{max}	1	1.2	1.5	1.65	2.7	2.7	3.3	4.65	5
	t_{min}	0.32	0.4	0.5	0.6	1	1.1	1.2	1.8	2
	$l_{范围}$	2.5～16	3～20	4～25	5～30	6～40	8～50	8～60	10～80	12～80
$l_{系列}$		2、2.5、3、4、5、6、8、10、12、16、20、25、30、35、40、45、50、60、70、80									

注：1. 标准规定螺纹规格 d=M1.6～M10。

　　2. 材料为钢的螺钉性能等级有 4.8、5.8 级，4.8 级为常用。

附表 2-4	六角螺母	（单位：mm）

1 型六角螺母 GB/T 6170—2015　　2 型六角螺母 GB/T 6175—2016

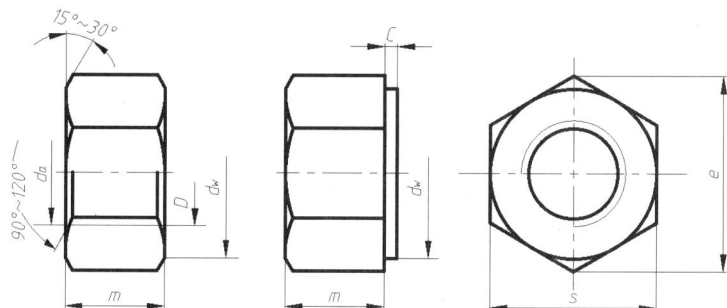

标记示例：

螺母 GB/T 6170—2015 M10（螺纹规格为 M10、性能等级为 8 级、表面不经处理、产品等级为 A 级的 1 型六角螺母）。

续表

螺纹规格 D		M3	M4	M5	M6	M8	M10	M12	M16	M20	M24	M30
e	min	6.01	7.66	8.79	11.05	14.38	17.77	20.03	26.75	32.95	39.55	50.85
s	max	5.5	7	8	10	13	16	18	24	30	36	46
	min	5.32	6.78	7.78	9.78	12.73	15.73	17.73	23.67	29.16	35	45
c	max	0.4	0.4	0.5	0.5	0.6	0.6	0.6	0.8	0.8	0.8	0.8
d_W	min	4.6	5.9	6.9	8.9	11.6	14.6	16.6	22.5	27.7	33.3	42.8
d_a	max	3.45	4.6	5.75	6.75	8.75	10.8	13	17.3	21.6	25.9	32.4
m	max	2.4	3.2	4.7	5.2	6.8	8.4	10.8	14.8	18	21.5	25.6
GB/T 6170—2015	min	2.15	2.9	4.4	4.9	6.44	8.04	10.37	14.1	16.9	20.2	24.3
m	max	—	—	5.1	5.7	7.5	9.3	12	16.4	20.3	23.9	28.6
GB/T 6175—2016	min	—	—	4.8	5.4	7.14	8.94	11.57	15.7	19	22.6	27.3

注：1. GB/T 6170—2015 的螺纹规格为 M1.6～M64；GB/T 6175—2016 的螺纹规格为 M5～M36。

2. 产品等级由公差取值大小决定，A 级公差数值小。A 级用于 $D \leqslant 16$mm 的螺母，B 级用于 $D > 16$mm 的螺母。

3. 1 型螺母的性能等级有 6、8、10 级，8 级最为常用。2 型螺母的性能等级有 10、12 级，10 级最为常用。

附表 2-5　　　　　　　　　　　　　　垫圈　　　　　　　　　　　　　（单位：mm）

平垫圈　A 级（GB/T 97.1—2002）　　　　　　　　　平垫圈　C 级（GB/T 95—2002）

平垫圈　倒角型　A 级（GB/T 97.2—2002）　　　　标准型弹簧垫圈（GB/T 93—1987）

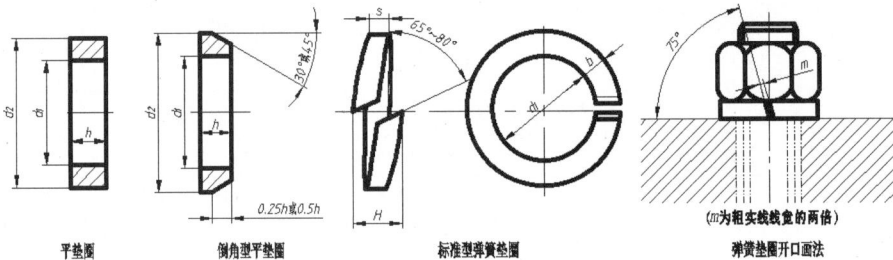

平垫圈　　　　倒角型平垫圈　　　标准型弹簧垫圈　　弹簧垫圈开口画法

标记示例：

垫圈 GB/T 95—2002 8（标准系列、公称规格为 8mm、硬度等级为 100HV 级、不经表面处理、产品等级为 C 级的平垫圈）。

垫圈 GB/T 93—1987 16（公称规格为 16mm、材料为 65Mn、表面氧化的标准型弹簧垫圈）。

公称尺寸 d（公称规格）			4	5	6	8	10	12	16	20	24	30
GB/T 97.1—2002（A 级）		d_1	4.3	5.3	6.4	8.4	10.5	13	17	21	25	31
		d_2	9	10	12	16	20	24	30	37	44	56
		h	0.8	1	1.6	1.6	2	2.5	3	3	4	4
GB/T 97.2—2002（A 级）		d_1	—	5.3	6.4	8.4	10.5	13	17	21	25	31
		d_2	—	10	12	16	20	24	30	37	44	56
		h	—	1	1.6	1.6	2	2.5	3	3	4	4
GB/T 95—2002（C 级）		d_1	4.5	5.5	6.6	9	11	13.5	17.5	22	26	33
		d_2	9	10	12	16	20	24	30	37	44	56
		h	0.8	1	1.6	1.6	2	2.5	3	3	4	4
GB/T 93—1987	d_1	max	4.4	5.4	6.68	8.68	10.9	12.9	16.9	21.04	25.5	31.5
		min	4.1	5.1	6.1	8.1	10.2	12.2	16.2	20.2	24.5	30.5
	S(b)		1.1	1.3	1.6	2.1	2.6	3.1	4.1	5	6	7.5
	H	max	2.75	3.25	4	5.25	6.5	7.75	10.25	12.5	15	18.75
		min	2.2	2.6	3.2	4.2	5.2	6.2	8.2	10	12	15
	m <		0.55	0.65	0.8	1.05	1.3	1.55	2.05	2.5	3	3.75

注：1. A 级适用于精装配系列，C 级适用于中等精度装配系列。

2. C 级垫圈没有 Ra 3.2μm 的表面粗糙度要求和毛刺的要求。

附表 2-6　平键及键槽各部分尺寸（请参阅 GB/T 1095—2003、GB/T 1096—2003）（单位：mm）

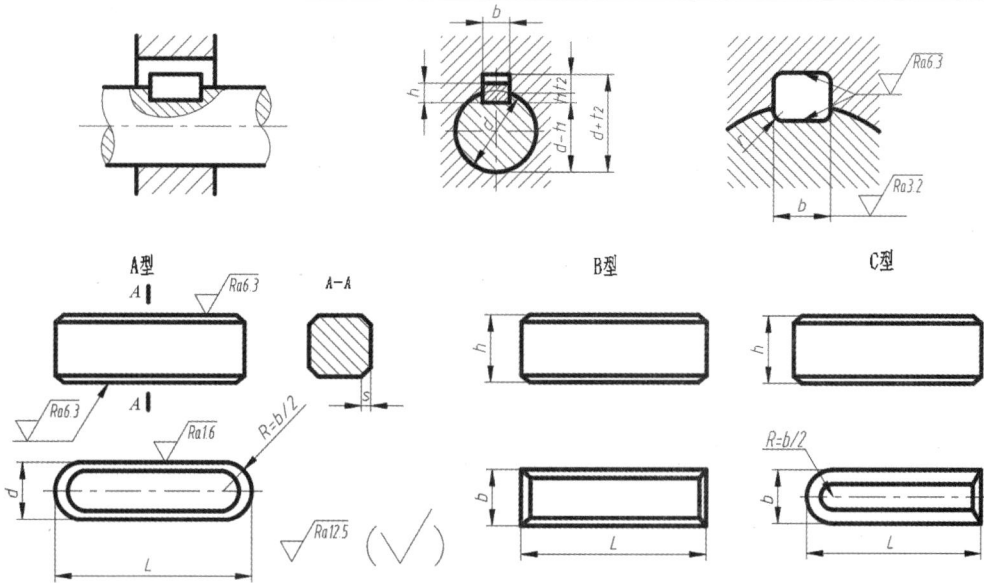

标记示例：

GB/T 1096—2003 键 18×11×100（宽度 b=18mm、高度 h=11mm、长度 L=100mm 的普通 A 型平键）。

GB/T 1096—2003 键 B18×11×100（宽度 b=18mm、高度 h=11mm、长度 L=100mm 的普通 B 型平键）。

GB/T 1096—2003 键 C18×11×100（宽度 b=18mm、高度 h=11mm、长度 L=100mm 普通 C 型平键）。

轴	键		键槽											
			宽度 b						深度				半径 r	
				极限偏差					轴 t_1		毂 t_2			
公称直径 d	键尺寸 $b×h$	倒角或倒圆 s	基本尺寸	正常联接		紧密联接	松联接		基本尺寸	极限偏差	基本尺寸	极限偏差		
				轴 N9	毂 JS9	轴和毂 P9	轴 H9	毂 D10					min	max
>10~12	4×4		4	0 −0.030	±0.015	−0.012 −0.042	+0.030 0	+0.078 +0.030	2.5	+0.1 0	1.8	+0.1 0	0.08	0.16
>12~17	5×5	0.25 ~ 0.40	5						3.0		2.3		0.16	0.25
>17~22	6×6		6						3.5		2.8			
>22~30	8×7	0.40 ~ 0.60	8	0 −0.036	±0.018	−0.015 −0.051	+0.036 0	+0.098 +0.040	4.0		3.3			
>30~38	10×8		10						5.0		3.3			
>38~44	12×8	0.40 ~ 0.60	12						5.0		3.3		0.25	0.40
>44~50	14×9		14	0 −0.043	±0.0215	−0.018 −0.061	+0.043 0	+0.120 +0.050	5.5	+0.2 0	3.8	+0.2 0		
>50~58	16×10		16						6.0		4.3			
>58~65	18×11		18						7.0		4.4			
>65~75	20×12		20						7.5		4.9			
>75~85	22×14	0.60 ~ 0.80	22	0 −0.052	±0.026	−0.022 −0.074	+0.052 0	+0.149 +0.065	9.0		5.4		0.40	0.60
>85~95	25×14		25						9.0		5.4			
>95~110	28×16		28						10.0		6.4			
L 系列	8、10、12、14、16、18、20、22、25、28、32、36、40、45、50、56、63、70、80、90、100、110、125、140、150、160、170、180、190、200、210、220、250、280、320 等													

注：GB/T 1095—2003、GB/T 1096—2003 中无轴的公称直径一列，现列出仅供参考。

附表 2-7　　　　圆柱销 不淬硬钢和奥氏体不锈钢（GB/T 119.1—2000）　　（单位：mm）

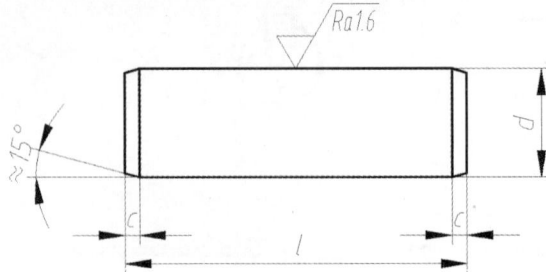

标记示例：

销 GB/T 119.1—2000 10 m6×50（公称直径 d=10mm、公差为 m6、公称长度 l=50mm、材料为钢、不经淬火、表面不经处理的圆柱销）。

销 GB/T 119.1—2000 6 m6×30-A1（公称直径 d=6mm、公差为 m6、公称长度 l=30mm、材料为 A1 级奥氏体不锈钢、表面简单处理的圆柱销）。

d 公称	2	2.5	3	4	5	6	8	10	12	16	20	25
$c\approx$	0.35	0.4	0.5	0.63	0.8	1.2	1.6	2	2.5	3	3.5	4
l 范围	6～20	6～24	8～30	8～40	10～50	12～60	14～80	18～95	22～140	26～180	35～200	50～200
l 系列	6、8、10、12、14、16、18、20、22、24、26、28、30、32、35、40、45、50、55、60、65、70、75、80、85、90、95、100、120、140、160、180、200（公称长度大于 200，按 20 递增）											

附表 2-8　　　　　　　　　　　圆锥销（GB/T 117—2000）　　　　　　　　　（单位：mm）

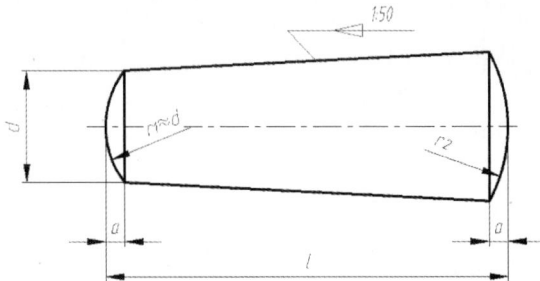

A 型（磨削）：锥面表面粗糙度为 Ra 0.8μm

B 型（切削或冷镦）：锥面表面粗糙度为 Ra 3.2μm

$$r_1 \approx d \qquad r_2 \approx \frac{a}{2} + d + \frac{0.021^2}{8a}$$

标记示例：

销 GB/T 117—2000 10×60（公称直径 d=10mm、长度 l=60mm、材料为 35 钢、热处理硬度 28～38HRC、表面氧化处理的 A 型圆锥销）。

d 公称	4	5	6	8	10	12	16	20	25	30	40	50
$c\approx$	0.5	0.63	0.8	1	1.2	1.6	2	2.5	3	4	5	6.3
l 范围	14～55	18～60	22～90	22～120	26～160	32～180	40～200	45～200	50～200	55～200	60～200	65～200
l 系列	2、3、4、5、6、8、10、12、14、16、18、20、22、24、26、28、30、32、35、40、45、50、55、60、65、70、75、80、85、90、95、100、120、140、160、180、200											

注：标准规定圆柱销的公称直径 d=0.6～50mm。

附表 2-9　　　　　滚动轴承 深沟球轴承　 外形尺寸（GB/T 276—2013）　　　（单位：mm）

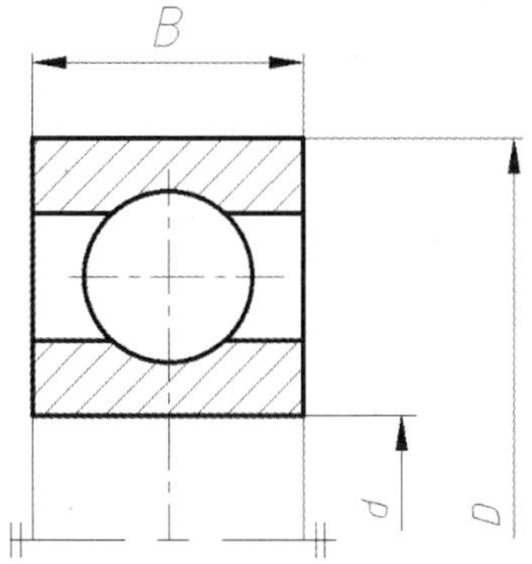

标记示例：

滚动轴承 6212　 GB/T 276—2013 ［类型代号为 6、内径 d=60mm、尺寸系列代号为（0）2 的深沟球轴承 ］。

轴承代号	尺寸			轴承代号	尺寸		
	d	D	B		d	D	B
尺寸系列代号 10				尺寸系列代号（0）3			
6000	10	26	8	6307	35	80	21
6001	12	28	8	6308	40	90	23
6002	15	32	9	6309	45	100	25
6003	17	35	10	6310	50	110	27
尺寸系列代号（0）2				尺寸系列代号（0）4			
6202	15	35	11	6408	40	110	27
6203	17	40	12	6409	45	120	29
6204	20	47	14	6410	50	130	31
6205	25	52	15	6411	55	140	33
6206	30	62	16	6412	60	150	35
6207	35	72	17	6413	65	160	37
6208	40	80	18	6414	70	180	42
6209	45	85	19	6415	75	190	45
6210	50	90	20	6416	80	200	48
6211	55	100	21	6417	85	210	52
6212	60	110	22	6418	90	225	54
6213	65	120	23	6419	95	240	55

附表 2-10　　　　滚动轴承 圆锥滚子轴承　 外形尺寸（GB/T 297—2015）　　　（单位：mm）

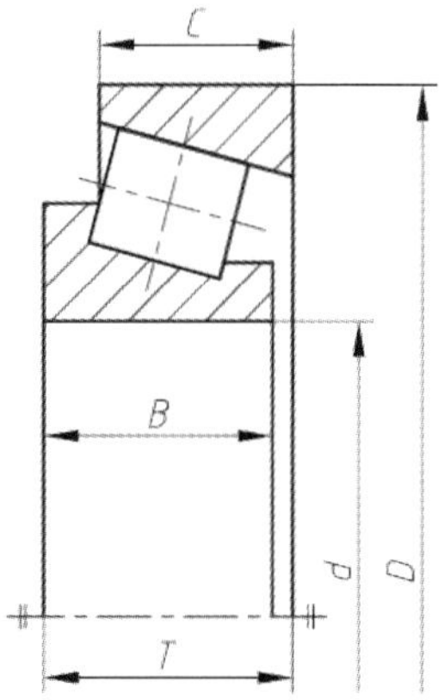

标记示例：

滚动轴承 30307　 GB/T 297—2015 ［类型代号为 3、内径 d=35mm、尺寸系列代号为(0)3 的圆锥滚子轴承 ］。

续表

轴承代号	尺寸					轴承代号	尺寸				
	d	D	T	B	C		d	D	T	B	C
尺寸系列代号 02						尺寸系列代号 23					
30207	35	72	18.25	17	15	32309	45	100	38.25	36	30
30208	40	80	19.75	18	16	32310	50	110	42.25	40	33
30209	45	85	20.75	19	16	32311	55	120	45.5	43	35
30210	50	90	21.75	20	17	32312	60	130	48.5	46	37
30211	55	100	22.75	21	18	32313	65	140	51	48	39
30212	60	110	23.75	22	19	32314	70	150	54	51	42
尺寸系列代号 03						尺寸系列代号 30					
30307	35	80	22.75	21	18	33005	25	47	17	17	14
30308	40	90	25.25	23	20	33006	30	55	20	20	16
30309	45	100	27.25	25	22	33007	35	62	21	21	17
30310	50	110	29.25	27	23	尺寸系列代号 31					
30311	55	120	31.5	29	25	33108	40	75	26	26	20.5
30312	60	130	33.5	31	26	33109	45	80	26	26	20.5
30313	65	140	36	33	28	33110	50	85	26	26	20
30314	70	150	38	35	30	33111	55	95	30	30	23

附表 2-11　　　滚动轴承 推力球轴承　外形尺寸（GB/T 301—2015）　　（单位：mm）

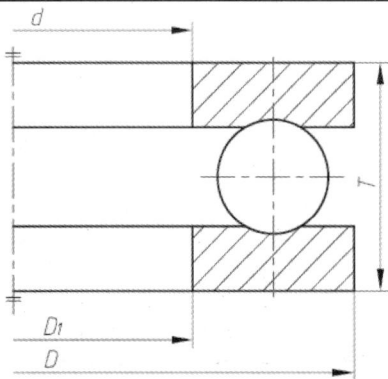

标记示例：

滚动轴承 51305　GB/T 301—2015（类型代号为 13、内径 d=25mm、高度系列代号为 1、直径系列代号为 3 的推力球轴承）。

轴承代号	尺寸				轴承代号	尺寸			
	d	D	T	d_1		d	D	T	d_1
尺寸系列代号（12）					尺寸系列代号（13）				
51202	15	32	12	17	51304	20	47	18	22
51203	17	35	12	19	51305	25	52	18	27
51204	20	40	14	22	51306	30	60	21	32
51205	25	47	15	27	51307	35	68	24	37
51206	30	52	16	32	51308	40	78	26	42
51207	35	62	18	37	尺寸系列代号（14）				
51208	40	68	19	42	51405	25	60	24	27
51209	45	73	20	47	51406	30	70	28	32
51210	50	78	22	52	51407	35	80	32	37
51211	55	90	25	57	51408	40	90	36	42
51212	60	95	26	62	51409	45	100	39	47

附表 3-1 　　　　　　　标准公差数值（请参阅 GB/T 1800.1—2020）

公称尺寸/mm		标准公差等级																	
		IT1	IT2	IT3	IT4	IT5	IT6	IT7	IT8	IT9	IT10	IT11	IT12	IT13	IT14	IT15	IT16	IT17	IT18
大于	至	标准公差数值																	
		μm												mm					
—	3	0.8	1.2	3	4	6	10	14	25	40	60	0.1	0.14	0.25	0.4	0.6	1	1.4
3	6	1	1.5	4	5	8	12	18	30	48	75	0.12	0.18	0.3	0.48	0.75	1.2	1.8
6	10	1	1.5	4	6	9	15	22	36	58	90	0.15	0.22	0.36	0.58	0.9	1.5	2.2
10	18	1.2	2	5	8	11	18	27	43	70	110	0.18	0.27	0.43	0.7	1.1	1..8	2.7
18	30	1.5	2.5	6	9	13	21	33	52	84	130	0.21	0.33	0.52	0.84	1.3	2.1	3.3
30	50	1.5	2.5	7	11	16	25	39	62	100	160	0.25	0.39	0.62	1	1.6	2.5	3.9
50	80	2	3	8	13	19	30	46	74	120	190	0.3	0.46	0.74	1.2	1.9	3	4.6
80	120	2.5	4	10	15	22	35	54	87	140	220	0.35	0.54	0.87	1.4	2.2	3.5	5.4
120	180	3.5	5	12	18	25	40	63	100	160	250	0.4	0.63	1	1.6	2.5	4	6.3
180	250	4.5	7	14	20	29	46	72	115	185	290	0.46	0.72	1.15	1.85	2.9	4.6	7.2
250	315	6	8	16	23	32	52	81	130	210	320	0.52	0.81	1.3	2.1	3.2	5.2	8.1
315	400	7	9	18	25	36	57	89	140	230	360	0.57	0.89	1.4	2.3	3.6	5.7	8.9
400	500	8	10	20	27	40	63	97	155	250	400	0.63	0.97	1.55	2.5	4	6.3	9.7
500	630	9	11	22	32	44	70	110	175	280	440	0.7	1.1	1.75	2.8	4.4	7	11
630	800	10	13	25	36	50	80	125	200	320	500	0.8	1.25	2	3.2	5	8	12.5
800	1000	11	15	28	40	56	90	140	230	360	560	0.9	1.4	2.3	3.6	5.6	9	14
1000	1250	13	18	33	47	66	105	165	260	420	660	1.05	1.65	2.6	4.2	6.6	10.5	16.5
1250	1600	15	21	39	55	78	125	195	310	500	780	1.25	1.95	3.1	5	7.8	12.5	19.5
1600	2000	18	25	46	65	92	150	230	370	600	920	1.5	2.3	3.7	6	9.2	15	23
2000	2500	22	30	55	78	110	175	280	440	700	1100	1.75	2.8	4.4	7	11	17.5	28
2500	3150	26	36	68	96	135	210	330	540	860	1350	2.1	3.3	5.4	8.6	13.5	21	33

附表 3-2

轴的基本偏差数值（请参阅 GB/T 1800.1—2020）

基本偏差数值/μm

分组说明：a～h 列为**上极限偏差（es）**；js、j_1、j_2、j_3、k_1、k_2 列为**所有标准公差等级**；m～zc 列为**下极限偏差（ei）**。

所有标准公差等级（j_1 对应 IT5、IT6；j_2 对应 IT7；j_3 对应 IT8；k_1 对应 IT4、IT7；k_2 对应 IT3 至 IT6）

js 列：偏差 = ±ITn/2，式中 n 是标准公差等级数。

公称尺寸/mm 大于	至	a	b	c	cd	d	e	ef	f	fg	g	h	js	j_1	j_2	j_3	k_1	k_2	m	n	p	r	s	t	u	v	x	y	z	za	zb	zc
—	3	-270	-140	-60	-34	-20	-14	-10	-6	-4	-2	0		-2	-4	-6	0	0	+2	+4	+6	+10	+14		+18		+20		+26	+32	+40	+60
3	6	-270	-140	-70	-46	-30	-20	-14	-10	-6	-4	0		-2	-4		+1	0	+4	+8	+12	+15	+19		+23		+28		+35	+42	+50	+80
6	10	-280	-150	-80	-56	-40	-25	-18	-13	-8	-5	0		-2	-5		+1	0	+6	+10	+15	+19	+23		+28		+34		+42	+52	+67	+97
10	14	-290	-150	-95	-70	-50	-32	-23	-16	-10	-6	0		-3	-6		+1	0	+7	+12	+18	+23	+28		+33		+40		+50	+64	+90	+130
14	18	-290	-150	-95	-70	-50	-32	-23	-16	-10	-6	0		-3	-6		+1	0	+7	+12	+18	+23	+28		+33	+39	+45		+60	+77	+108	+150
18	24	-300	-160	-110	-85	-65	-40	-28	-20	-12	-7	0		-4	-8		+2	0	+8	+15	+22	+28	+35		+41	+47	+54	+63	+73	+98	+136	+188
24	30	-300	-160	-110	-85	-65	-40	-28	-20	-12	-7	0		-4	-8		+2	0	+8	+15	+22	+28	+35	+41	+48	+55	+64	+75	+88	+118	+160	+218
30	40	-310	-170	-120	-100	-80	-50	-35	-25	-15	-9	0		-5	-10		+2	0	+9	+17	+26	+34	+43	+48	+60	+68	+80	+94	+112	+148	+200	+274
40	50	-320	-180	-130	-100	-80	-50	-35	-25	-15	-9	0		-5	-10		+2	0	+9	+17	+26	+34	+43	+54	+70	+81	+97	+114	+136	+180	+242	+325
50	65	-340	-190	-140		-100	-60		-30		-10	0		-7	-12		+2	0	+11	+20	+32	+41	+53	+66	+87	+102	+122	+144	+172	+226	+300	+405
65	80	-360	-200	-150		-100	-60		-30		-10	0		-7	-12		+2	0	+11	+20	+32	+43	+59	+75	+102	+120	+146	+174	+210	+274	+360	+480
80	100	-380	-220	-170		-120	-72		-36		-12	0		-9	-15		+3	0	+13	+23	+37	+51	+71	+91	+124	+146	+178	+214	+258	+335	+445	+585
100	120	-410	-240	-180		-120	-72		-36		-12	0		-9	-15		+3	0	+13	+23	+37	+54	+79	+104	+144	+172	+210	+254	+310	+400	+525	+690
120	140	-460	-260	-200		-145	-85		-43		-14	0		-11	-18		+3	0	+15	+27	+43	+63	+92	+122	+170	+202	+248	+300	+365	+470	+620	+800
140	160	-520	-280	-210		-145	-85		-43		-14	0		-11	-18		+3	0	+15	+27	+43	+65	+100	+134	+190	+228	+280	+340	+415	+535	+700	+900
160	180	-580	-310	-230		-145	-85		-43		-14	0		-11	-18		+3	0	+15	+27	+43	+68	+108	+146	+210	+252	+310	+380	+465	+600	+780	+1000
180	200	-660	-340	-240		-170	-100		-50		-15	0		-13	-21		+3	0	+17	+31	+50	+77	+122	+166	+236	+284	+350	+425	+520	+670	+880	+1150
200	225	-740	-380	-260		-170	-100		-50		-15	0		-13	-21		+3	0	+17	+31	+50	+80	+130	+180	+258	+310	+385	+470	+575	+740	+960	+1250
225	250	-820	-420	-280		-170	-100		-50		-15	0		-13	-21		+3	0	+17	+31	+50	+84	+140	+196	+284	+340	+425	+520	+640	+820	+1050	+1350
250	280	-920	-480	-300		-190	-110		-56		-17	0		-16	-26		+4	0	+20	+34	+56	+94	+158	+218	+315	+385	+475	+580	+710	+920	+1200	+1550
280	315	-1050	-540	-330		-190	-110		-56		-17	0		-16	-26		+4	0	+20	+34	+56	+98	+170	+240	+350	+425	+525	+650	+790	+1000	+1300	+1700
315	355	-1200	-600	-360		-210	-125		-62		-18	0		-18	-28		+4	0	+21	+37	+62	+108	+190	+268	+390	+475	+590	+730	+900	+1150	+1500	+1900
355	400	-1350	-680	-400		-210	-125		-62		-18	0		-18	-28		+4	0	+21	+37	+62	+114	+208	+294	+435	+530	+660	+820	+1000	+1300	+1650	+2100
400	450	-1500	-760	-440		-230	-135		-68		-20	0		-20	-32		+5	0	+23	+40	+68	+126	+232	+330	+490	+595	+740	+920	+1100	+1450	+1850	+2400
450	500	-1650	-840	-480		-230	-135		-68		-20	0		-20	-32		+5	0	+23	+40	+68	+132	+252	+360	+540	+660	+820	+1000	+1250	+1600	+2100	+2600

注：公称尺寸≤1mm 时，不适用基本偏差 a 和 b。

附表 3-3

孔的基本偏差数值（请参阅 GB/T 1800.1—2020）

公称尺寸/mm 大于	至	基本偏差 下极限偏差（EI）所有标准公差等级 A^a	B^a	C	CD	D	E	EF	F	FG	G	H	JS	上极限偏差 J IT6	J IT7	J IT8	K^{c,d} ≤IT8	K^{c,d} >IT8	M^{b,c,d} ≤IT8	M^{b,c,d} >IT8
—	3	+270	+140	+60	+34	+20	+14	+10	+6	+4	+2	0		+2	+4	+6	0	0	-2	-2
3	6	+270	+140	+70	+46	+30	+20	+14	+10	+6	+4	0		+5	+6	+10	-1+Δ		-4+Δ	-4
6	10	+280	+150	+80	+56	+40	+25	+18	+13	+8	+5	0		+5	+8	+12	-1+Δ		-6+Δ	-6
10	14	+290	+150	+95	+70	+50	+32	+23	+16	+10	+6	0		+6	+10	+15	-1+Δ		-7+Δ	-7
14	18	+290	+150	+95	+70	+50	+32	+23	+16	+10	+6	0		+6	+10	+15	-1+Δ		-7+Δ	-7
18	24	+300	+160	+110	+85	+65	+40	+28	+20	+12	+7	0		+8	+12	+20	-2+Δ		-8+Δ	-8
24	30	+300	+160	+110	+85	+65	+40	+28	+20	+12	+7	0		+8	+12	+20	-2+Δ		-8+Δ	-8
30	40	+310	+170	+120	+100	+80	+50	+35	+25	+15	+9	0	偏差=±ITn/2，式中 n 为标准公差等级数	+10	+14	+24	-2+Δ		-9+Δ	-9
40	50	+320	+180	+130	+100	+80	+50	+35	+25	+15	+9	0		+10	+14	+24	-2+Δ		-9+Δ	-9
50	65	+340	+190	+140		+100	+60		+30		+10	0		+13	+18	+28	-2+Δ		-11+Δ	-11
65	80	+360	+200	+150		+100	+60		+30		+10	0		+13	+18	+28	-2+Δ		-11+Δ	-11
80	100	+380	+220	+170		+120	+72		+36		+12	0		+16	+22	+34	-3+Δ		-13+Δ	-13
100	120	+410	+240	+180		+120	+72		+36		+12	0		+16	+22	+34	-3+Δ		-13+Δ	-13
120	140	+460	+260	+200		+145	+85		+43		+14	0		+18	+26	+41	-3+Δ		-15+Δ	-15
140	160	+520	+280	+210		+145	+85		+43		+14	0		+18	+26	+41	-3+Δ		-15+Δ	-15
160	180	+580	+310	+230		+145	+85		+43		+14	0		+18	+26	+41	-3+Δ		-15+Δ	-15
180	200	+660	+340	+240		+170	+100		+50		+15	0		+22	+30	+47	-4+Δ		-17+Δ	-17
200	225	+740	+380	+260		+170	+100		+50		+15	0		+22	+30	+47	-4+Δ		-17+Δ	-17
225	250	+820	+420	+280		+170	+100		+50		+15	0		+22	+30	+47	-4+Δ		-17+Δ	-17
250	280	+920	+480	+300		+190	+110		+56		+17	0		+25	+36	+55	-4+Δ		-20+Δ	-20
280	315	+1050	+540	+330		+190	+110		+56		+17	0		+25	+36	+55	-4+Δ		-20+Δ	-20
315	355	+1200	+600	+360		+210	+125		+62		+18	0		+29	+39	+60	-4+Δ		-21+Δ	-21
355	400	+1350	+680	+400		+210	+125		+62		+18	0		+29	+39	+60	-4+Δ		-21+Δ	-21
400	450	+1500	+760	+440		+230	+135		+68		+20	0		+33	+43	+66	-5+Δ		-23+Δ	-23
450	500	+1650	+840	+480		+230	+135		+68		+20	0		+33	+43	+66	-5+Δ		-23+Δ	-23

注：1. 公称尺寸≤1mm 时，均不采用基本偏差 A 和 B 及大于 IT8 的 N。
2. 对于公称尺寸大于 250～315mm 的公差带代号 M6，ES=-9μm（计算结果不是 -11μm）。
3. 为确定 K、M、N 和 P～ZC 的值，见 GB/T1800.1—2020 中的 4.3.2.5。

续表

偏差数值/μm — 上极限偏差（ES）；>IT7 的标准公差等级；Δ值 标准公差等级

N[a,b] ≤IT8	N[a,b] >IT8	≤IT7 P~ZC[a]	P	R	S	T	U	V	X	Y	Z	ZA	ZB	ZC	IT3	IT4	IT5	IT6	IT7	IT8
-4	-4		-6	-10	-14		-18		-20		-26	-32	-40	-60	0	0	0	0	0	0
-8+Δ	0		-12	-15	-19		-23		-28		-35	-42	-50	-80	1	1.5	1	3	4	6
-10+Δ	0		-15	-19	-23		-28		-34		-42	-52	-67	-97	1	1.5	2	3	6	7
-12+Δ	0		-18	-23	-28		-33		-40		-50	-64	-90	-130	1	2	3	3	7	9
								-39	-45		-60	-77	-108	-150						
-15+Δ	0		-22	-28	-35		-41	-47	-54	-63	-73	-98	-136	-188	1.5	2	3	4	8	12
						-41	-48	-55	-64	-75	-88	-118	-160	-218						
-17+Δ	0	在>IT7 的标准公差等级的基本偏差数值上增加一个Δ值	-26	-34	-43	-48	-60	-68	-80	-94	-112	-148	-200	-274	1.5	3	4	5	9	14
						-54	-70	-81	-97	-114	-136	-180	-242	-325						
-20+Δ	0		-32	-41	-53	-66	-87	-102	-122	-144	-172	-226	-300	-405	2	3	5	6	11	16
				-43	-59	-75	-102	-120	-146	-174	-210	-274	-360	-480						
-23+Δ	0		-37	-51	-71	-91	-124	-146	-178	-214	-258	-335	-445	-585	2	4	5	7	13	19
				-54	-79	-104	-144	-172	-210	-254	-310	-400	-525	-690						
-27+Δ	0		-43	-63	-92	-122	-170	-202	-248	-300	-365	-470	-620	-800	3	4	6	7	15	23
				-65	-100	-134	-190	-228	-280	-340	-415	-535	-700	-900						
				-68	-108	-146	-210	-252	-310	-380	-465	-600	-780	-1000						
-31+Δ	0		-50	-77	-122	-166	-236	-284	-350	-425	-520	-670	-880	-1150	3	4	6	9	17	26
				-80	-130	-180	-258	-310	-385	-470	-575	-740	-960	-1250						
				-84	-140	-196	-284	-340	-425	-520	-640	-820	-1050	-1350						
-34+Δ	0		-56	-94	-158	-218	-315	-385	-475	-580	-710	-920	-1200	-1550	4	4	7	9	20	29
				-98	-170	-240	-350	-425	-525	-650	-790	-1000	-1300	-1700						
-37+Δ	0		-62	-108	-190	-268	-390	-475	-590	-730	-900	-1150	-1500	-1900	4	5	7	11	21	32
				-114	-208	-294	-435	-530	-660	-820	-1000	-1300	-1650	-2100						
-40+Δ	0		-68	-126	-232	-330	-490	-595	-740	-920	-1100	-1450	-1850	-2400	5	5	7	13	23	34
				-132	-252	-360	-540	-660	-820	-1000	-1250	-1600	-2100	-2600						

常用机械加工规范和零件的标准结构

附表 4-1　　　　　　零件倒圆与倒角（GB/T 6403.4—2008）　　　　（单位：mm）

型式	

R、C尺寸系列：

0.1、0.2、0.3、0.4、0.5、0.6、0.8、1.0、1.2、1.6、2.0、2.5、3.0、4.0、5.0、6.0、8.0、10、12、16、20、25、32、40、50

尺寸规定：1. α 可取 45°、30°、60°，常用 45°。

2. R_1、C_1 的偏差为正，R、C 的偏差为负。

3. C 的最大值 C_{max} 与 R_1 的关系如下。

装配方式	R_1	0.1	0.2	0.3	0.4	0.5	0.6	0.8	1.0	1.2	1.6	2.0
	C_{max}	—	0.1	0.1	0.2	0.2	0.3	0.4	0.5	0.6	0.8	1.0
	R_1	2.5	3.0	4.0	5.0	6.0	8.0	10	12	16	20	25
	C_{max}	1.2	1.6	2.0	2.5	3.0	4.0	5.0	6.0	8.0	10	12

ϕ	<3	>3～6	>6～10	>10～18	>18～30	>30～50	>50～80	>80～120	>120～180
C 或 R	0.2	0.4	0.6	0.8	1.0	1.6	2.0	2.5	3.0

ϕ	>180～250	>250～320	>320～400	>400～500	>500～630	>630～800	>800～1000	>1000～1250	>1250～1600
C 或 R	4.0	5.0	6.0	8.0	10	12	16	20	25

附表 4-2　　　砂轮越程槽（GB/T 6403.5—2008）（用于回转面及端面）　　（单位：mm）

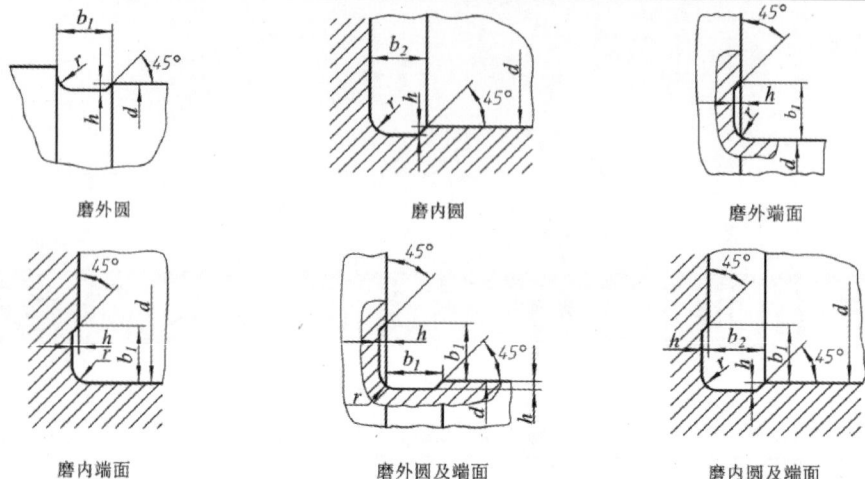

磨外圆　　　　　　　　　　　磨内圆　　　　　　　　　　　磨外端面

磨内端面　　　　　　　磨外圆及端面　　　　　　磨内圆及端面

d	~ 10			$10\sim 50$		$50\sim 100$		100	
b_1	0.6	1.0	1.6	2.0	3.0	4.0	5.0	8.0	10
b_2	2.0	3.0		4.0		5.0			
h	0.1	0.2		0.3	0.4		0.6	0.8	1.2
r	0.2	0.5		0.8	1.0		1.6	2.0	3.0

注：1. 越程槽内与直线相交处，不允许产生尖角。

　　2. 越程槽深度 h 与圆弧半径 r，要满足 $r \leqslant 3h$。

　　3. 磨削具有数个直径的工件时，可使用统一规格的越程槽。

附表 4-3　　　　　普通螺纹收尾、肩距、退刀槽和倒角（GB/T 3—1997）　　（单位：mm）

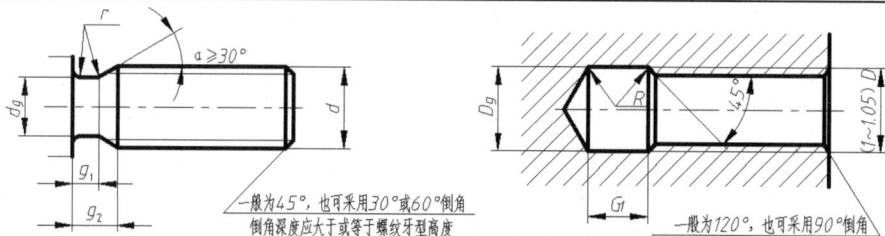

一般为45°，也可采用30°或60°倒角
倒角深度应大于或等于螺纹牙型高度

一般为120°，也可采用90°倒角

螺距 P	外螺纹				内螺纹			
	g_2 max	g_1 min	d_g	$r\approx$	G_1		D_g	$R\approx$
					一般	短的		
0.5	1.5	0.8	d-0.8	0.2	2	1		0.2
0.6	1.8	0.9	d-1		2.4	1.2		0.3
0.7	2.1	1.1	d-1.1	0.4	2.8	1.4	D+0.3	
0.75	2.25	1.2	d-1.2		3	1.5		0.4
0.8	2.4	1.3	d-1.3		3.2	1.6		
1	3	1.6	d-1.6	0.6	4	2		0.5
1.25	3.75	2	d-2		5	2.5		0.6
1.5	4.5	2.5	d-2.3	0.8	6	3		0.8
1.75	5.25	3	d-2.6	1	7	3.5	D+0.5	0.9
2	6	3.4	d-3		8	4		1
2.5	7.5	4.4	d-3.6	1.2	10	5		1.2
3	9	5.2	d-4.4	1.6	12	6		1.5
3.5	10.5	6.2	d-5		14	7		1.8

续表

螺距 P	外螺纹				内螺纹			
	g_2 max	g_1 min	d_g	$r\approx$	G_1 一般	G_1 短的	D_g	$R\approx$
4	12	7	$d-5.7$	2	16	8		2
4.5	13.5	8	$d-6.4$	2.5	18	9		2.2
5	15	9	$d-7$	2.5	20	10	$D+0.5$	2.5
5.5	17.5	11	$d-7.7$	3.2	22	11		2.8
6	18	11	$d-8.3$	3.2	24	12		3
参考值	$\approx 3P$	—	—	—	$=4P$	$=2P$	—	$\approx 0.5P$

注：d、D 为螺纹公称直径代号。"短"退刀槽仅在结构受限制时采用。

附表 4-4　　　　　　　　　　　　　紧固件通孔及沉孔尺寸　　　　　　　　（单位：mm）

螺纹规格 d			M4	M5	M6	M8	M10	M12	M16	M18	M20	M24	M30	M36
通孔尺寸 d_1	精装配		4.3	5.3	6.4	8.4	10.5	13	17	19	21	25	31	37
	中等装配		4.5	5.5	6.6	9	11	13.5	17.5	20	22	26	33	39
	粗装配		4.8	5.8	7	10	12	14.5	18.5	21	24	32	35	42
GB 152.3—1988	用于内六圆角圆柱头螺钉	d_2	8	10	11	15	18	20	26	—	33	40	48	57
		t	4.6	5.7	6.8	9	11	13	17.5	—	21.5	25.5	32	38
		d_3	—	—	—	—	—	16	20	—	24	28	36	42
	用于开槽圆柱头螺钉	d_2	8	10	11	15	18	20	26	—	33	—	—	—
		t	3.2	4	4.7	6	7.0	8.0	10.5	—	12.5	—	—	—
		d_3	—	—	—	—	—	16	20	—	24	—	—	—
GB 152.3—1988	用于内六角花形圆柱头螺钉	d_2	8	10	11	15	18	20	26	—	33	—	—	—
		d_3	—	—	—	—	—	16	20	—	24	—	—	—
		t	只要能制出与通孔 d_1 的轴线垂直的圆平面即可											
螺纹规格 d			M1.6	M2	M2.5	M3	M3.5	M4	M5	M6	M8	M10	—	—
GB/T 152.2—2014	用于沉头及半沉头螺钉	D_h min	1.8	2.4	2.9	3.4	3.9	4.5	5.5	6.6	9	11	—	—
		D_c min	3.6	4.4	5.5	6.3	8.2	9.4	10.4	12.6	17.3	20	—	—
		$t\approx$	0.95	1.05	1.35	1.55	2.25	2.55	2.58	3.13	4.28	4.65	—	—

附表 4-5　　中心孔表示法（请参阅 GB/T 145—2001，GB/T 4459.5—1999）

（单位：mm）

类型及标记示例	A 型（不带护锥）中心孔	B 型（带护锥）中心孔	C 型（带螺纹）中心孔	R 型（弧形）中心孔
标记示例	标记示例： GB/T 4459.5-A4/8.5（d=4mm,D=8.5mm）	标记示例： GB/T 4459.5-B2.5/8（d=2.5mm,D_2=8mm）	标记示例： GB/T 4459.5-CM10L7.5/16.3（d=M10mm,l=7.5mm,D_3=16.3mm）	标记示例： GB/T 4459.5-R3.15/6.7（d=3.15mm,D=6.7mm）
用途	通常用于加工后可以保留的场合（多数情况）	通常用于加工后必须保留的场合	通常用于一些需要带压装置的零件	通常用于需要提高加工度的场合

中心孔表示法	要求	规定表示法	简化表示法	说明
	在完工的零件上要求保留中心孔	GB/T 4459.5-B4/12.5	B4/12.5	采用 B 型中心孔 d=4mm，D_2=12.5mm 注：中心孔符号与图线宽度等于图样中尺寸数字字高（h）的 1/10
	在完工的零件上可以保留中心孔（是否保留都可以，绝大多数情况如此）	GB/T 4459.5-A2/4.25	A2/4.25	采用 A 型中心孔 d=2mm，D=4.25mm 注：一般情况下，均采用这种方式
		2×A4/8.5 GB/T 4459.5	2×A4/8.5 GB/T 4459.5	采用 A 型中心孔 d=4mm，D=8.5mm 注：同一轴的两端中心孔相同，可只在一端标出，但应注出其数量
	在完工的零件上不允许保留中心孔	GB/T 4459.5-A1.6/3.35	A1.6/3.35	采用 A 型中心孔 d=1.6mm，D=3.35mm 注：中心孔符号的图线宽度等于图样中尺寸数字字高（h）的 1/10

附表 5-1 常用金属材料

名称	牌号	说明	应用举例
黑色金属 — 灰铸铁件 GB/T 9439—2023	HT150	HT——灰铸铁代号 150——最小抗拉强度 （MPa）	中等强度铸铁，用于一般铸件，如工作台、端盖、底座等
	HT200 HT250		高强度铸铁，用于较重要铸件，如机座、轴承座、齿轮箱、阀体、气缸、床身等
球墨铸铁件 GB/T 1348—2019	QT400-15 QT450-10 QT500-7	QT——球墨铸铁代号 400——抗拉强度（MPa） 15——伸长率（%）	具有较高的强度、耐磨性和韧性，用于机械制造业中受磨损和冲击的零件，如曲轴、气缸套、活塞杯、摩擦片、中低压阀门、轴承座等
一般工程用铸造碳钢件 GB/T 11352—2009	ZG200-400 ZG310-570	ZG——铸钢代号 200——屈服强度（MPa） 400——抗拉强度（MPa）	用于各种形状的基座、变速箱壳、飞轮、机架、横梁、气缸、齿轮等
碳素结构钢 GB/T 700—2006	Q215A	Q——屈服强度 215——屈服强度数值（MPa） A——质量等级，用 A、B、C、D 表示质量依次下降	用于受力不大的零件，如螺钉、垫圈、焊接件等
	Q235A		用于有一定强度要求的零件，如拉杆、链杆、螺栓、螺母、焊接件、型钢等
	Q275B		用于制造强度要求高的零件，如螺栓、螺母、齿轮、键、销、轴等
优质碳素结构钢 GB/T 699—2015	35	35——以平均万分数表示的碳的质量分数 Mn——锰的元素符号，锰质量分数在 0.7%～1.2%时需注出	有良好的强度和韧性，用于制造曲轴、转轴、销、杠杆、连杆、螺栓、套筒等
	45		用于制造强度要求高的零件，如齿轮、齿条、链轮、联轴器、机床主轴、衬套等
	65Mn		高强度中碳钢，用于制造弹簧垫圈、螺纹弹簧等
合金结构钢 GB/T 3077—2015	15Cr 20Cr	15——以平均万分数表示的碳的质量分数 Cr——铬的元素符号，其质量分数小于 1.5%时注出	渗碳后用于制造小齿轮、凸轮、活塞环、衬套、螺钉等
	20CrMnTi		渗碳钢，用于制造受冲击力、耐磨要求高的零件，如齿轮、齿轮轴、蜗杆、离合器等
有色金属 — 普通黄铜 GB/T 5231—2022	H62 H68	H——黄铜代号 62——铜的质量分数（%）	用于制造散热器、垫圈、弹簧、螺钉等
铸造铜及铜合金 GB/T 1176—2013	ZCuSn5Pb5Zn5	Z——铸造代号 Cu——基本元素铜的元素符号 Sn5——锡元素符号及其质量分数（%）	耐磨性和耐腐蚀性好，用于制造在较高负荷和中等滑动速度下工作的耐磨、耐腐蚀零件，如轴瓦、衬套、缸套、涡轮、泵件压盖等
	ZCuAl9Mn2		强度高、耐腐蚀性好，用于制造耐蚀、耐磨、形状简单的大型铸件，如衬套、齿轮、涡轮等
铸造铝合金 GB/T 1173—2013	ZAlCu5Mn （代号 ZL201）	Z——铸造代号 Al——基本元素铝的元素符号	用于制造中等负荷、形状复杂的零件，如泵体、汽缸体和电器、仪表的壳体等

参考文献

[1] 彭晓兰. 机械制图[M]. 2 版. 北京: 高等教育出版社, 2018.

[2] 胡建生. 机械制图（多学时）[M]. 5 版. 北京: 机械工业出版社, 2023.

[3] 柏洪武, 包中碧. 机械制图[M]. 北京: 机械工业出版社, 2015.

[4] 邵娟琴. 机械制图与计算机绘图[M]. 3 版. 北京: 北京邮电大学出版社, 2020.

[5] 刘伟, 李学志, 郑国磊. 工业产品类 CAD 技能等级考试试题集[M]. 北京: 清华大学出版社, 2014.

[6] 王军红, 史卫华, 王伟. 机械制图与 CAD[M]. 北京: 机械工业出版社, 2019.